高等学校教材

材料热力学

郝士明　蒋　敏　李洪晓　编著

第三版

化学工业出版社

·北京·

内 容 简 介

本书重点介绍了经典热力学和统计热力学理论在揭示材料中的相和组织形成规律方面的应用，注意通过具体的材料问题实例来使读者理解和掌握热力学的基本规律，吸引读者对热力学原理产生兴趣。全书共分 10 章，第 1 至第 7 章是基本内容，由浅入深地介绍了单组元系、二组元系和三组元以上的多组元材料中相的形成规律和相平衡问题，以及相变热力学和重要的溶体分析模型。第 8 到第 10 章的集团变分法，亚稳、局域等次级相平衡以及材料设计与热力学等内容供读者根据需要选学。本书知识自成体系而且特色鲜明，包含类型广泛的材料学研究的实际问题和习题。书后列有英文和中文索引，可方便读者检索查阅。

本书可作高等院校材料科学与工程、材料加工与成型等专业高年级本科生和研究生的教学用书，也可供材料、冶金、机械等相关领域的科技人员阅读与参考。

图书在版编目(CIP)数据

材料热力学 / 郝士明，蒋敏，李洪晓编著. —3 版.
—北京：化学工业出版社，2020.12 （2024.11重印）
高等学校教材
ISBN 978-7-122-38304-4

Ⅰ. ①材… Ⅱ. ①郝… ②蒋… ③李… Ⅲ. ①材料力学–热力学–高等学校–教材 Ⅳ. ①TB301

中国版本图书馆 CIP 数据核字（2020）第 261040 号

责任编辑：窦　臻　林　媛　　　　　　　　装帧设计：王晓宇
责任校对：张雨彤

出版发行：化学工业出版社（北京市东城区青年湖南街 13 号　邮政编码 100011）
印　　装：河北延风印务有限公司
787mm×1092mm　1/16　印张 19¾　字数 533 千字　　2024 年 11 月北京第 3 版第 3 次印刷

购书咨询：010-64518888　　　　　　　　　　售后服务：010-64518899
网　　址：http://www.cip.com.cn
凡购买本书，如有缺损质量问题，本社销售中心负责调换。

定　　价：59.00 元　　　　　　　　　　　　　　　　版权所有　违者必究

前　言

我与蒋敏、李洪晓编著的《材料热力学》第二版在 2010 年 9 月由化学工业出版社出版之后，至今已超过 10 年了。累计总印数已近两万册，这大大超出了我们最初的估计。承蒙各兄弟院校的厚爱与信任，使我们收获了这么多读者。很多读者群体都是久负盛名的诸大学研究生院的材料学科研究生，这令我们兴奋不已。回想初版时，出版社让我估计印刷册数，我按二十世纪六十年代科技书籍的通常印数，大着胆子只预估了 2000 册。如今想起，不禁对我国材料学科的本科生和研究生教育的飞速发展，感慨系之。

我已退休多年，这次出版社建议在第二版基础上再次修订，我征求了另外两位作者的意见，她们都欣然同意。她们是我校使用本书教学的主要实践者，这期间由李洪晓主导编著的《材料热力学习题与解答》（化学工业出版社，2011 年）出版后，发挥了良好的教学辅助作用。蒋、李二君都希望利用这次再版机会，进一步改进书稿的表达质量，并回应在教学中读者们提出的宝贵意见和建议。不过，对全书的整体格局和内容却没有作较大变动。因为作为材料学科的基础内容，并没感到有变动的必要。如果有些读者，想进一步探讨其他问题时，我们建议阅读化学工业出版社 2006 年 9 月出版的《微观组织热力学》一书（日本东北大学西泽泰二著，郝士明译）。该书有日文、中文、英文三种文本，颇受欢迎。中南大学的金展鹏院士对他的研究生们也有过类似的建议。

在第三版中主要对各章的文字表达，以及各章读者们的反馈意见做了认真处理，对导读也有所改动。全书的大小修订之处，共计涉及 95 页，已接近全书的三分之一，态度之认真可见一斑。考虑到在材料设计与研发方面，近年来国际国内出现了重大举措，本书在第 10 章中为此增加了 1 节（10.4 节材料基因组工程简介），以使读者能够对相关研究趋势有一些初步的了解和认识。

谨识于新冠疫情中

2020 年 8 月
铁晶画屋

第一版前言

材料学的核心问题是求得材料成分-组织结构-各种性能之间的关系。问题的前半部分，即材料成分-组织结构的关系要服从一个基本的科学规则，这个规则就是材料热力学。在材料的研究逐渐由"尝试法"走向"定量设计"的今天，材料热力学的学习尤其显得更加重要。虽然在本书中不一定能找到设计某种特定材料的具体答案，但它会让读者了解到任何材料设计者都必须懂得的知识。

本书是以作者多年为东北大学、中科院金属研究所、钢铁研究总院的材料类硕士研究生讲授"合金热力学""材料热力学"的讲稿为基础整理而成的。讲稿的大部分内容还在沈阳工业大学试用过。由于各单位的学时不同，对课程的要求又时有变化，以致经多年的演变，自然形成了现在的内容结构。由于感到它大体反映了作者对近二十年材料热力学发展的认识与理解，也由于作者认为各大学的同类课程可以保留一些自己的特点，所以这次整理基本上保持了原貌。

本书没有专辟章节介绍热力学的基本规律，而把内容的重点放在应用这些规律于材料学问题的研究分析上。这一方面是尽可能为应用问题腾出必要的篇幅，另一方面也由于已经有很多涉及化学热力学内容的优秀著作，使作者感到在介绍这些规律上难有作为。因此便只将这些著作列于每章之末，以便读者必要时参阅。

作者是材料工作者，讲授"材料热力学"的过程也正是作者学习热力学方法，并将其应用于研究工作实践的过程，所以本书可能会带上一些特有的色彩和局限。希望读者在阅读时，既能注意从中汲取有益的经验，又能最大限度地免受作者局限性的束缚。因为至少在内容的取舍上，作者没有面面俱到，而更重视知识的系统性和连贯性。

对于不同的读者或讲授者，作者建议可以选择不同的章节。不一定要从头到尾全部通读，特别是第8、第9、第10三章可以根据需要取舍。作者根据材料热力学课程设置的初衷，结合自己的学习和体会尽量编入了一定数量的与新材料研究有关的例题和习题，供读者练习与思考。在本书的写作过程中，注意了对例题和课文讲解的细化，以尽量适应读者的自学。所以，即使学时不多或者希望完全自学时，只要有一定物理化学的知识基础，本书的全部内容都适于作为自学教材。

本书的出版受到东北大学研究生院教材建设基金和材料与冶金学院的积极支持和鼓励，谨在此表示衷心的谢意。由于作者学识所限，加之成书仓促，疏漏之处，料难避免，敬祈读者与专家不吝赐教。

作者识于东北大学铁晶画屋

二〇〇三年八月

第二版前言

《材料热力学》的第一版于 2004 年 1 月由化学工业出版社出版，并于 2005 年 1 月进行了第 2 次印刷。本书是该书的修订第二版。

教育部于 2005 年将此书确定为全国研究生推荐教材。出版 6 年多来，承蒙各方面厚爱，本书获得了诸多读者的认可。国内很多名校的材料类学科选用本书作为研究生教材或本科高年级学生的主要参考书。互联网上还有本人制作的本书讲课用课件在流传，受到读者的相互推荐。经过阅读和传播，既肯定了本书的主要内容和特点，也暴露了若干不足和缺陷。此次化学工业出版社决定再版本书，给修改其缺陷、弥补其不足，使其进一步得以完善提供了一个很好的机会。

本书的再版有两位新作者加入：蒋敏和李洪晓。她们之中一位有材料热力学研究的多方面经历，一位有使用本书进行材料热力学教学的丰富经验，使此次再版的质量提高有了切实保障。本次再版在基本保持本书原有选材特色和尽量方便自学的基础上，对第 8 章和第 10 章做了较大的修改，以适应这些领域的快速发展；对所有插图和习题进行了梳理；在每章前增加了导读提示，以使本书进一步有利于自学。我们还准备在近期由化学工业出版社另出一册以本书读者为主要对象的《材料热力学习题与解答》，也希望得到大家的帮助。

厦门大学的王翠萍教授等对本书的修订提出了宝贵意见，在此谨致谢忱。也希望广大读者和海内外专家一如既往地给予本书以关注和批评，以使本书质量能在大家的关怀下得以不断提高。

郝士明谨识

2010.3

铁晶画屋

目 录

前言
第一版前言
第二版前言
绪论 ·· 1

1 单组元材料的热力学 ··· 3

1.1 引论 ··· 3
1.2 Gibbs 自由能 ··· 4
1.3 相变的体积效应 ··· 6
1.4 热容 ·· 11
1.5 由热容计算自由能 ·· 16
1.6 单元材料的两相平衡 ··· 22
1.7 Gibbs-Helmholtz 方程 ·· 28
1.8 磁性转变的自由能 ·· 31
第 1 章推荐读物 ·· 37
习题 ·· 37

2 二组元相 ·· 39

2.1 理想溶体近似 ·· 39
2.2 正规溶体近似 ·· 42
2.3 溶体的性质 ··· 45
2.4 混合物的自由能 ·· 46
2.5 亚正规溶体模型 ·· 50
2.6 化学势与活度 ·· 52
    2.6.1 化学势 ·· 52
    2.6.2 化学势与自由能-成分图（G_m-X 图） ································ 54
    2.6.3 活度 ··· 56
2.7 化合物相 ·· 62
习题 ·· 65

3 二组元材料的热力学 ⋯⋯⋯⋯⋯⋯⋯⋯⋯⋯⋯⋯⋯⋯⋯⋯⋯⋯⋯ 67

3.1 两相平衡 ⋯⋯⋯⋯⋯⋯⋯⋯⋯⋯⋯⋯⋯⋯⋯⋯⋯⋯⋯⋯⋯⋯⋯⋯ 67

3.2 固-液两相平衡 ⋯⋯⋯⋯⋯⋯⋯⋯⋯⋯⋯⋯⋯⋯⋯⋯⋯⋯⋯⋯⋯⋯ 68

3.3 溶解度曲线 ⋯⋯⋯⋯⋯⋯⋯⋯⋯⋯⋯⋯⋯⋯⋯⋯⋯⋯⋯⋯⋯⋯⋯ 76

　　3.3.1 第二相为纯组元时的溶解度 ⋯⋯⋯⋯⋯⋯⋯⋯⋯⋯⋯⋯ 76

　　3.3.2 第二相为化合物时的溶解度 ⋯⋯⋯⋯⋯⋯⋯⋯⋯⋯⋯⋯ 78

3.4 固溶体间的相平衡 ⋯⋯⋯⋯⋯⋯⋯⋯⋯⋯⋯⋯⋯⋯⋯⋯⋯⋯⋯ 81

3.5 相稳定化参数 ⋯⋯⋯⋯⋯⋯⋯⋯⋯⋯⋯⋯⋯⋯⋯⋯⋯⋯⋯⋯⋯ 83

第 2、3 章推荐读物 ⋯⋯⋯⋯⋯⋯⋯⋯⋯⋯⋯⋯⋯⋯⋯⋯⋯⋯⋯⋯ 89

习题 ⋯⋯⋯⋯⋯⋯⋯⋯⋯⋯⋯⋯⋯⋯⋯⋯⋯⋯⋯⋯⋯⋯⋯⋯⋯⋯⋯ 89

4 两个重要的溶体模型 ⋯⋯⋯⋯⋯⋯⋯⋯⋯⋯⋯⋯⋯⋯⋯⋯⋯⋯ 91

4.1 Bragg-Williams 近似 ⋯⋯⋯⋯⋯⋯⋯⋯⋯⋯⋯⋯⋯⋯⋯⋯⋯ 91

　　4.1.1 固溶体的成分与有序度 ⋯⋯⋯⋯⋯⋯⋯⋯⋯⋯⋯⋯⋯ 92

　　4.1.2 混合熵与内能 ⋯⋯⋯⋯⋯⋯⋯⋯⋯⋯⋯⋯⋯⋯⋯⋯⋯ 94

　　4.1.3 自由能 ⋯⋯⋯⋯⋯⋯⋯⋯⋯⋯⋯⋯⋯⋯⋯⋯⋯⋯⋯⋯ 97

　　4.1.4 合作现象 ⋯⋯⋯⋯⋯⋯⋯⋯⋯⋯⋯⋯⋯⋯⋯⋯⋯⋯⋯ 99

4.2 双亚点阵模型 ⋯⋯⋯⋯⋯⋯⋯⋯⋯⋯⋯⋯⋯⋯⋯⋯⋯⋯⋯⋯ 101

　　4.2.1 成分描述 ⋯⋯⋯⋯⋯⋯⋯⋯⋯⋯⋯⋯⋯⋯⋯⋯⋯⋯⋯ 102

　　4.2.2 混合熵 ⋯⋯⋯⋯⋯⋯⋯⋯⋯⋯⋯⋯⋯⋯⋯⋯⋯⋯⋯⋯ 104

　　4.2.3 过剩自由能 ⋯⋯⋯⋯⋯⋯⋯⋯⋯⋯⋯⋯⋯⋯⋯⋯⋯⋯ 105

　　4.2.4 摩尔自由能 ⋯⋯⋯⋯⋯⋯⋯⋯⋯⋯⋯⋯⋯⋯⋯⋯⋯⋯ 106

　　4.2.5 化学势及活度 ⋯⋯⋯⋯⋯⋯⋯⋯⋯⋯⋯⋯⋯⋯⋯⋯⋯ 106

第 4 章推荐读物 ⋯⋯⋯⋯⋯⋯⋯⋯⋯⋯⋯⋯⋯⋯⋯⋯⋯⋯⋯⋯⋯ 110

习题 ⋯⋯⋯⋯⋯⋯⋯⋯⋯⋯⋯⋯⋯⋯⋯⋯⋯⋯⋯⋯⋯⋯⋯⋯⋯⋯ 111

5 相变热力学 ⋯⋯⋯⋯⋯⋯⋯⋯⋯⋯⋯⋯⋯⋯⋯⋯⋯⋯⋯⋯⋯⋯ 112

5.1 无扩散相变 ⋯⋯⋯⋯⋯⋯⋯⋯⋯⋯⋯⋯⋯⋯⋯⋯⋯⋯⋯⋯⋯ 112

　　5.1.1 相变驱动力 ⋯⋯⋯⋯⋯⋯⋯⋯⋯⋯⋯⋯⋯⋯⋯⋯⋯⋯ 112

　　5.1.2 T_0 线 ⋯⋯⋯⋯⋯⋯⋯⋯⋯⋯⋯⋯⋯⋯⋯⋯⋯⋯⋯⋯ 114

　　5.1.3 马氏体点 ⋯⋯⋯⋯⋯⋯⋯⋯⋯⋯⋯⋯⋯⋯⋯⋯⋯⋯⋯ 115

5.2 固溶体的分解 ⋯⋯⋯⋯⋯⋯⋯⋯⋯⋯⋯⋯⋯⋯⋯⋯⋯⋯⋯⋯ 118

　　5.2.1 固溶体自由能曲线的分析 ⋯⋯⋯⋯⋯⋯⋯⋯⋯⋯⋯⋯ 118

　　5.2.2 亚稳固溶体的分解 ⋯⋯⋯⋯⋯⋯⋯⋯⋯⋯⋯⋯⋯⋯⋯ 119

5.3 第二相析出 ⋯⋯⋯⋯⋯⋯⋯⋯⋯⋯⋯⋯⋯⋯⋯⋯⋯⋯⋯⋯⋯ 121

5.4 析出相的表面张力效应 ⋯⋯⋯⋯⋯⋯⋯⋯⋯⋯⋯⋯⋯⋯⋯⋯ 123

　　5.4.1 表面张力与附加压力 ⋯⋯⋯⋯⋯⋯⋯⋯⋯⋯⋯⋯⋯⋯ 123

    5.4.2　表面张力与溶解度 ·· 125

  5.5　二级相变 ··· 128

    5.5.1　相变的热力学特征 ·· 128

    5.5.2　固溶体的磁性转变自由能 ·· 132

    5.5.3　有序-无序转变的自由能 ··· 135

  5.6　二级相变对相平衡的影响 ·· 138

    5.6.1　对溶解度曲线的影响 ·· 138

    5.6.2　对溶解度间隙的影响 ·· 140

  5.7　晶间偏析 ··· 145

  第 5 章推荐读物 ··· 147

  习题 ··· 148

6　多组元相 ·· 149

  6.1　正规溶体近似 ··· 151

  6.2　化合物相 ··· 156

    6.2.1　线性化合物 $(A,B)_a C_c$ ·· 156

    6.2.2　互易相（互易化合物、互易固溶体） ····················· 158

  6.3　代位-间隙式固溶体 ··· 163

  6.4　二级相变自由能 ··· 169

    6.4.1　磁性转变自由能 ·· 169

    6.4.2　有序-无序转变自由能 ··· 170

7　多元材料热力学 ··· 174

  7.1　三元系中的两相平衡 ··· 174

  7.2　固溶体与线性化合物的平衡 ·· 175

  7.3　两个线性化合物之间的平衡 ·· 178

  7.4　固溶体与化学计量比化合物的平衡 ··· 180

  7.5　固溶体之间的相平衡 ··· 189

    7.5.1　稀溶体之间的相平衡 ·· 189

    7.5.2　非稀溶体之间的相平衡 ··· 191

  7.6　两相平衡与第三元素 ··· 192

  第 6、7 章推荐读物 ·· 200

  习题 ··· 200

8　集团变分法 ··· 203

  8.1　集团概率变量 ··· 204

  8.2　摩尔自由能描述 ··· 210

8.2.1　内能 ……………………………………………………………… 210

8.2.2　配置熵 …………………………………………………………… 211

8.2.3　摩尔自由能 ……………………………………………………… 214

8.3　巨势与相对化学势 ………………………………………………… 216

8.3.1　相对化学势与巨势的定义的导出 ……………………………… 217

8.3.2　巨势-相对化学势曲线 …………………………………………… 219

8.4　变分与数值计算 …………………………………………………… 223

8.5　自然迭代法 ………………………………………………………… 224

8.6　同结构相平衡计算 ………………………………………………… 228

8.7　CVM 的新发展 …………………………………………………… 233

第 8 章参考文献 ……………………………………………………… 235

第 8 章推荐读物 ……………………………………………………… 235

9　次级相平衡 …………………………………………………………… 237

9.1　亚稳态相平衡 ……………………………………………………… 237

9.1.1　亚稳相与亚稳平衡态 …………………………………………… 237

9.1.2　步进规则 ………………………………………………………… 240

9.1.3　外插规律 ………………………………………………………… 242

9.1.4　单组元材料的亚稳平衡 ………………………………………… 245

9.1.5　溶体系统中的亚稳平衡 ………………………………………… 246

9.1.6　非晶态合金 ……………………………………………………… 251

9.2　局域平衡 …………………………………………………………… 253

9.2.1　局部平衡假设 …………………………………………………… 254

9.2.2　局部平衡与相图测定 …………………………………………… 258

9.3　仲平衡 ……………………………………………………………… 262

第 9 章参考文献 ……………………………………………………… 265

第 9 章推荐读物 ……………………………………………………… 266

10　材料设计与热力学 ………………………………………………… 267

10.1　经验材料设计的热力学 …………………………………………… 268

10.1.1　相边界成分的确定与电子空位浓度 …………………………… 268

10.1.2　相边界成分的确定与电子能级 ………………………………… 272

10.2　CALPHAD 方法 ………………………………………………… 276

10.2.1　CALPHAD 方法及特点 ………………………………………… 277

10.2.2　CALPHAD 数据库和计算程序 ………………………………… 280

10.2.3　CALPHAD 与第一性原理计算 ………………………………… 284

10.3　CALPHAD 相图计算数据库实例 ………………………………… 285

    10.3.1　无铅微焊材料 285

    10.3.2　Ⅲ-Ⅴ族半导体相图数据库 288

  10.4　材料基因组工程简介 291

    10.4.1　材料发明与设计简史 291

    10.4.2　材料发明的现实状态 292

    10.4.3　美国的率先举措 292

    10.4.4　高通量材料计算的价值 293

    10.4.5　中国的研究现状 294

  第 10 章参考文献 294

  第 10 章推荐读物 295

英文索引 296

中文索引 300

绪　论

　　材料热力学是经典热力学和统计热力学理论在材料研究方面的应用，其目的在于揭示材料中的相和组织的形成规律。固态材料中的熔化与凝固以及各类固态相变、相平衡关系和相平衡成分的确定、结构上的物理和化学有序性以及各类晶体缺陷的形成条件等是其主要研究对象。

　　现代材料科学发展的主要特征之一是对材料的微观层次的认识在不断进步。利用场离子显微镜和高分辨电子显微镜把这一认识推进到了纳米和小于纳米的层次，已经可以直接观察到从位错形态直至原子实际排列的微观形态。但这些成就也有可能给人们造成一种误解，以为只有在微观尺度上对材料的直接分析，才是深刻把握材料组织结构形成规律的最主要内容和最主要途径；以为对那些熵、焓、自由能、活度等抽象的概念不再需要更多地加以注意。其实不然，不仅热力学的主要长处正在于它的抽象性和演绎性，而且现代材料科学的每一次进步和发展都一直受到经典热力学和统计热力学的支撑和帮助。因此可以说，材料热力学的形成和发展正是材料科学走向成熟的标志之一。附表给出了材料热力学的发展与材料科学发展的历程和时间表。可以看出工业技术的进步在拉动材料热力学的发展，而材料热力学的发展又在为下一个技术进步准备基础和条件。

　　1876 年 Gibbs 相律的出现可以认为是经典热力学的一个重要的里程碑。从这时起，刚刚开始不久的关于材料组织的研究，便有了最基本的理论指导。1899 年 H.Roozeboom 把相律应用到了多组元系统，把理解物质内可能存在的各种相及其平衡关系提升到了理性阶段。其后，Roberts-Austen 通过实验构建了 Fe-Fe$_3$C 相图的最初的合理形式，使钢铁材料的研究一开始就有理论支撑。20 世纪初 G.Tamman 等通过实验建立了大量金属系相图，有力地推动了合金材料的开发，被认为是那个时代材料研究的主流基础性工作。稍后出现的经验性溶体理论和 20 世纪 30 年代 W.L.Bragg 和 E.J.Williams 利用统计方法建立的自由能理论，使热力学的分析研究有可能与对材料结构的有序性等微观认识结合起来，意义十分巨大。50 年代初 R.Kikuchi 提出了关于熵描述的现代统计理论，实际上已经逐渐在探索把热力学与第一原理（First principle）计算结合起来的可能性。60 年代初 M.Hillert 等关于非平衡系统热力学的研究，导致了失稳分解（Spinodal 分解）研究领域的出现，极大地丰富了材料组织形成规律的认识。

　　20 世纪 70 年代由 L.Kaufman、M.Hillert 等倡导的相图热力学计算，使金属、陶瓷材料的相图特别是多元相图的研究走进了一个新的发展时期。在热力学数据库支持下相图计算的逐渐成熟，形成了一种相平衡研究的 CALPHAD 模式。其意义更在于这使材料的研究逐渐结束尝试法（Trial and error）阶段，而步入根据实际需要进行材料设计的时代。60 年代中期出现的经验合金设计的 PHACOMP 模式已经可以逐渐由 CALPHAD

模式所取代。如果把 Sorby 用光学显微镜来研究钢铁的组织作为材料科学的开始的话，而把材料设计的出现看做是材料科学的成熟，其间大约经历了一个世纪。这一个世纪中材料热力学一直都扮演着十分重要的角色。

A. Einstein 曾经这样评论热力学理论："一种理论的前提的简单性越大，它所涉及的事物的种类越多，它的应用范围越广，它给人们的印象也就越深。因此经典热力学给我造成了深刻的印象。我确信，这是在它的基本概念可以应用的范围内绝不会被推翻的唯一具有普遍内容的物理理论。"

本书的内容设计是假定读者已经从物理化学或物理学等课程中熟悉了热力学的基本概念和主要内容。因此不再论证这些概念和内容。在书中将主要介绍经典热力学和统计热力学在应用于分析和解决材料学问题时所产生的具体形式或特殊形式、解决和处理问题的方法以及一些重要的结论。内容以平衡态为主，也涉及部分次级平衡（亚稳平衡态）和不可逆过程的问题。

如前所述，材料热力学是热力学理论在材料研究、材料生产活动中的应用。因此这是一门与实践关系十分密切的科学。学习这门课程，不能满足于理解了书中的内容，而应当多进行一些对实际的材料学问题的分析与计算，开始可以是一些简单的，甚至是别人已经解决的问题，然后由易渐难，循序渐进。通过不断的实际分析与计算，一定会增进对热力学理论的理解，加深对热力学的兴趣，进而有自己的心得和成绩。

附表　材料热力学的相关大事年表

年　　代		实　　验	理　　论	相　关　事　件
1800~1849	1800			钢本质的研究
	1811		Avogadro：分子论	
	1821	Seebeck：热电偶		合金钢研究开始
1850~1899	1850			铝青铜开发
	1864	Sorby：光学显微镜观察组织		切削工具钢开发
	1871		Mendeleev：元素周期律	半导体研究开始
	1876		Gibbs：相律	硅整流器诞生
			Boltzmann：统计热力学	碱性转炉诞生
	1885	Le Chatelier：热分析		电解铝成功
1900~1949	1900	Roberts-Austen：铁-碳相图		稀土金属还原
	1908		Van Laar：相图类型计算	高速钢发明
	1920	Westgren：高温 X 射线衍射		硬质合金发明
	1930	Bain：T-T-T 曲线	Bragg-Williams：有序化理论	铝镍钴永磁发明
				Hansen：二元合金相图集
	1940	Klinger-Koch：微量相成分分析	Hume-Rothery：合金相理论	钛还原成功
				ENIAC 计算机出现
			Zener：磁性影响项	
1950~	1950	Heidenreich：透射电镜出现	Kikuchi：CVM 方法	IC 出现
	1960	Castain：EPMA		PHACOMP 出现
	1970		Hillert：双亚点阵模型	Kaufman：CALPHAD 起步
	1980			THERMO-CALC
	1990			各类热力学数据库

1

单组元材料的热力学

【本章导读】

热力学三定律等基本热力学内容在本书中已不再专设章节，所以本章以纯金属等单组元材料为例引出全书最重要的基本概念——自由能，以及相关的焓、熵等概念，以实现与物理化学等基础课程的沟通和联系，Gibbs 自由能最小判据的应用将贯穿全书。另外，本书特别重视通过热容值计算其他热力学函数的功能，在全书中将多次应用。磁性转变是一种典型二级相变，了解磁性转变热力学将为认识所有二级相变对材料相平衡的重要影响奠定基础。

1.1 引论

很多单组元（Single component）材料是重要的工程材料。例如工业纯铁是重要的软磁材料；纯铝和纯钛都是重要的结构材料；纯铜是重要的导电材料；纯 SiO_2 是重要的低膨胀材料；纯硅是电脑的核心 CPU 的芯片材料；纯 MgO 和 Al_2O_3 是重要的耐火材料和耐热材料等。高分子材料的组元概念虽然特殊一些，但即使是最简单的碳链聚合物如聚乙烯也是很重要的工农业用薄膜材料。

单组元材料中没有成分的概念，从这个意义上说问题相对简单。因此也就有可能讨论那些成分影响相对较小，或需要回避成分影响复杂性的问题，如热容、磁性转变、点缺陷等问题。

本章还有一个重要任务就是复习相关的热力学概念。下面用一个固态相变的特点来探讨热力学函数，特别是 Gibbs 自由能（Free energy）在热力学分析中的重要意义。这个固态相变特点是：除非有可以理解的特殊理由，所有纯金属的加热固态相变都是由密排结构（Close structure）向疏排结构（Open structure）的转变。也就是说，加热相变要引起体积的膨胀。

图 1.1 是纯钛的热膨胀曲线。可以看出，在 1155 K（882℃）纯钛有线膨胀系数的突变。这说明在此温度下发生了固态相变，即结构的转变。已经知道，低温的 α-Ti 是密堆六方（hcp）的密排结构，而高温的 β-Ti 是体心立方（bcc）的相对疏排结构。值得注意的是，这种相变的疏密特征并不是一个特例，而是一种规律，一种由热力学函数决定的规律。表 1.1 反映了这种规律。而这里真正可以称为例外的，并不是一种特殊的金属，

竟是最常见的，对人类的文明史发挥了第一位重要作用的金属铁（Fe）的α/γ相变。这一相变的结果是导致体积的收缩。而无论是疏密变化的规律，还是纯铁这个例外，都可以从其自身的热力学状态函数（State function）的特征里找到答案。能够揭示这个答案的热力学函数就是 Gibbs 自由能。

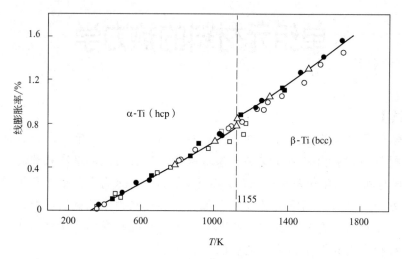

图 1.1 纯钛的体积与温度的关系

表 1.1 纯金属同素异晶转变的结构特征

低温相⇌高温相	金 属
fcc⇌bcc	Ca（α/β），Ce（γ/δ），Fe（γ/δ），La（β/γ），Mn（γ/δ），Th（α/β），Yb（β/γ）
hcp⇌bcc	Be（α/β），Dy（α/β），Er（α/β），Gd（α/β），Hf（α/β），Ho（α/β），Li（α/β），Lu（α/β），Na（α/β），Nd（α/β），Pr（α/β），Pm（α/β），Sc（α/β），Sm（α/β），Sr（β/γ），Tb（α/β），Tl（α/β），Ti（α/β），Tm（α/β），Y（α/β），Zr（α/β）
hcp⇌fcc	Ce（β/γ），Co（ε/α），La（α/β）
fcc⇌hcp	Ce（γ/β），Sr（α/β）
bcc⇌hcp	—
bcc⇌fcc	Fe（α/γ）
复杂结构相变	Mn（α/β/γ/δ）（A12/A13/fcc/bcc）；Sn（α/β）（A4/A5）；U（α/β/γ）（A20/A_b/bcc）

1.2 Gibbs 自由能

上述固态相变的疏密问题实际上是一个体积效应与相稳定性的关系问题，即在什么样的温度下，具有什么样体积特点的相其 Gibbs 自由能更小的问题。为什么 Gibbs 自由能有这样的功能呢，这要从热力学第二定律（Second law of thermodynamics）说起。

热力学第二定律告诉我们，一个孤立系统（Isolated system）总是由熵（Entropy, S）低的状态向熵高的状态变化，平衡状态则是具有最大熵的状态。这可以表示成下面的公式：

$$(dS)_{is} \geqslant 0 \qquad 或 \qquad (\Delta S)_{is} \geqslant 0 \qquad\qquad (1.1)$$

式中的不等号表示不可逆过程，等号表示可逆过程。式（1.1）表明，在一个孤立系统中一个自发的不可逆过程总是熵增加的过程；熵减小的过程是不可能发生的；而达到平衡态时熵达到最大值。

利用熵判据来判断过程的方向和平衡状态（Equilibrium state），存在一个困难问题，那就是研究的对象（即体系，System）必须是孤立系统。这对于材料问题的研究常常是难于做到的，实际材料的状态的改变总是要与环境（Surrounding）发生能量或物质的交换。设想一个材料样品 A 处于炉子 A′中，即使忽略炉子 A′与周围环境之间的热交换，也只能把 A+A′看成一个孤立系统，判断样品 A 状态的变化或是否处于平衡态，都必须把炉子 A′的熵考虑在内，这当然是很不方便的。

如图 1.2 所示，若炉子 A′比试样 A 的热容量（Heat capacity）大得多，试样 A 从 A′吸收一个极小的热量$\delta Q^{A'-A}$后，A′的温度（T）和压力（P）并不发生变化。这是一个可逆过程，因而 A′的熵变为：

$$dS_{A'} = -\frac{\delta Q^{A'-A}}{T} \tag{1.2}$$

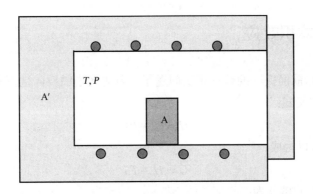

图 1.2   样品与环境的关系

试样 A 吸收热量$\delta Q^{A'-A}$之后，体积（V）的变化为dV_A，对环境做功（Work）为PdV_A，按热力学第一定律（First law of thermodynamics），试样 A 的内能 U_A(Internal energy) 变化为：

$$dU_A = \delta Q^{A'-A} - PdV_A \tag{1.3}$$

这样，炉子 A′的熵变可以用试样的状态函数来表示，即：

$$dS_{A'} = -\frac{dU_A + PdV_A}{T} \tag{1.4}$$

于是，试样 A 与炉子 A′构成的孤立系统的熵变为：

$$dS_{A+A'} = dS_A + dS_{A'} \tag{1.5}$$

由式（1.3）、式（1.4）和式（1.5）可以得到：

$$dS_{A+A'} = -\frac{dU_A + PdV_A - TdS_A}{T} \tag{1.6}$$

这样，孤立系统的熵变便只由试样 A 的状态函数表示了。这时，热力学第二定律可以表示为：

$$-\frac{\mathrm{d}U_A + P\mathrm{d}V_A - T\mathrm{d}S_A}{T} \geqslant 0 \tag{1.7}$$

如果将 $U + PV - TS$ 定义为一个新的热力学状态函数 G：

定义 $$G = U + PV - TS \tag{1.8}$$

这个新的热力学状态函数 G 就是 Gibbs 自由能，在等温等压条件下，

$$\mathrm{d}G = \mathrm{d}U + P\mathrm{d}V - T\mathrm{d}S \tag{1.9}$$

因此，式（1.7）可以表示成：

$$\mathrm{d}G_A \leqslant 0 \tag{1.10}$$

因为这相当于不等式（1.7）的两边都乘了 $-\dfrac{1}{T}$。此式表明，在等温等压下，试样中发生的自发的、不可逆过程都是试样本身的 Gibbs 自由能降低的过程。平衡态是 Gibbs 自由能最小的状态，已无须再考虑环境了。等温等压下平衡态的一般条件便成为：

$$\mathrm{d}G = 0 \quad 或 \quad G = \min \tag{1.11}$$

1.3 相变的体积效应

现在可以讨论前面提到的疏密相变问题了。首先我们需要回忆下面的一些关系式。根据焓（H）的定义式：

$$H = U + PV$$

Gibbs 自由能也可以写成：

$$G = H - TS \tag{1.12}$$

焓和 Gibbs 自由能的微分为：

$$\mathrm{d}H = \mathrm{d}U + P\mathrm{d}V + V\mathrm{d}P$$
$$\mathrm{d}G = \mathrm{d}H - T\mathrm{d}S - S\mathrm{d}T \tag{1.13}$$

在只有体积功时，热力学第一定律的形式是：

$$\mathrm{d}U = \delta Q - P\mathrm{d}V$$
$$\mathrm{d}H = \delta Q + V\mathrm{d}P$$

因而，Gibbs 自由能的微分可以写成：

$$\mathrm{d}G = \delta Q + V\mathrm{d}P - T\mathrm{d}S - S\mathrm{d}T$$

因为对于可逆过程（Reversible process）

$$\mathrm{d}S = \frac{\delta Q}{T}, \qquad \delta Q = T\mathrm{d}S \tag{1.14}$$

所以，Gibbs 自由能的微分又可以写成：

$$\mathrm{d}G = V\mathrm{d}P - S\mathrm{d}T \tag{1.15}$$

同理，Helmholtz 自由能 F（$F = U - TS$）的微分可以写成：

$$\mathrm{d}F = -P\mathrm{d}V - S\mathrm{d}T \tag{1.16}$$

而焓的微分也可以写成 S, V, P, T 等基本热力学函数的关系式，即：

$$\mathrm{d}H = T\mathrm{d}S + V\mathrm{d}P$$

有了这些关系式，我们便可以探讨相变的体积效应了。首先，根据上式，在温度一定时，焓对体积的偏微分为：

$$\left(\frac{\partial H}{\partial V}\right)_T = T\left(\frac{\partial S}{\partial V}\right)_T + V\left(\frac{\partial P}{\partial V}\right)_T \tag{1.17}$$

按 Maxwell 方程

$$\left(\frac{\partial S}{\partial V}\right)_T = \left(\frac{\partial P}{\partial T}\right)_V \tag{1.18}$$

由于 $\left(\dfrac{\partial P}{\partial T}\right)_V$ 恒大于零，即体积不变时，温度增加使压力增加，所以

$$\left(\frac{\partial S}{\partial V}\right)_T > 0 \tag{1.19}$$

此式表明，在温度一定时，熵随体积而增大。即对于同一金属，在温度相同时，疏排结构的熵大于密排结构。对于凝聚态来说，式（1.17）中的 $\left(\dfrac{\partial P}{\partial V}\right)_T$ 是很小的，近乎为零。

如果综合式（1.17）和式（1.18）可得下式：

$$\left(\frac{\partial H}{\partial V}\right)_T \approx T\left(\frac{\partial P}{\partial T}\right)_V > 0 \tag{1.20}$$

此式表明，在温度一定时，焓随体积而增大。即对于同一金属，在温度相同时，疏排结构的焓大于密排结构。

由 Gibbs 自由能的表达式（1.12）可知，G 由 H 和 TS 两项构成。在低温时，TS 项的贡献很小，G 主要决定于 H 项。而疏排结构的焓 H 大于密排结构，其 Gibbs 自由能 G 也大于密排结构。所以低温下的密排相的 G 小，是稳定相。在高温下，TS 项的贡献很大，G 主要决定于 TS 项。而疏排结构的熵 S 大于密排结构，其 Gibbs 自由能 G 则小于密排结构。因而高温下，疏排结构相是稳定相。

这就解释了表 1.1 中的绝大部分金属的相变体积效应，而唯一的例外金属铁的α/γ相变，是由磁性转变自由能所决定的，后面还将说明。

【**例题 1.1**】 空位（Vacancy）在金属的扩散与相变中都发挥着重要的作用，试推算在平衡状态下，纯金属中的空位浓度。

解：若在某一温度下，无空位状态的 Gibbs 自由能为 G^0，有空位状态的值为 G^V，则空位引起的 Gibbs 自由能变化为 ΔG，而且有

$$\Delta G = G^V - G^0$$

如认为 $G^0 = 0$，则 $G^V = \Delta G$。ΔG 的大小与空位的数量有关，空位数量通过影响焓和熵而影响 Gibbs 自由能。空位的增加将造成内能的增加，这可以通过图 1.3 加以说明。图 1.3 表明，晶体中原子间距相对于平衡距离 r_0 的任何偏离都会导致位能 U（结合能）

的升高。而空位的出现，会引起其周围的原子偏离平衡位置，所以位能升高。若引入 1 个空位造成的内能增量为 u，则 n 个空位造成的内能增量为 nu，即

$$\Delta U = nu$$

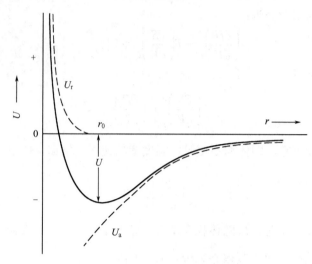

图 1.3　原子间的结合能与原子间距离的关系

U_a—吸引位能的贡献；U_r—排斥位能的贡献

对于凝聚态，如果认为 $\Delta U \approx \Delta H$，则：

$$\Delta H = nu$$

若纯金属的原子总数为 N，则引入 n 个空位后，金属晶体的晶格结点数变为 $N+n$。在 $N+n$ 个结点上排布 N 个原子和 n 个空位的排布方案数，就是引入空位后的微观组态数 W^{V}：

$$W^{\mathrm{V}} = \frac{(N+n)!}{N! \, n!}$$

无空位时的微观组态数 $W^0 = 1$，按 Boltzmann 方程，熵与微观组态数 W 和 Boltzmann 常数 k 的关系为：

$$S = k \ln W$$

有空位时的熵 S^{V} 和无空位时的熵 S^0 以及引入空位后的熵变 ΔS 分别为：

$$S^{\mathrm{V}} = k \ln W^{\mathrm{V}}$$

$$S^0 = 0$$

$$\Delta S = S^{\mathrm{V}} - S^0 = k \ln W^{\mathrm{V}}$$

在 N 很大时，可用 Stirling 公式计算阶乘的对数：

$$\ln(N!) = N \ln N - N$$

因而由 n 个空位所带来的熵变为：

$$\Delta S = k \left[(N+n)\ln(N+n) - N \ln N - n \ln n \right]$$

$$\Delta S = -k \left[N \ln \frac{N}{N+n} + n \ln \frac{n}{N+n} \right]$$

图 1.4 中表示了由于引入空位给晶体带来的焓变、熵变和 Gibbs 自由能的变化。可以看

出自由能的变化是一个有极小值的曲线，也就是说，当有一定数量的空位存在时，比没有空位时自由能更低些。Gibbs 自由能变化为：

$$\Delta G = \Delta H - T\Delta S = nu + kT\left[N\ln\frac{N}{N+n} + n\ln\frac{n}{N+n} \right]$$

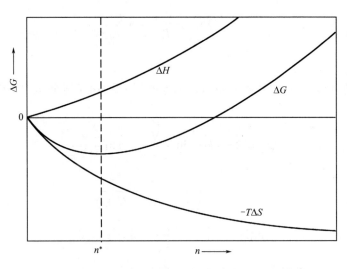

图 1.4　晶体中引入空位后所带来的焓、熵和自由能的变化
n^*是使ΔG为最小值时的空位数，正文中已简化为n

在等温等压下，Gibbs 自由能值为最小的状态就是平衡态。使 Gibbs 自由能为最小的空位数 n 可按下式求得：

$$\frac{\mathrm{d}\Delta G}{\mathrm{d}n} = 0$$

$$u + kT\big[\ln n - \ln(N+n)\big] = 0$$

$$\ln\frac{n}{N+n} = -\frac{u}{kT}$$

可将 $\dfrac{n}{N+n}$ 定义为空位浓度（Vacancy concentration）X_V，上式表明，空位浓度取决于温度和空位形成激活能（形成 1 个空位引起的内能增量，Activation energy）u。已知空位浓度和温度可以求得激活能；已知激活能也可以计算空位浓度。有时也将 $\dfrac{n}{N}$ 定义为空位浓度 X'_V，由上式可知

$$X_V = \frac{n}{N+n} = \exp\left(-\frac{u}{kT} \right)$$

$$X'_V = \frac{n}{N} = \frac{1}{\exp\left(\dfrac{u}{kT}\right) - 1}$$

【例题 1.2】 Richard 经验定律指出，1mol 纯金属的熔化熵均约等于气体常数 R，而

纯的氧化物的熔化熵则大得多，可达 $2R\sim3R$。这是一个非常有用的经验规律，可用来估算纯金属的熔化焓和熔化自由能。试用此定律估算熔点下液态金属中的空位浓度。

解 1：若以 ΔH_f、ΔS_f 和 T_f 分别表示熔化焓、熔化熵和熔点，则 Richard 经验定律可写成

$$\Delta S_f = \frac{\Delta H_f}{T_f} \approx R$$

$$R = kN_a$$

N_a 和 k 分别是 Avogadro 常数和 Boltzmann 常数。如果 1mol 纯金属的熔化熵全部来源于空位，则有

$$\Delta S_f = R = -k\left[N\ln\frac{N}{N+n} + n\ln\frac{n}{N+n}\right]$$

$$-1 = \ln\frac{N}{N+n} + \frac{n}{N}\ln\frac{n}{N+n}$$

$$\ln(1-X_V) + \frac{X_V}{1-X_V}\ln X_V + 1 = 0$$

解上面的超越方程，可得

$$X_V = \frac{n}{N+n} = \frac{1}{3} \qquad 或 \qquad n = \frac{N}{2}$$

这个解是不可取的，因为这意味着熔化时体积要发生巨大的变化。可知，熔化熵还应该有其他的来源，熔点液体的空位浓度不应该这样大。

解 2：如果认为熔化焓全部是由空位提供的，则有

$$\Delta H_f = RT_f = nu \qquad 或 \qquad n = \frac{RT_f}{u}$$

由此式估算空位数 n 时，需要知道空位的激活能 u。很多研究结果表明，熔点下固体中的空位浓度 $X_V^S \approx 10^{-3}$，由此可以求得空位的形成激活能：

$$\ln X_V^S = \ln(10^{-3}) = -\frac{u}{kT_f} = -6.9$$

$$u = 6.9kT_f$$

空位激活能取决于熔点。将此结果代入式 $n = \frac{RT_f}{u}$，可得

$$n = \frac{kNT_f}{6.9kT_f} = \frac{N}{6.9}$$

$$X_V = \frac{n}{N+n} = \frac{1}{6.9+1} = 0.1266$$

此解比较接近于实际结果。但认为熔化焓全部由空位提供的假定仍显得过于简略。

1.4 热容

热容（Heat capacity）是材料（物质）的极重要的物理性质，也是极重要的热力学函数。平均热容的定义为：当物质被加热时如果不发生相变和化学反应，则物质温度升高 1K 所吸收的热量为其平均热容。显然热容的数值是与物质的量有关的。平均热容 $\overline{C}$ 的定义式为：

$$\overline{C} = \frac{Q}{T_2 - T_1} \tag{1.21}$$

式中的 Q 为物质由温度 T_1 到 T_2 间所吸收的热量。同一物质在不同温度区间 ΔT 的平均热容也不同，因此有必要定义物质在某一温度下的热容 C。

$$C = \lim_{\Delta T \to 0} \frac{\delta Q}{\Delta T} = \frac{\delta Q}{\mathrm{d}T} \tag{1.22}$$

热容 C 是温度的函数。纯元素的热容与温度的关系已经有很成熟的理论，其中最有名的是 Einstein 和 Debye 的热容理论。

上面提到了诸多热力学状态函数，它们可以分做以下两大类。

（1）容量性质或称广延量（Extensive properties） 该类性质与体系物质的数量成比例。例如体积、内能、焓、熵、自由能、热容等。这种性质在一定条件下具有加和性。

（2）强度性质或称内禀量（Intensive properties） 该类性质与体系物质的数量无关，是物质本身的属性。例如温度、压力、密度等。这种性质不具备加和性。

单位数量物质的容量性质也是物质本身的属性，也就成了强度性质。例如，体积、焓、热容是容量性质，但 1mol 物质的体积、焓、热容，即摩尔体积、摩尔焓、摩尔热容则是强度性质，是材料本身的属性。

下面提到的热容均指摩尔热容，是强度性质；还有一种相近的强度性质是比热容（Specific heat capacity），那是指 1g 物质的热容。

如前所述，只有体积功时热力学第一定律的形式为

$$\mathrm{d}U = \delta Q - P\mathrm{d}V$$

焓的微分为

$$\mathrm{d}H = \mathrm{d}U + P\mathrm{d}V + V\mathrm{d}P$$

对于一个等压过程，由上式可知，

$$\mathrm{d}H = \delta Q$$

所以等压过程中的热容即定压热容 C_p 为

$$C_p = \left(\frac{\partial H}{\partial T} \right)_p \tag{1.23}$$

对于一个等体积过程，由热力学第一定律可知

$$\mathrm{d}U = \delta Q$$

所以等体积过程的热容，即定容热容 C_V 为

$$C_V = \left(\frac{\partial U}{\partial T}\right)_V \tag{1.24}$$

由实验获得的热容主要是定压热容 C_p；而由理论求得的热容首先是定容热容 C_V。由实验测得的定压热容，通常表示成温度的多项式函数形式，并指定一个适用的温度范围，例如

$$C_p = a + bT + cT^{-2} + dT^2$$

不同材料的 a、b、c、d 的数值不同，T 为 Kelvin 温度（热力学温度）。

内能 U、焓 H、熵 S、Gibbs 自由能 G 和 Helmholtz 自由能 F 等均可以用热容表示。由式（1.23）、式（1.24）可知

$$H = \int C_p \mathrm{d}T + H(0\mathrm{K}) \tag{1.25}$$

$$U = \int C_V \mathrm{d}T + U(0\mathrm{K}) \tag{1.26}$$

式中的 $H(0\mathrm{K})$ 和 $U(0\mathrm{K})$ 是热力学零度时的焓和内能，目前其绝对值尚无法得知。对于准静态过程（Quasistatic process），熵的变化 $\mathrm{d}S$ 为：

$$\mathrm{d}S = \frac{\delta Q}{T}$$

由式（1.22）可知 $\delta Q = C\mathrm{d}T$，因而有

$$\mathrm{d}S = \frac{C\mathrm{d}T}{T}$$

所以，在等压和等容条件下的熵分别为：

$$S_p = \int_0^T \frac{C_p}{T} \mathrm{d}T + S(0\mathrm{K}) \tag{1.27}$$

$$S_V = \int_0^T \frac{C_V}{T} \mathrm{d}T + S(0\mathrm{K}) \tag{1.28}$$

$S(0\mathrm{K})$ 为热力学零度下的熵，根据热力学第三定律（Third law of thermodynamics），可以认为单组元相在热力学零度下的熵 $S(0\mathrm{K}) = 0$。所以单组元相的 Gibbs 自由能和 Helmholtz 自由能分别为：

$$G = \int_0^T C_p \mathrm{d}T - T\int_0^T \frac{C_p}{T} \mathrm{d}T + H(0\mathrm{K}) \tag{1.29}$$

$$F = \int_0^T C_V \mathrm{d}T - T\int_0^T \frac{C_V}{T} \mathrm{d}T + U(0\mathrm{K}) \tag{1.30}$$

根据以上两式，可以在已知热容的前提下，定量地计算单组元的各种相从 0K 起的自由能数值。

【例题 1.3】 试应用平衡态条件，求晶体的定容热容表达式。

解：1907 年 A.Einstein 应用量子理论解释了晶体的振动热容。他认为：①晶体中的原子在平衡位置附近作热振动，自热力学零度起的吸热升温过程就是各谐振子以量子为单位吸收能量的过程；②每个原子的振动可以用三维坐标来描述，即每个原子可看成是

3 个谐振子，N 个原子构成的晶体中有 $3N$ 个独立的谐振子；③各谐振子的振动频率相同，即：

$$\nu_1 = \nu_2 = \nu_3 = \cdots = \nu_{3N}$$

但每个谐振子的能量是可以不同的，可以取一系列不连续的能量值 ε

$$\varepsilon = \left(n_l + \frac{1}{2}\right)h\nu$$

n_l 为量子数，$h\nu$ 为一个声子。如果每个谐振子都有一个符号，可以记作

$$a_1, \ a_2, \ a_3, \ \ldots, \ a_{3N}$$

当在某一温度下，晶体总共吸收了 n 个声子的能量，这 n 个声子的符号分别为：

$$k_1, \ k_2, \ k_3, \ \ldots, \ k_n$$

在 $3N$ 个谐振子上分配 n 个声子的分配方案数为：$(3N+n)!$。但是由于声子实际上是无法识别的，因此在这些分配方案中有一些实际上是相同的。例如，如果 a_3 以后的各谐振子上声子的分配是相同的，而 a_1，a_2 上有符号不同而数量相同的声子，即

$$a_1 k_1 k_2, \ a_2 k_3, \ a_3 k_4, \ \ldots$$
$$a_1 k_2 k_3, \ a_2 k_1, \ a_3 k_4, \ \ldots$$

则这两种分配方案虽然都计入了 $(3N+n)!$ 中，但实际是相同的，真正不同的分配方案数 W 应当是

$$W = \frac{(3N+n)!}{(3N)!(n)!}$$

这个分配方案数就是晶体在能量上的微观组态数。

吸收 n 个声子所引起的熵的变化 ΔS 和内能的变化 ΔU 分别为

$$\Delta S = k\ln W = k\left[\ln(3N+n)! - \ln(3N)! - \ln n!\right]$$
$$\Delta S = -k\left(3N\ln\frac{3N}{3N+n} + n\ln\frac{n}{3N+n}\right)$$
$$\Delta U = nh\nu$$

Helmholtz 自由能的变化 $\Delta F = \Delta U - T\Delta S$，等体积过程的平衡态出现在 Helmholtz 自由能的变化值 ΔF 为极小值的时候。这就是说，在某一温度，晶体不能吸收任意数量的声子，只有某个声子数能使 ΔF 成为极小值时，这一声子数才是能够实际吸收的。这个数值可由下式求出：

$$\frac{\mathrm{d}\Delta F}{\mathrm{d}n} = 0$$
$$h\nu - kT\left[\ln(3N+n) - \ln n\right] = 0$$
$$\ln\frac{n}{3N+n} = -\frac{h\nu}{kT} \quad \text{或} \quad \frac{n}{3N+n} = \exp\left(-\frac{h\nu}{kT}\right)$$

$$n = \frac{3N}{\exp\left(\dfrac{h\nu}{kT}\right) - 1}$$

由吸收声子引起的内能变化为：

$$\Delta U = nh\nu = \frac{3Nh\nu}{\exp\left(\dfrac{h\nu}{kT}\right) - 1}$$

定容热容可根据定义式求得：

$$C_V = \left(\frac{\partial U}{\partial T}\right)_V = \left\{\frac{\partial[U(0\text{K}) + \Delta U]}{\partial T}\right\}_V$$

$$C_V = \frac{3Nh\nu}{\left(\exp\dfrac{h\nu}{kT} - 1\right)^2}\left[\exp\left(\frac{h\nu}{kT}\right)\right]\frac{h\nu}{kT^2}$$

$$C_V = 3R\left(\frac{h\nu}{kT}\right)^2 \frac{\exp\left(\dfrac{h\nu}{kT}\right)}{\left(\exp\dfrac{h\nu}{kT} - 1\right)^2}$$

式中，h 为 Planck 常数，k 为 Boltzmann 常数。由于 $\dfrac{h\nu}{k}$ 的量纲与温度相同，所以定义其为 Einstein 特征温度 Θ_E，即 $\Theta_E = \dfrac{h\nu}{k}$。定容热容可表示为

$$C_V = 3R\left(\frac{\Theta_E}{T}\right)^2 \frac{\exp\left(\dfrac{\Theta_E}{T}\right)}{\left(\exp\dfrac{\Theta_E}{T} - 1\right)^2}$$

由本例题可以看出，理解平衡态是求解热容表达式的关键。

各种单组元材料的定容热容差别很大。在 C_V-T 关系图中，不同的材料是分立的一系列曲线，如图 1.5（a）所示，但在 C_V-T/Θ 关系图中，不同的单组元材料将会聚在一条线上，如图 1.5（b）所示。可以看出热容理论在统一描述单组元材料方面是成功的。

Einstein 定容热容表达式虽然很好地描述了热容与温度之间的关系，但仍与实验结果不完全相符。特别是 Einstein 定容热容理论无法说明在极低温度时，为什么定容热容的实验值与热力学温度的三次方成比例。Debye 对晶体振动热容理论做了修正，其要点是不把各谐振子的振动频率看做是相同的，也不把各谐振子看做是相互独立的。其结果与 Einstein 理论的比较如图 1.6 所示，可与实验结果十分一致。

在低温下 Debye 的定容热容为：

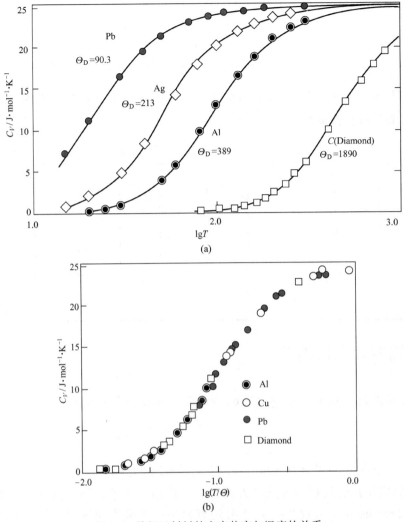

(a)

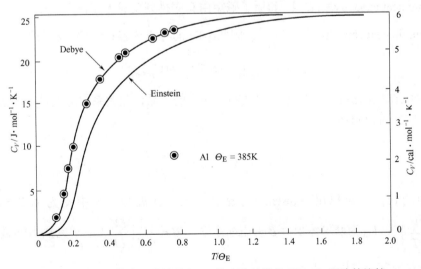

(b)

图 1.5　单组元材料的定容热容与温度的关系

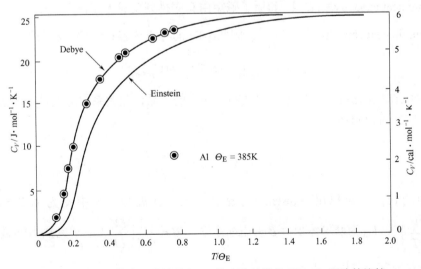

图 1.6　Debye 热容理论计算与 Al 的实验结果及 Einstein 理论的比较

$$C_V = 1943.8 \left(\frac{T}{\Theta_D} \right)^3 \quad (J \cdot mol^{-1} \cdot K^{-1})$$

这是有名的温度三次方经验定律，式中的 Θ_D 称为 Debye 特征温度，$\Theta_D = \frac{h v_m}{k}$，$v_m$ 是最大振动频率。各种元素的 Debye 特征温度如表 1.2 所示，如果令 $\Theta_E \approx 0.77 \Theta_D$，两个理论的计算结果会很接近。

表 1.2　各元素的 Debye 特征温度 Θ_D　　　　单位：K

元　素	Θ_D	元　素	Θ_D	元　素	Θ_D
Be	1160	Mg	604	Fe	467
Ti	278	Zr	270	V	274
Ni	456	Pd	275	Cu	339
Au	165	Zn	308	Al	418
Tl	89	Pb	94.6	Ge	366
La	132	Co	445	Ag	225
In	109	Si	658	C	约 2000

1.5　由热容计算自由能

前面已经提到，单组元材料的 Gibbs 自由能 G 可以利用定压热容 C_p 积分求得：

$$G = \int_0^T C_p \mathrm{d}T - T \int_0^T \frac{C_p}{T} \mathrm{d}T + {}^0H \text{（0K）}$$

在单组元材料中热容 C_p 最复杂的是 α-Fe，下面以 α-Fe 为例求 $G - {}^0H$。

α-Fe 的定压热容包括下面几个方面。一是晶格上离子振动的贡献，即振动热容（Vibrating heat capacity）$\left(C_p^\alpha \right)_{\mathrm{vib}}$；而且还有自由电子吸收能量的贡献，即电子热容（Electronic heat capacity）$\left(C_p^\alpha \right)_{\mathrm{elr}}$ 和原子磁矩由有序排列变成无序排列的贡献，即磁性热容（Magnetic heat capacity）$\left(C_p^\alpha \right)_{\mathrm{mag}}$。因此 α-Fe 的等压热容 C_p^α 可写成下式：

$$C_p^\alpha = (C_p^\alpha)_{\mathrm{vib}} + (C_p^\alpha)_{\mathrm{elr}} + (C_p^\alpha)_{\mathrm{mag}} \tag{1.31}$$

已经知道，定压热容与定容热容之间有如下的关系，此关系实际上是振动热容之间的关系，所以可以写成：

$$(C_p^\alpha)_{\mathrm{vib}} = (C_V^\alpha)_{\mathrm{vib}} + \frac{\alpha^2 V_m T}{\beta}$$

式中的 $(C_V^\alpha)_{\mathrm{vib}}$ 可以用 Einstein 定容热容表达式展开，其中 α 为体膨胀系数，$\alpha = \frac{1}{V} \left(\frac{\partial V}{\partial T} \right)_p$；$V_m$ 为摩尔体积；β 为压缩系数，$\beta = -\frac{1}{V} \left(\frac{\partial V}{\partial P} \right)_T$；$T$ 为热力学温度。

电子热容部分可以表达为：

$$(C_p^\alpha)_{elr} = \gamma T \tag{1.32}$$

式中，γ 为电子热容系数。

磁性热容与温度的关系是最复杂、最难予表达的，很多理论物理工作者在致力于更准确地描述这一关系，得到的结果也更加复杂。这里介绍的一种最简单的解析式，是用 Ising 模型描述的二维简单立方晶格的磁性热容。

$$(C_p^\alpha)_{mag} = R\frac{x^2}{\cosh^2 x - \dfrac{x}{\tanh x}} \tag{1.33}$$

式中，R 为气体常数；$x = \dfrac{T_C}{T}\sigma$；T_C 是 Curie 温度；σ 是原子磁矩排列有序度，$\sigma = \tanh\left(\dfrac{T_C}{T}\sigma\right)$。

描述磁性转变的模型还有很多，但都难以准确地与实验结果达到一致，图 1.7 是各种理论模型对磁性转变热容的计算结果的比较。包括各项贡献的 α-Fe 的热容曲线如图 1.8 所示。

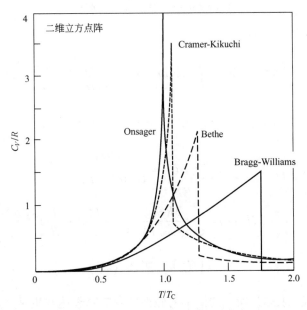

图 1.7　各种理论模型对二维晶体铁磁-顺磁转变热容的计算结果

由图可以看出，只有 Onsager 的计算能与实际结果很好地符合；纵坐标的单位 R 为气体常数

为计算 $G^\alpha(T) - {}^0H^\alpha(0K)$，应首先计算出 $H^\alpha(T)$ 和 $S^\alpha(T)$，这是因为

$$G^\alpha(T) = H^\alpha(T) - TS^\alpha(T) \tag{1.34}$$

其中焓项部分是

$$H^\alpha(T) = \int_0^T (C_V^\alpha)_{vib}\,dT + \int_0^T (\alpha^2 V_m T/\beta)\,dT$$

$$+ \int_0^T (C_p^\alpha)_{elr}\,dT + \int_0^T (C_p^\alpha)_{mag}\,dT + {}^0H^\alpha(0K)$$

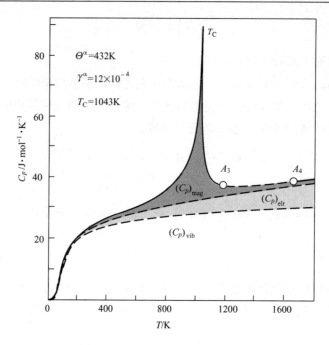

图 1.8　α-Fe 热容的各个组成部分

焓项的振动部分为

$$\int_0^T (C_V^\alpha)_{vib} \ dT = \int_0^T 3R(\Theta_E / T)^2 \frac{\exp(\Theta_E / T)}{[\exp(\Theta_E / T) - 1]^2} dT$$

为计算该积分，可令 $y = \exp(\Theta_E / T)$，$dy = -\exp(\Theta_E / T)\Theta_E \dfrac{dT}{T^2}$，这样求该积分可以得到

$$\int_0^T (C_V^\alpha)_{vib} \ dT = \frac{3R\Theta_E}{\exp(\Theta_E / T) - 1}$$

$$H^\alpha(T) = \frac{3R\Theta_E}{\exp(\Theta_E / T) - 1} + \gamma \frac{T^2}{2} + \frac{\alpha^2 V}{2\beta} T^2$$

$$+ \left(H^\alpha\right)_{mag} + {}^0 H^\alpha (0K) \tag{1.35}$$

由于即使如式（1.33）所示的简单的磁性转变热容表达式也是无法积分的，所以式中的 H_{mag}^α 是利用 $(C_p^\alpha)_{mag}$ 的实测结果经数值积分求得的。$H^\alpha(T) - {}^0 H^\alpha(0K)$ 与温度的关系如图 1.9 所示。

熵项的计算如下：

$$S^\alpha(T) = \int_0^T \frac{(C_V^\alpha)_{vib}}{T} dT + \int_0^T \frac{\alpha^2 V_m}{\beta} dT$$

$$+ \int_0^T (C_p^\alpha)_{elr} \frac{dT}{T} + \int_0^T (C_p^\alpha)_{mag} \frac{dT}{T}$$

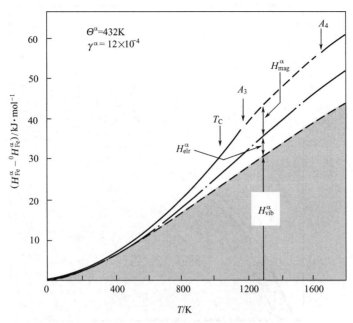

图 1.9　α-Fe 焓项计算结果的图示

为计算 $\int_0^T \dfrac{(C_V^\alpha)_{\text{vib}}}{T}\mathrm{d}T$，令 $x = \Theta_E / T$，$\mathrm{d}x / x = -\mathrm{d}T / T$，

$$\int_0^T \frac{(C_V^\alpha)_{\text{vib}}}{T}\mathrm{d}T = 3R\left\{\frac{\Theta_E / T}{\exp(\Theta_E / T) - 1} - \ln[1 - \exp(-\Theta_E / T)]\right\}$$

$$S^\alpha(T) = 3R\left\{\frac{\Theta_E / T}{\exp(\Theta_E / T) - 1} - \ln[1 - \exp(-\Theta_E / T)]\right\}$$

$$+ \gamma T + S_{\text{mag}}^\alpha + \frac{\alpha^2 V_{\text{m}} T}{\beta} \tag{1.36}$$

$S^\alpha(T)$ 与温度的关系如图 1.10 所示。

　　将式（1.35）和式（1.36）代入式（1.34），便可以得到 $G^\alpha - {}^0H^\alpha$ 与温度的关系，这一关系如图 1.11 所示。

　　现在可以来分析为什么纯 Fe 的 A_3 点（910℃）的加热相变是由疏排（bcc）变密排（fcc）的相变了。图 1.11 中给出了 α-Fe 自然磁性状态（从 0K 到居里温度是铁磁态而在更高的温度下为顺磁态的状态）的 Gibbs 自由能曲线和没有磁性转变，即从热力学零度到高温一直是顺磁态的自由能曲线。图中还给出了 γ-Fe 的自由能曲线。可以看出，在 A_3 点以下，之所以 α-Fe 的自由能小于 γ-Fe 的自由能是由磁性转变引起的。如果没有磁性转变，顺磁态的 α-Fe 只有在 A_4 点以上其自由能才低于 γ-Fe。如果真的是这样，纯 Fe 的加热相变也就不再是唯一的例外，而是与其他金属一样了，即加热时的固态相变是由密排结构变成疏排结构。关于磁性转变热容和磁性转变自由能的处理后面还要介绍一种更加简明的统计理论模型。这里，可以暂时把磁性转变热容和磁性转变自由能理解为是实验现象和对实验现象的总结。

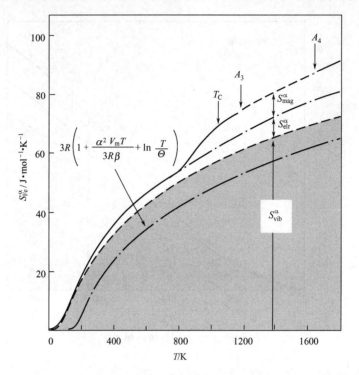

图 1.10 α-Fe 熵项计算结果的图示

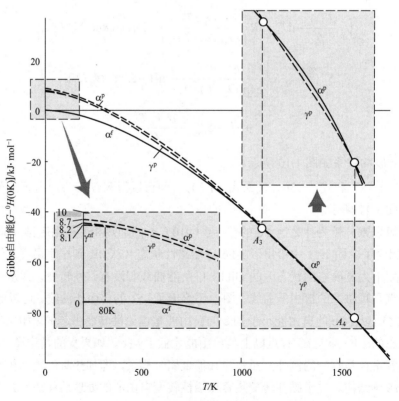

图 1.11 α-Fe 的 Gibbs 自由能与温度的关系曲线

α^p、α^f、γ^p、γ^{nf} 分别为顺磁态 α、铁磁态 α、顺磁态 γ 和反铁磁态 γ 相

【例题 1.4】 试比较纯铁固态两种相（α-Fe 和 γ-Fe）的焓特点，试分析为什么 A_3 点和 A_4 点的加热转变都是吸热转变。

解： 如图 1.12 所示，温度在 A_4 点以下时，γ-Fe 的热容小于 α-Fe，所以在 A_4 点当 γ-Fe 转变成 α-Fe 时，要有焓的增加，因而吸热转变是容易理解的。但我们知道，加热时纯 Fe 在 A_3 点发生由 α-Fe 向 γ-Fe 的转变时，焓也是增加的，就是说也是吸热相变。这一点很难由热容曲线得到解释。因为即使将 γ-Fe 的热容外推到低温部分，它仍然是小于 α-Fe 的。

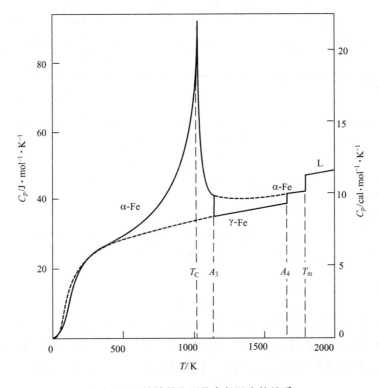

图 1.12　纯铁的定压热容与温度的关系

有人（如 Seitz）曾设想，也许是 γ-Fe 的 Debye 特征温度 Θ_D^γ 比 Θ_D^α 低得多，因此在低温下 γ-Fe 的热容可能是高于 α-Fe 的。但是特征温度（$\Theta_D = h\nu_m / k$）与振动频率 ν_m 有关，密排结构一般是对应着高振动频率，因而有较高的特征温度，所以这种猜测缺乏依据。Weiss 和 Tauer 从 γ-Fe 低温磁性转变的角度分析了这一问题。他们认为 γ-Fe 在低温将发生反铁磁性⇌顺磁性转变，这一转变也像铁磁性⇌顺磁性转变一样将造成热容的特殊峰值，可以使 γ-Fe 的热容提高。但是这种分析仍难以解释 A_3 点加热相变的吸热性质，虽然 γ-Fe 的反铁磁⇌顺磁转变的存在可以由 Mn-Fe 合金等 γ 相具有反铁磁性转变的二元系外推到纯铁来间接证实，参见本书第 9 章的 9.1.3。但由这种反推所得到的 γ-Fe 顺磁⇌反铁磁转变的 Neel 温度只有 80K，反铁磁性⇌顺磁性转变热容不会有很高的数值，不足以造成热容高于 α-Fe 的结果。

低温下 γ-Fe 的焓高于 α-Fe 的真正原因是两种相在热力学零度下的基础焓值是不同

的。试分析下面两式：

$$H^{\gamma} = \int_0^T C_p^{\gamma} \mathrm{d}T + {}^0H^{\gamma}(0\mathrm{K})$$

$$H^{\alpha} = \int_0^T C_p^{\alpha} \mathrm{d}T + {}^0H^{\alpha}(0\mathrm{K})$$

如果热力学零度下的焓 ${}^0H^{\gamma}$ 大于 ${}^0H^{\alpha}$，那么即使 $C_p^{\gamma} < C_p^{\alpha}$，也是可以导致γ-Fe 的焓 H^{γ} 大于 H^{α} 的。Weiss 和 Tauer 计算的结果表明，在热力学零度下α-Fe 的顺磁态焓 ${}^0H_{\mathrm{Pa}}^{\alpha}$ 和铁磁态焓 ${}^0H_{\mathrm{f}}^{\alpha}$，γ-Fe 的顺磁态焓 ${}^0H_{\mathrm{Pa}}^{\gamma}$ 和反铁磁态焓 ${}^0H_{\mathrm{af}}^{\gamma}$ 如下表：

单 位	${}^0H_{\mathrm{Pa}}^{\alpha}$	${}^0H_{\mathrm{f}}^{\alpha}$	${}^0H_{\mathrm{Pa}}^{\gamma}$	${}^0H_{\mathrm{af}}^{\gamma}$
cal·mol^{-1}	2086	0	1956	1926
J·mol^{-1}	8732	0	8188	8062

注：1cal=4.18605J。

热力学零度下的基础状态应该是γ-Fe 的反铁磁态和α-Fe 的铁磁态，两者的差值高达 8062 J/mol。尽管 $C_p^{\gamma} < C_p^{\alpha}$，但在 A_3 点温度下γ-Fe 的焓仍高于α-Fe。

1.6 单元材料的两相平衡

到此为止，我们讨论了单相状态下的热力学平衡态，并且可以利用平衡态条件来确定影响状态的各类因素的数值。现在讨论两种不同结构相之间的平衡问题，此时两相平衡的条件是：

$$\Delta G = 0$$

其含义是材料在等温等压下由一相变成另一相时，Gibbs 自由能的变化为零，或者称两相共存时的 Gibbs 自由能相等。由上式自然可以得出下面的结果：某单元材料的 α 相与 β 相平衡时，α 相的摩尔自由能 G_{m}^{α} 与 β 相的摩尔自由能 G_{m}^{β} 相等，即在压力 P_1 和温度 T_1 下，

$$G_{\mathrm{m}}^{\alpha} = G_{\mathrm{m}}^{\beta} \tag{1.37}$$

若使压力改变 dP 后，在温度相应地改变 dT 之后两相仍呈平衡，则如图 1.13 所示。此时，根据式（1.37）仍有：

$$G_{\mathrm{m}}^{\alpha} + \mathrm{d}G^{\alpha} = G_{\mathrm{m}}^{\beta} + \mathrm{d}G^{\beta}$$

因为 $G_{\mathrm{m}}^{\alpha} = G_{\mathrm{m}}^{\beta}$，所以

$$\mathrm{d}G^{\alpha} = \mathrm{d}G^{\beta} \tag{1.38}$$

根据式（1.15），$\mathrm{d}G = V\mathrm{d}P - S\mathrm{d}T$，可得：

$$V_{\mathrm{m}}^{\alpha}\mathrm{d}P - S_{\mathrm{m}}^{\alpha}\mathrm{d}T = V_{\mathrm{m}}^{\beta}\mathrm{d}P - S_{\mathrm{m}}^{\beta}\mathrm{d}T$$

$$\frac{\mathrm{d}P}{\mathrm{d}T} = \frac{S_{\mathrm{m}}^{\alpha} - S_{\mathrm{m}}^{\beta}}{V_{\mathrm{m}}^{\alpha} - V_{\mathrm{m}}^{\beta}} = \frac{\Delta S_{\mathrm{m}}^{\beta \to \alpha}}{\Delta V_{\mathrm{m}}^{\beta \to \alpha}} \tag{1.39}$$

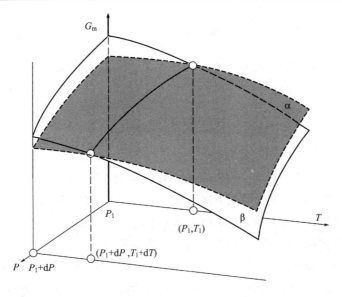

图 1.13　摩尔自由能随温度和压力的变化

对于等温等压下的可逆相变，相变温度为 T 时，

$$\Delta S_{\mathrm{m}}^{\beta \to \alpha} = \frac{\Delta H_{\mathrm{m}}^{\beta \to \alpha}}{T}$$

代入式（1.39）可得：

$$\frac{\mathrm{d}P}{\mathrm{d}T} = \frac{\Delta H_{\mathrm{m}}^{\beta \to \alpha}}{T \Delta V_{\mathrm{m}}^{\beta \to \alpha}} = \frac{\Delta H_{\mathrm{m}}^{\alpha \to \beta}}{T \Delta V_{\mathrm{m}}^{\alpha \to \beta}} \tag{1.40}$$

这就是 Clapeyron 方程，适用于任何单组元材料的两相平衡。

对于凝聚态的相变而言，压力改变不大时，ΔS_{m} 和 ΔV_{m} 的改变是很小的，根据式（1.40）可以认为

$$\frac{\mathrm{d}P}{\mathrm{d}T} = \mathrm{const.} \quad （常数）$$

对于有气相参加的两相平衡，压力改变时摩尔体积的变化 ΔV_{m} 比较大，与气相的体积相比，凝聚态（固相或液相）的体积可以忽略，即 $\Delta V_{\mathrm{m}}^{\mathrm{L(s)} \to \mathrm{G}} = V_{\mathrm{m}}^{\mathrm{G}} - V_{\mathrm{m}}^{\mathrm{L(s)}} = V_{\mathrm{m}}^{\mathrm{G}}$，根据气态方程，1mol 气体的体积

$$V_{\mathrm{m}}^{\mathrm{G}} = \frac{RT}{P}$$

因而式（1.40）可以改写成

$$\frac{\mathrm{d}P}{\mathrm{d}T} = \frac{\Delta H_{\mathrm{m}}}{RT^2} P \tag{1.41}$$

式（1.41）称为 Clausius-Clapeyron 方程。也可写成：

$$\frac{\mathrm{d}\ln P}{\mathrm{d}T} = \frac{\Delta H_{\mathrm{m}}}{RT^2} \tag{1.42}$$

在假设 ΔH_{m} 是常数的条件下，由积分式（1.42）可得

$$\ln P = -\frac{\Delta H_m}{RT} + C \qquad (1.43)$$

最初，人们通过实验获得了这一关系，现在已经明确了它的热力学严整性。在已知压力 P 和相变温度 T 时，可以求得相变时的热效应 ΔH_m 和 C，若令 $C = \ln A$，则

$$P = A \exp\left(-\frac{\Delta H_m}{RT}\right) \qquad (1.44)$$

该式表明，固相与气相之间或液相与气相之间平衡时，相平衡温度 T 与压力 P 之间的关系应为指数关系，由式（1.40）和式（1.44）可以求出单组元物质的两相平衡温度和压力之间的关系图，即 $P\text{-}T$ 相图，如图 1.14 所示。液/气（$L\rightleftharpoons G$）和固/气（$S\rightleftharpoons G$）相平衡温度与压力之间呈指数关系，而液/固（$L\rightleftharpoons S$）平衡根据 Clapeyron 方程，则为直线关系。

凝聚态之间的相平衡（$L\rightleftharpoons S$）温度与压力之间的关系，还有一个 dP/dT 的正负问题。对于绝大多数单组元材料，ΔH_m 与 ΔV_m 是同符号的，即在熔化时，$S\rightarrow L$ 的转变是吸热相变，而且体积膨胀，因而 $dP/dT > 0$，相平衡温度随压力的提高而增高（如图 1.14 中线 ①）；对于少数物质，如 H_2O、Sb、Bi、Si、Ga、Ge 等，在熔化时 $S\rightarrow L$ 转变是吸热相变，但却发生体积的收缩，ΔH_m 与 ΔV_m 异号，因而 $dP/dT < 0$，相平衡温度随压力的提高而降低（如图 1.14 中线 ②）。

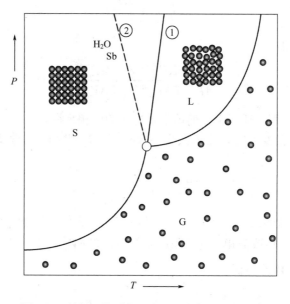

图 1.14 单组元物质的状态与温度和压力的关系

单组元材料不仅在温度改变时会发生相变（如熔化、蒸发、同素异构转变等），而且在温度不变而压力变化时，也会发生相变。如图 1.15 所示，最重要的金属 Fe 在压力变化时其结构、状态会发生明显变化，如熔点会显著提高，即液态存在的温度范围变小，高温 α 相在一定的压力以上将不再出现，甚至可以出现在常压下并不存在的结构。例如在室温下，当压力提高到 13GPa 时，将发生结构的变化，如图 1.16 所示。

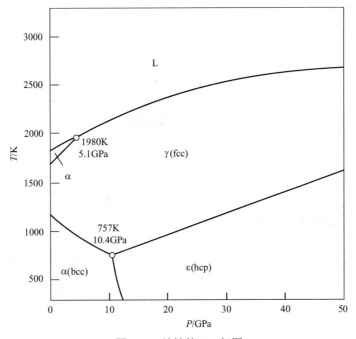

图 1.15　纯铁的 P-T 相图

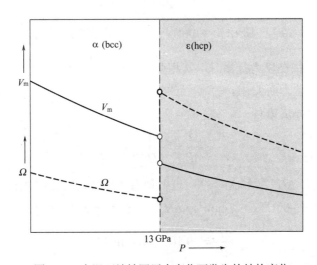

图 1.16　室温下纯铁因压力变化而发生的结构变化

　　13GPa 的相变是摩尔体积 V_m 变小而电阻率 Ω 增大的相变。最初人们以为这种结构的转变可能是 $\alpha \rightleftharpoons \gamma$ 相变，因为 $\alpha \rightleftharpoons \gamma$ 转变时，$\mathrm{d}P/\mathrm{d}T$ 小于零，转变温度随压力的提高而降低。但是 1962 年 Jamieson 成功地进行了高压下的 X 射线分析，证明高压相并非是 fcc 结构，而是 hcp 结构。这种高压相被称为 ε-Fe，而且 $\alpha \rightleftharpoons \varepsilon$ 相变是马氏体转变机制，13GPa 是 $\alpha \rightarrow \varepsilon$ 转变的开始压力，而 $\varepsilon \rightarrow \alpha$ 逆转变的开始压力是 8GPa。$\alpha \rightleftharpoons \varepsilon$ 相平衡压力应当是在 $8 \sim 13$GPa 之间。

　　图 1.17 是纯铁 P-T 相图的低温部分。三个两相平衡线 $\alpha \rightleftharpoons \gamma$，$\alpha \rightleftharpoons \varepsilon$，$\varepsilon \rightleftharpoons \gamma$ 都并不是直线，这是因为在这样的温度和压力的范围里 ΔH_m、ΔV_m 并不是常数的缘故。

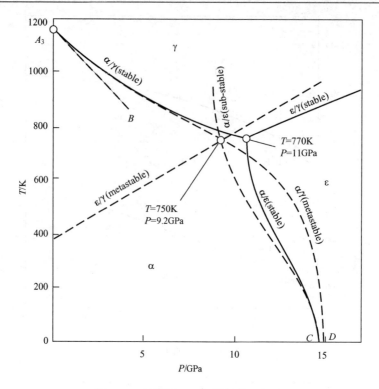

图 1.17　纯铁的 P-T 相图的低温部分

【例题 1.5】　纯铁在压力提高时，其相变温度将发生变化，试推算纯 Fe 的 $\alpha \rightleftharpoons \gamma$ 转变温度 A_3 点如何随压力而变化。

解 1：按 Clapeyron 方程：

$$\frac{\mathrm{d}T}{\mathrm{d}P} = \frac{T\Delta V_{\mathrm{m}}^{\alpha \to \gamma}}{\Delta H_{\mathrm{m}}^{\alpha \to \gamma}}$$

在压力变化不大时，$\Delta H_{\mathrm{m}}^{\alpha \to \gamma}$ 和 $\Delta V_{\mathrm{m}}^{\alpha \to \gamma}$ 可近似地看作常数。在 1atm[❶] 下，$\alpha \rightleftharpoons \gamma$ 转变温度为 1183K，$\Delta V_{\mathrm{m}}^{\alpha \to \gamma} = -0.075\,\mathrm{cm}^3 \cdot \mathrm{mol}^{-1}$，$\Delta H_{\mathrm{m}}^{\alpha \to \gamma} = 879\mathrm{J} \cdot \mathrm{mol}^{-1}$，代入上式可得：

$$\frac{\mathrm{d}T}{\mathrm{d}P} = -0.101 \quad \mathrm{K} \cdot \mathrm{cm}^3 \cdot \mathrm{J}^{-1}$$

$$= -101.0 \quad \mathrm{K} \cdot \mathrm{GPa}^{-1}$$

这里，$1\mathrm{J} = 10^{-3}\mathrm{GPa} \cdot \mathrm{cm}^3$。这就是图 1.17 中的 A_3B 线。显然，只有在压力很低时，A_3B 线才能用来描述相变温度随压力的变化。

解 2：如果 $\Delta H_{\mathrm{m}}^{\alpha \to \gamma}$ 和 $\Delta V_{\mathrm{m}}^{\alpha \to \gamma}$ 不能作为常数处理，可将 α-Fe 和 γ-Fe 的摩尔自由能在 P=1atm 附近对纯 Fe 的 γ 态和 α 态的摩尔自由能 $^0G_{\mathrm{Fe}}^{\gamma}$ 和 $^0G_{\mathrm{Fe}}^{\alpha}$ 做 Taylor 展开：

$$^0G_{\mathrm{Fe}}^{\gamma}(T,P) = \left[^0G_{\mathrm{Fe}}^{\gamma} \right]_{P=1} + \left(\frac{\partial\, ^0G_{\mathrm{Fe}}^{\gamma}}{\partial P} \right)_T (P-1) + \cdots$$

---

❶ 1atm（1 标准大气压）=101.325kPa。为表述方便、便于计算，本书有些章节仍使用 atm 为单位。

$$^0G_{Fe}^{\alpha}(T,P) = \left[\,^0G_{Fe}^{\alpha}\right]_{P=1} + \left(\frac{\partial\,^0G_{Fe}^{\alpha}}{\partial P}\right)_T (P-1) + \cdots$$

取 $\Delta\,^0G_{Fe}^{\alpha\to\gamma} = \,^0G_{Fe}^{\gamma} - \,^0G_{Fe}^{\alpha}$，并考虑到 $(\partial G/\partial P)_T = V$，

$$\Delta\,^0G_{Fe}^{\alpha\to\gamma} = [\Delta\,^0G_{Fe}^{\alpha\to\gamma}]_{P=1} + \Delta V_{Fe}^{\alpha\to\gamma}(P-1)$$

上式中略去了 $(P-1)^2$ 项以上的高次项。根据两相平衡条件，在相应压力下的 $\alpha\rightleftharpoons\gamma$ 平衡时，应有 $\Delta\,^0G_{Fe}^{\alpha\to\gamma} = 0$；而 $P=1$ 时的 $[\Delta\,^0G_{Fe}^{\alpha\to\gamma}]_{P=1}$ 实际上是已知的，它在常压下的数值随温度而变，就是图 1.18 中的 $\Delta\,^0G_{Fe}^{\alpha\to\gamma}$。

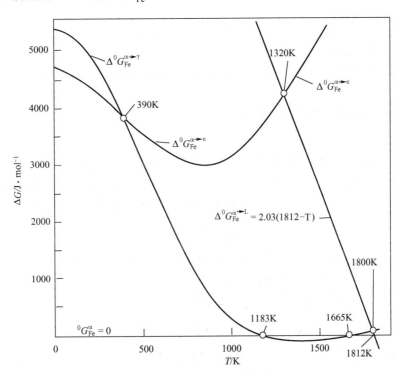

图 1.18 纯铁的各种相之间的 Gibbs 自由能之差

又已知：$\Delta V_{Fe}^{\alpha\to\gamma} = -0.312 + 2\times10^{-4}T\ cm^3\cdot mol^{-1}$。于是可以得到如下的方程式：

$$[\Delta\,^0G_{Fe}^{\alpha\to\gamma}]_{P=1} + 1000(-0.312 + 2\times10^{-4}T)P = 0$$

式中的 1000 是 GPa 与 J·cm^{-3} 之间的单位换算系数，此式中压力 P 的单位为 GPa，温度单位为 K，它表示相平衡温度随压力的变化，结果如图 1.17 中的虚线 A_3D。

【例题 1.6】 在常温常压下，α-Fe 与 ε-Fe 之间的摩尔体积差为 $\Delta V_{Fe}^{\alpha\to\varepsilon} = -0.33 cm^3\cdot mol^{-1}$，试估算常压下该两相之间的摩尔自由能差 $[\Delta\,^0G_{Fe}^{\alpha\to\varepsilon}]_{P=1}$。

解： 按前述方法在 $P=1atm$ 做 Taylor 展开，可以得到：

$$\Delta\,^0G_{Fe}^{\alpha\to\varepsilon} = [\Delta\,^0G_{Fe}^{\alpha\to\varepsilon}]_{P=1} + [\Delta V_{Fe}^{\alpha\to\varepsilon}]_{P=1}(P-1)$$

在压力 $P=13GPa$，温度为室温时，是 $\alpha\rightleftharpoons\varepsilon$ 的平衡状态，此时 $\Delta\,^0G_{Fe}^{\alpha\to\varepsilon} = 0$，因此

$$\Delta\,^0G_{Fe}^{\alpha\to\varepsilon} = [\Delta\,^0G_{Fe}^{\alpha\to\varepsilon}]_{P=1} + [\Delta V_{Fe}^{\alpha\to\varepsilon}]_{P=1}\times13 = 0$$

$$[\Delta\,^0 G_{Fe}^{\alpha\rightarrow\varepsilon}]_{P=1} = -[\Delta V_{Fe}^{\alpha\rightarrow\varepsilon}]_{P=1}\times 13$$

$$[\Delta\,^0 G_{Fe}^{\alpha\rightarrow\varepsilon}]_{P=1} = -(-0.33)\times 13\times 1000 = 4290 \quad J\cdot mol^{-1}$$

这是一个很大的数值，比迄今知道的铁基合金中任何一种相变驱动力（Driving force for phase transformation）都大，参见表1.3。

表1.3 铁基合金中各类转变的驱动力

过程类型	过程驱动力/J·mol^{-1}	注
热力学零度下铁磁-顺磁转变	8000	理论推算
奥氏体→马氏体相变	1000~3000	实际相变
奥氏体→珠光体相变	50~500	实际相变
碳化物的 Ostwald 熟化	10~100	实际相变
奥氏体的晶粒长大	0.1	实际相变

1.7　Gibbs-Helmholtz 方程

单组元材料只有在相平衡温度下，两相的自由能才是相等的。在其他温度下两相自由能不等，这个自由能差也称作相变自由能。相变自由能与温度的关系被称作 Gibbs-Helmholtz 方程。对于某一温度 T 之下的 A→B 相变而言，相变自由能为

$$\Delta G = G^B - G^A \tag{1.45}$$

ΔG 与温度的关系可将式（1.45）在定压下对温度 T 进行微分得到

$$\left[\frac{\partial(\Delta G)}{\partial T}\right]_p = \left(\frac{\partial G^B}{\partial T}\right)_p - \left(\frac{\partial G^A}{\partial T}\right)_p = -S^B - (-S^A) = -\Delta S \tag{1.46}$$

温度一定时，$\Delta G = \Delta H - T\Delta S$，因而

$$-\Delta S = \frac{\Delta G - \Delta H}{T}$$

代入式（1.46）可得

$$\left[\frac{\partial(\Delta G)}{\partial T}\right]_p = \frac{\Delta G - \Delta H}{T} \tag{1.47}$$

移项并整理上式后，再将两边同除以 T，可以得到

$$\frac{1}{T}\left[\frac{\partial(\Delta G)}{\partial T}\right]_p - \frac{\Delta G}{T^2} = -\frac{\Delta H}{T^2} \tag{1.48}$$

式（1.48）的左边是 $\left(\dfrac{\Delta G}{T}\right)$ 对 T 的微分，所以该式可以写成

$$\left[\frac{\partial(\Delta G/T)}{\partial T}\right]_p = -\frac{\Delta H}{T^2} \tag{1.49}$$

式（1.47）、式（1.49）均是 Gibbs-Helmholtz 方程的一种形式。这个方程式也写成下面的形式

$$\left[\frac{\partial\left(\Delta G/T\right)}{\partial\left(1/T\right)}\right]_p = \Delta H \tag{1.50}$$

将式（1.49）移项积分，此时 $d(1/T) = -dT/T^2$，可得

$$\int d\left(\frac{\Delta G}{T}\right)_p = \int -\frac{\Delta H}{T^2}dT$$

$$\frac{\Delta G}{T} = -\int \frac{\Delta H}{T^2}dT + I \tag{1.51}$$

式中 I 为积分常数，可见 ΔG 与温度的关系取决于 ΔH 与温度的关系。

$$\Delta H = \int \Delta C_p dT + \Delta H_0$$

$$\Delta C_p = C_p^{\mathrm{B}} - C_p^{\mathrm{A}} \tag{1.52}$$

式中，ΔH_0 为积分常数，C_p^{A}、C_p^{B} 分别为相变中的母相 A 和产物 B 的热容。前面提到，通常表示为温度的多项式，例如，$C_p = a + bT + cT^{-2}$，这时 $\Delta C_p = C_p^{\mathrm{B}} - C_p^{\mathrm{A}}$ 为

$$\Delta C_p = \Delta a + \Delta bT + \Delta cT^{-2} \tag{1.53}$$

$$\begin{aligned}\Delta H &= \int \Delta C_p dT + \Delta H_0\\&= \Delta H_0 + \int (\Delta a + \Delta bT + \Delta cT^{-2})dT\end{aligned}$$

$$\Delta H(T) = \Delta H_0 + \Delta aT + \frac{\Delta b}{2}T^2 - \frac{\Delta c}{T} \tag{1.54}$$

代入式（1.51）并积分得到

$$\frac{\Delta G}{T} = -\int \frac{\Delta H_0 + \Delta aT + \dfrac{1}{2}\Delta bT^2 - \dfrac{\Delta c}{T}}{T^2}dT + I$$

$$\frac{\Delta G}{T} = \frac{\Delta H_0}{T} - \Delta a\ln T - \frac{\Delta b}{2}T - \frac{\Delta c}{2T^2} + I \tag{1.55}$$

$$\Delta G = \Delta H_0 - \Delta aT\ln T - \frac{\Delta b}{2}T^2 - \frac{\Delta c}{2T} + IT \tag{1.56}$$

这就是相变自由能与温度的关系式，该式受 $C_p = a + bT + cT^{-2}$ 的形式和适用温度范围的制约。将各相的 C_p 相应地代入式（1.52），然后按式（1.53）~式（1.56）的程序可以计算出相变自由能与温度的关系。

【例题 1.7】 如果 bcc 和 fcc 结构的纯铁α、γ 和液态纯铁 L 的定压热容可以分别表示成下列形式

$$C_p^\alpha = 37.142 + 6.17\times10^{-3}T \quad \mathrm{J\cdot mol^{-1}\cdot K^{-1}} \quad （298\sim1809\mathrm{K}）$$

$$C_p^\gamma = 20.93 + 8.438\times10^{-3}T \quad \mathrm{J\cdot mol^{-1}\cdot K^{-1}} \quad （1187\sim1674\mathrm{K}）$$

$$C_p^{\mathrm{L}} = 41.86 \quad \mathrm{J\cdot mol^{-1}\cdot K^{-1}} \quad （\mathrm{m.p.}\sim1873\mathrm{K}）$$

α/γ 和 α/L 相变焓和相变温度分别为 $837\mathrm{J\cdot mol^{-1}}$、1391℃ 和 13772 $\mathrm{J\cdot mol^{-1}}$、

1536℃，试求α/γ和α/L 相变自由能与温度之间的关系式。

解：在本题中可以得到

对于γ→α相变：

$$\Delta a = 16.212, \quad \Delta b = -2.268 \times 10^{-3}, \quad \Delta c = 0$$

由1664K（1391℃）的焓变值（837 J·mol^{-1}）可求出

$$\Delta H_0 = -22999 \quad \text{J·mol}^{-1}$$

$$\Delta H_m^{\gamma \to \alpha} = -22999 + 16.212T - 1.134 \times 10^{-3}T^2 \quad \text{J·mol}^{-1}$$

由1664K（1391℃）的 $\Delta G_m^{\gamma \to \alpha} = 0$ 可求出

$$I = 132.15 \quad \text{J·mol}^{-1}$$

$$\Delta G_m^{\gamma \to \alpha} = -22999 + 132.15T - 16.212T \ln T + 1.134 \times 10^{-3}T^2 \quad \text{J·mol}^{-1}$$

对于α→L 相变：$\Delta a = 4.718$，$\Delta b = -6.17 \times 10^{-3}$，$\Delta c = 0$

由1809K（1536℃）的焓变值（13772 J·mol^{-1}）可求出

$$\Delta H_0 = 15333 \quad \text{J·mol}^{-1}$$

$$\Delta H_m^{\alpha \to L} = 15333 + 4.718T - 3.085 \times 10^{-3}T^2 \quad \text{J·mol}^{-1}$$

由1809K（1536℃）的 $\Delta G_m^{\alpha \to L} = 0$ 可求出

$$I = 21.32 \quad \text{J·mol}^{-1}$$

$$\Delta G_m^{\alpha \to L} = 15333 + 21.32T - 4.718T \ln T + 3.085 \times 10^{-3}T^2 \quad \text{J·mol}^{-1}$$

应当指出，此结果只在910~1400℃的范围里有精确性，这是由 fcc 结构 γ 相的热容适用范围决定的。如果本题中纯铁α、γ 和液态的热容的表达式和相变潜热能足够精确的话，相变自由能的计算结果是可以与图1.18 中的结果相同的。

【例题1.8】 在25℃、1atm 下，金刚石与石墨的标准熵分别为2.38J·mol^{-1}·K^{-1} 和 5.74J·mol^{-1}·K^{-1}；标准焓分别为 395.41kJ·mol^{-1} 和 393.51kJ·mol^{-1}；密度分别为 3.513g·cm^{-3} 和 2.260g·cm^{-3}，碳的摩尔质量（M）为12g。试通过计算判断，在上述条件下碳的哪种晶体结构更为稳定。室温下提高压力能否使石墨变成金刚石。

解：由式(1.15)可知,对于可逆过程为 $\mathrm{d}G = V\mathrm{d}P - S\mathrm{d}T$，在等温条件下，$\left(\dfrac{\partial G}{\partial P}\right)_T = V$，

当移项进行积分 $\Delta G = \displaystyle\int_{P_1}^{P_2} V\mathrm{d}P$ 时，对于理想气体

$$\Delta G = \int_{P_1}^{P_2} \frac{nRT}{P} \mathrm{d}P = nRT \ln \frac{P_2}{P_1}$$

对于凝聚态，体积不变时

$$\Delta G = \int_{P_1}^{P_2} V\mathrm{d}P = V(P_2 - P_1) \tag{1.57}$$

在25℃（298K）、1atm 下，石墨向金刚石转变时的焓变 $\Delta H^{g \to d}$、熵变 $\Delta S^{g \to d}$ 和自由能变化 $\Delta G^{g \to d}$ 分别为

$$\Delta H^{g \to d} = 395.41 - 393.51 = 1.90 \quad \text{kJ·mol}^{-1}$$

$$\Delta S^{g \to d} = 2.38 - 5.74 = -3.36 \quad J \cdot mol^{-1} \cdot K^{-1}$$

$$\Delta G^{g \to d} = \Delta H^{g \to d} - 298 \Delta S^{g \to d} = 2901 \quad J \cdot mol^{-1}$$

由该温度下的 $\Delta G^{g \to d}$ 数值可知，室温下石墨不可能转变成金刚石。在 25℃、1atm 下，碳的稳定晶体结构为石墨态结构。

在分析室温下提高压力使石墨向金刚石的转变时，可分解成图 1.19 的几个步骤。室温增压变成金刚石的自由能变化 ΔG_4 应当与另一途径的自由能变化相等，即

$$\Delta G_4 = \Delta G_1 + \Delta G_2 + \Delta G_3$$

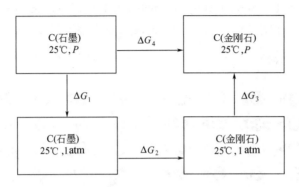

图 1.19　室温增压使石墨转变成金刚石的热力学分析

其中

$$\Delta G_1 = V^g (1 - P)$$

$$\Delta G_3 = V^d (P - 1)$$

$\Delta G_2 = 2901 J \cdot mol^{-1}$，而且由于金刚石的密度大于石墨，所以 $V^g > V^d$。如果在压力为 P 时石墨可转变成金刚石，则应有 $\Delta G_4 = \Delta G_1 + \Delta G_2 + \Delta G_3 < 0$

$$\left(V^d - V^g \right)(P - 1) + \Delta G_2 \leqslant 0$$

$$(P - 1) \geqslant \frac{-\Delta G_2}{V^d - V^g} = \frac{-\Delta G_2}{M \left(1 / \rho^d - 1 / \rho^g \right)}$$

由于 $1J = 10atm \cdot cm^3 = 10^{-3} GPa \cdot cm^3$

$$P = \frac{-2901 \times 10}{12 \times \left(\dfrac{1}{3.513} - \dfrac{1}{2.260} \right)} = 15300atm = 1.53GPa$$

室温增压使石墨变成金刚石需要的压力为 1.53GPa（15300atm）以上。

1.8　磁性转变的自由能

按磁化率（Magnetization coefficient，$\chi = J/H$）的大小可以把材料分为三类，J 和 H 分别为磁化强度和磁场强度。抗磁性材料如 Cu、Ag、Zn、Cd、Hg 以及金刚石、NaCl、

钠玻璃等，其磁化率$\chi<0$；顺磁性材料包括碱金属、碱土金属、大部分过渡金属以及明矾$[KAl(SO_4)_2 \cdot 12H_2O]$等氧化物，其磁化率 $\chi>0$；铁磁性物质有 Fe、Co、Ni、稀土金属以及各种铁氧体等，其磁化率$\chi\gg0$，即磁化率超常巨大，这是由自发磁化引起的。在室温下为铁磁性的金属在超过某一温度（Curie 温度）后将变成顺磁性的，即自发磁化消失。铁磁态⇌顺磁态转变并不伴随晶体结构的变化，而只是晶体中各个原子的磁矩由有序排列变成无序排列。原子的磁矩是由未填满的 3d、4f 电子壳层中不成对电子的自旋矩引起的。铁磁性物质的原子磁矩因交换作用而排列成平行状态（有序状态）以降低能量的行为被称作自发磁化（Spontaneous magnetization）。温度的提高将破坏这种平行排列的有序状态，使磁有序度（Magnetic order parameter）逐渐降低，如图 1.20 所示。

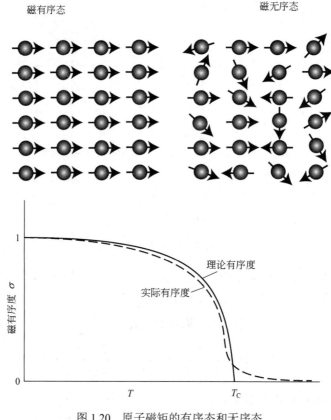

图 1.20　原子磁矩的有序态和无序态

　　本节中用统计方法来讨论原子磁矩随着温度的提高从有序排列到无序排列，即由铁磁态到顺磁态的转变过程中 Gibbs 自由能的变化。也要讨论在某一特定温度下由磁矩的有序态变成无序态时 Gibbs 自由能的变化。需要说明的是，在低于 Curie 温度 T_C 时，金属处于磁有序态，但磁有序度σ是变化的，由绝对零度到 T_C，磁有序度σ由 1 变到 0。

　　处理磁性转变的统计理论很多，这里介绍的是一种最简单的方法，这种方法认为晶体的热容中除了由粒子（正离子和电子）的振动所决定的部分，即晶格振动热容和电子热容之外，还有一个由磁矩有序排列被破坏所决定的部分，即磁性转变热容。如图 1.21

所示，晶体中的磁矩有序度的实际变化如虚线所示，在到达和超过 Curie 温度 T_C 时，有序度并不变为零，仍有一定程度的磁矩有序排列，因而磁性转变热容在温度超过 T_C 后，逐渐变小，在高于 T_C 多的温度下才变成零。比较简单的统计模型所计算的磁矩有序度在 T_C 将变成零，而磁性转变热容在 T_C 达到最大，但也在 T_C 立即变成零，如图 1.20 中的实线所示。纯铁的磁有序度和磁性转变热容如图 1.21 所示。

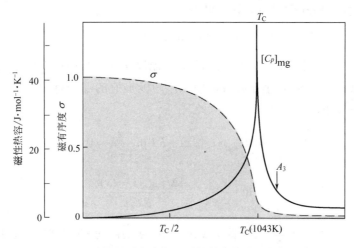

图 1.21　纯铁的磁有序度及磁性转变热容的实测结果

如果假设晶体中的每个原子只有 1 个不成对电子,构成一个玻尔磁子即原子的磁矩;并假设原子磁矩只有两种取向：平行和反平行,则由 N 个原子所组成的晶体中若有 n 个原子的磁矩是反平行排列,则平行排列的原子数为（$N-n$）。由于部分原子磁矩的反平行排列将带来内能的增加,可以认为凝聚态下内能的增加 ΔU 近似等于焓的增加 ΔH，即 $\Delta U \approx \Delta H$，则有 $\Delta H = k_m n(N-n)$，令 $x = n/N$，其为反平行排列的原子分数，则

$$\Delta H = k_m x(1-x)N^2 \tag{1.58}$$

k_m 为反平行焓变系数,其含义为使 1 个原子由平行排列变成反平行排列时带来的焓变。

当 $x=1/2$ 时，磁矩有序度 $\sigma=0$，焓变达到最大，为 ΔH_{max}

$$\Delta H_{max} = \frac{1}{4} k_m N^2 \tag{1.59}$$

因此，由式（1.58）和式（1.59）可得反平行引起的焓变为

$$\Delta H = 4\Delta H_{max} x(1-x) \tag{1.60}$$

晶体中出现反平行排列的原子将带来熵的增加

$$\Delta S = k \ln w = k \ln \frac{N!}{(N-n)!n!}$$

利用 Stirling 近似可得：

$$\Delta S = -k\left[n\ln\frac{n}{N} + (N-n)\ln\frac{N-n}{N}\right]$$

若晶体是 1mol，N=Avogadro 常数，$k=R/N$，R 为气体常数，则

$$\Delta S = -R[x \ln x + (1-x) \ln(1-x)] \tag{1.61}$$

在一定的温度 T 下，由反平行所带来的自由能变化为

$$\Delta G = \Delta H - T \Delta S$$

在此式中代入式（1.60）、式（1.61）可得：

$$\Delta G = 4\Delta H_{max} x(1-x) + RT[x \ln x + (1-x) \ln(1-x)] \tag{1.62}$$

这就是相对于磁矩有序度为 1 的状态，在某一温度 T 下的自由能变化。在任一温度 T，不可能有任意数量的反平行分数 x，使 ΔG 为极小值的反平行原子分数 x 可以利用 $\mathrm{d}\Delta G/\mathrm{d}x=0$ 的条件求出：

$$4\Delta H_{max}(1-2x) + RT \ln \frac{x}{1-x} = 0$$

$$\ln \frac{x}{1-x} = -\frac{4\Delta H_{max}(1-2x)}{RT} \tag{1.63}$$

当 $T \rightarrow T_C$ 时，有 $x \rightarrow \dfrac{1}{2}$，因此，Curie 温度 T_C 可利用罗必达法则，由下式求出：

$$T_C = \lim_{x \to \frac{1}{2}} \frac{-4\Delta H_{max}(1-2x)}{R \ln \dfrac{x}{1-x}}$$

$$T_C = \lim_{x \to \frac{1}{2}} \frac{8\Delta H_{max}}{R \left(\dfrac{1}{x} + \dfrac{1}{1-x} \right)} = \frac{2\Delta H_{max}}{R}$$

$$\Delta H_{max} = \frac{RT_C}{2} \tag{1.64}$$

将式（1.64）代入式（1.63）和式（1.62）可得：

$$\ln \frac{x}{1-x} = -\frac{2T_C}{T}(1-2x) \tag{1.65}$$

$$\Delta G = 2RT_C(1-x)x + RT[x \ln x + (1-x) \ln(1-x)] \tag{1.66}$$

式（1.65）和式（1.66）是描述磁性转变（Magnetic transition）的基本方程式。当温度 T 确定后，先由式（1.65）求出反平行原子分数 x，再由式（1.66）求出相对于磁矩完全有序态（$\sigma=1$）的自由能变化 ΔG。ΔG 随温度 T 的变化如图 1.22 所示。

在 T_C 温度以上，金属处于磁矩的完全无序态（$\sigma=0$），此时 $x=1/2$，

$$\Delta G^p = \frac{RT_C}{2} - RT(\ln 2)$$

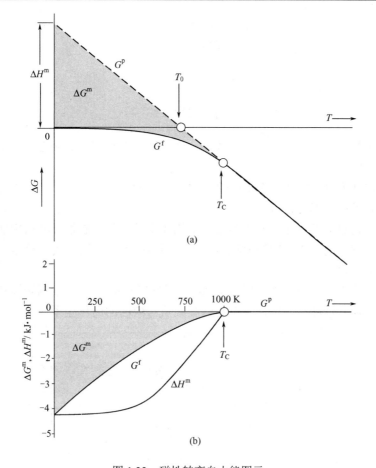

图 1.22　磁性转变自由能图示

（a）以完全铁磁态（$\sigma=1$）为基准态；（b）以完全顺磁态（$\sigma=0$）为基准态

由上式可见，此时ΔG^p与温度之间呈直线关系。将直线延长到 T=0K 的温度，此直线与曲线之间的距离即为各温度下的铁磁态（$\sigma>0$ 的状态）与顺磁态（$\sigma=0$ 的状态）之间的自由能差，称作磁性转变自由能ΔG^m。

$$\Delta G^m = \Delta G - \Delta G^p$$

$$\Delta G^m = RT_C\left[2(1-x)x - \frac{1}{2}\right] + RT\left[x\ln x + (1-x)\ln(1-x) + \ln 2\right] \tag{1.67}$$

ΔG^m 与温度 T 的关系如图 1.22 所示。在 T=0K 时，$\Delta G^m = -\dfrac{RT_C}{2}$；在温度 $T \geqslant T_C$ 时，$\Delta G^m = 0$。

图 1.22（a）中的横轴（即ΔG =0）表示完全铁磁态（$\sigma=1$ 的状态）的自由能与温度的关系，T_C温度以上ΔG曲线的直线部分及其向低温的延长线表示完全顺磁态（$\sigma=0$ 的状态）的自由能与温度的关系，两条直线相交于温度 T_0。这一温度的意义是完全铁磁态所能保持的最高温度，即作为一级相变的铁磁态与顺磁态的转变温度。由式（1.67）可知，在 x=1/2，ΔG^m =0 时，

$$T_0 = \frac{T_C}{2\ln 2} = 0.721 \times T_C$$

$$T_C = \frac{2\Delta H_{max}}{R}$$

$$T_0 = \frac{\Delta H_{max}}{R\ln 2}$$

由上面各式可知，T_0 明显小于 T_C。这说明，由于铁磁态转变成顺磁态并不是在一个固定的温度下完成的，而是从热力学零度起，x 逐渐变为 1/2，磁矩的有序度 σ 逐渐变为 0，T_C 仅是 σ 变为 0 的温度。$T_C > T_0$ 的现象说明，从绝对零度起，一个个反平行磁矩的出现提高了铁磁态的存在温度范围。

上述模型是过分简单了。它不能定量地描述实际材料的磁性转变自由能变化，但是任何更精确的理论的基本思路与此模型并没有根本的差别。可以说，这是一个了解磁性转变的很好的初阶。

图 1.23 定量地给出了纯铁的实际测得的磁性转变热容，以及根据磁性转变热容计算出的磁性转变熵、焓和自由能。可以将这些数值与前面的简单模型做个对比。

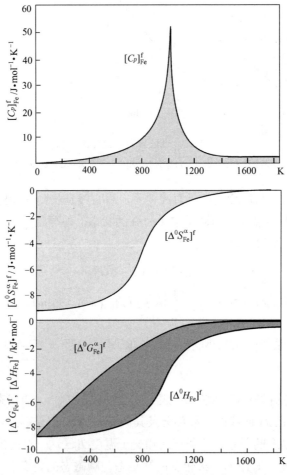

图 1.23　由纯铁的磁性转变热容计算出的磁性转变熵、
磁性转变焓及磁性转变自由能

第 1 章推荐读物

[1] 王竹溪. 热力学简程. 北京：人民教育出版社，1979.

[2] 徐祖耀，李麟. 材料热力学. 3 版. 北京：科学出版社，2005.

[3] 傅献彩，陈瑞华. 物理化学. 北京：人民教育出版社，1979.

[4] 希拉特 M. 合金扩散和热力学. 赖和怡，刘国勋，译. 北京：冶金工业出版社，1984.

[5] 久保亮五. 热力学. 吴宝路，译. 北京：高等教育出版社，1985.

[6] 久保亮五. 统计力学. 徐振环，等译. 北京：高等教育出版社，1985.

[7] 广田钢藏，加藤俊二，山下卓哉. 物理化学の问题と解法. 3 版. 日本：朝仓书店，1978.

[8] Devereux O F. Topics in Metallurgical Thermodynamics. A Wiley-Interscience, 1983.

[9] Gaskell D R. Introduction Metallurgical Thermodynamics. Scripta Publishing Company, 1973.

[10] Swalin R A. Thermodynamics of Solids. second edition. A Wiley-Interscience Publication, 1972.

[11] James A M. A Dictionary of Thermodynamics. The McMillan Press Ltd, 1976.

[12] Zener C. Thermodynamic in Physical Metallurgy. ASM, Ohio, 1950.

习　题

（1）复习 Gibbs 自由能、Helmholtz 自由能等状态函数，以及自由能与其他状态函数如熵、焓、内能、热容之间的关系。

（2）复习单相平衡态及两相平衡态的条件；理解下列诸概念和定律：定压热容、定容热容、Boltzmann 方程、Richard 定律、Stirling 近似、空位激活能、Debye 特征温度、Clapeyron 方程、Clausius-Clapeyron 方程、磁性转变热容、磁有序度。

（3）α-Fe 的晶界能为 7.6×10^{-5} J·cm^{-2}，试计算 1mol ASTM No.7 晶粒度的纯铁比单晶铁的焓高出多少。

（4）纯铜经冷变形后，内能增加了 418.6 J·mol^{-1}，其中约 10%用来形成空位，试求空位浓度。已知形成 1 个空位时的激活能为 2.4×10^{-19}J。

（5）已知纯钛α/β 的平衡相变温度为 882℃，相变焓为 14.65 kJ·mol^{-1}，试求将β-Ti 过冷到 800℃时，β→α 的相变驱动力。

（6）若纯钛的α态和β态的 Einstein 特征温度分别为 $\theta_E^\alpha=365$K，$\theta_E^\beta=300$K；而两种状态的膨胀系数和压缩系数差别很小，试估算α→β 相变的相变焓。

（7）在 25℃、0.1MPa 下，金刚石和石墨的摩尔熵分别为 2.45J·K^{-1}·mol^{-1} 和 5.71 J·K^{-1}·mol^{-1}，其燃烧热分别为 395.40 J·mol^{-1} 和 393.51 J·mol^{-1}，其密度分别为 3.513 g·cm^{-3} 和 2.26 g·cm^{-3}，试求此时石墨→金刚石的相变驱动力。

（8）液态 As 的蒸气压和固态 As 的蒸气压分别为 $\lg P=-\dfrac{7686}{T}+20.9$ 和 $\lg P=-\dfrac{21709}{T}+33.8$ Pa，试求 As 的三相点。

（9）在定压热容 C_p 的经验表达式中，很多作者采用 $C_p=a+bT+cT^{-2}$ 的形式，试导出这时焓（H）、熵（S）和 Gibbs 自由能（G）的表达式。

（10）试用 G-T 图的图解法说明纯铁中的 A_3 点相变是异常相变。

（11）试画出磁有序度、磁性转变热容及磁性转变（指铁磁-顺磁转变）自由能与温度的关系曲线。

（12）画出纯磷和纯硫的 P-T 相图（上面应包括 L、S、G 三种状态）的示意图，并比较它们之间有何不同。

（13）纯 Bi 在 0.1MPa 压力下的熔点为 544K。增加压力时，其熔点以 3.55/10000K·MPa^{-1} 的速率下降。另外已知熔化潜热为 52.7J·g^{-1}，试求熔点下液、固两相的摩尔体积差。

（14）已知纯 Sn 在压力为 PMPa 时的熔点 T_{Sn} 为

$$T_{Sn} = 231.8 + 0.0033(P - 0.1)℃$$

纯 Sn 的熔化潜热为 58.8J·g^{-1}，0.1MPa 压力下液体的密度为 6.988g·cm^{-3}，试求固体的密度。

（15）某化合物 A$_a$B 的两种晶体结构分别为 α、β，相变温度在 0.1MPa 压力下为 400K，相变潜热为 5.02kJ·mol^{-1}，相变温度随压力的变化为 0.005K·MPa^{-1}，400K 时 α 相的密度为 1.25g·cm^{-3}，A$_a$B 的相对分子质量为 120，试求该温度下 β 相的密度。

（16）已知固态碘 50℃的蒸气压为 288Pa。在 114.15℃到达三相点，此时的蒸气压为 12012Pa。而液态碘在 150℃时的蒸气压为 39196Pa。在三相点以上的压力下，碘的熔点不随压力而变，试画出碘的 P-T 相图。

（17）如果有办法获得金刚石与石墨之间的摩尔体积差和摩尔熵差，试求出金刚石与石墨的平衡温度与压力的关系。

（18）试根据 Einstein 热容理论，证明 Dulong-Petit 经验定律的正确性。

2

二 组 元 相

【本章导读】

本章是认识二组元材料的基础性内容。2 个组元的结合形态可能是混合物、溶体，也可能是化合物。混合物很简单，自由能符合混合律。溶体却很复杂，必须通过各种模型（近似方法）来描述自由能。最简单的是理想溶体近似，其次是正规溶体近似，而且要建立化学势和活度的概念。本书对于化学势、活度和活度系数的认识是从原子间结合能的概念开始的。实践证明，非化学专业学生更喜欢这个途径。M.Hillert 特别强调摩尔自由能-成分图（G_m-X 图）的价值。很多材料学现象和问题可以在 G_m-X 图上获得清晰的解释。化合物自由能的描述也较简单，主要分析生成自由能。

虽然实际的材料大多是多组元材料，但其中的多数可以简化为二组元材料来分析研究。例如，钢铁材料可以简化成 Fe-C 二元合金；镍基高温合金可以简化成 Ni-Al 二元合金；硅酸盐玻璃可简化为 SiO_2 与 Na_2O 或 Al_2O_3 等氧化物的二元系；ZrO_2 陶瓷材料可简化为 ZrO_2-Y_2O_3 二元系等。因此二组元材料的热力学理论是材料热力学最基本的内容。在二元系统中，仍有纯组元相，但除此之外，还将出现溶体相和化合物中间相。溶体相是二组元材料及多组元材料中的最重要的相组成物，除溶液外固态溶体也是极重要的相组成物。所以下面首先讨论对溶体相自由能的描述。

2.1 理想溶体近似

溶体（Solution）是以原子或分子作为基本单元的粒子混合系统（Particle mixing system）。理想溶体（Ideal solution）既是某些实际溶体的极端特殊情况，又是研究实际溶体所需参照的一种假定状态。理想溶体近似（Ideal solution approximation）是描述理想溶体摩尔自由能的模型。

在恒压下，单组元相的摩尔自由能仅是温度的函数，因而可以用自由能-温度（G-T）图来描述自由能的变化；对于二组元溶体来说，摩尔自由能取决于温度和溶体成分，应当用一系列温度下的自由能-成分（G-X）图来描述这一关系，这里 X 为溶体的成分。

在宏观上，如果 A、B 两种组元的原子（或分子）混合在一起后，既没有热效应也没有体积效应，则所形成的溶体即为理想溶体。对于固溶体（Solid solution）来说，这就不仅要求 A、B 两种组元具有相同的结构，而且要求 A、B 两种组元应有相同的晶格常数。在微观上，还要求构成溶体的两个组元在混合前的原子键能，即 A—A 键的键能 u_{AA} 和 B—B 键的键能 u_{BB} 应与混合后所产生的新键的键能，即 A B 键的键能 u_{AB} 相同，即

$$u_{AB} = \frac{u_{AA} + u_{BB}}{2}$$

符合这些条件才能够形成理想溶体。所以，无论从宏观上还是从微观上分析，真正符合理想溶体的要求是十分困难的，实际材料中真正的理想溶体是极少的。但因为理想溶体在理论分析上的重要性，还是要首先讨论这种模型，参见图 2.1。

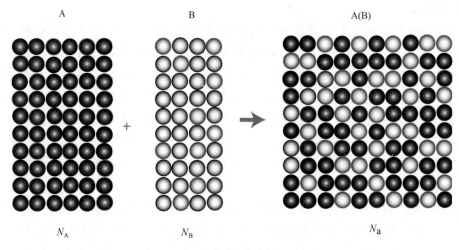

图 2.1 理想溶体中两种原子的溶合

如果由 N_A 个 A 原子和 N_B 个 B 原子构成 1mol 的理想溶体，则有

$$N_A + N_B = N_a \tag{2.1}$$

N_a 为 Avogadro 常数。则溶体的摩尔成分——原子分数（Atom fraction）为

$$X_A = \frac{N_A}{N_a} \tag{2.2}$$

$$X_B = \frac{N_B}{N_a} \tag{2.3}$$

$$X_A + X_B = 1 \tag{2.4}$$

根据理想溶体的条件，体积、内能、焓等函数的摩尔量分别为

$$V_m = X_A V_A + X_B V_B$$
$$U_m = X_A U_A + X_B U_B$$
$$H_m = X_A H_A + X_B H_B \tag{2.5}$$

这里的 V_A、V_B、U_A、U_B 和 H_A、H_B 分别为 A、B 两组元的摩尔体积，摩尔内能和摩尔焓，即理想溶体的上述函数的加和是线性的。

两种原子的混合一定会产生多余的熵，即混合熵（Mixing entropy）ΔS_{mix}，因而溶体的摩尔熵为

$$S_m = X_A S_A + X_B S_B + \Delta S_{mix} \tag{2.6}$$

这里，S_A、S_B 为 A、B 两组元的摩尔熵。两组元的原子完全随机混合（Random mixing）时，将产生的最多的微观组态数为 w

$$w = \frac{N_a!}{N_A! N_B!}$$

混合熵可由 Boltzmann 方程（$\Delta S = k \ln w$）求出，这里 k 为 Boltzmann 常数。利用 Stirling 公式，可以求得

$$\ln w = N_a \ln N_a - N_A \ln N_A - N_B \ln N_B = -N_A \ln \frac{N_A}{N_a} - N_B \ln \frac{N_B}{N_a}$$

$$= -N_a (X_A \ln X_A + X_B \ln X_B)$$

$$\Delta S_{mix} = -R(X_A \ln X_A + X_B \ln X_B) \tag{2.7}$$

这里，R 为气体常数，$R = k N_a$。式（2.7）表明，理想溶体中两种原子的混合熵只取决于溶体的成分，而与原子的种类无关。混合熵与成分的关系如图 2.2 所示，在 $X_A = 1$，$X_B = 0$ 时，$\Delta S_{mix} = 0$；当 $X_B = 1$，$X_A = 0$ 时，也是 $\Delta S_{mix} = 0$；而在 $X_A = X_B = \frac{1}{2}$ 时，混合熵有极大值。

$\Delta S_{mix} = 5.763 J \cdot mol^{-1} \cdot K^{-1}$。应该指出，理想溶体近似的随机混合假设将导致最大的混合熵值，而在其他热力学模型中也往往沿用这种混合熵的估算。这将与实际情况产生很大的差异。

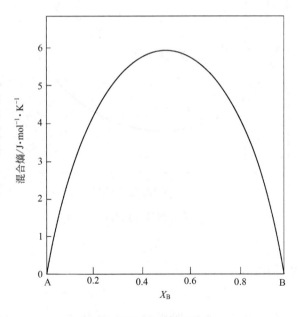

图 2.2 理想溶体的混合熵

摩尔 Gibbs 自由能的定义式为

$$G_m = H_m - T S_m \tag{2.8}$$

将式（2.5）、式（2.6）、式（2.7）代入式（2.8）可得

$$G_m = X_A{}^0H_A + X_B{}^0H_B - T(X_A{}^0S_A + X_B{}^0S_B + \Delta S_{mix})$$
$$= X_A({}^0H_A - T{}^0S_A) + X_B({}^0H_B - T{}^0S_B) - T\Delta S_{mix} \qquad (2.9)$$
$$- X_A{}^0G_A + X_B{}^0G_B + RT(X_A \ln X_A + X_B \ln X_B)$$

式中的 ${}^0G_A$、${}^0G_B$ 为 A、B 两种组元的摩尔 Gibbs 自由能。式（2.9）就是理想溶体近似的摩尔自由能的表达式。从现在起，对纯组元的热力学函数，除记有组元符号下标外，还在左上角记 0，以便于识别。式（2.9）中的 $RT(X_A\ln X_A + X_B\ln X_B)$ 项为自由能中的混合熵项，该项恒为负值，其数值与成分和温度有关。如图 2.3 所示，理想溶体的摩尔自由能主要取决于 $T\Delta S_{mix}$。由于 $\left(\dfrac{\partial G_m}{\partial X_A}\right)_{X_B=1}$ 和 $\left(\dfrac{\partial G_m}{\partial X_B}\right)_{X_A=1}$ 均为 $-\infty$，由此可知 G_m-X_B 曲线与纵轴相切。除非是在热力学零度，其他温度下理想溶体的自由能曲线总是一条向下弯的曲线，温度越高，曲线位置越低；而在热力学零度时自由能只有 $X_A{}^0H_A + X_B{}^0H_B$ 项，是一条直线。

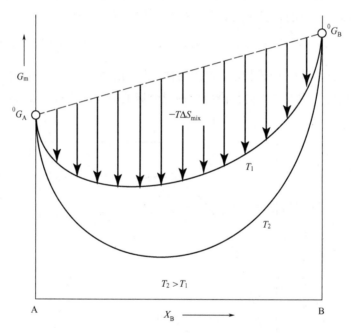

图 2.3　理想溶体摩尔自由能曲线

2.2　正规溶体近似

实际的合金溶体不可能是真正的理想溶体，从统计理论而言，溶体中的原子键能不可能是 $u_{AA}=u_{BB}=u_{AB}$，也很难是 $u_{AB}=(u_{AA}+u_{BB})/2$。以理想溶体为参考态，定义符合下面条件的溶体为正规溶体（Regular solution）。正规溶体近似（Regular solution approximation）认为摩尔自由能为理想溶体的摩尔自由能与过剩自由能 ΔG^E（Excess free energy）之和：

$$[G_m]^R = [G_m]^{ID} + \Delta G^E \qquad (2.10)$$

$$\Delta G^{E} = X_{A} X_{B} I_{AB} \tag{2.11}$$

式（2.10）中的 $[G_{m}]^{R}$ 和 $[G_{m}]^{ID}$ 分别为正规溶体和理想溶体的摩尔自由能，式（2.11）中的 I_{AB} 为相互作用能（Interaction energy），它是由组元 A、B 决定的常数，第 4 章中介绍的 Bragg-Williams 统计理论可以给出相互作用参数 I_{AB} 以如下的定义，可以看出它的物理意义很明确：

$$I_{AB} = zN_{a}\left(u_{AB} - \frac{u_{AA} + u_{BB}}{2}\right) \tag{2.12}$$

式中，z 为配位数；N_{a} 为 Avogadro 常数；u_{AA}，u_{BB}，u_{AB} 分别为 A—A，B—B，A—B 各类原子键的键能。这样正规溶体的摩尔自由能可以由下式描述：

$$G_{m} = X_{A}{}^{0}G_{A} + X_{B}{}^{0}G_{B} + RT(X_{A}\ln X_{A} + X_{B}\ln X_{B}) + X_{A}X_{B}I_{AB} \tag{2.13}$$

由此式可以看出，恒压下正规溶体的摩尔自由能是温度、成分和相互作用能 I_{AB} 的函数，在同样温度下，相互作用能将决定自由能曲线的形状。

下面来分析一下正规溶体的自由能曲线——G_{m}-X 图。如图 2.4 所示，摩尔自由能的三个部分为：虚线所表示的线性项，小箭头线表示的过剩自由能项和大箭头线所表示的混合熵项。各项若从虚线处起逐项叠加，则成为粗实线所表示的摩尔自由能曲线 G_{m}。

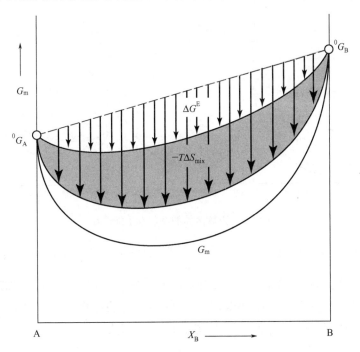

图 2.4　正规溶体摩尔自由能的三个组成部分，相互作用能为负值

正规溶体在温度和相互作用能 I_{AB} 为不同数值时的摩尔自由能曲线如图 2.5 所示。与图 2.4 不同之处在于，混合熵部分是叠加在过剩自由能部分之上的。

如果 $I_{AB}=0$ 时，$\Delta G^{E}=0$，这时溶体为理想溶体，所以可把理想溶体看成是正规溶体的一种特殊情况。在热力学零度，G_{m}-X 曲线为直线，直线的两端分别为 ${}^{0}H_{A}(0K)$ 和 ${}^{0}H_{B}(0K)$；温度提高时，开始出现混合熵项，曲线呈向下弯的形状，${}^{0}G_{A}$ 和 ${}^{0}G_{B}$ 要比热力学零度下的$^0H_A(0K)$和$^0H_B(0K)$更低。温度更高时，$T\Delta S_{mix}$是更大的负值，^0G_A和^0G_B也更低，曲线更向下移。

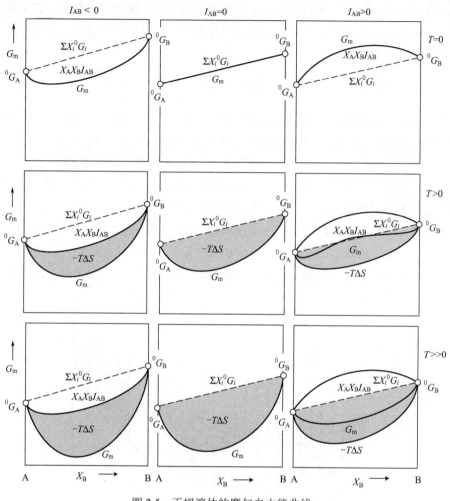

图 2.5　正规溶体的摩尔自由能曲线

当$I_{AB}<0$时，$\Delta G^E<0$，这是$u_{AB}<\dfrac{u_{AA}+u_{BB}}{2}$的情况。在热力学零度，$T\Delta S_{mix}$项为零，$G_m$为线性部分$X_A\,^0H_A+X_B\,^0H_B$与过剩自由能项$\Delta G^E$之和，而$\Delta G^E$项为抛物线，因此$G_m$-$X$曲线为以$^0H_A(0K)$和$^0H_B(0K)$为端点的向下弯的抛物线；温度升高时混合熵项$T\Delta S_{mix}$使曲线进一步向下移，两个端点$^0G_A$和$^0G_B$也更低。

当$I_{AB}>0$时，$\Delta G^E>0$，这是$u_{AB}>\dfrac{u_{AA}+u_{BB}}{2}$的情况。在热力学零度，混合熵项$T\Delta S_{mix}$为零，$G_m$为线性部分$X_A\,^0H_A+X_B\,^0H_B$与过剩自由能项$\Delta G^E$之和，$\Delta G^E$为向上弯的抛物线。因此$G_m$-$X$曲线也是以$^0H_A$和$^0H_B$为端点的向上弯的抛物线；温度升高时，$T\Delta S_{mix}$项开始起作用，$T\Delta S_{mix}$是负值，这三项叠加的结果，将使$G_m$-$X$成为有两个拐点的曲线，在$X=1/2$附近，曲线向上弯；在$X<1/2$和$X>1/2$处曲线向下弯。这是因为只要温度$T>0$，在两端点处曲线的斜率均为$-\infty$，曲线只能向下弯。当温度足够高时，$T\Delta S_{mix}$项的负值足以抵消过剩自由能项$\Delta G^{E}$的正值，$G_m$-$X$曲线的拐点消失，成为单纯向下弯的形状。综上所述，除掉热力学零度的情况之外，其他温度下正规溶体的摩尔自由能曲线G_m-X只有两种形状：一种是单纯向下弯的曲线，即$\dfrac{\partial^{2}G_m}{\partial X^{2}}$恒大于零；另一种为有两个拐点的曲线，在两个拐点之间，$\dfrac{\partial^{2}G_m}{\partial X^{2}}<0$，在两个拐点之外$\dfrac{\partial^{2}G_m}{\partial X^{2}}>0$。而这种有拐点的$G_m$-$X$曲线只有在$I_{AB}>0$、温度又不太高时才会发生。所以在绝大多数情况下，$G_m$-$X$曲线都是单调向下弯曲的形状。

2.3　溶体的性质

溶体的性质取决于构成溶体组元之间的相互作用，从宏观上说是相互作用能I_{AB}，从微观上说，是溶剂与溶质原子之间的结合能u_{AB}与同类原子结合能u_{AA}、u_{BB}之间的差值。这里所说的溶体的性质主要是指溶体的结构稳定性与成分的关系和原子排布的有序性。

如果不考虑摩尔自由能线性项的影响，可以认为纯组元的摩尔自由能为零，即
$$^{0}G_A=0, \quad ^{0}G_B=0$$
这时正规溶体的摩尔自由能可以写成：
$$G_m=RT(X_A\ln X_A+X_B\ln X_B)+X_A X_B I_{AB} \tag{2.14}$$

G_m-X_B曲线便只取决于温度和I_{AB}值。在某一特定温度下（例如1000K），A-B二元系溶体的摩尔自由能-成分曲线如图2.6所示。图中各条曲线上的数值为$I_{AB}(\text{kJ}\cdot\text{mol}^{-1})$。由此图可以看出，在1000K的温度下，当$I_{AB}$值<16.7kJ·mol^{-1}(4kcal·mol^{-1})时，溶体在成分上是连续的，而当$I_{AB}>16.7$ kJ·mol^{-1}时，溶体出现结构稳定性的变化，自由能-成分曲线上出现拐点，将发生同类组元原子偏聚在一起的失稳分解（Spinodal decomposition）。这种现象也称为溶解度的中断，或称为出现溶解度间隙（Miscibility gap）。如果I_{AB}远小于零，则会出现另一种形式的原子偏聚，即异类组元的原子更倾向于聚合在一起，这也称为有序化（Ordering），或有序-无序转变。

图2.7给出了固态下溶体的I_{AB}为

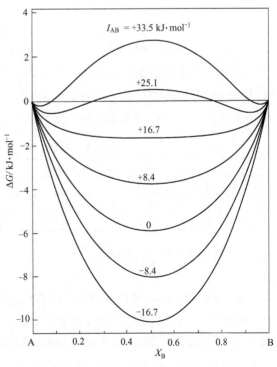

图2.6　溶体性质与相互作用能的关系

三种不同数值时的二元相图。如果假设液态溶体的 $I_{AB}^{L}=0$，即为理想溶体。如果固溶体 α 的相互作用能 $I_{AB}^{\alpha}=0$ 时，液、固相线都没有极值，固溶体 α 的成分具有连续性，不出现任何类型的原子偏聚。在 $I_{AB}^{\alpha}<0$ 时，固溶体在低温下出现原子的有序排列，在高温下由于混合熵项的作用，有序排列消失，但成分具有连续性。液、固相线均出现极大值，这是因为异类原子键能具有更大的负值，说明异类原子间具有更大的结合强度，所以在异类原子键分数最大的成分处有熔点的极大值。在 $I_{AB}^{\alpha}>0$ 时固溶体在低温下出现同类原子的偏聚，出现溶解度间隙。高温下由于混合熵项的作用，偏聚消失，溶体成分仍能具有连续性。液固相线出现极小值，这是由于同类原子键能与异类原子键能相比，具有较小的负值，因而异类原子间具有较小的结合强度的缘故。

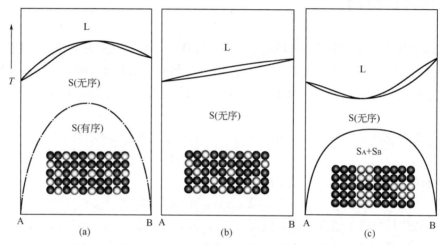

图 2.7　固溶体的相互作用能与固溶体中的原子排布及相图

如 A-B 二元系液态的相互作用能 $I_{AB}^{L}=0$，则 $I_{AB}^{\alpha}<0$ 时，如图（a）；$I_{AB}^{\alpha}=0$ 时，如图（b）；$I_{AB}^{\alpha}>0$ 时，如图（c）

就狭义的正规溶体近似而言，相互作用能 I_{AB} 是与温度和溶体成分无关的常数，即如 Bragg-Williams 统计所导出的定义式那样。几种二元系中溶体的相互作用能 I_{AB} 的数值如表 2.1 所示。Fe-Al 系 bcc 固溶体的相互作用能是极大的负值。

表 2.1　几种二元溶体的相互作用能　　　　单位：kJ·mol^{-1}

溶体	Fe-Cr(bcc)	Fe-Mo(bcc)	Fe-Co(bcc)	Fe-Si(bcc)	Fe-Al(bcc)	Cr-W(bcc)	Cu-Cr(fcc)
I_{AB}	12.5	16.5	−16.5	−25.0	−125.5	33.5	46.0
溶体	Fe-Cu(fcc)	Fe-Ni(fcc)	Fe-Pt(fcc)	Cr-Co(fcc)	Cr-Ni(fcc)	Co-Ni(fcc)	Ni-Cu(fcc)
I_{AB}	29.5	−21.0	−27.5	−12.5	4.0	8.0	−3.0

2.4　混合物的自由能

混合物（Mixture）是指由两种结构不同的相或结构相同而成分不同的相构成的体系。由两相混合物构成的实际二元材料非常多。钢铁材料中的近共析成分的高碳钢是由铁素体（α）和渗碳体（Fe_3C）两相混合物组成的；近共晶成分的高碳铸铁，高深冲性能的双相低碳结构钢，40 黄铜和双相钛合金等也是典型的混合物金属二元材料。Si_3N_4-Al_2O_3 陶瓷、Al_2O_3-SiO_2 系莫来石陶瓷材料则是典型的二相混合物非金属材料。上述这些材料的平衡相成分问题经常是很重要的基础问题，因此需要进行混合物自由能的分析。

混合物自由能的基本特征是服从混合律（Mixture law），即混合物的摩尔自由能 G_m^M，与两相的摩尔自由能 G_m^α 和 G_m^β 之间的关系为：

$$G_m^M = \frac{X_B^\beta - X_B^M}{X_B^\beta - X_B^\alpha} G_m^\alpha + \frac{X_B^M - X_B^\alpha}{X_B^\beta - X_B^\alpha} G_m^\beta \tag{2.15}$$

式中，X_B^M、X_B^α 和 X_B^β 分别为混合物、α 相和 β 相的成分。

在摩尔自由能-成分图上，混合物的自由能处于两种构成相的摩尔自由能的连线上，如图 2.8 所示。下面对这一关系即式（2.15）加以证明。

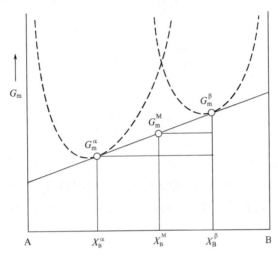

图 2.8　两相混合物的自由能

若 A-B 二元系中有一由 α 和 β 两相构成的混合物 M，混合物的成分为 X_B^M，混合物中原子的物质的量为 n，因而有：α 相中的物质的量为 n^α，β 相中的物质的量为 n^β，而且 $n^\alpha + n^\beta = n$。对于组元 B，则有：

$$n_B = n_B^\alpha + n_B^\beta$$

n_B、n_B^α、n_B^β 分别为混合物中、α 相中及 β 相中的 B 原子物质的量。自由能系容量性质，因而混合物的自由能 G^M 与两相的自由能 G^α 及 G^β 之间的关系为：

$$G^M = G^\alpha + G^\beta$$

用 $n^\alpha + n^\beta$ 除上式的两边，可得

$$\frac{G^M}{n} = \frac{G^\alpha + G^\beta}{n^\alpha + n^\beta}$$

因为 $G^M / n = G_m^M$，$G^\alpha / n^\alpha = G_m^\alpha$，$G^\beta / n^\beta = G_m^\beta$，所以

$$G_m^M = \frac{n^\alpha G_m^\alpha + n^\beta G_m^\beta}{n^\alpha + n^\beta} \tag{2.16}$$

混合物的成分 X_B^M 为

$$X_B^M = \frac{n_B}{n} = \frac{n_B^\alpha + n_B^\beta}{n^\alpha + n^\beta}$$

因为 $X_B^\alpha = n_B^\alpha / n^\alpha$，$X_B^\beta = n_B^\beta / n^\beta$，所以

$$X_B^M = \frac{n^\alpha X_B^\alpha + n^\beta X_B^\beta}{n^\alpha + n^\beta} \tag{2.17}$$

由式（2.16）可得

$$\frac{G_m^\alpha - G_m^M}{G_m^M - G_m^\beta} = \frac{n^\beta}{n^\alpha}$$

由式（2.17）可得

$$\frac{X_B^\alpha - X_B^M}{X_B^M - X_B^\beta} = \frac{n^\beta}{n^\alpha}$$

因此

$$\frac{G_m^\alpha - G_m^M}{G_m^M - G_m^\beta} = \frac{X_B^\alpha - X_B^M}{X_B^M - X_B^\beta} \tag{2.18}$$

或改写成

$$\frac{G_m^M - G_m^\alpha}{G_m^\beta - G_m^\alpha} = \frac{X_B^M - X_B^\alpha}{X_B^\beta - X_B^\alpha} \tag{2.19}$$

式（2.18）、式（2.19）即是直线方程两点式的标准形式，于是证明了成分为 X_B^M 的混合物的摩尔自由能 G_m^M 处于成分为 X_B^α 的 α 相的摩尔自由能 G_m^α 和成分为 X_B^β 的 β 相的摩尔自由能 G_m^β 的连线上。将式（2.19）变形后即可得到式（2.15），使混合律得到证明。

【例题 2.1】 已知 Cr-W 二元合金系中固溶体 α 相的相互作用参数 $I_{CrW}^\alpha = 33.50$ kJ·mol^{-1}，试计算 α 相的 Spinodal 分解曲线及溶解度间隙。

解： 如式（2.14）所示，在只考虑混合自由能时可以假设纯组元的摩尔自由能为零，即

$$G_m^\alpha = RT(X_{Cr} \ln X_{Cr} + X_W \ln X_W) + X_{Cr} X_W I_{CrW}^\alpha$$

可以在给定温度 T 时，求出 G_m^α-X_W 曲线，例如 1500K 时的该曲线如图 2.9 所示。在成分为 X_W^a 及 X_W^b 之间，如果固溶体处于 α 单相状态，将比两相混合物状态的自由能高，因为成分为 X_W^a 的 α 相和成分为 X_W^b 的 α 相的自由能分别为 a 点和 b 点，而两相所构成的混合物的自由能处于 ab 连线上，所以在 $X_W^a \sim X_W^b$ 之间的成分上将出现溶解度间隙。各温度下的 X_W^a、X_W^b 成分点可由下面的条件求得：

$$\frac{\partial G_m^\alpha}{\partial X_W} = 0$$

$$RT[\ln X_W - \ln(1 - X_W)] + (1 - 2X_W) I_{CrW}^\alpha = 0 \tag{2.20}$$

应用数值解法求解上面的超越方程，可以求出各种温度下的 X_W^a、X_W^b，各温度的 X_W^a、X_W^b 的连线即为溶解度间隙曲线，如图 2.9 所示。

Spinodal 曲线按下面的条件求出：

$$\frac{\partial^2 G_m^\alpha}{\partial X_W^2} = 0$$

求得的方程式如下：

$$2X_{\mathrm{W}}(1-X_{\mathrm{W}})I_{\mathrm{CrW}}^{\alpha}-RT=0 \tag{2.21}$$

在给定温度 T 时可求出 G_{m}^{α} - X_{W} 曲线上的拐点成分，其连线即为 Spinodal 曲线，见图 2.9。

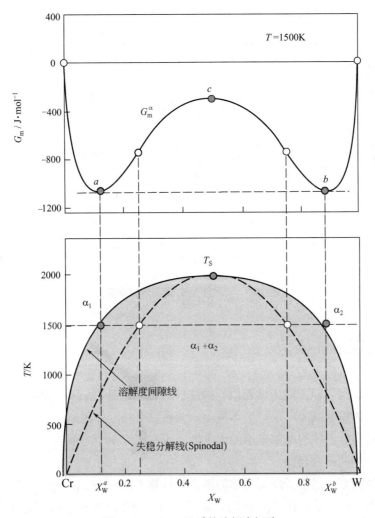

图 2.9　Cr-W 二元系的溶解度间隙

由该图的 1500K 的 G_{m}^{α} - X_{W} 曲线可知，a、b、c 三点将随温度的提高而互相接近，因此 Spinodal 曲线与溶解度间隙曲线有相同的顶点温度 T_{S}。在该点温度下，式（2.20）及式（2.21）应同时满足，联立此二式求得 $X_{\mathrm{W}}=0.5$，代入式（2.21）得：

$$T_{\mathrm{S}}=\frac{I_{\mathrm{CrW}}^{\alpha}}{2R}$$

对于正规溶体，上式总是成立的。其通式为

$$T_{\mathrm{S}}=\frac{I_{\mathrm{AB}}}{2R} \tag{2.22}$$

在热力学参数 I_{AB} 已知时，可预测相图中的溶解度间隙；在已知相图的溶解度间隙时，可提取热力学参数 I_{AB}。几种典型的二元溶解度间隙如图 2.10 所示。其中 Au-Ni 二元系具有完整的固态溶解度间隙，这样的金属系统并不多。而 H_2O-苯胺二元系为完整的液态溶解度间隙。Au-Ni 系的溶解度间隙是不对称的，这提示着该系的相互作用能不可能是常数，应该是成分的函数。Fe-Cu 二元系中的 $\gamma_{Fe}+\gamma_{Cu}$ 溶解度间隙只在 1000℃ 左右的温度下是稳定的，在更高和更低的温度下溶解度间隙是亚稳态。

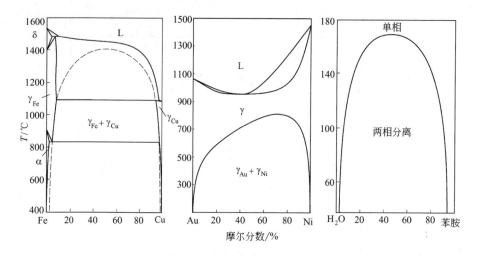

图 2.10　几种不同形式的溶解度间隙

2.5　亚正规溶体模型

正规溶体模型（即正规溶体近似）的统计理论基础是 Bragg-Williams 近似，也称为狭义的正规溶体模型或简单正规溶体模型，其特征是相互作用能 I_{AB} 为常数。但它并不能准确地描述实际溶体的摩尔自由能，主要原因有下面三个方面。

（1）混合熵的不合理性

正规溶体模型中沿用了理想溶体的混合熵计算方法，在 I_{AB} 近乎为零时，这样计算带来的偏差不大。但是，在 $I_{AB}<0$ 时，这是指异类原子间有更强的结合能力，如图 2.7 所示。溶体中将出现较多的 A—B 键，这意味着短程有序排布，因而原子的排布状态与随机排布相差深远。也就是说实际的混合熵将小于按完全随机排布所计算的理想溶体的混合熵。$I_{AB}>0$ 时，同类原子之间有更强的结合能力。如图 2.7 所示，溶体中出现较多的同类原子键，这也是一种短程有序排布，也将导致混合熵小于理想溶体。

为了修正因 $I_{AB}\neq0$ 所带来的混合熵偏差，人们曾设想过多种方法，例如，早在 1939 年 Gaggenheim 曾提出用下式来计算溶体混合熵与理想溶体混合熵 S_I 的偏差 ΔS^E：

$$\Delta S^E = -\frac{(X_A X_B I_{AB})^2}{zRT^2}$$

z 为溶体的配位数。这个式中包含了 I_{AB}、成分和温度对混合熵的影响，可以看出，当 $T \to \infty$ 时，$\Delta S^E \to 0$，如图 2.11 所示。

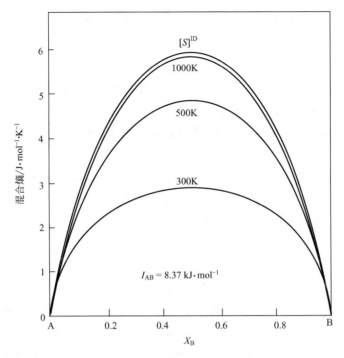

图 2.11 当相互作用能不为零时混合熵与温度的关系

（2）原子间结合能的温度和成分依存性

按 Bragg-Williams 近似，相互作用能为：

$$I_{AB} = zN\left(u_{AB} - \frac{u_{AA} + u_{BB}}{2}\right)$$

将相互作用能看作常数，是由于认为 u_{AB}、u_{AA}、u_{BB} 是常数。处于晶格结点上的原子间结合能是决定于原子间距离的，因此温度变化时 u_{AB}、u_{AA}、u_{BB} 都要随之变化，I_{AB} 应当与温度有关。溶体成分变化时，每个原子周围的异类原子的数目要发生变化，如果两种原子的尺寸不同，则溶体成分的变化也要影响原子之间的距离，因而 u_{AB}、u_{AA}、u_{BB} 要随之变化，所以 I_{AB} 应当与溶体成分有关。图 2.10 的 Au-Ni 系的溶解度间隙就并不像[例题 2.1]所计算的 Cr-W 系那样呈对称形式。对于 Fe-Cr 二元系，人们也早就已经接受了 I^{α}_{FeCr} 是一个与成分有关的量，比如可近似表示成：

$$I^{\alpha}_{FeCr} = 11.72 - 5.44 X^{\alpha}_{Cr} \quad kJ\cdot mol^{-1}$$

（3）原子振动频率的影响

两种原子混合时振动频率将发生变化。因此，混合焓及混合熵中的线性项是不能严格成立的。也就是说在下面的式中还要引入修正项才能使之完全成立。

$$H_m = X_A\,{}^0H_A + X_B\,{}^0H_B + I_{AB}X_AX_B$$

$$S_m = X_A\,{}^0S_A + X_B\,{}^0S_B + \Delta S_{mix}$$

这样，正规溶体摩尔自由能的三个组成部分：①线性项 $X_A\,{}^0G_A + X_B\,{}^0G_B$；②混合熵项 $RT(X_A\ln X_A + X_B\ln X_B)$；③过剩自由能 $\Delta G^E = X_AX_BI_{AB}$ 便都需要作进一步的修正才能准确地描述实际溶体。于是，摩尔自由能的表达式将会变得非常复杂。人们设想，保留正规溶体模型原来的形式，即仍保留 I_{AB} 这一参数，并对它进行修正，使之成为成分和温度的函数，同样可以达到准确描述实际溶体的摩尔自由能的目的。这就是亚正规溶体模型的思想。这时 I_{AB} 便不再具有明确的物理意义了，它只是体现各种修正的一个数值化参数，更适合于称之为相互作用参数（Interaction parameter）。亚正规溶体模型（Sub-regular solution model）的表达式为

$$G_m = X_A \, {}^0G_A + X_B \, {}^0G_B + RT(X_A \ln X_A + X_B \ln X_B) + X_A X_B I_{AB}$$
$$I_{AB} = f(T, X_B) \tag{2.23}$$

现代相图热力学计算的 CALPHAD 模式中对溶体相自由能的描述多数采用亚正规溶体模型。作为成分和温度函数的相互作用参数 I_{AB}，目前普遍采用的是多项式形式，一般为成分的对称形式，下式就是其中的一例。

$$
\begin{aligned}
I_{AB} = & [I_{AB}]_0^0 + [I_{AB}]_0^1 T \\
& + ([I_{AB}]_1^0 + [I_{AB}]_1^1 T)(X_A - X_B) \\
& + ([I_{AB}]_2^0 + [I_{AB}]_2^1 T)(X_A - X_B)^2 + \cdots
\end{aligned}
$$

应当指出，这种牺牲物理意义而强调描述效果的亚正规溶体模型在实际的相图计算、相变模拟、化学反应模拟等方面发挥了很大的作用。取得了许多非常重要的成果。但人们仍然没有放弃在充分体现物理意义的前提下来描述溶体自由能的努力。这就是另一个重要的科学分支——第一原理计算的一部分。在现代计算机技术的支撑下，复杂的、但是合理的模型已经逐渐在接近可以应用的程度。

2.6 化学势与活度

化学势（Chemical potential）与活度（Activity）是化学热力学中的重要概念，在各种物理化学、热力学的教科书中都有详细的介绍。本节中主要强调在摩尔自由能用特定模型描述时所出现的化学势与活度系数的具体形式。以便使这些概念更方便地与材料学中的问题联系起来。另外本节以及下面的一些章节特别重视摩尔自由能图（G_m-X 图），即摩尔自由能与成分的关系曲线在分析和理解材料学问题上的特殊直观意义。应当意识到，由于 G_m-X 图包含着丰富的热力学信息，所以它与相图以及 TTT 曲线、CCT 曲线等一起是分析和理解材料学问题的重要工具。

2.6.1 化学势

化学势就是偏摩尔 Gibbs 自由能。虽然如式（2.24）所示，化学势也可表示为其他热力学函数的偏摩尔量（Partial molar quantity），但等温等压的条件有特殊重要的意义。

$$\mu_A^\alpha \equiv \left(\frac{\partial G^\alpha}{\partial N_A}\right)_{p,T,N_B} = \left(\frac{\partial U^\alpha}{\partial N_A}\right)_{S,V,N_B} = \left(\frac{\partial H^\alpha}{\partial N_A}\right)_{S,p,N_B} = \left(\frac{\partial F^\alpha}{\partial N_A}\right)_{T,V,N_B} \tag{2.24}$$

$$\mu_B^\alpha \equiv \left(\frac{\partial G^\alpha}{\partial N_B}\right)_{p,T,N_A}$$

i–j 二元系的某溶体α 中 i 组元的化学势定义式为

$$\mu_i^\alpha \equiv \left(\frac{\partial G^\alpha}{\partial N_i}\right)_{p,T,N_j} \tag{2.25}$$

可以这样直观地理解化学势：设想一个物质的量极大的 A-B 二元溶体，比如一炉 10t 的钢水（约 $1.8\times10^5\,\mathrm{mol}$），就是铁–碳（Fe-C）二元溶体。向其中加入 1mol 的 B 组元（碳，C），不会改变溶体的成分，却会改变溶体的自由能，因为自由能是容量性质。这时，加入 1 mol 碳（12g）使钢水的 Gibbs 自由能的增加值就是 B 组元（碳）的化学势。

式（2.25）只是定义式，并没有给出化学势与摩尔自由能的关系，但化学势与摩尔自由能的关系是极其重要的。下面导出这一关系。

设溶体的物质的量为 n，溶体中 A 组元的物质的量为 n_A，溶体中 B 组元的物质的量为 n_B，此时溶体的成分（摩尔分数，Molar fraction）为：

$$X_\mathrm{A} = \frac{n_\mathrm{A}}{n_\mathrm{A}+n_\mathrm{B}} \tag{2.26}$$

$$X_\mathrm{B} = \frac{n_\mathrm{B}}{n_\mathrm{A}+n_\mathrm{B}} \tag{2.27}$$

溶体相自由能 G 与摩尔自由能 G_m 的关系为

$$G(n_\mathrm{A},n_\mathrm{B}) = nG_\mathrm{m}(X_\mathrm{A},X_\mathrm{B}) = (n_\mathrm{A}+n_\mathrm{B})G_\mathrm{m}(X_\mathrm{A},X_\mathrm{B})$$

上式两边求偏微分后，可得

$$\left[\frac{\partial G(n_\mathrm{A},n_\mathrm{B})}{\partial n_\mathrm{A}}\right]_{p,T,n_\mathrm{B}} = (n_\mathrm{A}+n_\mathrm{B})\frac{\partial G_\mathrm{m}}{\partial n_\mathrm{A}} + G_\mathrm{m}$$

$$= (n_\mathrm{A}+n_\mathrm{B})\frac{\partial G_\mathrm{m}}{\partial X_\mathrm{B}}\frac{\partial X_\mathrm{B}}{\partial n_\mathrm{A}} + G_\mathrm{m} \tag{2.28}$$

同理可得

$$\left[\frac{\partial G(n_\mathrm{A},n_\mathrm{B})}{\partial n_\mathrm{B}}\right]_{p,T,n_\mathrm{A}} = (n_\mathrm{A}+n_\mathrm{B})\frac{\partial G_\mathrm{m}}{\partial X_\mathrm{B}}\frac{\partial X_\mathrm{B}}{\partial n_\mathrm{B}} + G_\mathrm{m} \tag{2.29}$$

由式（2.26）和式（2.27）可以得到

$$\frac{\partial X_\mathrm{B}}{\partial n_\mathrm{A}} = -\frac{X_\mathrm{B}}{n_\mathrm{A}+n_\mathrm{B}}$$

$$\frac{\partial X_\mathrm{B}}{\partial n_\mathrm{B}} = \frac{1-X_\mathrm{B}}{n_\mathrm{A}+n_\mathrm{B}}$$

将上两式分别代入式（2.28）和式（2.29）可以得到

$$\mu_\mathrm{A} = G_\mathrm{m} - X_\mathrm{B}\frac{\partial G_\mathrm{m}}{\partial X_\mathrm{B}} \tag{2.30}$$

$$\mu_\mathrm{B} = G_\mathrm{m} + (1-X_\mathrm{B})\frac{\partial G_\mathrm{m}}{\partial X_\mathrm{B}} \tag{2.31}$$

由此可知，二元溶体中 i 组元化学势的通式为

$$\mu_i = G_m + (1 - X_i)\frac{\partial G_m}{\partial X_i} \tag{2.32}$$

很容易证明

$$G_m = X_A\mu_A + X_B\mu_B \tag{2.33}$$

式（2.32）和式（2.33）建立了化学势与溶体摩尔自由能之间的关系。

2.6.2 化学势与自由能-成分图（G_m-X 图）

由式（2.32）和式（2.33）建立起来的化学势与摩尔自由能的关系一定会体现在 G_m-X 图上。图 2.12 是摩尔自由能与成分的关系图。其中成分为 X_B^d 的溶体的摩尔自由能为 G_m^d（图中的 c 点）。该成分溶体中两个组元 A 和 B 的化学势 μ_A 和 μ_B 分别为摩尔自由能曲线的过 c 点切线与图中两个纵坐标轴的交点 a 和 b，证明如下。

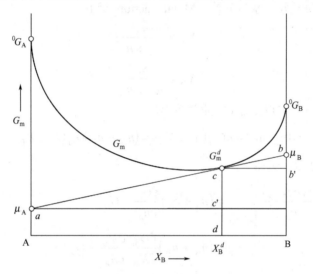

图 2.12 化学势图解的证明

做平行于横轴的两条辅助线 ac' 和 cb'，可以看出

$$Aa = cd - cc' = cd - ac'\tan\angle cac'$$

$$= G_m - X_B\left(\frac{\partial G_m}{\partial X_B}\right)_{X_B}$$

$$= \mu_A$$

同理

$$Bb = b'B + bb' = b'B + cb'\tan\angle bcb'$$

$$= G_m + (1 - X_B)\left(\frac{\partial G_m}{\partial X_B}\right)_{X_B}$$

$$= \mu_B$$

上面的证明使式（2.30）和式（2.31）在 G_m-X 图上获得了图解。

【例题 2.2】 试利用正规溶体近似，求出溶体化学势的具体表达式。

解：把正规溶体摩尔自由能表达式代入式（2.32）可得

$$\mu_A = {}^0G_A + (1 - X_A)^2 I_{AB} + RT \ln X_A \qquad (2.34)$$

$$\mu_B = {}^0G_B + (1 - X_B)^2 I_{AB} + RT \ln X_B \qquad (2.35)$$

式（2.34）和式（2.35）给出了化学势与温度 T、溶体成分 X_i 与相互作用能 I_{AB} 之间的关系。由于纯组元的摩尔自由能的绝对值未知，所以我们一般研究的是化学势与纯组元摩尔自由能的差值，即

$$\bar{\mu}_A = \mu_A - {}^0G_A = (1 - X_A)^2 I_{AB} + RT \ln X_A \qquad (2.36)$$

$$\bar{\mu}_B = \mu_B - {}^0G_B = (1 - X_B)^2 I_{AB} + RT \ln X_B \qquad (2.37)$$

$\bar{\mu}_A$ 和 $\bar{\mu}_B$ 的绝对值是可求的。这里，我们把化学势与具体溶体模型联系起来，得到了化学势的具体表达式。这说明化学势的具体表达式可以因模型而异。比如，理想溶体模型的化学势中就没有与 I_{AB} 有关的过剩项。

如果把式（2.37）当作溶质组元的化学势的表达式，化学势与组元成分的关系如图 2.13 所示。在温度一定时，$\bar{\mu}_B$ 的数值决定于成分和相互作用能 I_{AB}。首先注意 $I_{AB} = 0$ 的情况，当 $X_B \to 0$ 时，$\bar{\mu}_B \to -\infty$。而在 $X_B \to 1$ 时，$\bar{\mu}_B = 0$，即 $\mu_B = {}^0G_B$。I_{AB} 对化学势的影响是：若 $I_{AB} < 0$，则 $|I_{AB}|$ 的增加使化学势减小；若 $I_{AB} > 0$，则 I_{AB} 的增加使化学势增加。I_{AB} 增加到一定数值时，化学势会出现极大值。

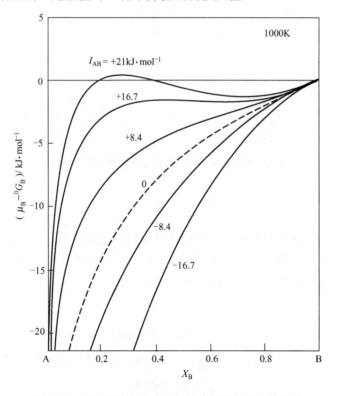

图 2.13　正规溶体中溶质组元的化学势与成分的关系

【**例题 2.3**】 试利用在 G_m-X 图中化学势的图解法，解释为什么有的固溶体中会发生上坡扩散（Up-hill diffusion）。

解：已经知道，固溶体中原子定向迁移的驱动力是化学势梯度，而不是浓度梯度。但化学势梯度经常与浓度梯度的方向是一致的，所以常表现出原子沿浓度梯度的定向迁移。如图 2.14 所示，化学势梯度与浓度梯度的方向是否一致，取决于自由能曲线的形状。如果自由能曲线无拐点，则化学势梯度的方向与浓度梯度一致；如果自由能曲线有拐点，则化学势梯度的方向在某一浓度范围内可以与浓度梯度相反，此时将发生上坡扩散。在本例题中，自由能曲线无拐点时，高浓度区 ^2X_B 的化学势 $^2\mu_B$ 也高于低浓度区 ^1X_B 的化学势 $^1\mu_B$，所以 B 原子是自 ^2X_B 区向 ^1X_B 区移动，这时发生通常的扩散。自由能曲线有拐点时，高浓度区 ^2X_B 的化学势 $^2\mu_B$ 低于低浓度区 ^1X_B 的化学势 $^1\mu_B$，所以 B 原子是自低浓度区 ^1X_B 向高浓度区 ^2X_B 移动，即发生上坡扩散。

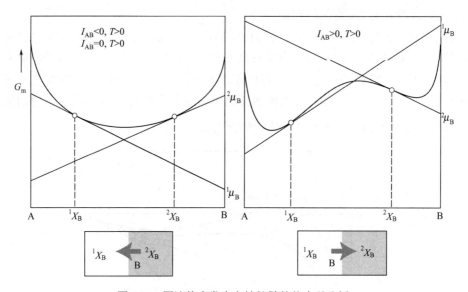

图 2.14　固溶体中发生上坡扩散的热力学分析

2.6.3　活度

化学势是一个非常重要的概念，但这个概念也存在重要的缺点，主要有：①无法求得绝对值；②在 i 组元的成分 $X_i \to 0$ 时，$\mu_i \to -\infty$。既能克服化学势的上述缺点，又能保存化学势的基本特征的概念是活度。其定义式为

$$\mu_A = {}^0G_A + RT \ln a_A$$

$$\mu_B = {}^0G_B + RT \ln a_B$$

式中，a_A 和 a_B 分别为溶体中组元 A 和 B 的活度。活度的定义式通式为

$$\mu_i = {}^0G_i + RT \ln a_i \tag{2.38}$$

值得指出的是这一定义不仅与溶体模型无关，而且也不限于二元系，对于多元系，这个

定义式仍然适用。式中的 ^0G_i 为纯组元 i 的摩尔自由能，也即活度基准态（Activity ground state）摩尔自由能。由于纯组元 i 可能有几种不同的状态，即使在固态下也可能有几种不同的晶体结构。所以 ^0G_i 必须在右上角表明状态。如定义铁-碳（Fe-C）合金奥氏体（γ）中碳（C）的活度时，可能有如下的选择

$$\mu_C^\gamma = {}^0G_C^\gamma + RT \ln a_C^\gamma \qquad (2.39)$$

$$\mu_C^\gamma = {}^0G_C^{gra} + RT \ln a_C^\gamma \qquad (2.40)$$

式（2.39）是以 fcc 结构（γ）的碳为基准态的碳活度（Carbon activity）定义式，式（2.40）是以石墨（Graphite）结构的碳为基准态的碳活度定义式。两种基准态的碳活度数值是不同的。

如果把活度的定义式（2.38）与正规溶体的化学势表达式做一个比较，可以发现

$$\mu_A = {}^0G_A + RT \ln a_A = {}^0G_A + \left(1 - X_A\right)^2 I_{AB} + RT \ln X_A$$

$$\mu_B = {}^0G_B + RT \ln a_B = {}^0G_B + \left(1 - X_B\right)^2 I_{AB} + RT \ln X_B$$

在基准态统一时，由上两式可以得出

$$RT \ln \frac{a_A}{X_A} = \left(1 - X_A\right)^2 I_{AB}$$

$$RT \ln \frac{a_B}{X_B} = \left(1 - X_B\right)^2 I_{AB}$$

其指数形式为

$$a_A = X_A \exp \frac{\left(1 - X_A\right)^2 I_{AB}}{RT} = X_A f_A \qquad (2.41)$$

$$f_A = \exp \frac{\left(1 - X_A\right)^2 I_{AB}}{RT} \qquad (2.42)$$

$$a_B = X_B \exp \frac{\left(1 - X_B\right)^2 I_{AB}}{RT} = X_B f_B \qquad (2.43)$$

$$f_B = \exp \frac{\left(1 - X_B\right)^2 I_{AB}}{RT} \qquad (2.44)$$

式中，f_A 和 f_B 分别为组元 A 和 B 的活度系数（Activity coefficient）。分析以上 4 式可知，溶体中组元的活度 a_i 相当于组元的浓度 X_i 乘以活度系数 f_i。而活度系数的产生正是由于相互作用能 $I_{ij} \neq 0$，如果 $I_{ij}=0$，即理想溶体，其活度系数 $f_i=1$。此时组元的活度 a_i 等于其浓度 X_i，即

$$a_i = X_i \qquad (2.45)$$

如果 $I_{ij}<0$，则组元活度系数 $f_i<1$，活度小于浓度

$$a_i < X_i$$

如果 $I_{ij}>0$，则组元活度系数 $f_i>1$，活度大于浓度

$$a_i > X_i$$

图 2.15 是这种关系的图解。

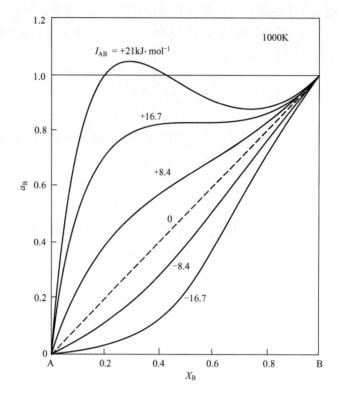

图 2.15　温度一定时正规溶体溶质活度与成分的关系

应当特别强调的是由活度系数 f_i 可以求得重要的热力学参数——相互作用能 I_{ij}。

关于溶体组元活度有两个经验定律是非常重要的。若二元溶体 A-B 中的 A 组元为溶剂，B 组元为溶质，组成的溶体形式可写成 A（B），这时 B 组元的浓度很低，即 $X_B\rightarrow0$ 时，溶体 A（B）被称作 B 组元的稀溶体（Dilute solution）。稀溶体的溶质定律被称作 Henry 定律：在温度一定时稀溶体中溶质的活度系数为常数。即

$$a_B = X_B f_B, \quad f_B = \text{Const.} \tag{2.46}$$

这个常数是指与成分无关，分析式（2.44）可知，正规溶体的稀溶体应该符合 Henry 定律。参见图 2.16 中的 $X_B\rightarrow0$ 的区域。

稀溶体 A（B）的溶剂定律被称作 Raoult 定律：当溶质的浓度极低时，溶剂的活度系数接近于 1，即

$$a_A = X_A \tag{2.47}$$

参照式（2.42）可知，正规溶体的稀溶体是符合 Raoult 定律的。参见图 2.16 中的 $X_B\rightarrow1$ 的区域，但此时应该注意，该图的这个区域已经是以 B 为溶剂的稀溶体。Raoult 定律的形式应该是：$a_B = X_B$。作为经验定律的 Henry 定律和 Raoult 定律与采用的热力学模型无关。因此可以广泛地用于简化热力学的计算。

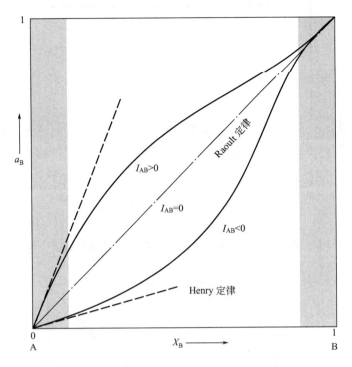

图 2.16 稀溶体的溶质定律与溶剂定律

【例题 2.4】 Myles 曾测得 Fe-V 固溶体（α）在 1600K 的活度如下表，试用正规溶体近似求 Fe-V 固溶体α 中的相互作用能 I_{FeV}^{α} 。

X_V^{α}	0.1	0.2	0.3	0.4	0.5	0.6	0.7	0.8	0.9
a_V^{α}	0.014	0.047	0.103	0.188	0.312	0.470	0.634	0.787	0.900

解： 如果可用正规溶体近似描述 Fe-V 系α 固溶体，则相互作用能 I_{FeV}^{α} 可以表示成

$$I_{FeV}^{\alpha} = \frac{RT\ln\left(\dfrac{a_V^{\alpha}}{X_V^{\alpha}}\right)}{\left(1-X_V^{\alpha}\right)^2}$$

$$RT\ln\left(\frac{a_V^{\alpha}}{X_V^{\alpha}}\right) = I_{FeV}^{\alpha}\left(1-X_V^{\alpha}\right)^2$$

若以 $RT\ln\left(\dfrac{a_V^{\alpha}}{X_V^{\alpha}}\right)$ 为纵坐标，以 $\left(1-X_V^{\alpha}\right)^2$ 为横坐标描述 a_V^{α} 与 X_V^{α} 的关系，所得曲线的斜率应为相互作用能 I_{FeV}^{α} 。结果如图 2.17 所示。求出的相互作用能 $I_{FeV}^{\alpha} = -29.3\,kJ\cdot mol^{-1}$ 。由相互作用能根据式（2.43）可求得 a_V^{α} 与 X_V^{α} 的关系，结果如图 2.18 所示。

图 2.17 和图 2.18 表明，利用正规溶体近似能够很好地描述 Fe-V 系α 固溶体的活度与浓度关系的实验结果，热力学模型选择适当。

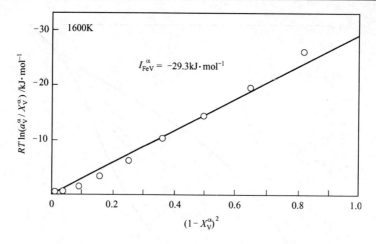

图 2.17　由 Fe-V 系 α 固溶体活度与浓度的关系求系统的相互作用能

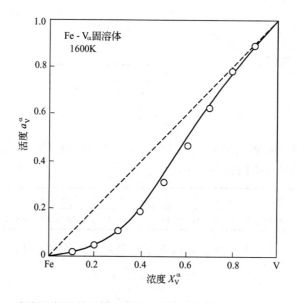

图 2.18　根据正规溶体近似由相互作用能求出的 a_V^α 与 X_V^α 的关系曲线

【例题 2.5】 Kubaschewski 等曾测得，当温度为 1620K 时，Fe-Cr 固溶体（α）中，Cr 的活度如下表，试求相互作用系数 I_{FeCr}^α。

X_{Cr}^α	0.0474	0.0828	0.2955	0.501	0.699
a_{Cr}^α	0.112	0.153	0.402	0.543	0.727

解： 按 [例题 2.4] 的分析方法，可以得到 $RT\ln\left(\dfrac{a_{Cr}^\alpha}{X_{Cr}^\alpha}\right)$ 与 $\left(1-X_{Cr}^\alpha\right)^2$ 的关系曲线如图 2.19（a）所示。可以看出，与 Fe-V 系不同，这一关系并不是线性关系。这表明 I_{FeCr}^α 不是常数，而是一个与成分有关的量。为了求出作为成分函数的 I_{FeCr}^α 的相关各项系数，有很多数值分析方法和优化方法，这里说明处理这类问题的原理。

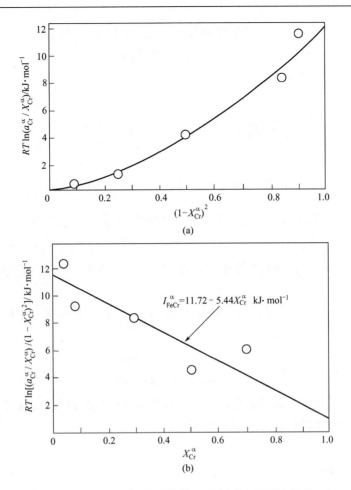

图 2.19 Fe–Cr 系 α 固溶体中 Cr 的活度与浓度的关系

　　如果假设 I_{FeCr}^{α} 是成分的函数，而且有很简单的形式，例如

$$I_{FeCr}^{\alpha} = {}^0 I_{FeCr}^{\alpha} + {}^1 I_{FeCr}^{\alpha} X_{Cr}^{\alpha} \tag{2.48}$$

这时，简单正规溶体近似的形式已不再能够描述溶体的化学势，因为 I_{FeCr}^{α} 是成分的函数。为求得作为成分函数的 I_{FeCr}^{α} 的相关的各项系数，需要回到化学势与摩尔自由能的关系式，即

$$\mu_{Cr}^{\alpha} = G_m^{\alpha} + \left(1 - X_{Cr}^{\alpha}\right) \frac{\partial G_m^{\alpha}}{\partial X_{Cr}^{\alpha}} \tag{2.49}$$

将式（2.48）代入摩尔自由能表达式，可得

$$G_m^{\alpha} = X_{Fe}^{\alpha}\,{}^0 G_{Fe}^{\alpha} + X_{Cr}^{\alpha}\,{}^0 G_{Cr}^{\alpha} + X_{Fe}^{\alpha} X_{Cr}^{\alpha} \left({}^0 I_{FeCr}^{\alpha} + {}^1 I_{FeCr}^{\alpha} X_{Cr}^{\alpha}\right)$$
$$+ RT \left(X_{Fe}^{\alpha} \ln X_{Fe}^{\alpha} + X_{Cr}^{\alpha} \ln X_{Cr}^{\alpha}\right)$$

将上式代入式（2.49）可得到一种非正规溶体的化学势表达式，这种表达式视摩尔自由能的模型而异：

$$\mu_{Cr}^{\alpha} = {}^0 G_{Cr}^{\alpha} + \left(1 - X_{Cr}^{\alpha}\right)^2 \left({}^0 I_{FeCr}^{\alpha} + 2 X_{Cr}^{\alpha}\,{}^1 I_{FeCr}^{\alpha}\right) + RT \ln X_{Cr}^{\alpha}$$

下式为化学势的定义式，此时的活度基准态为 bcc 结构（α）状态。

$$\mu_{Cr}^{\alpha} = {}^0G_{Cr}^{\alpha} + RT \ln a_{Cr}^{\alpha}$$

活度与相互作用系数的关系为

$$
{}^0I_{FeCr}^{\alpha} + 2X_{Cr}^{\alpha}\,{}^1I_{FeCr}^{\alpha} = \frac{RT \ln\left(\dfrac{a_{Cr}^{\alpha}}{X_{Cr}^{\alpha}}\right)}{\left(1 - X_{Cr}^{\alpha}\right)^2}
$$

由于 $RT \ln\left(\dfrac{a_{Cr}^{\alpha}}{X_{Cr}^{\alpha}}\right)$ 与 $\left(1 - X_{Cr}^{\alpha}\right)^2$ 之间不再是线性关系，所以不能用[例题 2.5]的方法求得相互作用系数。如图 2.19（a）所示，两者之间为曲线关系。

为了求得作为成分函数的相互作用系数 I_{FeCr}^{α}，最简单的一种方法是建立 $\dfrac{RT \ln\left(\dfrac{a_{Cr}^{\alpha}}{X_{Cr}^{\alpha}}\right)}{\left(1 - X_{Cr}^{\alpha}\right)^2}$ 与 X_{Cr}^{α} 之间的关系。如果两者之间为线性关系，则 I_{FeCr}^{α} 的系数可求。如图 2.19（b）所示，两个系数分别为

$$
{}^0I_{FeCr}^{\alpha} = 11.72 \quad kJ \cdot mol^{-1}
$$
$$
{}^1I_{FeCr}^{\alpha} = -5.44 \quad kJ \cdot mol^{-1}
$$

可以看出，线性关系并不能准确反映相互作用系数与成分的关系，这就需要引入成分的非线性项，利用相应的优化方法求出各项系数。

2.7 化合物相

化合物（Compound）是二组元材料中的重要组成相。不仅无机非金属材料是以化合物为基体的，即使在金属材料中化合物也发挥着十分重要的作用。钢铁材料中 Fe_3C 的数量、尺寸和形态是决定材料的硬度、强度、塑性的最重要的因素。其他金属材料中如 Al 合金中的 Al_2Cu、Al_3Mg_2，Ni 基高温合金中的 Ni_3Al，Mg 合金中的 $Mg_{17}Al_{12}$ 等，都是决定材料性质的最重要的因素，因此必须了解化合物的热力学特征。化合物相的主要热力学参数是它的生成焓（Enthalpy of formation）和生成自由能（Free energy of formation）。

等温等压条件下化学反应的热效应（Heat effect, ΔH）等于生成物焓的总和与反应物焓的总和之差。即

$$\Delta H = \sum H(\text{prod}) - \sum H(\text{reac}) \tag{2.50}$$

由于不知道参与反应的各物质的焓的绝对值，所以有必要规定一个统一的参照条件，作为比较的起点。人们规定在 1atm 下，温度为 298K 时由最稳定的单质（Simple substance）合成 1mol 化合物的反应热叫做该化合物的标准摩尔生成焓（Standard molar enthalpy of formation）$\Delta H_{f,298}^0$。即

$$\Delta H_{f,298}^0 = \Delta H_{298}^0(\text{comp}) - \sum \Delta H_{298}^0(\text{simp}) \tag{2.51}$$

这些数值在很多热化学手册上可以查到。如果规定各种最稳定单质的标准生成焓为

0，即

$$\Delta H_{f,298}^0 (\text{simp}) = 0 \tag{2.52}$$

这可以理解为由自己生成自己是没有热效应的。所以由标准状态（Standard state）的最稳定单质生成 1mol 标准态化合物的生成热就是该化合物的标准生成焓 ΔH_{298}^0，即

$$\Delta H_{f,298}^0 = \Delta H_{298}^0 (\text{comp}) \tag{2.53}$$

例如，在 298 K 和 1atm 下，有下面的反应及热效应时，

$$\text{Si(c)} + \text{O}_2\text{(g)} = \text{SiO}_2\text{(g)}, \quad \Delta H_{298}^0 = -859.4 \text{ kJ} \cdot \text{mol}^{-1}$$

由于气态 O_2 和立方 Si 均为最稳定单质，生成热为 0，所以化合物 SiO_2 的标准生成焓为 $-859.4 \text{ kJ} \cdot \text{mol}^{-1}$。虽然很多化合物不能由单质直接合成，但仍能通过 Hess 定律间接求出其生成焓。

由各种热化学手册可查得的是化合物的标准焓（1atm，298K），当需要其他温度的生成焓时，需要应用 Kirchhoff 定律，借助于定压热容才能求得。

$$\Delta H(T_2) - \Delta H(T_1) = \int_{T_1}^{T_2} \Delta C_p \mathrm{d}T \tag{2.54}$$

式中，$\Delta H(T_1)$、$\Delta H(T_2)$ 分别为温度为 T_1、T_2 时的生成焓，ΔC_p 为反应物与生成物的热容差，即

$$\Delta C_p = \sum C_p (\text{prod}) - \sum C_p (\text{reac}) \tag{2.55}$$

如果反应中每个物质的定压热容与温度的关系为

$$C_p = a + bT + cT^{-2} \tag{2.56}$$

则上述热容差为

$$\Delta C_p = \Delta a + \Delta bT + \Delta cT^{-2} \tag{2.57}$$

其中各温度项系数为

$$\Delta a = \sum a(\text{prod}) - \sum a(\text{reac})$$

$$\Delta b = \sum b(\text{prod}) - \sum b(\text{reac})$$

$$\Delta c = \sum c(\text{prod}) - \sum c(\text{reac})$$

将各温度项系数代入式（2.54），经积分可求得

$$\Delta H(T_2) = \Delta H(T_1) + \Delta a(T_2 - T_1) + \frac{\Delta b}{2}(T_2^2 - T_1^2) - \Delta c(1/T_2 - 1/T_1) \tag{2.58}$$

当已知 T_1 温度下的 $\Delta H(T_1)$ 时，可利用此式求得 T_2 温度下的 $\Delta H(T_2)$。T_1 温度下的 $\Delta H(T_1)$ 可以是 298K 下的标准生成焓。通过不定积分还可以获得

$$\Delta H(T) = \Delta H_0 + \Delta aT + \frac{\Delta b}{2}T^2 - \frac{\Delta c}{T} \tag{2.59}$$

积分常数 ΔH_0 可以由 298K 下的标准生成焓推出。这就是化合物生成焓与温度的关系式，可以看出这取决于参与反应各相的热容与温度的关系。

当化合物生成焓的温度的关系式已知时，可以由 Gibbs-Helmholtz 方程式求出生成自由能的温度关系式。

$$\left[\frac{\partial(\Delta G/T)}{\partial T}\right] = -\frac{\Delta H}{T^2} \qquad (2.60)$$

将式（2.59）代入式（2.60）后积分可得

$$\frac{\Delta G}{T} = \frac{\Delta H_0}{T} - \Delta a \ln T - \frac{\Delta b}{2}T - \frac{\Delta c}{2T^2} + I \qquad (2.61)$$

$$\Delta G = \Delta H_0 - \Delta a T \ln T - \frac{\Delta b}{2}T^2 - \frac{\Delta c}{2T} + IT \qquad (2.62)$$

式中的 I 为积分常数，可以在已知某温度的生成自由能时求得。

【例题 2.6】 从热化学数据手册上查得下列数据：

项 目	ΔH_{298}^0 /kJ·mol^{-1}	S_{298}^0 /J·mol^{-1}·K^{-1}	a	$b \times 10^3$	$c \times 10^{-5}$	T
〈C〉石墨	0	12.35	0.109	38.95	−1.276	298~1100
〈C〉石墨		24.45	0.435		−31.54	1100~4000
〈Si〉	0	18.84	23.94	2.469	−4.144	298~m.p.
{Si}			25.62	—	—	m.p.~1873
〈SiC〉	66.98	16.53	50.82	1.967	−49.32	298~3260

注：1. $C_p = a + bT + cT^{-2}$ J·mol^{-1}·K^{-1}。

2. 〈Si〉— {Si}（固-液相变）$T = 1683$K，$\Delta H = 50.65$ kJ·mol^{-1}。

试用上表数据，计算化合物 SiC 的生成焓与生成自由能。

解： 〈SiC〉的标准生成焓 $\Delta H_{f,298}^0 = 66.98$ kJ·mol^{-1}

〈SiC〉的标准生成自由能 $\Delta G_{f,298}^0 = 66980 - 298(16.53 - 18.84 - 12.35)$ J·mol^{-1}

$$= 71349 \text{J·mol}^{-1} = 71.349 \text{ kJ·mol}^{-1}$$

不同温度区间，反应物与产物的热容差值不同，热容差的各温度项系数如下：

298~1100K $\quad \Delta a = 26.77, \quad \Delta b = -39.452 \times 10^{-3}, \quad \Delta c = -43.90 \times 10^5$

1100~1683K $\quad \Delta a = 2.430, \quad \Delta b = -0.937 \times 10^{-3}, \quad \Delta c = -13.64 \times 10^5$

1683~1873K $\quad \Delta a = 0.750, \quad \Delta b = 1.532 \times 10^{-3}, \quad \Delta c = -17.78 \times 10^5$

由式（2.59）、298K 时的标准生成焓 $\Delta H_{f,298}^0$ 及 298~1100K 之间的热容差系数，可以求出在该温度区间式（2.59）中的积分常数

$$\Delta H_0 = 66980 - 26.77 \times 298 + \frac{39.452 \times 10^{-3}}{2} \times 298^2 - \frac{43.90 \times 10^5}{298}$$

$$= 46.02 \text{ kJ·mol}^{-1}。$$

由式（2.58）可求出 1100K 的生成焓 $\Delta H(1100\text{K}) = 55.59$ kJ·mol^{-1}

由 $\Delta H(1100\text{K})$ 可求出 1100~1683K 范围的生成焓 $\quad \Delta H_0 = 52.21$ kJ·mol^{-1}。

由式（2.58）可求出 1683K 的生成焓 $\Delta H(1683\text{K}) = 52.44$ kJ·mol^{-1}，并可求出 1683~1873K 温度区间的积分常数 $\Delta H_0 = 47.95$ kJ·mol^{-1}。

各温度范围的生成焓公式为：

298~1100K，$\quad \Delta H_f(T) = 46020 + 26.77T - \frac{39.45 \times 10^{-3}}{2}T^2 + \frac{43.9 \times 10^5}{T} \quad$ J·mol^{-1}

$$1100\sim1683K, \quad \Delta H_f(T)=52210+2.43T-\frac{0.937\times10^{-3}}{2}T^2+\frac{13.64\times10^5}{T} \quad J\cdot mol^{-1}$$

$$1683\sim1873K, \quad \Delta H_f(T)=-2700+0.75T+\frac{1.532\times10^{-3}}{2}T^2+\frac{17.78\times10^5}{T} \quad J\cdot mol^{-1}$$

由于在 1683K Si 将发生熔化，所以在 1683~1873K 这个温度范围需要考虑熔化焓变，已减去了 Si 的熔化焓变 ΔH=50650 $J\cdot mol^{-1}$。

为求得相应的生成自由能，要根据式（2.62）先求出各温度范围的积分常数 I 值。例如对于 298~1100K，由 298K 下的生成自由能 ΔG^0_{298}=71349 $J\cdot mol^{-1}$，可以求出 $I(298\sim1100K)$=206.6 $J\cdot mol^{-1}$，

$$\Delta G(T)=46020-26.77T\ln T+\frac{39.45\times10^{-3}}{2}T^2+\frac{43.9\times10^5}{2T}+206.6T \quad J\cdot mol^{-1}$$

在 1100~1683K，$\Delta G(1100K)$=92263 $J\cdot mol^{-1}$，$I(1100\sim1683K)$=52.34 $J\cdot mol^{-1}$

$$\Delta G(T)=52210-2.43T\ln T+\frac{0.937\times10^{-3}}{2}T^2+\frac{13.64\times10^5}{2T}+52.3T \quad J\cdot mol^{-1}$$

在 1683~1873K，$\Delta G(1683K)$=111650 $J\cdot mol^{-1}$，$I(1683\sim1873K)$=74.49 $J\cdot mol^{-1}$

$$\Delta G(T)=-2700-0.75T\ln T-\frac{15.32\times10^{-3}}{2}T^2+\frac{17.78\times10^5}{2T}+74.5T \quad J\cdot mol^{-1}$$

习　题

（1）由 Fe-Cu 二元系相图知：fcc 结构固溶体的溶解度间隙的最高温度 T_S 为 1350℃，试计算该固溶体中 Fe-Cu 键的结合能（设定 Fe—Fe、Cu—Cu 键的结合能为零）。

（2）已知某 A-B 二元系中，一个成分为 X_B=0.4 合金是 α +β 两相组织，这时 α 相的成分为 X^α_B=0.2，其摩尔自由能 G^α_m= a，β 相的成分为 X^β_B = 0.8，摩尔自由能 G^β_m=b，试求两相合金的摩尔自由能。

（3）试用正规溶体模型计算一个 I_{AB}=16.7 kJ·mol^{-1} 成分为 X_B=0.4 的二元固溶体，其发生 Spinodal 分解的上限温度是多少？

（4）已经测得 Fe-V 合金的 α 固溶体的成分为 X_V =0.5，1325℃下其 V 活度为 a_V=0.312，试估算 I_{FeV}。

（5）某 A-B 二元正规溶体的 I^α_{AB} =20kJ·mol^{-1}，试求 800K 时发生 Spinodal 分解的成分范围。

（6）已知 1300K 下，fcc 结构与石墨结构两种状态碳的摩尔自由能差 $^0G^\gamma_C - {}^0G^{gr}_C$=73.2 $J\cdot mol^{-1}$，I^γ_{FeC} = -51.9 kJ·mol^{-1}，试计算在此温度下，45 钢奥氏体中的碳活度（标准态为石墨态碳）与碳浓度的关系。

（7）已知某二元系 A-B 的 bcc 结构的固溶体中，各种原子结合键能之间的关系为 $\varepsilon_{AB}+\varepsilon_{BA}-\varepsilon_{AA}-\varepsilon_{BB}=\frac{kT_S}{2}$，$T_S$=1000K，试计算 800K 下的 Spinodal 范围。

（8）已知 Fe-Cr 合金中 $I^\alpha_{FeCr}=16.7-6.3X_{Cr}$ kJ·mol^{-1}，试计算在 400℃下，一个含 Cr 为 20%（质量分数）的 Fe-Cr 固溶体是否发生失稳分解。

（9）试证明对于 A-B 二元系的正规溶体，Spinodal 线的方程式为可以表示成下式形式：$X_B(1-X_B) = kT/2uz$。k，u，z 分别为 Boltzmann 常数、相互作用键能和配位数。

（10）试证明不同成分的铁基固溶体的磁性转变自由能，随温度变化的斜率是相同的。

（11）试求 Fe-N 二元系中的化合物 Fe_4N 的生成自由能，并根据 N 在奥氏体和铁素体中的溶解度，求出 I_{FeN}^{γ} 和 I_{FeN}^{α}。

（12）若 Fe-N 二元系中，900℃时 N 在γ-Fe 中的原子分数为 $X_N^{\gamma} = 0.05$，试用正规溶体近似和上题求出的参数求 N 在γ-Fe 中的活度。

3

二组元材料的热力学

【本章导读】

　　本章是分析由两种相构成的二组元材料，主要掌握平衡态的相成分规律。公切线法则是基本内容，由此来求得各种平衡态的相成分。包括固-液平衡、固溶体间的平衡和溶解度曲线。这里重点要认识溶解度曲线的热力学本质，了解实验测得的溶解度曲线与热力学参数之间的关系。两种固溶体材料的相平衡中将会出现两个非常重要的概念：分配比和相稳定化参数。

　　二组元材料的热力学理论是材料热力学最基本的内容。本章以二元系相平衡（Phase equilibrium）为基础，分析材料学中的一些基本问题，以掌握运用热力学分析材料平衡相成分以及平衡组织的基本方法。

3.1　两相平衡

　　两相平衡的基本判据即平衡态判据（Equilibrium state criterion）是体系的 Gibbs 自由能为极小值（min），即

$$\mathrm{d}G = 0 \quad 或 \quad G = \min \tag{3.1}$$

　　A-B 二元系，在 P、T 一定时，如图 3.1 所示，在 α 与 γ 两相平衡共存的状态下，根据平衡态判据应该有：

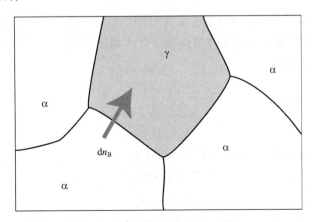

图 3.1　A-B 二元系的两相平衡

$$\mathrm{d}G^{\alpha+\gamma} = 0$$

$$G^{\alpha+\gamma} = \min$$

若有 $\mathrm{d}n_B$ 个 B 原子自 α 转移到 γ，在平衡态下，应该不引起 Gibbs 自由能的变化，即：

$$\mathrm{d}G^{\alpha+\gamma} = \mathrm{d}G^{\alpha} + \mathrm{d}G^{\gamma} = 0$$

参照化学势的定义，应该存在下述关系

$$\mathrm{d}G^{\alpha} = \left(\frac{\partial G^{\alpha}}{\partial n_B}\right)_{p,T,n_A}(-\mathrm{d}n_B)$$

$$\mathrm{d}G^{\gamma} = \left(\frac{\partial G^{\gamma}}{\partial n_B}\right)_{p,T,n_A}(\mathrm{d}n_B)$$

$$\mathrm{d}G^{\alpha+\gamma} = \left(\frac{\partial G^{\alpha}}{\partial n_B}\right)(-\mathrm{d}n_B) + \left(\frac{\partial G^{\gamma}}{\partial n_B}\right)(\mathrm{d}n_B) = 0$$

若 $\mathrm{d}n_B \neq 0$，则

$$\left(\frac{\partial G^{\alpha}}{\partial n_B}\right)_{p,T,n_A} = \left(\frac{\partial G^{\gamma}}{\partial n_B}\right)_{p,T,n_A}$$

同理，还应有

$$\left(\frac{\partial G^{\alpha}}{\partial n_A}\right)_{p,T,n_B} = \left(\frac{\partial G^{\gamma}}{\partial n_A}\right)_{p,T,n_B}$$

所以由式（3.1）的平衡态条件，将派生出各组元化学势相等的两相平衡条件，即

$$\mu_A^{\alpha} = \mu_A^{\gamma}$$

$$\mu_B^{\alpha} = \mu_B^{\gamma}$$

或写成

$$\left\{ \mu_i^{\alpha} = \mu_i^{\gamma} \right\} \tag{3.2}$$

这一条件中，实际上也可以包容单组元系中的摩尔自由能相等的两相平衡条件，因为单元系的化学势就是摩尔自由能，即

$$G_m^{\alpha} = G_m^{\gamma}$$

如图 3.2 所示，两相平衡的化学势相等条件也称作公切线法则(Common tangent law)：平衡两相的摩尔自由能曲线公切线的切点成分是两相平衡成分，两切点之间成分的体系（合金）处于两相平衡状态。

3.2 固-液两相平衡

A-B 二元系固-液两相（α-L）平衡的条件为：

$$\mu_A^{\alpha} = \mu_A^{L}$$

$$\mu_B^{\alpha} = \mu_B^{L}$$

当固、液两相均用正规溶体近似描述时，固-液两相的化学势可以获得具体表达式，因此

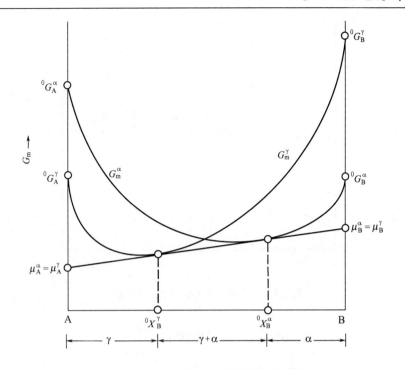

图 3.2 二元系两相平衡的公切线法则

可以获得液-固相线的方程式。两相的化学势为：

$$\mu_A^\alpha = {}^0G_A^\alpha + \left(1 - X_A^\alpha\right)^2 I_{AB}^\alpha + RT \ln X_A^\alpha$$

$$\mu_A^L = {}^0G_A^L + \left(1 - X_A^L\right)^2 I_{AB}^L + RT \ln X_A^L$$

$$\mu_B^\alpha = {}^0G_B^\alpha + \left(1 - X_B^\alpha\right)^2 I_{AB}^\alpha + RT \ln X_B^\alpha$$

$$\mu_B^L = {}^0G_B^L + \left(1 - X_B^L\right)^2 I_{AB}^L + RT \ln X_B^L$$

上面 4 式中的成分变量还可以减少，因为

$$X_A^\alpha = 1 - X_B^\alpha$$

$$X_A^L = 1 - X_B^L$$

式中纯组元的液态摩尔自由能 ${}^0G_i^L$ 可以用固态的摩尔自由能 ${}^0G_i^\alpha$ 和熔化焓表示，因为

$$^0G_A^\alpha = {}^0H_A^\alpha - T {}^0S_A^\alpha \qquad {}^0G_A^L = {}^0H_A^L - T {}^0S_A^L$$

如图 3.3 所示，当温度处于熔点 T_A 附近时，可以认为

$$^0H_A^L = {}^0H_A^\alpha + \Delta {}^0H_A^{\alpha \to L}$$

$$^0S_A^L = {}^0S_A^\alpha + \Delta {}^0S_A^{\alpha \to L} = {}^0S_A^\alpha + \frac{\Delta {}^0H_A^{\alpha \to L}}{T_A}$$

因此

$$^0G_A^L = {}^0H_A^\alpha + \Delta {}^0H_A^{\alpha \to L} - T\left({}^0S_A^\alpha + \frac{\Delta {}^0H_A^{\alpha \to L}}{T_A}\right)$$

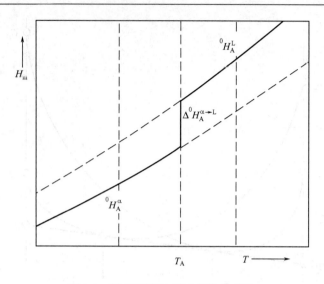

图 3.3　熔点附近固-液之间焓的变化

$$^0G_A^L = {}^0G_A^\alpha + \Delta^0H_A^{\alpha \to L}\left(1 - \frac{T}{T_A}\right)$$

同理，在与 B 组元熔点 T_B 温度相差不多时，

$$^0G_B^L = {}^0G_B^\alpha + \Delta^0H_B^{\alpha \to L}\left(1 - \frac{T}{T_B}\right)$$

整理以上公式，可得下面两式

$$RT\ln\frac{1-X_B^\alpha}{1-X_B^L} = (X_B^L)^2 I_{AB}^L - (X_B^\alpha)^2 I_{AB}^\alpha + \Delta^0H_A^{\alpha \to L}\frac{T_A - T}{T_A}$$

$$RT\ln\frac{X_B^\alpha}{X_B^L} = (1-X_B^L)^2 I_{AB}^L - (1-X_B^\alpha)^2 I_{AB}^\alpha + \Delta^0H_B^{\alpha \to L}\frac{T_B - T}{T_B} \tag{3.3}$$

当热力学参数 I_{AB}^L、I_{AB}^α、$\Delta^0H_A^{\alpha \to L}$、$\Delta^0H_B^{\alpha \to L}$ 已知时，求解上面的联立方程组可以求得相平衡成分。因此液-固相线实际上是由下面的一组联立方程组确定的，在采用不同的热力学模型时，该方程组有不同的形式。

$$\Phi(T, X_B^L, X_B^\alpha) = 0 \qquad \Psi(T, X_B^L, X_B^\alpha) = 0$$

【例题 3.1】 A-B 二元系的液相及固相均为理想溶体，A、B 两组元的熔点为 T_A=1000K，T_B=700K，$\Delta H_A^{\alpha \to L}$=11.3 kJ·mol^{-1}，$\Delta H_B^{\alpha \to L}$=14.2 kJ·mol^{-1}，试求该二元系的液相线和固相线。

　　解：将题中的各参数代入式（3.3），可得下面两式，按两式画成的理想溶体的液相线和固相线如图 3.4 所示。液固相线之间的距离取决于两组元的熔化熵。熔化熵越大，此距离越大。

$$\ln\frac{1-X_B^\alpha}{1-X_B^L} = \frac{\Delta H_A^{\alpha \to L}}{RT} \times \frac{T_A - T}{T_A}$$

$$\ln \frac{X_{\mathrm{B}}^{\alpha}}{X_{\mathrm{B}}^{\mathrm{L}}} = \frac{\Delta H_{\mathrm{B}}^{\alpha \to \mathrm{L}}}{RT} \times \frac{T_{\mathrm{B}} - T}{T_{\mathrm{B}}}$$

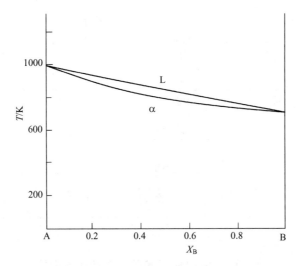

图 3.4 一种液、固相均为理想溶体时的液固相线计算结果

【例题 3.2】 现代信息产业（IT）中使用的半导体材料如 Ge、Si 等都必须有极高的纯度，有时要高达 99.999999 % 的纯度。试分析如何利用液固两相平衡原理来提纯材料。

解： 要达到 8 位数均为 9 的纯度，普通的冶金方法是无法实现的。而充分利用液固两相平衡成分的差异则可以达到这个目的，这种方法也叫做"区域熔炼"（Zone melting），其原理如图 3.5 所示。微量杂质 B 与元素 A 构成了一个以 A 为溶剂的二组元合金系统，包括液态溶体 L 和固溶体 α。杂质分配比(Distribution ratio) $K_{\mathrm{B}}^{\alpha/\mathrm{L}}$ 的定义为

$$K_{\mathrm{B}}^{\alpha/\mathrm{L}} = \frac{X_{\mathrm{B}}^{\alpha}}{X_{\mathrm{B}}^{\mathrm{L}}} \tag{3.4}$$

假设分配比 $K_{\mathrm{B}}^{\alpha/\mathrm{L}} < 1$。当成分为 a 的合金熔化后，液态溶体的成分为 $X_{\mathrm{B}}^{\mathrm{L}}$。合金在温度 T_1 开始凝固。结晶出的固溶体相成分为 X_{B}^{α}，固溶体相的杂质含量小于液态溶体。如果将成分为 X_{B}^{α}（n 点）的固相在 T_2 温度熔化后，液相的成分为 p 点，在此温度从液相中结晶出的固溶体的成分为 q 点，其中的杂质含量进一步降低。如此反复进行，最后凝固的固相的纯度将不断提高。根据此原理可设计出区域熔炼工艺。

把待提纯的元素 A 制成棒状，并如图 3.5 所示，在其外侧套上可使其熔化的加热环，处于加热环内的部分是熔化区。如前所述，熔化区中的杂质含量高于重凝区，或者说重凝区的杂质含量低于熔化区。移动加热环使整个合金棒除右端外均成为重凝区，合金便得到一次提纯。逐渐提高温度并反复自左向右移动加热环便可以把杂质赶向右端，使元素 A 获得提纯。

如果 $K_{\mathrm{B}}^{\alpha/\mathrm{L}} > 1$，则熔化区的杂质含量低于重凝区，逐次降低温度并反复自左向右移动加热环便可以把杂质赶向左端。

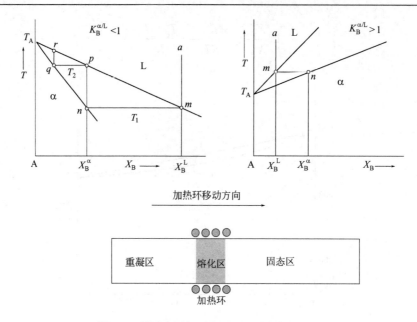

图 3.5　利用液固相平衡时成分差的提纯原理

【例题 3.3】　试利用正规溶体近似和 Richard 经验定律，分析液固两相相互作用能之差对液固相线极值(Extremum of liquidus and solidus)的影响。

解：为了便于对比，假设 A-B 二元系中液相的相互作用能 $I_{AB}^L = 0$，按正规溶体近似

$$\mu_A^\alpha = {}^0G_A^\alpha + RT \ln X_A^\alpha + \left(1 - X_A^\alpha\right)^2 I_{AB}^\alpha$$

$$\mu_B^\alpha = {}^0G_B^\alpha + RT \ln X_B^\alpha + \left(1 - X_B^\alpha\right)^2 I_{AB}^\alpha$$

$$\mu_A^L = {}^0G_A^L + RT \ln X_A^L$$

$$\mu_B^L = {}^0G_B^L + RT \ln X_B^L$$

液固两相平衡时，

$$\mu_A^\alpha = \mu_A^L$$

$$\mu_B^\alpha = \mu_B^L$$

$$\Delta {}^0G_A^{\alpha \to L} = {}^0G_A^L - {}^0G_A^\alpha = RT\left(\ln X_A^\alpha - \ln X_A^L\right) + \left(X_B^\alpha\right)^2 I_{AB}^\alpha \tag{3.5}$$

$$\Delta {}^0G_B^{\alpha \to L} = {}^0G_B^L - {}^0G_B^\alpha = RT\left(\ln X_B^\alpha - \ln X_B^L\right) + \left(X_A^\alpha\right)^2 I_{AB}^\alpha \tag{3.6}$$

由 Richard 定律可知(参见本书第 1 章[例题 1.2])，纯金属 A、B 在熔点（T_A，T_B）附近的熔化相变自由能为

$$\Delta G_A^{\alpha \to L} = RT_A - RT$$

$$\Delta G_B^{\alpha \to L} = RT_B - RT$$

如图 3.6 所示，在液固相线的极大或极小值处，液固两相的成分相等，即在温度 T_m 处

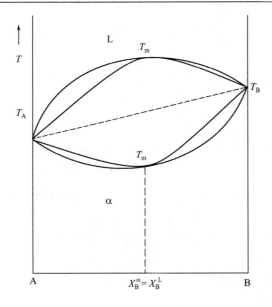

图 3.6 液固相线具有极大值或极小值的二元系

$$X_B^\alpha = X_B^L = X_B \tag{3.7}$$

对于液固相线的极大或极小值处的成分，不再标记相的符号。考虑 Richard 定律，并将式（3.7）代入式（3.5）、式（3.6）可得

$$RT_A - RT_m = (X_B)^2 I_{AB}^\alpha \tag{3.8}$$

$$RT_B - RT_m = (1 - X_B)^2 I_{AB}^\alpha \tag{3.9}$$

$$X_B = \left[\frac{R(T_A - T_m)}{I_{AB}^\alpha} \right]^{\frac{1}{2}} \tag{3.10}$$

将式（3.10）代入式（3.9），得

$$RT_B - RT_m = \left\{ 1 - \left[\frac{R(T_A - T_m)}{I_{AB}^\alpha} \right]^{\frac{1}{2}} \right\}^2 I_{AB}^\alpha$$

$$RT_B - RT_m = I_{AB}^\alpha - 2I_{AB}^\alpha \left[\frac{R(T_A - T_m)}{I_{AB}^\alpha} \right]^{\frac{1}{2}} + I_{AB}^\alpha \frac{R(T_A - T_m)}{I_{AB}^\alpha}$$

$$RT_B - RT_A = I_{AB}^\alpha - 2I_{AB}^\alpha \left[\frac{R(T_A - T_m)}{I_{AB}^\alpha} \right]^{\frac{1}{2}}$$

$$2I_{AB}^\alpha \left[\frac{R(T_A - T_m)}{I_{AB}^\alpha} \right]^{\frac{1}{2}} = I_{AB}^\alpha - (RT_B - RT_A)$$

$$\frac{R(T_A - T_m)}{I_{AB}^\alpha} = \left[\frac{I_{AB}^\alpha - (RT_B - RT_A)}{2I_{AB}^\alpha} \right]^2$$

$$R\left(T_A - T_m\right) = \frac{1}{4I_{AB}^\alpha}\left[\left(I_{AB}^\alpha\right)^2 + R^2\left(T_B - T_A\right)^2 - 2RI_{AB}^\alpha\left(T_B - T_A\right)\right]$$

$$R\left(T_A - T_m\right) = \frac{I_{AB}^\alpha}{4} + \frac{R^2\left(T_B - T_A\right)^2}{4I_{AB}^\alpha} - \frac{R\left(T_B - T_A\right)}{2}$$

整理上式可得

$$T_m = \frac{T_A + T_B}{2} - \frac{I_{AB}^\alpha}{4R}\left[1 + \frac{R^2\left(T_B - T_A\right)^2}{\left(I_{AB}^\alpha\right)^2}\right] \tag{3.11}$$

这就是相互作用能对液固相线影响的基本公式，由于括弧项恒正，即

$$\left[1 + \frac{R^2\left(T_B - T_A\right)^2}{\left(I_{AB}^\alpha\right)^2}\right] > 0$$

所以相互作用能（$I_{AB}^\alpha - I_{AB}^L$）为负值时，液固相线有极大值，（$I_{AB}^\alpha - I_{AB}^L$）为正值时，液固相线有极小值，即

$$I_{AB}^\alpha - I_{AB}^L < 0 \qquad T_m > \frac{T_A + T_B}{2}$$

$$I_{AB}^\alpha - I_{AB}^L > 0 \qquad T_m < \frac{T_A + T_B}{2}$$

【例题 3.4】 已知下列热力学参数，试用正规溶体近似计算 Fe-Ni 二元相图中的液相线和固相线。

$I_{FeNi}^\alpha = -15.1\ \text{kJ}\cdot\text{mol}^{-1}$，$I_{FeNi}^\gamma = -7.5\ \text{kJ}\cdot\text{mol}^{-1}$，$I_{FeNi}^L = -9.2\ \text{kJ}\cdot\text{mol}^{-1}$

$\Delta H_{Fe}^{\alpha \to L} = 13.8\ \text{kJ}\cdot\text{mol}^{-1}$，$\Delta H_{Fe}^{\gamma \to L} = 13.9\ \text{kJ}\cdot\text{mol}^{-1}$，

$\Delta H_{Ni}^{\gamma \to L} = 17.2\ \text{kJ}\cdot\text{mol}^{-1}$，$T_{Fe}^\alpha = 1809\ \text{K}$，$T_{Fe}^\gamma = 1800\ \text{K}$，$T_{Ni} = 1728\text{K}$

解： 利用正规溶体近似的式（3.3）可以计算 Fe-Ni 二元系的液相线和固相线，计算结果与 Massalski 的二元合金相图集中 Fe-Ni 相图的比较如图 3.7 所示。可以看出，虽然两者还有一定的差距，但还是可以接受的。要更精确地再现实验相图，就不能用简单的正规溶体近似，而需要使用亚正规溶体近似，相互作用能和相变焓不能再是常数了。

【例题 3.5】 近年来，Mg 合金以其轻质的优势在航空、航天、汽车等工业和 3C（Computers, Communications, Consumer electronics）产业备受关注。其中 Mg-Al 合金系是最重要的基础系统，$Mg_{17}Al_{12}(\delta)$ 是最重要的第二相。试通过 Mg-Al 合金相图中液固相线的分析，了解 $Mg_{17}Al_{12}(\delta)$ 相中 Mg 和 Al 原子间的相互作用特点。

解： Mg-Al 二元合金相图如图 3.8 所示。可以看出，$Mg_{17}Al_{12}(\delta)$ 相的液固相线有极大值。这说明相对于假定为理想溶体的液相，$Mg_{17}Al_{12}(\delta)$ 相中 Mg 和 Al 之间的相互作用能是负值。从 Mg-Al 二元合金相图可获得下列数据：

$$T_m = 460℃, \quad T_{Mg}^\delta \approx 305℃, \quad T_{Al}^\delta \approx 310℃$$

利用式（3.11）可以估算 I_{MgAl}^δ 的数值。

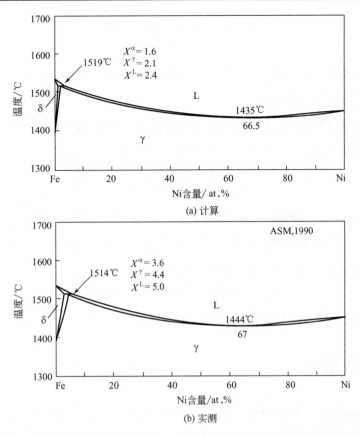

图 3.7 利用正规溶体近似计算的 Fe-Ni 二元系液固相线与实验相图的对比

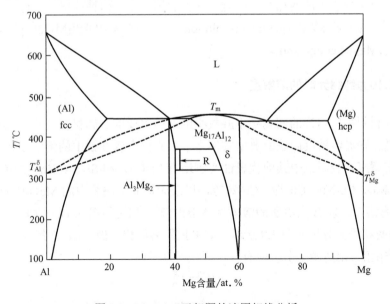

图 3.8 Mg-Al 二元相图的液固相线分析

$$733 = \frac{578 + 583}{2} - \frac{I_{MgAl}^{\delta}}{4 \times 8.314}\left[1 + \frac{8.314^2\left(578 - 583\right)^2}{\left(I_{MgAl}^{\delta}\right)^2}\right] \text{ J} \cdot \text{mol}^{-1}$$

$$(I^{\delta}_{MgAl})^2 +5071\,(I^{\delta}_{MgAl})+1728=0$$

$$I^{\delta}_{MgAl} = -5069 \text{ J} \cdot \text{mol}^{-1}$$

考虑到上列计算是假设了 I^{L}_{MgAl} 为 0 的，了解 $Mg_{17}Al_{12}(\delta)$ 相中 Mg 和 Al 之间的实际相互作用能还需要估算 I^{L}_{MgAl} 的数值。

由液固相线方程的式（3.3）可知，在固相成分可以认为是远小于 1 时，可以由已知温度下的液相成分估算其中的相互作用能。这时式（3.3）变成

$$RT \ln \frac{1-X^{\alpha}_{Mg}}{1-X^{L}_{Mg}} = (X^{L}_{Mg})^2 I^{L}_{MgAl} + \Delta\,^0 H^{\alpha \to L}_{Al} \frac{T_{Al}-T}{T_{Al}}$$

可以查到 Al 的熔点为 660℃，熔化热 $\Delta\,^0 H^{\alpha \to L}_{Al}$=10.46 kJ·mol^{-1}，600℃时的 X^{L}_{Mg}=0.11，$X^{\alpha}_{Mg} = 0.042$，将这些数据代入上式，求得的 I^{L}_{MgAl}=-11.5 kJ·mol^{-1}。实际上 $Mg_{17}Al_{12}(\delta)$ 相中 Mg 和 Al 之间的实际相互作用能的数值应该为

$$I^{\delta}_{MgAl} = -5.069\,-11.5= -16.5 \text{ kJ} \cdot \text{mol}^{-1}$$

这说明 $Mg_{17}Al_{12}$ 相中 Mg 和 Al 原子之间有很强的吸引作用。

3.3 溶解度曲线

溶解度(Solubility)指溶体相在与第二相平衡时的溶体成分（浓度），固溶体在与第二相平衡时的浓度也称为固溶度。溶解度曲线是指溶解度与温度的关系曲线。所以固溶度问题实际上就是固态下的两相平衡问题。这里的第二相有两种情况，一种是纯组元(Pure component)，包括端际固溶体(End-on solution)；另一种是中间相(Middle phase)，主要是中间化合物(Middle compound)。

3.3.1 第二相为纯组元时的溶解度

在实际材料中，这样的问题是不胜枚举的。最主要的金属材料——钢铁材料（Fe-C合金）就是存在着溶解度问题的典型实例之一。石墨态碳在铁中的溶解度正是第二相为纯组元的溶解度。金属系中其他代表性实例还有 Fe-Cu、Al-Si、Al-Zn、Al-Ge、Cu-Ag、Cu-B、Cu-Mo、Cu-Nb、Cu-Ta、Cu-V 等，以及无机非金属系中的 MgO-CaO 等。

以 A 为溶剂，以 B 为溶质的溶体相 A(B)中第二相是纯组元 B，即 B 中不溶解组元 A。此时的两相平衡分析如图 3.9 所示。如果把固溶体相称做α相，而组元 B 与溶体结构不同，称作β相，则两相平衡时应有

$$\mu^{\alpha}_A = \mu^{\beta}_A$$
$$\mu^{\alpha}_B = \mu^{\beta}_B \tag{3.12}$$

应该指出，无论用怎样的溶体模型，化学势的一般形式为

$$\mu^{\alpha}_B = {}^0 G^{\alpha}_B + RT \ln X^{\alpha}_B + {}^E \mu^{\alpha}_B$$
$$\mu^{\beta}_B = {}^0 G^{\beta}_B + RT \ln X^{\beta}_B + {}^E \mu^{\beta}_B$$

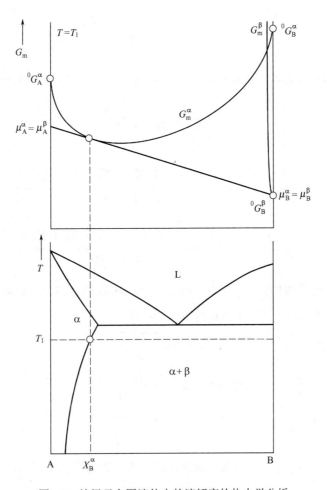

图 3.9 纯组元在固溶体中的溶解度的热力学分析

式中，$^E\mu_B^\alpha$ 是 B 组元的化学势过剩项(Excess chemical potential)，按照正规溶体近似，

$$^E\mu_B^\beta = \left(1 - X_B^\beta\right)^2 I_{AB}^\beta$$

$$^E\mu_B^\alpha = \left(1 - X_B^\alpha\right)^2 I_{AB}^\alpha$$

由于组元 B 中不溶解组元 A，所以有

$$^E\mu_B^\beta = 0 , \quad X_B^\beta = 1$$

$$\mu_B^\beta = {}^0G_B^\beta$$

按正规溶体近似，由式（3.12）可得到

$$\mu_B^\alpha = {}^0G_B^\alpha + \left(1 - X_B^\alpha\right)^2 I_{AB}^\alpha + RT\ln X_B^\alpha = \mu_B^\beta = {}^0G_B^\beta$$

α相的溶解度为

$$X_B^\alpha = \exp\left[\frac{\left({}^0G_B^\beta - {}^0G_B^\alpha\right) - \left(1 - X_B^\alpha\right)^2 I_{AB}^\alpha}{RT}\right]$$

$$X_B^\alpha = \exp\left[\frac{\Delta^0 G_B^{\alpha \to \beta} - \left(1 - X_B^\alpha\right)^2 I_{AB}^\alpha}{RT}\right] \tag{3.13}$$

将纯组元 B 的两种状态的 Gibbs 自由能用焓和熵表示，可以得到溶解度的更具实际意义的表达式。

$$^0G_B^\alpha = {}^0H_B^\alpha - T{}^0S_B^\alpha$$

$$^0G_B^\beta = {}^0H_B^\beta - T{}^0S_B^\beta$$

$$X_B^\alpha = \exp\left[-\frac{\left({}^0H_B^\alpha - {}^0H_B^\beta\right) - T\left({}^0S_B^\alpha - {}^0S_B^\beta\right) + \left(1 - X_B^\alpha\right)^2 I_{AB}^\alpha}{RT}\right]$$

$$X_B^\alpha = \exp\frac{\Delta^0 S_B^{\beta \to \alpha}}{R}\exp\left[-\frac{\Delta^0 H_B^{\beta \to \alpha} + \left(1 - X_B^\alpha\right)^2 I_{AB}^\alpha}{RT}\right] \tag{3.14}$$

对于溶解度不大的稀溶体，$X_B^\alpha \to 0$，溶解度公式可以得到简化。此时第一个指数项可看做是与温度无关的熵因子 K (Entropy factor)，即

$$K = \exp\frac{\Delta^0 S_B^{\beta \to \alpha}}{R}$$

$$X_B^\alpha = K\exp\left[-\frac{\Delta^0 H_B^{\beta \to \alpha} + I_{AB}^\alpha}{RT}\right]$$

$$\ln X_B^\alpha = \ln K - \frac{\Delta^0 H_B^{\beta \to \alpha} + I_{AB}^\alpha}{RT} \tag{3.15}$$

式（3.15）建立了溶解度与热力学参数之间的关系，而且在 $\ln X$-$\frac{1}{T}$ 坐标系中，溶解度与温度的关系可以是直线关系。由实测的 $\ln X$-$\frac{1}{T}$ 曲线，可求得溶体的 $\Delta^0 H_B^{\beta \to \alpha} + I_{AB}^\alpha$、$\Delta^0 S_B^{\beta \to \alpha}$ 等热力学参数，若已知溶体的 $\Delta^0 H_B^{\beta \to \alpha}$、$I_{AB}^\alpha$、$\Delta^0 S_B^{\beta \to \alpha}$ 等热力学参数，则可以预测溶体的溶解度 X_B^α。图 3.10 给出了按式（3.15）整理的 Al 基稀溶体中溶质溶解度的实测结果与各溶质的熵因子 K。

3.3.2 第二相为化合物时的溶解度

在实际材料中，这类问题更多。钢铁材料（Fe-C 合金）仍是这类溶解度问题的典型实例。Fe₃C 在铁中的溶解度是其代表。金属系中其他代表性实例还有 Ni-Al、Co-Al、Cu-Al、Cu-Sn、Cu-Zn、Cu-Mg、Cu-Ti、Al-Mg 等。大多数无机非金属的二元系中绝大部分溶解度问题都属于这种类型。

如图 3.11 所示，若 A-B 二元系中存在化合物中间相 A$_m$B$_n$(θ)，则溶体相α与化合物相θ的平衡条件为

$$\mu_A^\alpha = \mu_A^\theta \tag{3.16}$$

$$\mu_B^\alpha = \mu_B^\theta \tag{3.17}$$

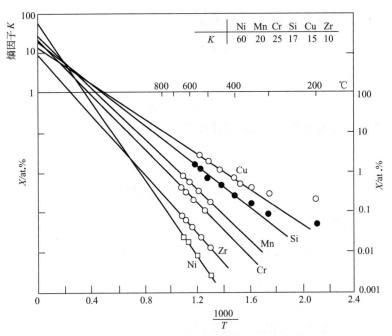

图 3.10 Al 的稀溶体中各种溶质溶解度与温度的关系

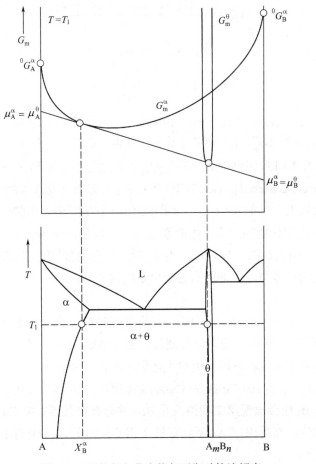

图 3.11 溶体相与化合物相平衡时的溶解度

可以证明，化合物的摩尔自由能与化学势的关系为

$$G_m^\theta = m\mu_A^\theta + n\mu_B^\theta$$

由式（3.16）和式（3.17）可知

$$G_m^\theta = m\mu_A^\alpha + n\mu_B^\alpha \tag{3.18}$$

当用正规溶体近似描述溶体相α时，溶体相的化学势为

$$\mu_A^\alpha = {}^0G_A^\alpha + \left(X_B^\alpha\right)^2 I_{AB}^\alpha + RT\ln\left(1 - X_B^\alpha\right)$$

$$\mu_B^\alpha = {}^0G_B^\alpha + \left(1 - X_B^\alpha\right)^2 I_{AB}^\alpha + RT\ln X_B^\alpha$$

代入式（3.18），可得

$$G_m^\theta = m\left[{}^0G_A^\alpha + \left(X_B^\alpha\right)^2 I_{AB}^\alpha + RT\ln\left(1 - X_B^\alpha\right)\right]$$

$$+ n\left[{}^0G_B^\alpha + \left(1 - X_B^\alpha\right)^2 I_{AB}^\alpha + RT\ln X_B^\alpha\right]$$

当溶体为稀溶体时，即 $X_B^\alpha \to 0$ 时，溶解度为

$$X_B^\alpha = \exp\frac{G_m^\theta - m\,{}^0G_A^\alpha - n\,{}^0G_B^\alpha - nI_{AB}^\alpha}{nRT} \tag{3.19}$$

$$\Delta G_m^\theta = G_m^\theta - m\,{}^0G_A^\alpha - n\,{}^0G_B^\alpha \tag{3.20}$$

$$\ln X_B^\alpha = \frac{\Delta G_m^\theta - nI_{AB}^\alpha}{nRT} \tag{3.21}$$

将式（3.21）与式（3.13）比较可知，影响两种溶解度的热力学参数及其形式是极其相似的。式（3.21）中的 ΔG_m^θ 为化合物的形成自由能，显然，其值越负溶解度越小。I_{AB}^α 对溶解度的影响与式（3.13）中的情况相同，即，其值越正溶解度越小。一般来说，拓扑密排相（Topologically close packed phase，TCP）的形成自由能都不是太大的负值，所以在固溶体中的溶解度都比较大。例如 Fe-Cr 二元系中的σ相在α固溶体中的溶解度就是很大的。NbC 等立方结构的碳化物的形成自由能都很负，所以其在固溶体中的溶解度也都很小。

与式（3.15）所表达的一样，在热力学参数没有很强的温度依存性时，化合物在固溶体中的溶解度的对数与温度的倒数之间也是线性关系。

【例题 3.6】 向 Cu 中加入微量 Bi、As 合金化时所产生的效果完全不同。加入微量 Bi 会使 Cu 显著变脆，而电阻没有显著变化；加入微量 As 并不会使 Cu 变脆，却能显著提高其电阻，试从溶解度特征的角度对上述现象加以解释。

解： 如图 3.12 所给出的 Cu-Bi 和 Cu-As 系相图所示，Bi 在 Cu 中的溶解度低得可以忽略，加入微量 Bi 便会出现第 2 相纯组元 Bi，并分布在晶界，使 Cu 变脆。而 As 在 Cu 中有一定的溶解度，微量添加 As 不会有第 2 相 Cu_3As 析出，因而不会造成脆性，固溶态的 As 会使电阻升高。

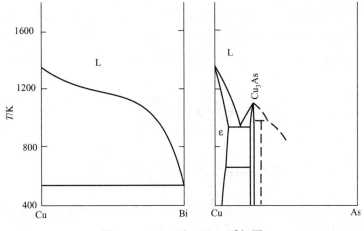

图 3.12 Cu-Bi 和 Cu-As 系相图

3.4 固溶体间的相平衡

实际材料中的两相均为固溶体，而且相互间处于平衡状态的例子也很常见。深冲性能良好的双相低碳低合金钢，高强度双相（α+β）钛合金，γ′相强化 Ni 基高温合金，高强度高拉伸性能的 3-7 黄铜等金属材料都是典型实例。

如果 A-B 二元系中的两种固溶体α 和 β 相均为以 A 为基的固溶体，

$$\alpha \text{——} A(B)$$

$$\beta \text{——} A(B)$$

当α / β 平衡时，该两相的化学势相等，即

$$\mu_A^\alpha = \mu_A^\beta$$

$$\mu_B^\alpha = \mu_B^\beta$$

溶体中组元 i 的化学势的一般表达式如下

$$\mu_i = {}^0G_i + RT\ln X_i + {}^E\mu_i \tag{3.22}$$

如果溶体摩尔自由能用正规溶体近似描述，则化学势过剩项 ${}^E\mu_i$ 可写成

$$^E\mu_i = (1 - X_i)^2 I_{ij} \tag{3.23}$$

$${}^0G_A^\alpha + RT\ln X_A^\alpha + {}^E\mu_A^\alpha = {}^0G_A^\beta + RT\ln X_A^\beta + {}^E\mu_A^\beta \tag{3.24}$$

$${}^0G_B^\alpha + RT\ln X_B^\alpha + {}^E\mu_B^\alpha = {}^0G_B^\beta + RT\ln X_B^\beta + {}^E\mu_B^\beta \tag{3.25}$$

如果α 和 β 相都是稀溶体，即 $X_B^\alpha \to 0$，$X_B^\beta \to 0$，$X_A^\alpha \to 1$，$X_A^\beta \to 1$。

则化学势的过剩项分别为：${}^E\mu_A^\alpha \approx 0$，${}^E\mu_B^\alpha \approx I_{AB}^\alpha$，${}^E\mu_A^\beta \approx 0$，${}^E\mu_B^\beta \approx I_{AB}^\beta$。

由式（3.24）可得

$$RT\ln X_A^\beta - RT\ln X_A^\alpha = {}^0G_A^\alpha - {}^0G_A^\beta$$

因为在数学上，当 $x \to 0$ 时，$\ln(1-x) \to -x$，所以，如果 α 和 β 都是稀溶体，则

$$X_B^\beta - X_B^\alpha = \frac{{}^0G_A^\beta - {}^0G_A^\alpha}{RT} = \frac{\Delta {}^0G_A^{\alpha \to \beta}}{RT} \tag{3.26}$$

这是一个很有意思的结果。它表示若α和β是稀溶体，则平衡两相的浓度差竟与溶质无关，而只取决于温度和该温度下溶剂的相变自由能。例如，若溶剂为Fe，而溶质为某合金元素M，则奥氏体γ与铁素体α平衡时的两相成分差只取决于温度和纯铁的α→γ相变自由能。

$$X_M^\gamma - X_M^\alpha = \frac{\Delta^0 G_{Fe}^{\alpha \to \gamma}}{RT}$$

由式（3.25）可得

$$\frac{X_B^\alpha}{X_B^\beta} = \exp \frac{({}^0G_B^\beta - {}^0G_B^\alpha) + (I_{AB}^\beta - I_{AB}^\alpha)}{RT} \tag{3.27}$$

联立式（3.26）和式（3.27），可以求任意温度的两个固溶体相的平衡成分。这里还将产生一个非常重要的概念——溶质元素的分配比 $K_B^{\alpha/\beta}$。

$$K_B^{\alpha/\beta} = \frac{X_B^\alpha}{X_B^\beta} \tag{3.28}$$

分配比是溶质元素的重要性质，用它可以判断溶质元素对平衡两相稳定性的影响。例如对于铁基合金（Fe-M合金），溶质元素M在α和γ两相中的分配比 $K_M^{\alpha/\gamma}$ 为

$$K_M^{\alpha/\gamma} = \frac{X_M^\alpha}{X_M^\gamma} = \exp \frac{\left({}^0G_M^\gamma - {}^0G_M^\alpha\right) + \left(I_{FeM}^\gamma - I_{FeM}^\alpha\right)}{RT}$$

$$K_M^{\alpha/\gamma} = \exp \frac{\Delta^0 G_M^{\alpha \to \gamma} + \Delta I_{FeM}^{\alpha \to \gamma}}{RT}$$

$$RT \ln K_M^{\alpha/\gamma} = \Delta^0 G_M^{\alpha \to \gamma} + \Delta I_{FeM}^{\alpha \to \gamma} = \Delta^* G_M^{\alpha \to \gamma}$$

将 $\Delta^* G_M^{\alpha \to \gamma}$ 称作奥氏体（γ）相稳定化参数(Phase stabilization parameter)，它是分配比的热力学表征。一般情况下，在它的两项 $\Delta^0 G_M^{\alpha \to \gamma} + \Delta I_{FeM}^{\alpha \to \gamma}$ 中，第1项 $\Delta^0 G_M^{\alpha \to \gamma}$ 的数值远大于第2项 $\Delta I_{FeM}^{\alpha \to \gamma}$，只在个别的情况下，$\Delta I_{FeM}^{\alpha \to \gamma}$ 的影响大于前者。

【例题3.7】 已知纯Ti的α→β相变温度为1155K，相变焓为3349 J·mol⁻¹，试估算在800℃和1000℃下各种合金元素在α和β两相中的平衡成分差，并与实测结果加以比较，对合金元素加以分类。

解： 如果Ti与各种合金元素构成的α和β固溶体相可以看成是正规溶体，则式（3.26）可以用来分析本问题。由纯Ti的α→β相变焓可以求得在与相变温度相差不远时的相变自由能（Phase transformation free energy） $\Delta^0 G_{Ti}^{\alpha \to \beta}$。

$$\Delta^0 G_{Ti}^{\alpha \to \beta} = \Delta^0 H_{Ti}^{\alpha \to \beta} - T\Delta^0 S_{Ti}^{\alpha \to \beta}$$

$$\Delta^0 H_{Ti}^{\alpha \to \beta} = 3349 \quad J \cdot mol^{-1}$$

$$\Delta^0 S_{Ti}^{\alpha \to \beta} = \frac{3349}{1155} = 2.899 \quad J \cdot mol^{-1} \cdot K^{-1}$$

$$\Delta^0 G_{Ti}^{\alpha \to \beta} = 3349 - 2.899T \quad J \cdot mol^{-1}$$

将温度及 $\Delta^0 G_{Ti}^{\alpha \to \beta}$ 数值代入式（3.26）可得：

$$X_M^\beta - X_M^\alpha = \frac{\Delta^0 G_{Ti}^{\alpha \to \beta}}{RT}$$

在 800℃，$X_M^\beta - X_M^\alpha = \dfrac{3349 - 2.899 \times 1073}{8.314 \times 1073} = 0.0267 = 2.67 \text{ at.\%}$

在 1000℃，$X_M^\beta - X_M^\alpha = \dfrac{3349 - 2.899 \times 1273}{8.314 \times 1273} = -0.031 = -3.1 \text{ at.\%}$

由 Ti-M 二元相图中可查得的 $X_M^\beta - X_M^\alpha$ 实测数据如表 3.1 所示，可以看出，即使用简单的正规溶体近似，计算求得的 $X_M^\beta - X_M^\alpha$ 差值与多数二元系的实测结果仍符合得较好。这是因为对于 Ti-M 二元系，α 和 β 固溶体相都是浓度不高的稀溶体。利用亚正规溶体模型可取得更精确的计算结果。

表 3.1　Ti-M 二元系中 α 与 β 两相平衡成分的差值 $X_M^\beta - X_M^\alpha$ 的实测结果

温度/℃	Co	Cr	Cu	Fe	Ir	Mn	Mo	Nb	Ni	Pd	Re	Rh	Ru	Ta	W
800	2.8	3.0	2.7	3.5	2.2	2.8	3.2	2.9	3.1	3.8	2.7	2.7	2.7	2.6	2.7
温度/℃	Al	N	O	—	—	—	—	—	—	—	—	—	—	—	—
1000	−2.1	−2.1	−2.8	—	—	—	—	—	—	—	—	—	—	—	—

可以将 $X_M^\beta - X_M^\alpha > 0$ 的元素，看做 β 相形成元素，$X_M^\beta - X_M^\alpha < 0$ 的元素看做 α 相形成元素。

【例题 3.8】 试求算 Fe-V 合金在 1150℃下奥氏体与铁素体的成分差。并将其与实测结果加以比较。

解： 根据式（3.26）可得

$$X_V^\gamma - X_V^\alpha = \frac{\Delta^0 G_{Fe}^{\alpha \to \gamma}}{RT}$$

参照图 1.18 所描绘的 $\Delta^0 G_{Fe}^{\alpha \to \gamma}$ 的具体数值可做如下计算

$$X_V^\gamma - X_V^\alpha = \frac{-67.02}{8.314 \times (1150 + 273)} = -0.0057$$

实测结果为

$$X_V^\gamma - X_V^\alpha = -0.0060$$

与计算结果符合得很好。

3.5　相稳定化参数

如前两例题所分析，平衡两相的成分差值虽然也是溶质元素性质的一种表征。但能够与溶质热力学性质相互联系的还是溶质分配比和相稳定化参数。对 Fe-M 二元系中的 M 组元的分配比和相稳定化参数研究得较多，下面以铁基合金为例，说明相稳定化参数的意义和应用。

众所周知，按对 Fe-M 二元合金中 γ 相区的影响可以把 M 组元分为两类，即扩大 γ 相区的和缩小（或封闭）γ 相区的，参见图 3.13。这是由 M 组元的奥氏体稳定化参数 $\Delta^* G_M^{\alpha \to \gamma}$ 决定的。各合金元素的奥氏体稳定化参数的数值 $\Delta^* G_M^{\alpha \to \gamma}$ 如表 3.2 所示。

$$\Delta^* G_M^{\alpha \to \gamma} = RT \ln K_M^{\alpha/\gamma} = \Delta^0 G_M^{\alpha \to \gamma} + \Delta I_{FeM}^{\alpha \cdot \gamma} \tag{3.29}$$

表 3.2　Fe-M 二元系的合金元素 M 的奥氏体稳定化参数　　　单位：$kJ \cdot mol^{-1}$

α former				γ former			
P	9.20	Al	4.60	Re	−0.60	Mn	−5.00
Zr	7.10	V	4.20	Cr	−0.60	Pt	−5.00
Sn	6.70	Mo	4.20	Pd	−0.40	Ru	−5.40
Ti	6.30	Be	2.90	Au	−0.80	Ir	−6.30
Ta	5.90	Si	2.50	Cu	−1.70	Os	−7.10
Na	5.50	Zn	1.30	Rh	−2.90	N	−29.0
W	4.60	Co	0.20	Ni	−4.20	C	−29.0

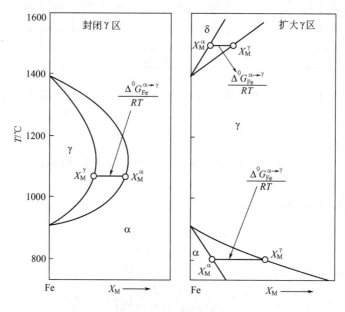

图 3.13　Fe-M 二元系中两类不同的γ 相区

奥氏体稳定化参数是描述分配比的热力学参数。一般来说，在它的两项 $\Delta^0 G_M^{\alpha \to \gamma} + \Delta I_{FeM}^{\alpha \to \gamma}$ 中，第 1 项起决定性作用，只在个别的情况下，$\Delta I_{FeM}^{\alpha \to \gamma}$ 的影响更大一些。这可以由表 3.2 中列出的各元素的结构特征得到证明：bcc 结构的元素大都属于α former（铁素体形成元素），而 fcc 结构的元素大都属于γ former（奥氏体形成元素）。下面通过图解做进一步说明。如图 3.14 中γ former 分图所示，纯 Fe 在 T 温度（A_3 与 A_4 之间）下 fcc 结构（γ 态）的摩尔自由能 $^0G_{Fe}^{\gamma}$ 应当低于 bcc 结构（α 态）的摩尔自由能 $^0G_{Fe}^{\alpha}$；而 M 元素在 T 温度下若为 fcc 结构（γ 态）时，其γ 态的摩尔自由能 $^0G_M^{\gamma}$ 也应低于 bcc 结构（α 态）的摩尔自由能 $^0G_M^{\alpha}$。所以 fcc 结构（γ 态）固溶体的摩尔自由能（G_m^{γ}）曲线的整体都在 bcc 结构（α 态）的摩尔自由能（G_m^{α}）曲线的下方，在 T 温度下全成分范围内γ 态都是稳定态。

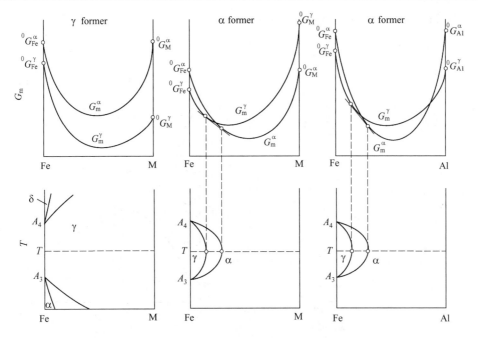

图 3.14 奥氏体稳定化参数构成因子的图解

α former 分图则不同，在 T 温度下 M 元素若为 bcc 结构（α 态）时，其α态的摩尔自由能 $^0G_M^\alpha$ 也应低于 fcc 结构（γ 态）的摩尔自由能 $^0G_M^\gamma$。所以 fcc 结构（γ 态）固溶体的摩尔自由能（G_m^γ）曲线应与 bcc 结构（α 态）的摩尔自由能（G_m^α）曲线相交叉，并会因此产生一个α+γ 两相区，γ 相区会被封闭在一定的成分之内。所以称这样的元素为 α 相形成元素。

Fe-Al 系是另一种情况，虽然 bcc 结构固溶体的摩尔自由能（G_m^α）曲线的两个端点都在 G_m^γ 曲线的上方，但由于 I_{FeAl}^α 是一个极大的负值（$-125\ kJ\cdot mol^{-1}$ 左右），所以 G_m^α 曲线向下弯的程度超过了 G_m^γ 曲线，并与后者形成了交叉点，产生了一个α+γ 两相区，γ 相区被封闭起来。所以，Al 虽然是 fcc 结构，却仍成了α 相形成元素。Al 是十分特殊的例子，I_{FeAl}^α 的极大的负值起了决定性作用。

如果注意图 3.15 中 Fe-Co 和 Fe-Cr 相图中γ 相区的形状，也许会认为它们在表 3.2 中被放错了位置，或奥氏体稳定化参数的数值 $\Delta^*G_M^{\alpha\to\gamma}$ 出了差错。因为 Co 使γ 相区连续存在；而 Cr 使γ 相区封闭。但表 3.2 中的归类并没有错，注意图中的 A_3 点处γ 相区的变化趋势是与归类一致的。其实问题仅仅在于把 $\Delta^*G_M^{\alpha\to\gamma}$ 看做常数是不合理的，应当把表 3.2 中的 $\Delta^*G_M^{\alpha\to\gamma}$ 数值只看作是 A_3 点温度的数值。

【例题 3.9】 向 Fe 中加入α former 元素将使γ 相区缩小，试证明，无论加入什么元素，要使γ 相区完全封闭，元素的加入量至少要达到 0.6%（原子分数）。

解：如图 3.16 所示，加入不同的α former 元素，使γ 相区完全封闭的加入量是不同的。

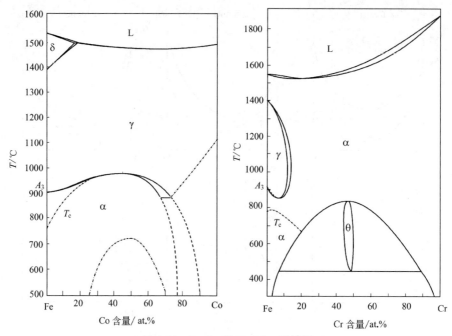

图 3.15　Fe-Co 和 Fe-Cr 二元相图

注意γ相区的形状

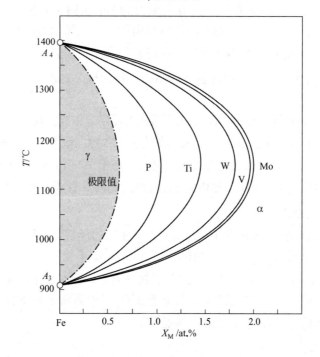

图 3.16　不同的α former 元素 M 使γ相区完全封闭时的加入量

根据式（3.26）可知，

$$X_M^{\gamma} - X_M^{\alpha} = \frac{\Delta\,^0 G_{Fe}^{\alpha\to\gamma}}{RT}$$

在使γ相区缩小到最小时，可以假设

$$X_M^\gamma = 0$$

$$X_M^\alpha = -\frac{\Delta^0 G_{Fe}^{\alpha\to\gamma}}{RT}$$

在 1400K，$-\Delta^0 G_{Fe}^{\alpha\to\gamma}/RT$ 有极大值。

$$X_M^\alpha = \frac{71.2}{8.314\times 1400} = 0.006$$

题目得到证明。

【例题 3.10】 由 Fe-B 二元相图可以查得 Fe_2B、FeB 在液相中的溶解度（见表 3.3），已知 Fe_2B、FeB 的生成自由能为：

$$2Fe(s) + B(s) = Fe_2B$$

$$\Delta G_f^{Fe_2B} = -101340 + 20.04T \quad J\cdot mol^{-1} \text{（727~1127℃）}$$

$$Fe(s) + B(s) = FeB$$

$$\Delta G_f^{FeB} = -79500 + 10.46T \quad J\cdot mol^{-1} \text{（25~1650℃）}$$

试用正规溶体近似计算液相中 Fe 与 B 之间的相互作用能 I_{FeB}^L。

表 3.3　Fe-B 二元系中 Fe_2B、FeB 在液相中的溶解度

温度/℃	X_B^{L/Fe_2B}	温度/℃	$X_B^{L/FeB}$
1220	0.189	1460	0.344
1260	0.206	1500	0.358
1300	0.227	1540	0.378
1340	0.253	1580	0.404
1380	0.301	1620	0.440

解： 关于化合物溶解度的式（3.19）适合于求解此问题，例如，对于 Fe_2B 与液相的平衡

$$X_B^L = \exp\frac{G_m^{Fe_2B} - 2^0G_{Fe}^L - {}^0G_B^L - I_{FeB}^L}{RT} \tag{3.30}$$

这里需要一个另一种含义的生成自由能，即

$$\Delta G_f^{Fe_2B} = G_m^{Fe_2B} - 2^0G_{Fe}^L - {}^0G_B^L$$

把它与题中给出的生成自由能相比较，可以看出

$$\Delta G_f^{Fe_2B}(L) = G_m^{Fe_2B} - 2^0G_{Fe}^L - {}^0G_B^L$$

$$\Delta G_f^{Fe_2B}(S) = G_m^{Fe_2B} - 2^0G_{Fe}^S - {}^0G_B^S$$

$$\Delta G_f^{Fe_2B}(L) = \Delta G_f^{Fe_2B}(S) - 2\Delta G_{Fe}^{S\to L} - \Delta G_B^{S\to L}$$

根据 Gibbs-Helmholtz 公式

$$\Delta G^{S\to L}(T) = \Delta H_0^{S\to L} - \Delta a T\ln T - \frac{\Delta b}{2}T^2 - \frac{\Delta c}{2T} + I^{S\to L}T$$

$$\Delta H^{S\to L}(T) = \Delta H_0^{S\to L} + \Delta a T + \frac{\Delta b}{2}T^2 - \frac{\Delta c}{T}$$

上面两式中的 $\Delta H_0^{S \to L}$ 和 $I^{S \to L}$ 为相应的积分常数，可以由已知温度的 $\Delta G^{S \to L}$ 和 $\Delta H^{S \to L}$ 求出。热容的温度系数差值由下式得到

$$\Delta C_p^{S \to L} = \Delta a + \Delta b T + \Delta c T^{-2}$$

Fe 和 B 的液相与固相的热容查得的数据如表 3.4 所示。

表 3.4　Fe 和 B 的熔点、熔化热和固、液两相的热容

项目	熔点/℃	熔化热/kJ·mol⁻¹	a	$b \times 10^3$	$c \times 10^{-5}$
Fe	1536	13.77	(S) 37.14	(S) 6.17	(S) 0
			(L) 41.83	(L)0	(L)0
B	2180	26.79	(S) 19.82	(S) 5.78	(S) −9.21
			(L) 31.39	(L)0	(L)0

注：$C_p = a + bT + cT^{-2}$　J·mol⁻¹·K⁻¹。

对于 Fe，$\Delta a = 4.69$，$\Delta b = -6.17$，而且有

$$13770 = \Delta H_0^{S \to L} + 4.69 \times 1809 + \frac{-6.17 \times 10^{-3}}{2} \times 1809^2$$

$$\Delta H_0 = 15743 \ \text{J} \cdot \text{mol}^{-1}$$

在 1809K 相变自由能为 0，可求得积分常数 $I^{S \to L} = 19.4 \ \text{J} \cdot \text{mol}^{-1}$

$$\Delta G_{\text{Fe}}^{S \to L}(T) = 15743 - 4.69T \ln T + \frac{6.17 \times 10^{-3}}{2} T^2 + 19.4T \ \text{J} \cdot \text{mol}^{-1}$$

对于 B，$\Delta a = 11.57$，$\Delta b = -5.78$，$\Delta c = 9.21$，并可算出

$$\Delta H_0^{S \to L} = 16173 \ \text{J} \cdot \text{mol}^{-1}$$

在 2453K 相变自由能为 0，可求得积分常数 $I^{S \to L} = 76.70 \ \text{J} \cdot \text{mol}^{-1}$

$$\Delta G_{\text{B}}^{S \to L}(T) = 16173 - 11.57T \ln T + \frac{5.78 \times 10^{-3}}{2} T^2 - \frac{9.21 \times 10^5}{2T} + 76.7T$$

适合于式（3.30）的 Fe₂B 的生成自由能为

$$\Delta G_f^{\text{Fe}_2\text{B}}(\text{L}) = \Delta G_f^{\text{Fe}_2\text{B}}(\text{S}) - 2\Delta G_{\text{Fe}}^{S \to L} - \Delta G_{\text{B}}^{S \to L}$$

$$= -148999 - 95.64T + 20.55T \ln T - 9.06 \times 10^{-3} T^2 + 4.605 \times 10^5 T^{-1}$$

（3.31）

适合于式（3.30）的 FeB 的生成自由能为

$$\Delta G_f^{\text{FeB}}(\text{L}) = \Delta G_f^{\text{FeB}}(\text{S}) - \Delta G_{\text{Fe}}^{S \to L} - \Delta G_{\text{B}}^{S \to L}$$

$$= -111416 - 76.7T + 16.06T \ln T - 5.975 \times 10^{-3} T^2 + 4.605 \times 10^5 T^{-1}$$

（3.32）

将各温度下 Fe₂B 的溶解度和由式（3.31）、式（3.32）计算的 Fe₂B、FeB 的生成自由能代入式（3.30），就可以求出 Fe-B 液体的相互作用系数，结果见表 3.5。

由表 3.5 中的数据可以看出，通过 Fe₂B 的溶解度计算出的相互作用能 $I_{\text{FeB}}^{\text{L}}$（1220~1380℃），与通过 FeB 的溶解度计算出的结果（1460~1620℃）是有一定的差别的。除了相互作用能 $I_{\text{FeB}}^{\text{L}}$ 可能具有的温度和成分依存性之外，关于 Fe₂B 的溶解度的计算所用的生成自由能已经超出了适用温度范围（727~1127℃）可能是更重要的原因。因此

利用 FeB 的溶解度所取得的计算结果（$-51.94 \sim -54.18 \text{ kJ} \cdot \text{mol}^{-1}$）更可靠些。

表 3.5 Fe-B 系液体中的相互作用系数

温度/℃	$I_{\text{FeB}}^{\text{L}} / \text{J} \cdot \text{mol}^{-1}$	温度/℃	$I_{\text{FeB}}^{\text{L}} / \text{J} \cdot \text{mol}^{-1}$
1220	-66164	1460	-54185
1260	-63895	1500	-53237
1300	-63981	1540	-52538
1340	-62738	1580	-52067
1380	-62677	1620	-51942

第 2、3 章推荐读物

[1] 梁敬魁. 梁敬魁论文选集. 北京：中国科学院物理研究所, 2001.

[2] 顾菡珍, 叶于浦. 相平衡和相图基础. 北京：北京大学出版社, 1991.

[3] 马鸿文. 工业矿物与岩石. 2 版. 北京：化学工业出版社, 2005.

[4] 邱关明. 新型陶瓷. 北京：兵器工业出版社, 1993.

[5] 张圣弼, 李道子. 相图——原理、计算及在冶金中的应用. 北京：冶金工业出版社, 1986.

[6] 赵慕愚. 相律的应用及其进展. 长春：吉林科学技术出版社, 1988.

[7] 梁英教, 车荫昌. 无机物热力学数据手册. 沈阳：东北大学出版社, 1993.

[8] 西泽泰二. 日本金属学会报, 1973, 12（3）：189.

[9] 小野宗三郎, 长谷川繁夫, 八木三郎. 物理化学演习. 日本：共立出版株式会社, 1980.

[10] 须藤一, 田村今男, 西泽泰二. 金属组织学. 日本：丸善株式会社, 1978.

[11] 库巴谢夫斯基 O, 奥尔克克 C B. 冶金热化学. 邱竹贤, 等译. 北京：冶金工业出版社, 1985.

[12] 劳斯特克 W, 德伏莱克 J R. 金相组织解说. 刘以宽, 等译. 上海：上海科学技术出版社, 1984.

[13] Gordon P. Principles of Phase Diagrams in Materials Systems. McGraw-Hill ,1968.

[14] Hillert M. Prediction of Iron-base Phase Diagrams//Doane D V, Kirkaldy J S. Hardenability Concepts with Applications to Steel. ASM, 1978.

[15] Hillert M. The Uses of Gibbs Free Energy-Composition Diagrams//Aaronson H. Lectures on the Theory of Phase Transformations. AIM, 1975.

[16] Kubaschewski O. Iron Binary Phase Diagrams. Springer-Verlag, 1982.

[17] Oonk H A J. Phase Theory —The Thermodynamics of Heterogeneous Equilibria. Elsevier Scientific Publishing Company, 1981.

习　　题

（1）试用 G_{m}-X 图解法说明，为什么 bcc 结构的金属加入铁中后，大多会封闭 Fe 的 fcc 结构相区。

（2）试用 Fe 的奥氏体稳定化参数说明，fcc 结构的 Al 为什么是封闭 Fefcc 相区的元素？

（3）已知 Fe-W 合金中，W 在 γ 相及 α 相中的分配系数 $K_{\text{W}}^{\alpha \to \gamma} = 2.04$，α 中 W 的含量为 $X_{\text{W}}^{\alpha} = 0.011$，试求在 1100℃下，纯铁的相变自由能 $\Delta^0 G_{\text{Fe}}^{\alpha \to \gamma}$。

（4）在 Fe-Sb 合金中，Sb 在 γ 相及 α 相中的分配比 $K_{\text{Sb}}^{\alpha \to \gamma} = 1.54$，试计算在 1100℃下两相的平衡成分，缺少的参数要设法查找。

（5）在 1150℃下，某 Fe-M 二元合金中的 α 相与 γ 相的平衡成分分别为 $X_{\text{M}}^{\alpha} = 0.033$，

$X_M^\gamma = 0.028$，试计算元素 M 的奥氏体稳定化参数 $\Delta^* G_M^{\alpha \to \gamma}$。

（6）已知 Fe₃C 的生成自由能为 $10360 - 10.17T$ J·mol⁻¹，试求 1000℃时 Fe₃C 在奥氏体中的溶解度。（提示：可假设奥氏体为正规溶体，$^0 G_{Fe_3C}^\gamma = 3\mu_{Fe}^\gamma + \mu_C^\gamma$）

（7）某 A-B 二元共晶系统中，若两组元在固态下完全不互溶，试计算此二元相图。（已知：$I_{AB}^L = 10$ kJ·mol⁻¹，$T_A = 1536$ ℃，$T_B = 1024$ ℃，$\Delta H_A^{L \to S} = -13.77$ kJ·mol⁻¹，$\Delta H_B^{L \to S} = -7.134$ kJ·mol⁻¹）

（8）如果在 723℃下 Fe-C 二元系的奥氏体中，Fe₃C 的溶解度为 $X_C^\gamma = 0.0312$，$I_{FeC}^\gamma = -12.4$ kJ·mol⁻¹，试估算 Fe₃C 的形成自由能 $^0 G_{Fe_3C} - ^0 G_C^\gamma - 3^0 G_{Fe}^\gamma$。

（9）已知 Ti-V 合金 700℃下平衡两相成分为 $X_V^\alpha = 0.03$，$X_V^\beta = 0.13$，试求纯 Ti 在该温度下的相变自由能 $\Delta^0 G_{Ti}^{\alpha \to \beta}$。

（10）如果 A-B 二元系中的固相的相互作用键能具有成分依存性，关系为 $u = 2aX_B$，试求溶解度间隙的顶点温度。

（11）在 Al-Si 二元相图中获取 Si 在固态 Al 中的溶解度与温度的关系，比如获取 3~5 个温度的溶解度。利用此关系求出 Si 的亚稳相变自由能。

（12）AlN 是钢铁材料中细化晶粒的重要化合物。试查得 AlN 和 Al、N₂ 的标准焓、标准熵、热容，求出 AlN 的生成自由能与温度的关系式。

（13）求出 TiC 的生成自由能与温度的关系式并将其与同温度的 Fe₃C 的生成自由能加以比较。

（14）利用题（13）获得的结果，求出 TiC 在 α 和 β 中的溶解度，并将其与该系 α+β 两相区中 C 的分配比加以比较。

（15）试根据 Al-Mg 二元系相图中 Mg₁₇Al₁₂ 在 Mg 基固溶体(β)中的溶解度曲线数据(见下表)，求 Mg₁₇Al₁₂ 的生成自由能。

温度/℃	400	350	300	250	200	150
溶解度(Al)/at.%	11	8.2	6.1	4.3	2.9	1.7

4

两个重要的溶体模型

【本章导读】

本章介绍两种重要的溶体模型：一种是统计热力学 Bragg-Williams 模型（理论近似），这是我们掌握溶体热力学规律的物理基础。这种理论不仅像正规溶体模型一样，能处理原子随机混合的溶体，还能处理两种原子以一定有序度排列时的溶体内能、熵和自由能。另一种是出现较晚的"双亚点阵模型"。这种模型在半导体、线性化合物、间隙式固溶体、互易化合物、多元合金钢等多种材料的研究方面有特殊重要的价值。

在材料热力学的发展过程中，曾提出过各种各样的唯象的或统计的热力学模型，用以适应各种不同类型物相（液相和固相）的自由能、内能、熵或粒子有序性的近似描述。例如，理想溶体模型、正规溶体模型、亚正规溶体模型、准化学模型、原子缔合模型、中心原子模型、双亚点阵模型、集团变分模型和 Bragg-Williams 近似、Bethe 近似、Ising 近似、Miedema 近似等。本章介绍的两个重要溶体模型是 Bragg-Williams 近似和双亚点阵模型。介绍这两种模型出于如下的目的：Bragg-Williams 近似给出了溶体原子间相互作用能的最简明物理意义，是溶体模型特别是长程有序溶体模型的基础，可以为进一步学习其他有关内容做好准备；双亚点阵模型是 20 世纪 70 年代后兴起的新模型，在处理间隙式固溶体、线性化合物方面已显示出巨大的优越性；集团变分模型（CVM）虽然早在 20 世纪 50 年代提出，并在 Kurnakov 有序相的描述方面获得了极大的成功，而对其重要性的认识最近又有新的进展，那是因为对第一原理热力学计算的期望的增加。迄今为止，集团变分模型仍然是混合熵计算的最优越的模型，为讲述上的方便，集团变分模型将在第 8 章介绍。

4.1 Bragg-Williams 近似

1934 年 W.L.Bragg 和 E.J.Williams 联合提出了可以解决有序固溶体热力学函数描述的统计模型。俄国人 Gorsky 也在相近的时间独立地获得过相近的理论，但其工作很晚才为同行们知道。所以也有人称其为 Bragg-Williams-Gorsky 近似。

4.1.1 固溶体的成分与有序度

以体心立方结构的固溶体为例，可以将其分成两个相互嵌套的简单立方的亚点阵（Sublattice），用以表示固溶体中两种原子排布的有序性。如图 4.1 所示。

图中的灰色结点和黑色结点分别构成了 α 和 β 两个简单立方的亚点阵，如果固溶体由 A 和 B 两种原子组成，两种原子均可以进入两种亚点阵，原子在两个亚点阵中分配程度的不同被称为不同的有序度（Ordering degree）。

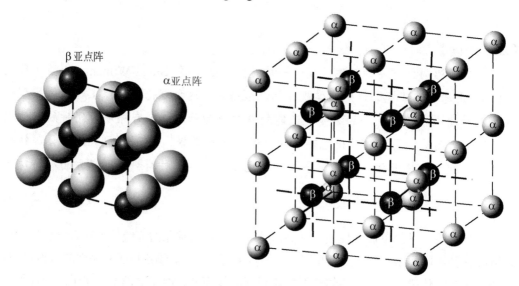

图 4.1 体心立方结构的两个亚点阵 α 与 β

当考察一个摩尔的固溶体时，原子总数为 N，此时 N 应为 Avogadro 常数。A 和 B 两种原子数各为 N_A 和 N_B；α 与 β 两种亚点阵上的原子总数分别为 N^α 和 N^β。显然应该有：

$$N^\alpha = N^\beta = \frac{N}{2}$$

而固溶体的成分，即两种原子的分数（数值上与摩尔分数相同）分别为：

$$X_A = \frac{N_A}{N} \quad \text{和} \quad X_B = \frac{N_B}{N}$$

以下列 4 个符号分别表示两种亚点阵上两种原子的数目：

α 亚点阵上的 A 原子数 $\quad N_A^\alpha$

β 亚点阵上的 A 原子数 $\quad N_A^\beta$

α 亚点阵上的 B 原子数 $\quad N_B^\alpha$

β 亚点阵上的 B 原子数 $\quad N_B^\beta$

显然，应该有

$$N_A^\alpha + N_B^\alpha = N^\alpha = \frac{N}{2} \quad \text{和} \quad N_A^\beta + N_B^\beta = N^\beta = \frac{N}{2}$$

如果定义每个亚点阵中的成分 y_i^α，y_i^β，其原子分数应当是：

$$y_A^\alpha = \frac{N_A^\alpha}{N^\alpha} = N_A^\alpha \bigg/ \left(\frac{N}{2}\right)$$

$$y_B^\alpha = \frac{N_B^\alpha}{N^\alpha} = N_B^\alpha \bigg/ \left(\frac{N}{2}\right)$$

$$y_A^\beta = \frac{N_A^\beta}{N^\beta} = N_A^\beta \bigg/ \left(\frac{N}{2}\right)$$

$$y_B^\beta = \frac{N_B^\beta}{N^\beta} = N_B^\beta \bigg/ \left(\frac{N}{2}\right)$$

因此，也应该有下面的关系：

$$y_A^\alpha + y_B^\alpha = 1 \quad \text{和} \quad y_A^\beta + y_B^\beta = 1$$

此外，考虑到在大多数情况下，成分是不对称的，即 $X_A \neq X_B$。为使成分的描述具有对称性，定义成分偏离 $X_A = X_B = \frac{1}{2}$ 时的程度——偏离度(Departure degree) θ，

$$X_A = \frac{1+\theta}{2}, \qquad N_A = \frac{N}{2}(1+\theta) \tag{4.1}$$

$$X_B = \frac{1-\theta}{2}, \qquad N_B = \frac{N}{2}(1-\theta) \tag{4.2}$$

$$\theta = X_A - X_B = \frac{N_A - N_B}{N}$$

因而有偏离度 θ 的数值在-1 和 1 之间，当 X_B 为 0 时，$\theta = 1$；当 $X_A = X_B = \frac{1}{2}$ 时，$\theta = 0$；当 X_B 为 1 时，$\theta = -1$。但在下面的成分分析中，始终取 $\theta < 0$。

下面定义长程（Long-range）有序度 σ。与短程（Short-range）有序度一样，也有各种各样的定义。下面将提到一个正确或错误占位的规定。其实这种规定是人为的。比如规定 A 原子进入 α 亚点阵是正确占位，则进入 β 亚点阵就是错误占位。此时 B 原子进入 α 亚点阵就是错误占位，而进入 β 亚点阵则为正确占位。这里，有序度 σ 被定义为亚点阵中正确占位的原子分数减去错误占位的原子分数，即

$$\sigma = y_A^\alpha - y_A^\beta = \left(N_A^\alpha - N_A^\beta\right) \bigg/ \left(\frac{N}{2}\right) \tag{4.3}$$

$$\sigma = y_B^\beta - y_B^\alpha = \left(N_B^\beta - N_B^\alpha\right) \bigg/ \left(\frac{N}{2}\right) \tag{4.4}$$

这里还有一个隐含着的约定是有序度永远大于 0。后面将看到这个约定是必需的。

由式（4.1）、式（4.2）、式（4.3）和式（4.4）可知

$$N_A^\alpha + N_A^\beta = N_A = \frac{N}{2}(1+\theta) \tag{4.5}$$

$$N_A^\alpha - N_A^\beta = \frac{N}{2}\sigma \tag{4.6}$$

$$N_B^\alpha + N_B^\beta = N_B = \frac{N}{2}(1-\theta) \tag{4.7}$$

$$N_B^\beta - N_B^\alpha = \frac{N}{2}\sigma \tag{4.8}$$

解式（4.5）、式（4.6）、式（4.7）和式（4.8）4个方程可以求得

$$N_A^\alpha = \frac{N}{4}(1 + \theta + \sigma)$$

$$N_B^\alpha = \frac{N}{4}(1 - \theta - \sigma)$$

$$N_A^\beta = \frac{N}{4}(1 + \theta - \sigma)$$

$$N_B^\beta = \frac{N}{4}(1 - \theta + \sigma)$$

这是不同成分的固溶体在不同温度时，两个亚点阵中两种原子的可能数目。这里虽然没有出现温度，但这几个式中的长程有序度是取决于温度的。这几个公式是计算内能和混合熵的基础。下面来分析几个特殊条件下的两个亚点阵中的原子数。

如果固溶体的成分是对称的，则 $X_A = X_B = \frac{1}{2}$，$\theta = 0$，若固溶体处于热力学零度，则 $\sigma = 1$，此时，$N_A^\alpha = \frac{N}{2}$，$N_B^\alpha = 0$，$N_A^\beta = 0$，$N_B^\beta = \frac{N}{2}$。因而，$y_A^\alpha = 1$，$y_B^\alpha = 0$，$y_A^\beta = 0$，$y_B^\beta = 1$。

如果固溶体的成分是非对称的，而且 $X_B > X_A$，则 $\theta < 0$；温度处于 0K 时，有序度 $\sigma = 1 + \theta$。这就是说，固溶体 0K 时的有序度并不是 1，这是由有序度定义决定的，此时 $N_A^\alpha = \frac{N}{2}(1 + \theta)$，$N_B^\alpha = \frac{N}{2}(-\theta)$，$N_A^\beta = 0$，$N_B^\beta = \frac{N}{2}$，而 $y_A^\alpha = 1 + \theta$，$y_B^\alpha = -\theta$，$y_A^\beta = 0$，$y_B^\beta = 1$。

4.1.2　混合熵与内能

两种原子形成固溶体后，其混合熵决定于微观组态数 w。固溶体整体的微观组态数 w 又决定于 α 和 β 两个亚点阵微观组态数 w^α 和 w^β。由前几章关于混合熵的计算可知：

$$w^\alpha = \frac{N^\alpha!}{N_A^\alpha! N_B^\alpha!}$$

$$w^\beta = \frac{N^\beta!}{N_A^\beta! N_B^\beta!}$$

若假定 β 亚点阵只有一种微观组态，则固溶体整体的微观组态数就等于 α 亚点阵的微观组态数；反之亦然，若 α 亚点阵只有一种微观组态，则固溶体整体的微观组态数就等于 β 亚点阵的微观组态数。因此可知固溶体整体的实际微观组态数应是两个亚点阵微观组态数的乘积，即

$$w = w^\alpha w^\beta$$

$$w = w^\alpha w^\beta = \frac{N^\alpha!}{N_A^\alpha! N_B^\alpha!} \times \frac{N^\beta!}{N_A^\beta! N_B^\beta!} \tag{4.9}$$

因而，固溶体的混合熵 S_{mix} 为两个亚点阵的混合熵之和，这是一个很重要的结论。请注意，以下将把 S_{mix} 简写成 S 。

$$S = k \ln w = k \ln\left(w^{\alpha} w^{\beta}\right) = k \ln w^{\alpha} + k \ln w^{\beta} = S^{\alpha} + S^{\beta} \tag{4.10}$$

将 N^{α} 、 N_{A}^{α} 、 N_{B}^{α} 及 N^{β} 、 N_{A}^{β} 、 N_{B}^{β} 的相应表达式代入式（4.9）和式（4.10）可以得到两个亚点阵的混合熵为

$$S^{\alpha} = -\frac{kN}{4}\left[(1+\theta+\sigma)\ln(1+\theta+\sigma)+(1-\theta-\sigma)\ln(1-\theta-\sigma)-2\ln 2\right]$$

$$S^{\beta} = -\frac{kN}{4}\left[(1-\theta+\sigma)\ln(1-\theta+\sigma)+(1+\theta-\sigma)\ln(1+\theta-\sigma)-2\ln 2\right]$$

因此，固溶体的混合熵为

$$\begin{aligned}S = -\frac{kN}{4}\big[&(1+\theta+\sigma)\ln(1+\theta+\sigma)+(1-\theta-\sigma)\ln(1-\theta-\sigma)+\\&(1-\theta+\sigma)\ln(1-\theta+\sigma)+(1+\theta-\sigma)\ln(1+\theta-\sigma)-4\ln 2\big]\end{aligned}$$

在高温下，固溶体为无序态， $\sigma = 0$ ，混合熵有最大值，其值为

$$S = -kN\left[\frac{1+\theta}{2}\ln\frac{1+\theta}{2}+\frac{1-\theta}{2}\ln\frac{1-\theta}{2}\right]$$

$$S = -kN\left(X_{\mathrm{A}}\ln X_{\mathrm{A}}+X_{\mathrm{B}}\ln X_{\mathrm{B}}\right)$$

这与正规溶体的混合熵表达式完全一致。当温度处于 0K 时，各种成分固溶体的混合熵值将远小于正规溶体。有序态和无序态的混合熵与成分的关系曲线如图 4.2 所示。在对称成分处，由于 0K 时的有序度为 1，所以混合熵为 0。这样，Bragg-Williams 模型的混合熵便能够反映出有序化的影响，这是唯象的正规溶体模型所不能比拟之处。后者的混合熵沿用了理想溶体模型的处理。

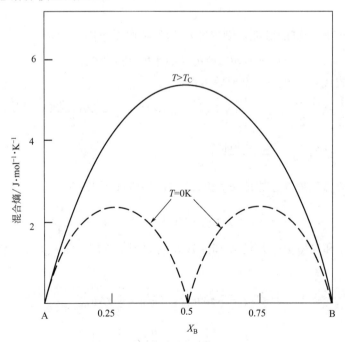

图 4.2　Bragg-Williams 近似的固溶体混合熵

Bragg-Williams 模型是这样来处理内能的。像其他模型一样，内能只考虑结合能。而且 Bragg-Williams 模型只考虑最近邻原子之间的结合能，所以内能就是最近邻原子键的键能总和。1mol 固溶体内这种最近邻原子键的总和 B 为

$$B = \frac{1}{2} zN$$

式中，z 为配位数（Coordination number）；N 为 Avogadro 常数。如果定义 n_{AA}、n_{AB}、n_{BB}、n_{BA} 分别为 A—A、A—B、B—B、B—A 键（Bond）的总数，则

$$n_{AA} + n_{AB} + n_{BB} + n_{BA} = \frac{1}{2} zN$$

各类原子键数的计算见下面的分析。以 A—A 键为例，一个 α 亚点阵中的 A 原子的周围，有 z 个最近邻原子，可成 z 个原子键。而这 z 个最近邻原子只能是 β 亚点阵上的原子，其中的 A 原子数是 $y_A^\beta z$。N_A^α 个 A 原子能构成的 A—A 键数 n_{AA} 为：$n_{AA} = N_A^\alpha y_A^\beta z = N_A^\alpha z \left[\dfrac{N_A^\beta}{\left(\dfrac{N}{2}\right)} \right]$，代入 N_A^α 和 N_A^β 的表达式，可得到各类原子键数如下：

$$n_{AA} = \frac{zN}{8} \left[(1+\theta)^2 - \sigma^2 \right]$$

$$n_{AB} = \frac{zN}{8} \left[(1+\sigma)^2 - \theta^2 \right]$$

$$n_{BA} = \frac{zN}{8} \left[(1-\sigma)^2 - \theta^2 \right]$$

$$n_{BB} = \frac{zN}{8} \left[(1-\theta)^2 - \sigma^2 \right]$$

若用 u_{ij} 表示 i—j 原子键的键能，则内能 U 为各类原子键能之和。

$$U = n_{AA}u_{AA} + n_{AB}u_{AB} + n_{BA}u_{BA} + n_{BB}u_{BB}$$

把键数的表达式代入，并进行整理后可得：

$$U = \frac{1}{2} zN \frac{1+\theta}{2} u_{AA} + \frac{1}{2} zN \frac{1-\theta}{2} u_{BB} + zN \left(u_{AB} - \frac{u_{AA} + u_{BB}}{2} \right) \frac{1+\theta}{2} \times \frac{1-\theta}{2}$$
$$+ zN \left(u_{AB} - \frac{u_{AA} + u_{BB}}{2} \right) \frac{\sigma^2}{4} \tag{4.11}$$

此时如果将成分偏离度 θ 还原成 X_A 和 X_B 时，便成如下形式：

$$U = X_A \, {}^0U_A + X_B \, {}^0U_B + I_{AB} X_A X_B + I_{AB} \frac{\sigma^2}{4} \tag{4.12}$$

式中，${}^0U_A$ 和 ${}^0U_B$ 分别是纯 A 和纯 B 元素的摩尔内能，而 I_{AB} 为 A 和 B 原子之间的相互作用能。

$$ {}^0U_A = \frac{1}{2} zNu_{AA}, \quad {}^0U_B = \frac{1}{2} zNu_{BB} $$

$$ I_{AB} = zN \left(u_{AB} - \frac{u_{AA} + u_{BB}}{2} \right) $$

需要注意，u_{AB} 与 u_{BA} 的数值是相等的。这里给出的相互作用能的公式，为正规溶体的唯象模型提供了理论依据，是有重要意义的。

式（4.12）中的前两项是混合内能的线性项，是两种原子带来的独立部分；第 3 项是两种原子相互作用引起的部分，因 I_{AB} 而有正负的差别。第 4 项是原子有序排列引起的部分，只有 I_{AB} 为负值时才有此部分，因此在 T_C（有序-无序转变温度，Order-disorder transition）以下，其值为负，在 T_C 以上，其值为 0。

4.1.3 自由能

Gibbs 自由能的定义式为

$$G = H - TS$$

对于凝聚态，可认为 $H \approx U$，可用内能近似地表示焓。定义式中的熵应该是热熵与混合熵之和。即

$$S = X_A \, {}^0S_A + X_B \, {}^0S_B + S_{mix} \tag{4.13}$$

式中的 ${}^0S_A$ 和 ${}^0S_B$ 为纯 A 和纯 B 元素的摩尔熵，即热熵（Heat entropy）。S_{mix} 为混合熵，在前节中已将其简写成 S，现在恢复 S_{mix} 的写法，便成为

$$S_{mix} = -\frac{kN}{4}\Big[(1+\theta+\sigma)\ln(1+\theta+\sigma) + (1-\theta-\sigma)\ln(1-\theta-\sigma)$$
$$+ (1-\theta+\sigma)\ln(1-\theta+\sigma) + (1+\theta-\sigma)\ln(1+\theta-\sigma) - 4\ln 2\Big] \tag{4.14}$$

将内能表达式（4.11）和熵表达式（4.13）代入 Gibbs 自由能的定义式，并整理可得固溶体的摩尔 Gibbs 自由能表达式

$$G = X_A \, {}^0G_A + X_B \, {}^0G_B + X_A X_B I_{AB} + I_{AB}\frac{\sigma^2}{4} - TS_{mix} \tag{4.15}$$

在有序无序转变温度之上，$\sigma = 0$，混合熵的形式也简化成

$$S_{mix} = -kN(X_A \ln X_A + X_B \ln X_B)$$

这时固溶体的摩尔 Gibbs 自由能的表达式为

$$G = X_A \, {}^0G_A + X_B \, {}^0G_B + X_A X_B I_{AB} + RT(X_A \ln X_A + X_B \ln X_B)$$

可见，正规溶体的摩尔 Gibbs 自由能的表达式只是 Bragg-Williams 模型固溶体无序态自由能的一种特殊形式。

【例题 4.1】 试用 Bragg-Williams 模型求 B2 结构有序相的有序化转变温度（有序-无序转变温度）与成分的关系曲线。

解： 不同成分的固溶体在某一温度下的有序度并非是任意值，只有能使自由能为最小值的数值才是该温度的有序度，可以由下面的条件求出。

$$\frac{dG}{d\sigma} = 0$$

将式（4.14）和式（4.15）代入上式可得

$$\frac{I_{AB}\sigma}{2} + \frac{kNT}{4}\ln\frac{(1+\theta+\sigma)(1-\theta+\sigma)}{(1+\theta-\sigma)(1-\theta-\sigma)} = 0 \tag{4.16}$$

这就是有序度 σ 与温度和成分的关系式，在固溶体的成分与温度确定时，可由此式求出相应的有序度 σ。当固溶体为对称成分时，$\theta = 0$，此时式（4.16）可简化成如下形式：

$$\frac{RT}{I_{AB}} = -\frac{\sigma}{\ln\dfrac{1+\sigma}{1-\sigma}} \tag{4.17}$$

式中，$R = kN$，为气体常数。

该式的一个非常重要的价值在于它揭示了有序度与原子间相互作用能的关系：只有在 $I_{AB} < 0$ 时，才能讨论固溶体的有序化问题。如果 $I_{AB} > 0$，式（4.17）是无法成立的。我们定义的有序度是 0~1 之间的数。当 $I_{AB} > 0$ 时，从式（4.17）等号右端的分子分析，只有 $\sigma < 0$ 才能使公式成立，但 $\sigma < 0$ 时，分母也会变负，使式（4.17）无法自洽。因此要规定不能使 $\sigma < 0$，也就不能讨论 $I_{AB} > 0$ 时的有序度问题，或定义 $I_{AB} > 0$ 时，$\sigma = 0$。

式（4.17）的另一意义是求 $\sigma \to 0$ 时的极限温度 T，即对称成分固溶体的有序-无序转变温度 ${}^0T_C$

$${}^0T_C = -\frac{I_{AB}}{2R} \tag{4.18}$$

这是一个极重要的关系式。如果用式（4.16）求在 $\sigma \to 0$ 时的极限温度 T，可以得到任一成分固溶体的有序无序转变温度 T_C。

$$RT = \frac{-2I_{AB}\sigma}{\ln\dfrac{(1+\theta+\sigma)(1-\theta+\sigma)}{(1+\theta-\sigma)(1-\theta-\sigma)}} = -\frac{I_{AB}(1+\theta)(1-\theta)}{2}$$

$$T_C = -\frac{I_{AB}}{2R}(1+\theta)(1-\theta)$$

$$T_C = 4{}^0T_C X_A X_B \tag{4.19}$$

式（4.19）给出了 bcc 结构的固溶体的有序化温度 T_C 与成分的关系，实际上，也给出了 T_C 与热力学参数的关系，可参照图 4.3。

如果用 ${}^0T_C$ 代替 I_{AB}，由式（4.16）还可以得到有序度与温度关系的双曲函数形式。

$$\frac{{}^0T_C}{T}2\sigma = \frac{1}{2}\ln\frac{(2X_A+\sigma)(2X_B+\sigma)}{(2X_A-\sigma)(2X_B-\sigma)} \tag{4.20}$$

由于对称成分固溶体，$\theta = 0$。还可以简化成

$$\frac{{}^0T_C}{T}\sigma = \frac{1}{2}\ln\frac{(1+\sigma)}{(1-\sigma)}$$

$$\sigma = \tanh\left(\frac{{}^0T_C}{T}\sigma\right) \tag{4.21}$$

【例题 4.2】 由 Fe-Co 系二元相图可知，该系对称成分 bcc 结构固溶体的有序-无序转变温度为 730℃，试估算该系 bcc 结构固溶体中 Fe-Co 原子之间的相互作用能 I_{FeCo}^{α}。

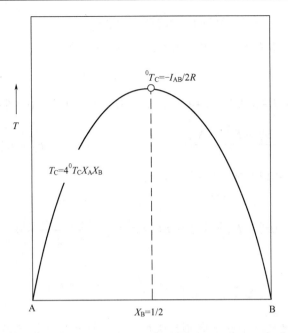

图 4.3 bcc 结构固溶体有序无序转变温度与成分的关系

解： 由 Fe-Co 系二元相图知道，bcc 结构固溶体的有序-无序转变温度与成分的关系是基本对称的，这说明固溶体中 Fe-Co 之间的相互作用能 I_{FeCo}^{α} 的成分依存性不严重。如果忽视其对温度的依存性，则用式（4.18）所给出的有序化温度与原子间相互作用能之间的关系，可以进行下面的计算

$$I_{AB}^{\alpha} = -2 \times (730 + 273) \times 8.314 = -16678 \quad J \cdot mol^{-1}$$

利用其他途径，可获得一种精确考虑了温度依存性的结果是：

$$I_{AB}^{\alpha} = -102391 + 465T - 54.29T \ln T \quad J \cdot mol^{-1}$$

将温度（730℃=1003K）代入这一结果，得到的 I_{FeCo}^{α} 数值为

$$I_{FeCo}^{\alpha} = -12306 \quad J \cdot mol^{-1}$$

可知这种估算有时是很有价值的。

4.1.4 合作现象

合作现象（Cooperation phenomenon）是指由系统中粒子相互作用而引起的有序化现象。铁磁性是单组元系统中合作现象的典型例子，自发磁化是由于每个原子的磁矩间的相互作用所引起的有序化。磁矩的有序度在 T=0K 时最大，随温度的提高而减小，并在居里温度 T_C 时消失。热激活使自发磁化消失的原因是由于高温和低温时熵项对自由能贡献的不同。

固溶体中两种原子的占位有序化也是一种合作现象。占位有序度也会在加热中由 1 变成 0。合作现象的特征在于有序状态下的原子换位要伴随能量的变化。

这里定义一个原子平均结合能的概念。原子平均结合能 E_A^{α} 是 α 亚点阵中的一个原子 A 的平均内能。E_B^{β}、E_B^{α}、E_B^{β} 也具有相类似的含义。这时固溶体的内能可以表示为：

$$U = N_A^\alpha E_A^\alpha + N_A^\beta E_A^\beta + N_B^\alpha E_B^\alpha + N_B^\beta E_B^\beta$$

将前面所述的亚点阵中原子数表达式代入并整理，可以得到

$$N_A^\alpha E_A^\alpha + N_A^\beta E_A^\beta + N_B^\alpha E_B^\alpha + N_B^\beta E_B^\beta$$

$$= \frac{N}{4}\left[(1+\theta+\sigma)E_A^\alpha + (1+\theta-\sigma)E_A^\beta + (1-\theta-\sigma)E_B^\alpha + (1-\theta+\sigma)E_B^\beta\right]$$

$$= \frac{N}{2}(1+\theta)\frac{E_A^\alpha + E_A^\beta}{2} + \frac{N}{2}(1-\theta)\frac{E_B^\alpha + E_B^\beta}{2} + \frac{N}{4}\left(E_A^\alpha - E_A^\beta - E_B^\alpha + E_B^\beta\right)\sigma$$

与前面的内能公式（4.12）加以比较，可以得出

$$N\left(E_A^\alpha - E_A^\beta - E_B^\alpha + E_B^\beta\right) = I_{AB}\sigma$$

$$\left(E_A^\alpha - E_A^\beta\right) - \left(E_B^\alpha - E_B^\beta\right) = z\left(u_{AB} - \frac{u_{AA} + u_{BB}}{2}\right)\sigma$$

当 $T = 0K$ 时，$\sigma = 1$

$$\Delta E_A^{\beta \to \alpha} - \Delta E_B^{\beta \to \alpha} = z\left(u_{AB} - \frac{u_{AA} + u_{BB}}{2}\right)$$

由等式右边可知，这是一个原子周围异类原子键与同类原子键之差。这说明，要发生 $N_A^\alpha + N_B^\beta \to N_A^\beta + N_B^\alpha$ 这样的反应，即 $(A—B) \to (B—A)$ 键的转变，也就是说要使有序固溶体原子在亚点阵之间交换位置，是需要一定的能量的。这个能量与有序度有关，这就是合作现象的基本特征。

当温度升高，固溶体处于无序态下 $\sigma = 0$，上述位置改变，无需能量，合作现象也就消失了。

【例题 4.3】 试用 Bragg-Williams 模型推导 A-B 二元系中对称成分固溶体 AB 由有序-无序转变所引起的特殊热容部分并与磁性转变热容加以比较。

解：Bragg-Williams 模型明确地给出了内能的描述，即内能与有序度的关系，这使我们推导的热容是定容性质的。因为定容热容的定义为

$$C_V = \left(\frac{\partial U}{\partial T}\right)_V \tag{4.22}$$

内能的表达式如式（4.12）所示，与有序-无序转变有关的部分 U^{or} 为

$$U^{or} = \frac{I_{AB}}{4}\sigma^2 \tag{4.23}$$

将式（4.23）代入式（4.22）就可以得到有序-无序转变的热容 C_V^{or}

$$C_V^{or} = \left(\frac{\partial U^{or}}{\partial T}\right)_V = \frac{I_{AB}}{4}\left(\frac{\partial \sigma^2}{\partial T}\right)_V \tag{4.24}$$

对称成分固溶体的有序度 σ 与温度的关系已经得到，如式（4.20）或式（4.21）所示。其中的 ${}^0T_C$ 与相互作用能的关系如式（4.18）所示。可知

$$\frac{\partial \sigma^2}{\partial T} = 2\sigma\frac{\partial \sigma}{\partial T} \tag{4.25}$$

$$\frac{\partial \sigma}{\partial T} = \frac{\partial \tanh\left(\dfrac{^{0}T_{C}}{T}\sigma\right)}{\partial T}$$

$$\frac{\partial \sigma}{\partial T} = \frac{\partial \tanh\left(\dfrac{^{0}T_{C}}{T}\sigma\right)}{\partial T} = \frac{1}{\left[\cosh\left(\dfrac{^{0}T_{C}}{T}\sigma\right)\right]^{2}}\left(-\frac{^{0}T_{C}}{T^{2}}\sigma + \frac{^{0}T_{C}}{T}\frac{\partial \sigma}{\partial T}\right)$$

令 $\dfrac{^{0}T_{C}}{T}\sigma = x$，可得出

$$\frac{\partial \sigma}{\partial T} = -\frac{\dfrac{x}{T}}{\left[\left(\cosh x\right)^{2} - \dfrac{^{0}T_{C}}{T}\right]}$$

将此式代入式（4.25）及式（4.24）可得有序-无序转变热容表达式为

$$C_{V}^{\text{or}} = R\frac{x^{2}}{\left[\left(\cosh x\right)^{2} - \dfrac{^{0}T_{C}}{T}\right]} \tag{4.26}$$

$$\frac{^{0}T_{C}}{T} = \frac{x}{\tanh x} \tag{4.27}$$

式（4.26）就是对称成分固溶体有序-无序转变所引起的特殊热容。与磁性转变热容的 Ising 模型的推导结果相比较可以发现，两种热容完全一样。这说明，原子磁矩排列的有序性与两种原子排列的有序性具有相同的统计特性，是同类合作现象的结果。

4.2　双亚点阵模型

　　双亚点阵模型（Two sublattice model）是 20 世纪 70 年代开始应用的模型，并立即在间隙式固溶体（Interstitial solid solution）和线性化合物（Linear compound）的相平衡计算方面发挥了明显的优势。这种模型虽然也把要处理的对象（固溶体或线性化合物）划分为两个亚点阵，但与前面提到的 Bragg-Williams 模型中亚点阵的含义完全不同。一是双亚点阵模型的两个亚点阵的结点数目可以相同，也可以完全不同；另一是两个亚点阵的性质完全不同，每一种组元只能进入一种亚点阵，而不能进入另一种亚点阵。所以这种模型更像是由两类亚点阵组成的一种"化合物"。一般用这样一个分子式 $M_{a}N_{c}$ 来描述两个亚点阵所构成的"化合物"。这里 M_{a} 是一个亚点阵；而 N_{c} 是另一个亚点阵。a 和 c 表示两个亚点阵的结点数的比例，因此，如果 a 和 c 分别为 3 和 1 与分别为 1 和 1/3 是等效的。

　　有一点是与 Bragg-Williams 模型完全一样的，那就是某一个相的熵等于构成这个相

的两个亚点阵的熵之和。对于混合熵而言，这个加和原则是 Bragg-Williams 模型的一个自然的结论。因为熵是一个广延量，加和原则很容易理解。

下面用一个具体的固溶体来分析亚点阵的性质。α-Fe 中溶解碳（C）的固溶体被称做铁素体。铁素体是体心立方（bcc）结构。如图 4.4（a）所示，铁素体中的实体原子构成了一个亚点阵，可称为实体亚点阵（Entity sublattice），或称为结点点阵（Site lattice）图中用大球表示；铁素体中的八面体空隙构成了另一个亚点阵，可称为空隙亚点阵（Void sublattice）或称空隙点阵（Void lattice）用小黑球表示。两种亚点阵的结点数之比是 1：3，套用前面的双亚点阵的通式 M_aN_c，即成为 Fe_1Va_3。Fe_1 为实体亚点阵，Va_3 为空隙亚点阵。

4.2.1 成分描述

进入铁素体这种间隙式固溶体中的原子可以分成两类，每种元素只能进入一种亚点阵，进入的规律如下。

（1）结点点阵　Fe 及代位式溶质如 Cr、Mn、Mo 等进入这种亚点阵。

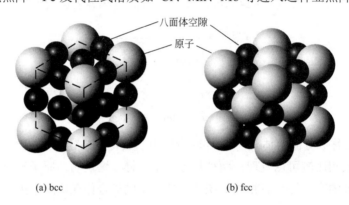

(a) bcc　　　　　　(b) fcc

图 4.4　立方结构固溶体的两类亚点阵

（2）空隙点阵　C 及间隙式溶质如 N、O、H 等进入这种亚点阵，但会有大量的八面体空隙处于未填充的空位状态。像 Bragg-Williams 模型一样，要引入亚点阵成分的概念。下面仍以铁素体为例，说明间隙式固溶体中亚点阵成分的计算参见表 4.1。对于线性化合物的成分描述，与间隙式固溶体相似，所不同之处仅在于两个亚点阵均由实体原子充填，不再有未填充的空隙。其成分描述规律如表 4.2 所示。

表 4.1　双亚点阵模型对间隙式固溶体成分的描述

项　目	举例（α铁素体）	通　式
分子式	$(Fe,Cr)_1(C,Va)_3$	M_aN_c
元素进入	$(Fe,Cr,Mn\cdots)_1(C,N\cdots)_3$	$(M_1,M_2\cdots)_a(N_1,N_2\cdots)_c$
原子分数	$(X_{Fe}+X_{Cr})+(X_C)=1$	$\sum X_M+(X_C)=1$
实体亚点阵	$(X_{Fe}+X_{Cr})=1-X_C$	$\sum_M X_M=\dfrac{a}{a+c}$

项　目	举例（α铁素体）	通　式
亚点阵成分	$y_{Fe} = \dfrac{X_{Fe}}{X_{Fe} + X_{Cr}} = \dfrac{X_{Fe}}{1 - X_C}$	$y_{M1} = X_{M1} / \sum_M X_M$
亚点阵成分	$y_C = \dfrac{X_C}{3(1 - X_C)}$	$y_{N1} = X_{N1} / \sum_N X_N$

表 4.2　双亚点阵模型对线性化合物成分的描述

项　目	举例（合金渗碳体）	通　式
分子式	$(Fe, Mn)_3 C_1$	$M_a N_c$
元素进入	$(Fe, Cr, Mn \cdots)_3 (C, N \cdots)_1$	$(M_1, M_2 \cdots)_a (N_1, N_2 \cdots)_c$
原子分数	$(X_{Fe} + X_{Cr}) + (X_C + X_N) = 1$	$\sum X_M + \sum X_N = 1$
实体亚点阵	$(X_{Fe} + X_{Cr}) = \dfrac{3}{4}$	$\sum_M X_M = \dfrac{a}{a + c}$
间隙亚点阵	$(X_C + X_N) = \dfrac{1}{4}$	$\sum_N X_N = \dfrac{c}{a + c}$
结点比	$\dfrac{(X_{Fe} + X_{Cr})}{(X_C + X_N)} = \dfrac{3}{1}$	$\dfrac{\sum\limits_M X_M}{\sum\limits_N X_N} = \dfrac{a}{c}$
亚点阵成分	$y_{Fe} = \dfrac{X_{Fe}}{X_{Fe} + X_{Cr}}$	$y_{M1} = X_{M1} / \sum_M X_M$
亚点阵成分	$y_C = \dfrac{X_C}{X_C + X_N}$	$y_{N1} = X_{N1} / \sum_N X_N$
亚点阵成分	$y_{Fe} = \dfrac{X_{Fe}}{3/4}$	$y_{M1} = X_{M1} / \dfrac{a}{a + c}$
亚点阵成分	$y_C = \dfrac{X_C}{1/4}$	$y_{N1} = X_{N1} / \dfrac{c}{a + c}$

【例题 4.4】　试用双亚点阵模型求铁基间隙式固溶体的亚点阵成分与固溶体成分的关系。

解： 铁基间隙式固溶体主要有两种，一种是以 fcc 结构铁为基的γ 固溶体；另一种是以 bcc 结构铁为基的α 固溶体。下面分别计算。

fcc 结构的γ 固溶体分子式

$$(Fe, Cr, Ni)_1 (C, Va)_1$$

因而有

$$\sum_M X_M + X_C = 1$$

$$\sum_M X_M = 1 - X_C$$

如图 4.4（b）所示，因为 fcc 结构固溶体中的实体与空隙两种亚点阵的结点数之比为 1∶1，所以两种亚点阵中的成分均可写成

$$y_{Fe} = \frac{X_{Fe}}{1 - X_C}$$

$$y_{Cr} = \frac{X_{Cr}}{1-X_C}$$

$$y_{Ni} = \frac{X_{Ni}}{1-X_C}$$

$$y_C = \frac{X_C}{1-X_C}$$

bcc 结构的 α 固溶体分子式

$$(Fe, Si, Mo)_1 (C, Va)_3$$

同样有

$$\sum_M X_M + X_C = 1$$

$$\sum_M X_M = 1 - X_C$$

如图 4.4（a）所示，因为 bcc 结构固溶体中的实体与空隙两种亚点阵的结点数之比为 1：3，所以两种亚点阵中的成分有如下关系

$$\sum_N X_N = 3\sum_M X_M = 3(1 - X_C)$$

所以 bcc 结构固溶体中的亚点阵成分为

$$y_{Fe} = \frac{X_{Fe}}{1-X_C}$$

$$y_{Si} = \frac{X_{Si}}{1-X_C}$$

$$y_{Mo} = \frac{X_{Mo}}{1-X_C}$$

$$y_C = \frac{X_C}{3(1-X_C)}$$

4.2.2 混合熵

下面仍以每种亚点阵各有两类结点的铁素体为例对混合熵进行分析，这里用了"两类结点"，而不是用"两类原子"，是因为把未被填充的空隙也看做一类结点，也会对混合熵做出贡献。实体原子亚点阵上是 Fe 和 Cr，空隙亚点阵上是 C 和未填充的空隙，其具体的分子式为 $(Fe, Cr)_1 (C, Va)_3$。这类问题的通式是 $M_a N_c$。两个亚点阵中都有两类结点，因此都要产生混合熵。如前所述，固溶体的混合熵是两个亚点阵混合熵之和，混合熵的可加和原则已经在 Bragg-Williams 模型中得出结论。

如果把 $M_a N_c$ 看成是一个由亚点阵构成的"化合物"的分子式，a 和 c 是原子数，则 1mol $M_a N_c$ 化合物相中，有 $(a+c)$mol 原子，或者说有 $(a+c)N_a$ 个原子，N_a 为 Avogadro 常数，如 1mol FeC_3 相中有 $4N_a$ 个原子，N_a 个 Fe，$3N_a$ 个 C。对于 1mol 的 α 相，各类原子总数为 N_a，固溶体混合熵 S_m^α 与 $M_a N_c$ "化合物"的混合熵 $S_m^{M_a N_c}$ 之间的关系为

$$S_m^\alpha = \frac{1}{a+c} S_m^{M_a N_c}$$

按理想溶体近似，两个亚点阵中的混合熵分别为：

1mol M 亚点阵

$$S_m^M = -R(y_{M1} \ln y_{M1} + y_{M2} \ln y_{M2}) = -R \sum_M y_M \ln y_M$$

1mol N 亚点阵

$$S_m^N = -R(y_{N1} \ln y_{N1} + y_{N2} \ln y_{N2}) = -R \sum_N y_N \ln y_N$$

1mol $M_a N_c$ 化合物

$$S_m^{M_a N_c} = -aR \sum_M y_M \ln y_M - cR \sum_N y_N \ln y_N$$

1mol 固溶体α

$$S_m^\alpha = \frac{1}{a+c} S_m^{M_a N_c} = -\frac{a}{a+c} R \sum_M y_M \ln y_M - \frac{c}{a+c} R \sum_N y_N \ln y_N \tag{4.28}$$

这里须指出，上述结果是在两个亚点阵中均有两种结点时的混合熵，对于二元间隙式固溶体和三元线性化合物，两个亚点阵中并非均有两种结点，因此固溶体的混合熵可能只是一个亚点阵的混合熵。

4.2.3 过剩自由能

下面仍以每种亚点阵各有两类结点的铁素体为例，对过剩自由能进行分析，实体原子亚点阵上是 Fe 和 Cr，空隙亚点阵上是 C 和未填充的空隙，其具体的"分子式"为 $(Fe, Cr)_1 (C, Va)_3$。这类问题的通式也是 $M_a N_c$。两个亚点阵中都有两类结点，因此都将有过剩自由能出现。如果亚点阵中只有一种原子，其过剩自由能将为零。当亚点阵上有两种以上的结点时，可以按正规溶体近似计算其过剩自由能。处理方法与混合熵的计算相近。

对于 1mol M 亚点阵

$$^E G_m^M = y_{M1} y_{M2} zN \left(u_{M1M2} - \frac{u_{M1M1} + u_{M2M2}}{2} \right) = y_{M1} y_{M2} I_{M1M2}$$

式中，N 和 z 分别为 Avogadro 常数和配位数；u_{M1M2}、u_{M1M1} 和 u_{M2M2} 分别为亚点阵中各类原子之间的键能（Bond energy）；I_{M1M2} 为正规溶体的相互作用能。对于 1mol N 亚点阵

$$^E G_m^N = y_{N1} y_{N2} zN \left(u_{N1N2} - \frac{u_{N1N1} + u_{N2N2}}{2} \right) = y_{N1} y_{N2} I_{N1N2}$$

对于 1mol $M_a N_c$ 化合物相

$$^E G_m^{M_a N_c} = a y_{M1} y_{M2} I_{M1M2} + c y_{N1} y_{N2} I_{N1N2} \tag{4.29}$$

这里也需指出，用双亚点阵描述相的摩尔过剩自由能时，不一定每个亚点阵中都有过剩自由能，只有包含两种以上的结点，而且

$$\left(u_{N1N2} - \frac{u_{N1N1} + u_{N2N2}}{2} \right) \neq 0$$

的亚点阵才有过剩自由能。

4.2.4 摩尔自由能

如前所述，在每一个亚点阵内实行的是正规溶体近似。二元间隙式固溶体和三元线性化合物的摩尔 Gibbs 自由能按下述形式表达，这时要重新确定组元。

4.2.4.1 二元间隙式固溶体

由 Fe 和 C 构成的 α 铁素体 $(Fe)_1(C, Va)_3$ 是二元间隙式固溶体的典型代表，其通式为 $A_a(C, Va)_c$，可以将其看成是由 A_aC_c 和 A_aVa_c 两个化合物组元构成的溶体。这两个组元的摩尔分数刚好与空隙亚点阵中两种结点的分数相同。这时间隙式固溶体的摩尔 Gibbs 自由能为

$$G_m^{A_a(C,Va)_c} = y_C\,{}^0G_{A_aC_c} + y_{Va}\,{}^0G_{A_aVa_c} + cRT(y_C \ln y_C + y_{Va} \ln y_{Va})$$
$$+ cy_C y_{Va} I_{CVa} \tag{4.30}$$

式中，${}^0G_{A_aC_c}$ 和 ${}^0G_{A_aVa_c}$ 为两个化合物组元的摩尔 Gibbs 自由能；y_C 和 y_{Va} 是两个化合物组元的摩尔分数，也是空隙亚点阵中两种结点的分数。与普通正规溶体近似相同，摩尔 Gibbs 自由能由 3 项构成：线性项、混合熵项和过剩自由能项。不同的是组元为化合物。在 α 铁素体的例中，两个组元分别应当是 FeC_3 和 $FeVa_3$。FeC_3 只是一种假想的化合物；而 $FeVa_3$ 实际上就是纯 Fe。

4.2.4.2 三元线性化合物

前面提到的 $(Fe, Mn)_3C$ 是三元线性化合物的典型代表。计算它的摩尔 Gibbs 自由能时的两个组元是 Fe_3C 和 Mn_3C。与前面的间隙式固溶体不同，这里的化合物组元是实际存在的化合物。由于有了化合比的约束条件，三个元素组成的系统在这里退化成二元系。其通式是 $(A, B)_aC_c$，摩尔 Gibbs 自由能的表达式为

$$G_m^{(A,B)_aC_c} = y_A\,{}^0G_{A_aC_c} + y_B\,{}^0G_{B_aC_c} + aRT(y_A \ln y_A + y_B \ln y_B)$$
$$+ ay_A y_B I_{AB} \tag{4.31}$$

值得指出的是，虽然 ${}^0G_{A_aC_c}$ 和 ${}^0G_{B_aC_c}$ 都是有可能与各自的化合物生成自由能相联系的，但这里的相互作用能 I_{AB} 与 A-B 二元系里的 I_{AB} 并不相同，因为这一数值要受到 C 亚点阵中原子类别的影响。

4.2.5 化学势及活度

对于间隙式固溶体，了解其化学势及活度，特别是间隙式溶质的活度具有重要的实际意义。如果是 Fe-C 间隙式固溶体，其实际意义更大。因为钢铁材料的相变、形变和加工处理的热力学分析，经常是与碳活度密切相关的。如果间隙式固溶体 $A_a(C, Va)_c$ 由 A_aC_c 和 A_aVa_c 两组元构成，根据正规溶体近似，可以证明，两组元的化学势与摩尔自由能的关系为

$$\mu_{A_aC_c} = G_m^{A_a(C,Va)_c} + (1 - y_C)\frac{\partial G_m^{A_a(C,Va)_c}}{\partial y_C} \tag{4.32}$$

$$\mu_{A_a Va_c} = G_m^{A_a(C,Va)_c} - (1 - y_{Va}) \frac{\partial G_m^{A_a(C,Va)_c}}{\partial y_C} \tag{4.33}$$

利用式（4.32）、式（4.33）两式，可以求得两个化合物组元化学势的正规溶体表达式。

$$\mu_{A_a Va_c} = {}^0 G_{A_a Va_c} + c I_{CVa} y_C^2 + c RT \ln(1 - y_C) \tag{4.34}$$

由于 $A_a Va_c$ 实际上是纯元素 A，即 1mol 的 $A_a Va_c$ 等于 a mol 纯 A，所以

$$\mu_{A_a Va_c} = a\mu_A, \qquad {}^0 G_{A_a Va_c} = a{}^0 G_A$$

纯组元的化学势可以由此式求得

$$\mu_A = \frac{\mu_{A_a Va_c}}{a} = {}^0 G_A + \frac{c}{a} y_C^2 I_{CVa} + \frac{c}{a} RT \ln(1 - y_C) \tag{4.35}$$

组元 $A_a C_c$ 的化学势为

$$\mu_{A_a C_c} = {}^0 G_{A_a C_c} + c I_{CVa} (1 - y_C)^2 + c RT \ln y_C \tag{4.36}$$

容易证明

$$\mu_{A_a C_c} = a\mu_A + c\mu_C$$

即

$$\mu_{A_a C_c} = \mu_{A_a Va_c} + c\mu_C \qquad \mu_C = \frac{\mu_{A_a C_c} - \mu_{A_a Va_c}}{c}$$

由上式可求纯组元 C 的化学势，这里忽略了成分的高次项

$$\mu_C = \frac{1}{c} \left[{}^0 G_{A_a C_c} + c I_{CVa} (1 - y_C)^2 + c RT \ln y_C - a{}^0 G_A \right.$$
$$\left. - c I_{CVa} y_C^2 - c RT \ln(1 - y_C) \right]$$

$$\mu_C = \frac{1}{c} {}^0 G_{A_a C_c} - \frac{a}{c} {}^0 G_A + I_{CVa} (1 - 2y_C) + RT \ln \frac{y_C}{1 - y_C} \tag{4.37}$$

式（4.37）是间隙式固溶体中的间隙式溶质化学势的表达式，具有重要的实际意义与用途。

【例题 4.5】试求 Fe-C 合金系中的 fcc 结构固溶体（奥氏体）在 900℃、1000℃、1150℃的碳活度。

解：奥氏体的分子式为 $Fe_1(C,Va)_1$，根据上面的间隙式固溶体的化学势公式（4.37）可知：

$$\mu_C^\gamma = {}^0 G_{FeC}^\gamma - {}^0 G_{Fe}^\gamma + I_{CVa}^\gamma (1 - 2y_C) + RT \ln \frac{y_C}{1 - y_C} \tag{4.38}$$

而奥氏体中的碳活度 a_C^γ 的定义式及亚点阵成分分别为

$$\mu_C^\gamma = {}^0 G_C^{gr} + RT \ln a_C^\gamma \tag{4.39}$$

$$y_C = \frac{X_C}{1 - X_C}$$

式中的 ${}^0 G_C^{gr}$ 为纯石墨的摩尔自由能，比较两个化学势公式，可得奥氏体中的碳活度公式

$$RT \ln a_C^\gamma = \left({}^0G_{FeC}^\gamma - {}^0G_{Fe}^\gamma - {}^0G_C^{gr} \right) + RT \ln \frac{y_C}{1-y_C} + I_{CVa}^\gamma \left(1 - 2y_C\right)$$

$$\ln a_C^\gamma - \ln \frac{y_C}{1-y_C} = \frac{1}{RT}\left[\left({}^0G_{FeC}^\gamma - {}^0G_{Fe}^\gamma - {}^0G_C^{gr} \right) + I_{CVa}^\gamma \left(1 - 2y_C\right) \right]$$

$$a_C^\gamma = \frac{y_C}{1-y_C} \exp \frac{\left({}^0G_{FeC}^\gamma - {}^0G_{Fe}^\gamma - {}^0G_C^{gr} \right) + I_{CVa}^\gamma \left(1 - 2y_C\right)}{RT} \tag{4.40}$$

$$a_C^\gamma = \frac{y_C}{1-y_C} f_C$$

$$f_C = \exp \frac{\left({}^0G_{FeC}^\gamma - {}^0G_{Fe}^\gamma - {}^0G_C^{gr} \right) + I_{CVa}^\gamma \left(1 - 2y_C\right)}{RT} \tag{4.41}$$

式中，f_C 是奥氏体中的碳活度系数。已知下列双亚点阵的热力学参数，根据这些数据求得的奥氏体中的碳活度与碳浓度的关系，如图 4.5 所示。相应的热力学参数为

$$ {}^0G_{FeC}^\gamma - {}^0G_{Fe}^\gamma - {}^0G_C^{gr} = 67194 - 7.623T \quad J \cdot mol^{-1}$$

$$I_{CVa}^\gamma = -21079 - 11.555T \quad J \cdot mol^{-1}$$

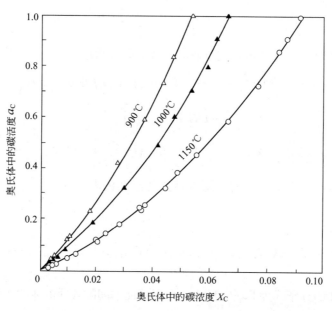

图 4.5　铁基合金奥氏体中的碳活度与温度和碳浓度的关系

【例题 4.6】 试求碳在低合金高强度钢中的奥氏体与铁素体之间的分配比。

解： 低合金高强度钢中的合金元素 Mn、Si、V、Ti、Nb 等，由于它们或者在钢中的含量不高，或者溶入固溶体中的量较小，或者在奥氏体与铁素体之间的分配比相差不大，因此它们对相平衡的直接影响较小。这个问题可以简化成 Fe-C 二元问题。但后面将看到，这种分析方法可以扩展到多元问题。铁素体的化学式 $Fe(C, Va)_3$，碳的化学势为

$$\mu_C^\alpha = \frac{1}{3}{}^0G_{FeC_3}^\alpha - \frac{1}{3}{}^0G_{Fe}^\alpha + I_{CVa}^\alpha \left(1 - 2y_C^\alpha\right) + RT \ln \frac{y_C^\alpha}{1-y_C^\alpha}$$

由于 $y_C^\alpha \ll 1$，上式可以写成

$$\mu_C^\alpha = {}^0G^\alpha_{Fe\frac{1}{3}C} - \frac{1}{3}\,{}^0G^\alpha_{Fe} + I^\alpha_{CVa} + RT\ln\frac{y_C^\alpha}{1-y_C^\alpha}$$

在 α/γ 平衡时 $\mu_C^\alpha = \mu_C^\gamma$，$\gamma$ 相的碳活度参照【例题 4.5】，可得

$$ {}^0G^\gamma_{FeC} - {}^0G^\gamma_{Fe} + I^\gamma_{CVa}\left(1-2y_C^\gamma\right) + RT\ln\frac{y_C^\gamma}{1-y_C^\gamma}$$

$$= {}^0G^\alpha_{Fe\frac{1}{3}C} - \frac{1}{3}\,{}^0G^\alpha_{Fe} + I^\alpha_{CVa} + RT\ln\frac{y_C^\alpha}{1-y_C^\alpha}$$

$$RT\ln\frac{y_C^\alpha\left(1-y_C^\gamma\right)}{y_C^\gamma\left(1-y_C^\alpha\right)} = {}^0G^\gamma_{FeC} - {}^0G^\gamma_{Fe} + I^\gamma_{CVa} - {}^0G^\alpha_{Fe\frac{1}{3}C} + \frac{1}{3}\,{}^0G^\alpha_{Fe} - I^\alpha_{CVa} - 2I^\gamma_{CVa}y_C^\gamma$$

已知

$$\left[{}^0G^\alpha_{Fe\frac{1}{3}C} - \frac{1}{3}\,{}^0G^\alpha_{Fe} + I^\alpha_{CVa} - {}^0G^{gr}_C\right] = 108299 - 39.603T \quad \text{J·mol}^{-1}$$

$$\left[{}^0G^\gamma_{FeC} - {}^0G^\gamma_{Fe} + I^\gamma_{CVa} - {}^0G^{gr}_C\right] = 46115 - 19.178T \quad \text{J·mol}^{-1}$$

若定义下式为碳在 α 与 γ 相之间的分配系数（分配比）

$$K_C^{\alpha/\gamma} = \frac{y_C^\alpha\left(1-y_C^\gamma\right)}{y_C^\gamma\left(1-y_C^\alpha\right)}$$

另外又已知 y_C^α、y_C^γ 与碳原子分数 X_C^α、X_C^γ 之间的关系为

$$y_C^\alpha = \frac{1}{3}\times\frac{X_C^\alpha}{1-X_C^\alpha}$$

$$y_C^\gamma = \frac{X_C^\gamma}{1-X_C^\gamma}$$

代入上述的热力学参数和碳原子分数 X_C^α、X_C^γ，可以得到

$$RT\ln K_C^{\alpha/\gamma} = -62184 + 20.425T + (42158 + 23.11T)y_C^\gamma \quad \text{J·mol}^{-1}$$

在碳含量不高时

$$RT\ln K_C^{\alpha/\gamma} = -62184 + 20.425T \quad \text{J·mol}^{-1}$$

$$3y_C^\alpha \approx X_C^\alpha$$

$$y_C^\gamma \approx X_C^\gamma$$

此时碳分配比的近似结果为

$$K_C^{\alpha/\gamma} \approx \frac{X_C^\alpha}{3X_C^\gamma}$$

$$RT\ln X_C^\alpha / X_C^\gamma = RT\ln(3K_C^{\alpha/\gamma}) = -62184 + 29.559T \quad \text{J·mol}^{-1}$$

结果为：在 1500℃ $X_C^\alpha / X_C^\gamma = 0.52$

在 900℃ $X_C^\alpha / X_C^\gamma = 0.059$

【例题 4.7】 试用正规溶体近似，求 Fe-C 系固溶体奥氏体中的碳活度。

解：间隙式固溶体的正规处理方式是选用双亚点阵模型。但在碳含量极低时，正规溶体近似仍可以作为简化处理的手段。这个练习就是要达到与双亚点阵模型对比的目的。利用正规溶体模型，碳在奥氏体中的化学势如下

$$\mu_C^\gamma = {}^0 G_C^\gamma + RT \ln X_C^\gamma + I_{FeC}^\gamma \left(1 - X_C^\gamma\right)^2$$

以石墨为基准态的碳活度的定义式为

$$\mu_C^\gamma = {}^0 G_C^{gr} + RT \ln a_C^\gamma$$

比较上述两式，可得奥氏体中的碳活度

$$RT \ln a_C^\gamma = \left({}^0 G_C^\gamma - {}^0 G_C^{gr}\right) + I_{FeC}^\gamma \left(1 - X_C^\gamma\right)^2 + RT \ln X_C^\gamma$$

$$\frac{a_C^\gamma}{X_C^\gamma} = \exp \frac{\left({}^0 G_C^\gamma - {}^0 G_C^{gr}\right) + I_{FeC}^\gamma \left(1 - X_C^\gamma\right)^2}{RT}$$

忽略浓度高次项后成为

$$\frac{a_C^\gamma}{X_C^\gamma} = \exp \frac{\left({}^0 G_C^\gamma - {}^0 G_C^{gr}\right) + I_{FeC}^\gamma}{RT} \exp \frac{-2 X_C^\gamma I_{FeC}^\gamma}{RT}$$

$$a_C^\gamma = X_C^\gamma \exp \frac{\left({}^0 G_C^\gamma - {}^0 G_C^{gr}\right) + I_{FeC}^\gamma}{RT} \exp \frac{-2 X_C^\gamma I_{FeC}^\gamma}{RT} \tag{4.42}$$

已知如下的热力学参数

$$^0 G_C^\gamma - {}^0 G_C^{gr} = 51032.6 + 17.57 T \quad \text{J·mol}^{-1}$$

$$I_{FeC}^\gamma = -6692.8 - 35.55 T \quad \text{J·mol}^{-1}$$

按上述公式及参数计算的结果如表 4.3。

表 4.3　奥氏体中的碳活度的计算结果

X_C	0.02	0.04	0.06	0.08
a_C(900℃)	0.264	0.644	1.17	—
a_C(1000℃)	0.184	0.449	0.821	—
a_C(1150℃)	0.118	0.287	0.524	0.847

将此表的结果与[例题 4.5]对比，可以看出，在碳浓度很低时，即使是正规溶体近似也可以取得不错的计算结果。

第 4 章推荐读物

[1] 久保亮五．统计力学．徐振环，等译．北京：高等教育出版社，1985.

[2] 希拉特 M．合金扩散和热力学．赖和怡，刘国勋，译．北京：冶金工业出版社，1984.

[3] 傅献彩，陈瑞华．物理化学．北京：人民教育出版社，1979.

[4] 伏义路，许澍谦，邱联雄．化学热力学与统计热力学基础．上海：上海科学技术出版社，1984.

[5] Bragg W L, Williams E J. Proc Roy Soc, 1934, A145：699.

[6] Bragg W L, Williams E J. Proc Roy Soc, 1935, A151：540.

[7] Hillert M, Staffansson L I. Acta Chemistry Scandinavia. 1970, 24：3618.

[8] Hillert M. Prediction of Iron-base Phase Diagrams//Doane D V, Kirkaldy J S. Hardenability Concepts with Applications to Steel. ASM,1978.

习　题

（1）已知体心立方固溶体α的相互作用能 $I_{AB}^{\alpha} = -12\text{kJ} \cdot \text{mol}^{-1}$，试画出该固溶体的有序-无序转变曲线。

（2）已知固溶体α的相互作用能 $I_{AB}^{\alpha} = 20\text{ kJ} \cdot \text{mol}^{-1}$，试求该二元系溶解度间隙的最高温度，并求出在温度为 800K 时溶解度范围。

（3）试用 Bragg-Williams 模型计算 Fe-Co 系的对称成分 bcc 结构固溶体α有序-无序转变特殊热容与温度的关系，已知α相中的相互作用能为 $-12\text{kJ} \cdot \text{mol}^{-1}$。

（4）试用 Bragg-Williams 模型推导对称成分 B2 型有序固溶体的有序化异常热容与温度的关系，并证明其最大值为 $3R/2$。

（5）A-B 二元固溶体的 $I_{AB}>0$，试用 Bragg-Williams 模型求得该固溶体的 Spinodal 分解曲线和溶解度间隙曲线。并证明其最高温度为 $I_{AB}/2R$。

（6）Fe-Al 二元系中的 bcc 结构固溶体的相互作用能具有极大的负值，约 $-120\text{kJ} \cdot \text{mol}^{-1}$，试用 Bragg-Williams 模型计算 1000℃时 bcc 固溶体的混合熵与成分的关系。

（7）试用双亚点阵模型计算 T8 钢在 1000℃下的脱碳倾向比 45 钢大多少。（提示：可用该温度下的碳活度比来表示脱碳倾向）。已知：

$$^{0}G_{FeC}^{\gamma} - {}^{0}G_{Fe}^{\gamma} - {}^{0}G_{C}^{gr} = 67194 - 7.623T \quad \text{J} \cdot \text{mol}^{-1}$$

$$I_{CVa}^{\gamma} = -21079 - 11.555T \quad \text{J} \cdot \text{mol}^{-1}$$

（8）已知Ⅲ-Ⅴ族半导体 GaP–InP 系的固相溶解度间隙的最高温度为 1120℃左右，试用双亚点阵模型计算固相中的相互作用能 I_{GaIn}^{s}。

（9）试求 Fe-N 二元系中 N 在奥氏体和铁素体中的溶解度。

已知：$I_{NVa}^{\gamma} = -26150\text{J} \cdot \text{mol}^{-1}$，

$$^{0}G_{FeN}^{\gamma} - {}^{0}G_{Fe}^{\gamma} + I_{NVa}^{\gamma} = \frac{1}{2}\,{}^{0}G_{N_2}^{gas} - 37202 + 179.756T - 13.07T\ln T \quad \text{J} \cdot \text{mol}^{-1}。$$

$$^{0}G_{Fe_{\frac{1}{3}}N}^{\alpha} - \frac{1}{3}\,{}^{0}G_{Fe}^{\alpha} + I_{NVa}^{\alpha} = \frac{1}{2}\,{}^{0}G_{N_2}^{gas} + 21378 + 139.858T - 10.9077T\ln T \quad \text{J} \cdot \text{mol}^{-1}。$$

（10）根据上题中的热力学参数，试求以气态 N_2 为基准态的 N 在 Fe-N 二元系中奥氏体中的活度。

5

相变热力学

【本章导读】

本章分析了三类相变热力学问题：第一种是无扩散型相变。通过正规溶体模型理解二元溶体 T_0 线的含义，进而掌握无扩散相变驱动力的计算，特别是 Fe 基合金无扩散相变驱动力与磁性转变的关系。第二种相变是固溶体的分解，包括失稳分解和形核长大型分解。明确形核驱动力与相变驱动力是完全不同的概念；掌握用 G_m-X 图来分析固溶体分解热力学的方法；明确表面张力引起的析出相附加压力和由此带来的溶解度变化等普遍存在的热力学效应。第三种是不同类型的二级相变。只要知道二级相变的特异热容部分，就可以计算溶体发生二级相变时的自由能变化，而这个自由能变化可以叠加到溶体的自由能总值上去，并由此计算二级相变的影响。

5.1 无扩散相变

无扩散相变（Diffusionless transformation）的特征是在相变过程中不发生溶质元素的长程定向移动，因此相变产物和母相应该有相同的成分。

5.1.1 相变驱动力

如图 5.1 所示，A-B 二元系中，成分低于 X_B^α 的 γ 单相可以通过无扩散相变，转变成同成分不同结构的 α 单相。此时的相变自由能为

$$\Delta G_m^{\gamma \to \alpha} = G_m^\alpha - G_m^\gamma \tag{5.1}$$

当 α 和 γ 两相可以用正规溶体近似描述时，可以写成

$$G_m^\alpha = X_A^\alpha {}^0 G_A^\alpha + X_B^\alpha {}^0 G_B^\alpha + RT(X_A^\alpha \ln X_A^\alpha + X_B^\alpha \ln X_B^\alpha) + X_A^\alpha X_B^\alpha I_{AB}^\alpha$$

$$G_m^\gamma = X_A^\gamma {}^0 G_A^\gamma + X_B^\gamma {}^0 G_B^\gamma + RT(X_A^\gamma \ln X_A^\gamma + X_B^\gamma \ln X_B^\gamma) + X_A^\gamma X_B^\gamma I_{AB}^\gamma$$

因为相变前后成分相同，所以有

$$X_B^\alpha = X_B^\gamma$$

$$X_A^\alpha = X_A^\gamma$$

下面，不再标记成分上的相符号。将两相的摩尔自由能代入式（5.1），混合熵项将相消，可得

$$\Delta G_{\mathrm{m}}^{\gamma\to\alpha} = (X_{\mathrm{A}}\,{}^{0}G_{\mathrm{A}}^{\alpha} + X_{\mathrm{B}}\,{}^{0}G_{\mathrm{B}}^{\alpha} + X_{\mathrm{A}}X_{\mathrm{B}}I_{\mathrm{AB}}^{\alpha}) - (X_{\mathrm{A}}\,{}^{0}G_{\mathrm{A}}^{\gamma} + X_{\mathrm{B}}\,{}^{0}G_{\mathrm{B}}^{\gamma} + X_{\mathrm{A}}X_{\mathrm{B}}I_{\mathrm{AB}}^{\gamma})$$

$$= X_{\mathrm{A}}({}^{0}G_{\mathrm{A}}^{\alpha} - {}^{0}G_{\mathrm{A}}^{\gamma}) + X_{\mathrm{B}}({}^{0}G_{\mathrm{B}}^{\alpha} - {}^{0}G_{\mathrm{B}}^{\gamma}) + X_{\mathrm{A}}X_{\mathrm{B}}(I_{\mathrm{AB}}^{\alpha} - I_{\mathrm{AB}}^{\gamma})$$

$$= (1 - X_{\mathrm{B}})\Delta^{0}G_{\mathrm{A}}^{\gamma\to\alpha} + X_{\mathrm{B}}\Delta^{0}G_{\mathrm{B}}^{\gamma\to\alpha} + X_{\mathrm{B}}(1 - X_{\mathrm{B}})\Delta I_{\mathrm{AB}}^{\gamma\to\alpha}$$

$$= \Delta^{0}G_{\mathrm{A}}^{\gamma\to\alpha} - X_{\mathrm{B}}\Delta^{0}G_{\mathrm{A}}^{\gamma\to\alpha} + X_{\mathrm{B}}\Delta^{0}G_{\mathrm{B}}^{\gamma\to\alpha} + X_{\mathrm{B}}\Delta I_{\mathrm{AB}}^{\gamma\to\alpha} - X_{\mathrm{B}}^{2}\Delta I_{\mathrm{AB}}^{\gamma\to\alpha}$$

当 $X_{\mathrm{B}} \ll 1$ 时，

$$\Delta G_{\mathrm{m}}^{\gamma\to\alpha} \approx \Delta^{0}G_{\mathrm{A}}^{\gamma\to\alpha} + X_{\mathrm{B}}(\Delta^{0}G_{\mathrm{B}}^{\gamma\to\alpha} + \Delta I_{\mathrm{AB}}^{\gamma\to\alpha}) \qquad (5.2)$$

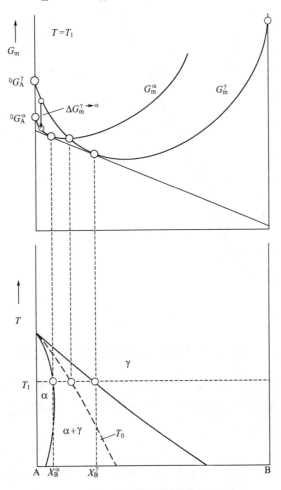

图 5.1　无扩散相变的驱动力

参照第 3 章中的相稳定化参数的概念，$(\Delta^{0}G_{\mathrm{B}}^{\gamma\to\alpha} + \Delta I_{\mathrm{AB}}^{\gamma\to\alpha})$ 可称作 α 相稳定化参数 $\Delta^{*}G_{\mathrm{B}}^{\gamma\to\alpha}$，所以

$$\Delta G_{\mathrm{m}}^{\gamma\to\alpha} = \Delta^{0}G_{\mathrm{A}}^{\gamma\to\alpha} + X_{\mathrm{B}}\Delta^{*}G_{\mathrm{B}}^{\gamma\to\alpha} \qquad (5.3)$$

或与 γ 相稳定化参数 $\Delta^{*}G_{\mathrm{B}}^{\alpha\to\gamma}$ 相联系，成为

$$\Delta G_{\mathrm{m}}^{\gamma\to\alpha} = \Delta^{0}G_{\mathrm{A}}^{\gamma\to\alpha} - X_{\mathrm{B}}\Delta^{*}G_{\mathrm{B}}^{\alpha\to\gamma} \qquad (5.4)$$

如果 $\gamma \to \alpha$ 相变就是 Fe-M 合金中的奥氏体向马氏体的转变（Martensite transformation），则成为

$$\Delta G_{\mathrm{m}}^{\gamma \to \alpha} = \Delta^0 G_{\mathrm{Fe}}^{\gamma \to \alpha} - X_{\mathrm{M}} \Delta^* G_{\mathrm{M}}^{\alpha \to \gamma} \qquad (5.5)$$

$\Delta^0 G_{\mathrm{Fe}}^{\gamma \to \alpha}$ 是纯铁的相变自由能，通常用 $\Delta^0 G_{\mathrm{Fe}}^{\alpha \to \gamma}$ 的形式，是非常重要的基础热力学数据。$\Delta^* G_{\mathrm{M}}^{\alpha \to \gamma}$ 就是第 3 章中分析过的奥氏体稳定化参数。

相变驱动力 $\Delta G_{\mathrm{m}}^{\gamma \to \alpha} = \Delta^0 G_{\mathrm{Fe}}^{\gamma \to \alpha} - X_{\mathrm{M}} \Delta^* G_{\mathrm{M}}^{\alpha \to \gamma}$ 与温度的关系如图 5.2 所示。

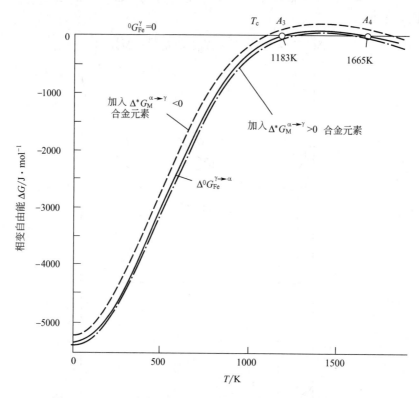

图 5.2　Fe-M 合金奥氏体向马氏体转变的驱动力与温度的关系

当加入 γ former 元素时，$\Delta^* G_{\mathrm{M}}^{\alpha \to \gamma} < 0$，$\Delta G_{\mathrm{m}}^{\gamma \to \alpha}$ 变成较小的负数，相变驱动力变小；当加入 α former 元素时，$\Delta^* G_{\mathrm{M}}^{\alpha \to \gamma} > 0$，$\Delta G_{\mathrm{m}}^{\gamma \to \alpha}$ 变成较大的负数，相变驱动力变大。

5.1.2　T_0 线

T_0 线（T_0 Line）就是各温度下母相与转变产物相的摩尔自由能相等的各点成分的连线。或称无扩散相变驱动力为 0 的成分与温度关系曲线。所以 $\Delta G_{\mathrm{m}}^{\gamma \to \alpha} = 0$ 是 T_0 线的条件，即

$$G_{\mathrm{m}}^{\alpha} = G_{\mathrm{m}}^{\gamma}$$

因此，T_0 线方程有如下形式

$$(1 - X_{\mathrm{B}}) \Delta^0 G_{\mathrm{A}}^{\gamma \to \alpha} + X_{\mathrm{B}} \Delta^0 G_{\mathrm{B}}^{\gamma \to \alpha} + X_{\mathrm{B}}(1 - X_{\mathrm{B}}) \Delta I_{\mathrm{AB}}^{\gamma \to \alpha} = 0 \qquad (5.6)$$

$$\Delta^0 G_{\mathrm{A}}^{\gamma \to \alpha} - X_{\mathrm{B}} \Delta^0 G_{\mathrm{A}}^{\gamma \to \alpha} + X_{\mathrm{B}} \Delta^0 G_{\mathrm{B}}^{\gamma \to \alpha} + X_{\mathrm{B}} \Delta I_{\mathrm{AB}}^{\gamma \to \alpha} - X_{\mathrm{B}}^2 \Delta I_{\mathrm{AB}}^{\gamma \to \alpha} = 0 \qquad (5.7)$$

由于式中各项热力学参数 $\Delta^0 G_{\mathrm{A}}^{\gamma \to \alpha}$、$\Delta^0 G_{\mathrm{B}}^{\gamma \to \alpha}$、$\Delta I_{\mathrm{AB}}^{\gamma \to \alpha}$ 等均为温度的函数，所以式（5.6）和式（5.7）都是成分与温度的关系曲线。

Fe-M 合金的 T_0 线方程为

$$\Delta^0 G_{Fe}^{\gamma\to\alpha} - X_M \Delta^* G_M^{\alpha\to\gamma} = 0 \tag{5.8}$$

图 5.1 中标出了 T_1 温度下的两相自由能相等的成分点，还画出了不同温度下自由能相等成分点的连线——T_0 线。图 5.3 中的各曲线与温度轴的交点，便是 T_0 线上的点，它们表示当成分变化时，由式（5.8）所确定的相变驱动力为 0 的温度。

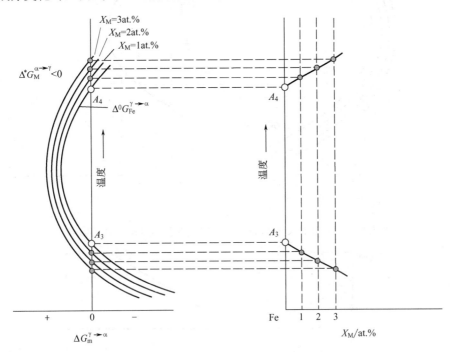

图 5.3　向 Fe 中加入 γ former 元素对相变驱动力和 T_0 线的影响

如果将驱动力坐标旋转成水平方向，温度坐标成垂直方向，则成图 5.3 的形状。向 Fe 中加入不同数量 γ former 元素（$\Delta^* G_M^{\alpha\to\gamma} < 0$）时，对相变驱动力和 T_0 线的影响如图 5.3 所示，T_0 线随 X_M 的增加，呈自 A_3 和 A_4 点分别向下和向上的走向，因而 γ 相区将扩大。

向 Fe 中加入不同数量 α former 元素（$\Delta^* G_M^{\alpha\to\gamma} > 0$）时，对相变驱动力和 T_0 线的影响如图 5.4 所示，T_0 线随 X_M 的增加，呈自 A_3 和 A_4 点出发最终闭合的走向，因而 γ 相区将被封闭。

5.1.3　马氏体点

马氏体点（M_S Temperature）原本是指 Fe 基合金冷却时奥氏体转变成马氏体的开始温度。后来将所有冷却时所发生的无扩散切变相变的开始温度都称作马氏体点。由于马氏体相变要克服的阻力（如界面能、弹性能）较大，需要较大的驱动力，所以马氏体点要比 T_0 线温度低得多，参见图 5.5。但马氏体点又是以 T_0 线为根据来分析的，T_0 线的走向决定了马氏体点的走向。下面也主要是对 T_0 线的分析。

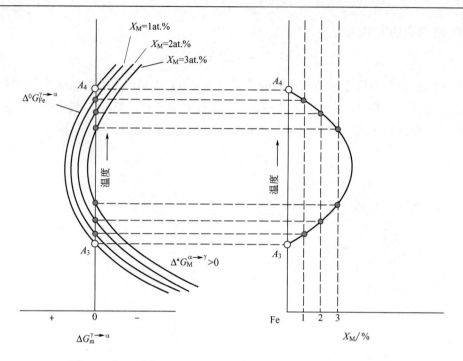

图 5.4　向 Fe 中加入 α former 元素对相变驱动力和 T_0 线的影响

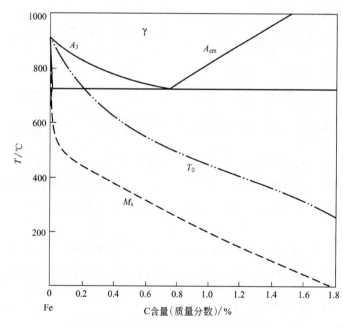

图 5.5　Fe-C 合金的马氏体点 M_s 和 T_0 线

由于 T_0 线由 $\Delta^0 G_{Fe}^{\gamma \to \alpha} - X_M \Delta^* G_M^{\alpha \to \gamma} = 0$ 方程决定，除了纯铁的性质 $\Delta^0 G_{Fe}^{\gamma \to \alpha}$ 之外，T_0 线决定于 $\Delta^* G_M^{\alpha \to \gamma}$。前面已经指出，一般加入 γ former 元素，可以使 T_0 温度下降，加入 α former 元素，可以使 T_0 温度上升。但是这是将奥氏体稳定化参数 $\Delta^* G_M^{\alpha \to \gamma}$ 看做常数的一种分析，而实际上在考虑到磁性转变时，$\Delta^* G_M^{\alpha \to \gamma}$ 并非常数。后面（参见 5.5.2）将能证明奥氏体稳定化参数是由下式决定的：

$$\Delta^* G_{\mathrm{M}}^{\alpha\to\gamma} = \Delta^0 G_{\mathrm{M}}^{\alpha\to\gamma} + I_{\mathrm{FeM}}^{\gamma} - I_{\mathrm{FeM}}^{\alpha} - [\Delta^0 S_{\mathrm{Fe}}^{\alpha}]^{\mathrm{mag}} \frac{\mathrm{d}T_{\mathrm{C}}}{\mathrm{d}X_{\mathrm{M}}} \tag{5.9}$$

式中，$[\Delta^0 S_{\mathrm{Fe}}^{\alpha}]^{\mathrm{mag}}$ 是磁性转变熵；T_{C} 是 Fe 基固溶体的居里温度。

$$[\Delta^0 S_{\mathrm{Fe}}^{\alpha}]^{\mathrm{mag}} = [^0 S_{\mathrm{Fe}}^{\alpha}]^{\mathrm{f}} - [^0 S_{\mathrm{Fe}}^{\alpha}]^{\mathrm{p}}$$

$[^0 S_{\mathrm{Fe}}^{\alpha}]^{\mathrm{f}}$ 和 $[^0 S_{\mathrm{Fe}}^{\alpha}]^{\mathrm{p}}$ 分别为纯铁的铁磁态和顺磁态的熵。$[\Delta^0 S_{\mathrm{Fe}}^{\alpha}]^{\mathrm{mag}}$ 与温度的关系如图 5.6（a）所示，在居里温度（$^0T_{\mathrm{C}}$）附近有剧烈的变化，在 $^0T_{\mathrm{C}}$ 以上其值近乎为 0，在 $^0T_{\mathrm{C}}$ 以下为一较大负值（约–8J·mol^{-1}·K^{-1}）。固溶体的居里温度 T_{C} 与溶质有密切的关系，但绝大多数溶质均使 T_{C} 下降，只有钴（Co）使 T_{C} 上升，如图 5.6（b）所示。就是说，只有 Co 能使 $\frac{\mathrm{d}T_{\mathrm{C}}}{\mathrm{d}X_{\mathrm{M}}} > 0$。

因此由式（5.9）所表示的 $\Delta^* G_{\mathrm{M}}^{\alpha\to\gamma}$ 与温度的关系将强烈地受到以下两个因素的影响：一是所有合金元素的 $\Delta^* G_{\mathrm{M}}^{\alpha\to\gamma}$ 都将在 T_{C} 附近有明显的变化，在低于 T_{C} 时变成更负的值；另一个是诸多合金元素中，只有 Co 能使 $\Delta^* G_{\mathrm{M}}^{\alpha\to\gamma}$ 在低于 T_{C} 时，变成一个大的正值，参见图 5.7。

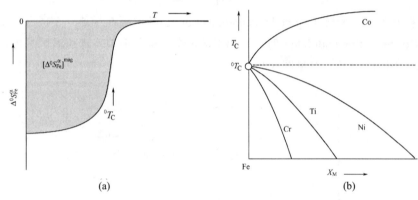

图 5.6 纯铁的顺磁-铁磁转变的熵变化与铁基固溶体的居里温度
（a）纯铁的顺磁-铁磁转变的熵变化；（b）铁基固溶体的居里温度

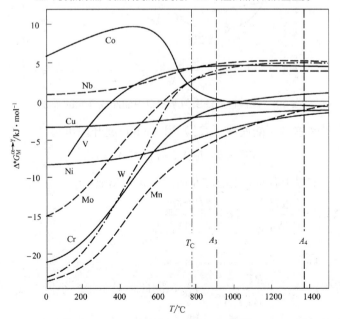

图 5.7 奥氏体稳定化参数与温度的关系

5.2 固溶体的分解

5.2.1 固溶体自由能曲线的分析

如果将自由能曲线分成若干段，则每个成分段固溶体的性质与这段曲线的形状有关。如图 5.8 所示，当某个成分段固溶体的自由能曲线的性质为

$$\frac{\mathrm{d}^2 G_{\mathrm{m}}^{\alpha}}{\mathrm{d} X_{\mathrm{B}}^2} > 0$$

则固溶体稳定。如果某个成分段固溶体的自由能曲线的性质为

$$\frac{\mathrm{d}^2 G_{\mathrm{m}}^{\alpha}}{\mathrm{d} X_{\mathrm{B}}^2} < 0$$

则固溶体将发生失稳分解（Spinodal decomposition）。其原因在于前一个成分段中发生浓度起伏（Concentration undulate）时，引起固溶体自由能的升高；而后者的浓度起伏则引起固溶体自由能的降低。参见图 5.8。

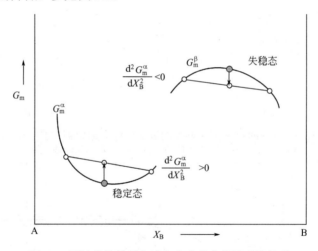

图 5.8 固溶体的性质与摩尔自由能曲线性质的关系

如果将一小段摩尔自由能曲线（G_{m}^{α}）用 Taylor 展开，可得

$$G_{\mathrm{m}}^{\alpha} = a + b\Delta X_{\mathrm{B}} + c(\Delta X_{\mathrm{B}})^2 + \cdots$$

若忽略成分的 3 次方以上各项，如图 5.9 所示，可以得到

$$a = G_{\mathrm{m}}^{\alpha}({}^{0}X_{\mathrm{B}}^{\alpha}), b = \left(\frac{\mathrm{d}G_{\mathrm{m}}^{\alpha}}{\mathrm{d}X_{\mathrm{B}}^{\alpha}}\right)_{0 X_{\mathrm{B}}^{\alpha}}, c = \frac{1}{2}\left(\frac{\mathrm{d}^2 G_{\mathrm{m}}^{\alpha}}{\mathrm{d}X_{\mathrm{B}}^{\alpha 2}}\right)_{0 X_{\mathrm{B}}^{\alpha}}$$

$$\Delta X_{\mathrm{B}} = X_{\mathrm{B}}^{\alpha} - {}^{0}X_{\mathrm{B}}^{\alpha}$$

对于正规溶体 $c = \dfrac{RT}{2(1 - {}^{0}X_{\mathrm{B}}^{\alpha}){}^{0}X_{\mathrm{B}}^{\alpha}} - I_{\mathrm{AB}}^{\alpha}$，因此，对于每一小段曲线，即 $\Delta X_{\mathrm{B}} \ll 1$ 时，

这段曲线可以看成是抛物线，但是，应注意在摩尔自由能曲线的两个端点处，曲线的斜

率为无穷大，见下式。

$$\frac{\mathrm{d}G_{\mathrm{m}}^{\alpha}}{\mathrm{d}X_{\mathrm{B}}^{\alpha}} = {}^{0}G_{\mathrm{B}}^{\alpha} - {}^{0}G_{\mathrm{A}}^{\alpha} + (1 - 2X_{\mathrm{B}}^{\alpha})I_{\mathrm{AB}}^{\alpha} + RT(\ln X_{\mathrm{B}}^{\alpha} - \ln X_{\mathrm{A}}^{\alpha})$$

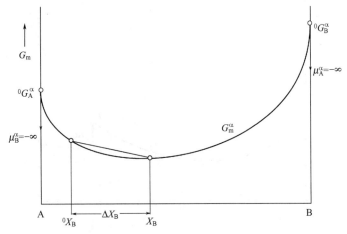

图 5.9　对摩尔自由能曲线的一小段进行 Taylor 展开分析

5.2.2　亚稳固溶体的分解

　　如果 $I_{\mathrm{AB}}^{\alpha} > 0$，而且温度不高时，自由能曲线的形状如图 5.10 所示。这时，整个成分范围可分成 3 类区域：①稳定区，即成分的 A—${}^{\mathrm{E}}X_{\mathrm{B}}^{\alpha}$ 和 ${}^{\mathrm{E}}X_{\mathrm{B}}^{\alpha}$—B 的区域；②失稳区，即成分的 ${}^{\mathrm{S}}X_{\mathrm{B}}^{\alpha}$ — ${}^{\mathrm{S}}X_{\mathrm{B}}^{\alpha}$ 区域，将发生失稳分解；③亚稳区，即成分的 ${}^{\mathrm{E}}X_{\mathrm{B}}^{\alpha}$ — ${}^{\mathrm{S}}X_{\mathrm{B}}^{\alpha}$ 和 ${}^{\mathrm{S}}X_{\mathrm{B}}^{\alpha}$—${}^{\mathrm{E}}X_{\mathrm{B}}^{\alpha}$ 区域。在这个成分区域里，单相固溶体的自由能高于两相混合物的自由能，所以固溶体要发生分解，但不能以失稳分解的机制发生，而要通过普通的形核长大机制进行，所以称作亚稳区（Metastable range）。

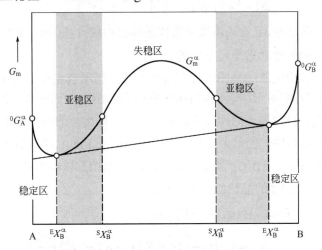

图 5.10　相互作用能 $I_{\mathrm{AB}}^{\alpha} > 0$ 时的摩尔自由能曲线

　　如图 5.11 所示，当一个亚稳固溶体 ${}^{1}X_{\mathrm{B}}^{\alpha}$ 中出现成分为 X_{B}^{α} 的浓度起伏时，假如 X_{B}^{α} 成分小区的自由能为 a 点，其为过 ${}^{1}X_{\mathrm{B}}^{\alpha}$ 点切线上的一点，因而不会引起系统自由能的改变。

但是，X_B^{α} 成分小区的自由能实际上是 b 点，即与过饱和相结构相同时的自由能，所以形成 1 mol 同结构的 X_B^{α} 小区，自由能将增加 ΔG_m。

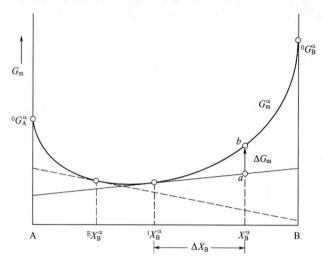

图 5.11　过饱和固溶体分解驱动力的分析

按前面的 Taylor 展开，在这里

$$\Delta X_B = X_B^{\alpha} - {}^1X_B^{\alpha}$$

$$G_m^{\alpha}(b) = D + E\Delta X_B + F(\Delta X_B)^2$$

$$G_m^{\alpha}(a) = D + E\Delta X_B$$

$$\Delta G_m = G_m^{\alpha}(b) - G_m^{\alpha}(a) = F(\Delta X_B)^2$$

如果固溶体的摩尔自由能可用正规溶体近似描述，则

$$\Delta G_m = \left[\frac{RT}{2(1 - {}^1X_B^{\alpha}){}^1X_B^{\alpha}} - I_{AB}^{\alpha} \right] (X_B^{\alpha} - {}^1X_B^{\alpha})^2$$

这是形成 1mol 的成分为 X_B^{α} 的高浓度区使固溶体自由能升高的值。显然形成这样的高浓度区是不可能的，因为驱动力是反方向的。

如果固溶体的自由能曲线是图 5.12 所示的形状，情况就完全不同了。若过饱和固溶体成分为 ${}^1X_B^{\alpha}$，其分解为同结构两相的相变驱动力为 ΔG_m。而形成 X_B^{α} 成分晶核的自由能如果在过 ${}^1X_B^{\alpha}$ 成分自由能点的切线上，即 a 点时，固溶体的自由能刚好保持不变。如果晶核与母相是同结构的，则自由能是 b 点。因此形成 1 mol X_B^{α} 成分的晶核，固溶体的自由能的降低值为 Δ^*G_m。Δ^*G_m 就是固溶体析出同结构晶核的形核驱动力（Nucleation driving force）。成分为 X_B^{α} 的晶核的形核驱动力为

$$\Delta^*G_m(X_B^{\alpha}) = G_m^{\alpha}(b) - G_m^{\alpha}(a)$$

$$= G_m^{\alpha}(b) - \left[G_m^{\alpha}({}^1X_B^{\alpha}) + (X_B^{\alpha} - {}^1X_B^{\alpha})\frac{dG_m^{\alpha}}{dX_B^{\alpha}} \right]$$

$$= G_m^{\alpha}(X_B^{\alpha}) - G_m^{\alpha}({}^1X_B^{\alpha}) - (X_B^{\alpha} - {}^1X_B^{\alpha})\frac{dG_m^{\alpha}}{dX_B^{\alpha}}$$

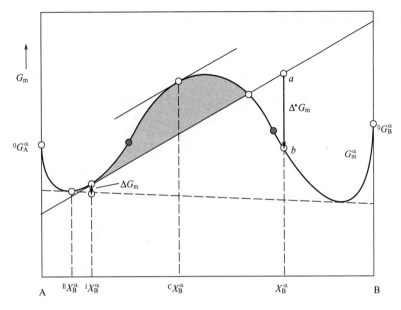

图 5.12　亚稳固溶体分解的形核驱动力

5.3　第二相析出

　　第二相析出（Precipitation of second phase）是指从过饱和固溶体中析出另一种结构的相。如图 5.13 所示，从成分为 X_B^α 的过饱和固溶体中析出成分为 X_B^θ 的化合物 θ 时的相变驱动力为 ΔG_m，即 e—f。形核驱动力 $\Delta^* G_m$ 为 c—d。对相变驱动力 ΔG_m 可按下面的 Taylor 展开进行分析：

$$\Delta G_m = G_m(f) - G_m(e)$$

$$G_m(e) = a + b\Delta X_B + c(\Delta X_B)^2$$

$$G_m(f) = a + b\Delta X_B$$

$$\Delta G_m = -c(\Delta X_B)^2$$

$$\Delta X_B = X_B^\alpha - {}^0 X_B^\alpha$$

$$\Delta G_m = -\frac{1}{2}\left(\frac{d^2 G_m^\alpha}{dX_B^2}\right)_{{}_0 X_B^\alpha} (X_B^\alpha - {}^0 X_B^\alpha)^2$$

$\left(\dfrac{d^2 G_m^\alpha}{dX_B^2}\right)_{{}_0 X_B^\alpha} > 0$ 的条件是通常都满足的，所以相变驱动力 $\Delta G_m < 0$，第二相析出能够进行。

　　如图 5.13 所示，从 X_B^α 成分的固溶体中析出 X_B^θ 成分的化合物第二相（Second phase）θ 时，若析出物晶核（Crystal nucleus）的自由能为 c，即在过 X_B^α 成分的自由能点的切线上，则系统的自由能不变。但析出物晶核的自由能实际上应在第二相 θ 的自由能曲线上，

即为 d，所以析出 1 mol 晶核时固溶体的自由能变化 $\Delta^* G_m$ 为

$$\Delta^* G_m = G_m(d) - G_m(c) = G_m^\theta\left(X_B^\theta\right) - G_m(c)$$

$$= G_m^\theta\left(X_B^\theta\right) - \left[G_m^\alpha\left(X_B^\alpha\right) + \left(X_B^\theta - X_B^\alpha\right)\left(\frac{dG_m^\alpha}{dX_B^\alpha}\right)_{X_B^\alpha} \right]$$

$$= \left[G_m^\theta\left(X_B^\theta\right) - G_m^\alpha\left(X_B^\alpha\right) \right] - \left(X_B^\theta - X_B^\alpha\right)\left(\frac{dG_m^\alpha}{dX_B^\alpha}\right)_{X_B^\alpha}$$

这就是第二相 θ 的形核驱动力。

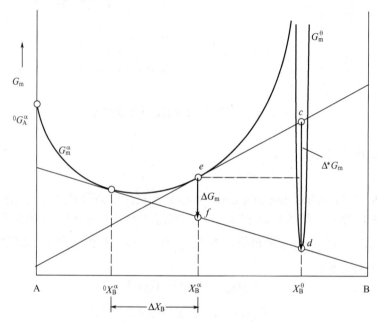

图 5.13　过饱和固溶体析出不同结构第二相时的形核驱动力

【**例题 5.1**】　碳钢淬火马氏体在进行低温回火（Tempering）时，并不析出该温度下的稳定碳化物 $Fe_3C(\theta)$，而是首先析出一种碳含量更高的亚稳化合物（Metastable compound）相 ε。试分析原因是什么。

解：经分析亚稳碳化物 ε 的分子式为 Fe_xC，$x = 2.3 \sim 2.5$，碳浓度明显高于 $Fe_3C(\theta)$。如图 5.14 所示，成分为 X_C^α 的过饱和固溶体（淬火马氏体）析出这种化合物的相变驱动力 ΔG_m^ε 实际上比析出 Fe_3C 时的相变驱动力 ΔG_m^θ 要小一些。但是，此刻决定哪个碳化物优先析出的并不是相变驱动力，而是形核驱动力。由图可以看出，析出亚稳碳化物 ε 的形核驱动力 $\Delta^* G_m^\varepsilon$ 要大于析出 $Fe_3C(\theta)$ 时的形核驱动力 $\Delta^* G_m^\theta$（即有更大的负值），因此 ε 碳化物优先析出。但如果在回火温度长时间保持，ε 碳化物最终要转变成为 Fe_3C。图中已经表明 α+ε 两相的自由能要高于 α+Fe_3C 两相混合物的自由能，所以有发生此转变的相变驱动力。

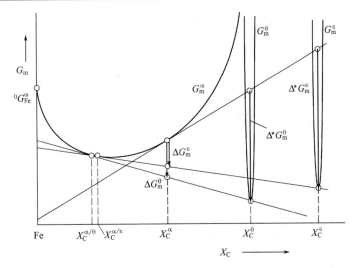

图 5.14 淬火马氏体低温回火时的析出驱动力和析出物形核驱动力

5.4 析出相的表面张力效应

从过饱和固溶体中析出的第二相通常都是很小的粒子，具有很高的表面比率和很小的曲率半径。所以必须重视表面张力（Surface tension）所产生的影响。

5.4.1 表面张力与附加压力

到目前为止，我们都是假设合金整体处于 1atm 下，合金中的各相都处于同样的压力下，这在材料中的各相尺寸差别不大时是没有问题的。但是如果两相的尺寸差很大时，就应当重视有可能产生的附加压力（Additional pressure）问题。

弯曲表面将产生附加压力。当弯曲表面的曲率半径远大于表面层的厚度时，所产生的附加压力 P 为

$$P = \frac{2\sigma}{r} \tag{5.10}$$

式中，σ 为表面张力；r 为表面的曲率半径。

可以这样处理附加压力对摩尔自由能 G_m 的影响

$$G_m = G_m(T, X_B, P) = G_m(T, X_B, 0) + PV_m \tag{5.11}$$

$$G_m = G_m(0) + PV_m \tag{5.12}$$

式（5.11）表示有附加压力时的摩尔自由能可以分解成两个部分。一个是没有附加压力时的摩尔自由能——$G_m(T, X_B, 0)$，可以理解成界面为平面时的摩尔自由能，此时的附加压力 $P = \frac{2\sigma}{r} = \frac{2\sigma}{\infty} = 0$；另一个部分是由附加压力引起的部分——$PV_m$，$V_m$ 是摩尔体积。

如果，由 α 相和 β 相所组成的二相系统两相都受到附加压力时，两相的自由能曲线如图 5.15 所示。两相平衡时的化学势 $\mu_A^\alpha = \mu_A^\beta$，$\mu_B^\alpha = \mu_B^\beta$。由于各自所受到的附加压力，

按图 5.15 的分析，平衡两相的化学势将发生如下的变化：$\Delta\mu_A$、$\Delta\mu_B$，其值分别为

$$\frac{\Delta\mu_B - P^\beta V_m^\beta}{\Delta\mu_B - P^\alpha V_m^\alpha} = \frac{X_A^\beta}{X_A^\alpha}$$

$$\Delta\mu_B = \frac{X_A^\alpha P^\beta V_m^\beta - X_A^\beta P^\alpha V_m^\alpha}{X_A^\alpha - X_A^\beta} \tag{5.13}$$

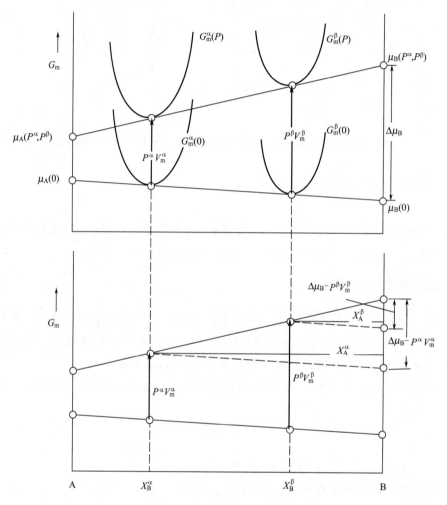

图 5.15　附加压力对相平衡时化学势的影响

同理，也可得

$$\Delta\mu_A = \frac{X_B^\alpha P^\beta V_m^\beta - X_B^\beta P^\alpha V_m^\alpha}{X_B^\alpha - X_B^\beta} \tag{5.14}$$

【例题 5.2】　附加压力会在化学自由能的基础上增加一个压力项。试计算纯铁的压力项所引起的自由能项 PV_m 的数值。

解： 为计算简单，假设粒子半径为 2 nm。纯铁的摩尔体积 $V_m = \dfrac{M_{Fe}}{\rho}$，铁的摩尔质量

M_{Fe} =56 g·mol^{-1}，密度ρ =7.8g·cm^{-3}，若估算表面张力为 1 J·m^{-2}，则附加压力为

$$P = \frac{2 \times 1}{2 \times 10^{-9}} = 10^9 \text{ Pa}$$

因为

$$V_m = 56/7.8 = 7.18 \text{ cm}^3 \cdot \text{mol}^{-1}$$

由附加压力产生的自由能增值为

$$PV_m = 7.18 \times 10^9 = 7.18 \text{ kJ} \cdot \text{mol}^{-1}$$

可见纳米量级尺寸粒子所承受的附加压力是极大的。

5.4.2 表面张力与溶解度

多数的情况下附加压力的影响是作用在第二相粒子上，如果α相基体上分布着球形的第二相β，那么α相是处于常压下，而β相在此基础上还要受到附加压力的作用，如下式所示。

$$G_m^\alpha = G_m^\alpha(0)$$
$$G_m^\beta = G_m^\beta(0) + P^\beta V_m^\beta \tag{5.15}$$

如图 5.16 所示，没有附加压力时，β相的摩尔自由能为$G_m^\beta(0)$，其在α相中的溶解度为$^0X_B^\alpha$。由于附加压力的影响，要加上一个$P^\beta V_m^\beta$项。相当于β相的摩尔自由能曲线向上移动了$P^\beta V_m^\beta$的距离。由于公切线位置的改变，β相在α相中的溶解度变成X_B^α。如果把成分为X_B^α的固溶体看成是相对于$^0X_B^\alpha$的过饱和固溶体，则$P^\beta V_m^\beta$与成分为X_B^α的过饱和固溶体析出球形粒子的形核驱动力是一致的。

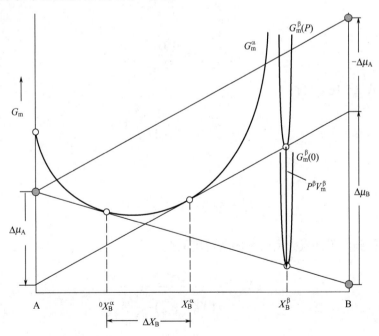

图 5.16 第二相粒子受到附加压力时的相平衡

$$P^{\beta}V_{m}^{\beta} = \Delta^{*}G_{m}$$

由附加压力给相平衡所带来的化学势变化为

$$\Delta\mu_{A} = \mu_{A}(P) - \mu_{A}(0)$$

$$\Delta\mu_{B} = \mu_{B}(P) - \mu_{B}(0)$$

如果附加压力所带来的溶解度变化不大，即

$$\Delta X_{B} = X_{B}^{\alpha} - {}^{0}X_{B}^{\alpha} << 1$$

那么，可以根据摩尔自由能曲线图（图5.16）中的几何关系得到下面的比例式

$$\frac{P^{\beta}V_{m}^{\beta}}{X_{B}^{\beta} - X_{B}^{\alpha}} = \frac{\Delta\mu_{B} - \Delta\mu_{A}}{1}$$

于是可得

$$P^{\beta}V_{m}^{\beta} = (X_{B}^{\beta} - X_{B}^{\alpha})(\Delta\mu_{B} - \Delta\mu_{A})$$

当 $\Delta X_{B} \to 0$ 时

$$P^{\beta}V_{m}^{\beta} = (X_{B}^{\beta} - X_{B}^{\alpha})d(\mu_{B} - \mu_{A}) \tag{5.16}$$

另外，已经指出过，对于溶体相而言，摩尔自由能与化学势的关系为

$$G_{m} = \sum_{i}\mu_{i}X_{i}$$

所以有

$$G_{m}^{\alpha} = X_{A}^{\alpha}\mu_{A}^{\alpha} + X_{B}^{\alpha}\mu_{B}^{\alpha}$$

$$\frac{d^{2}G_{m}^{\alpha}}{dX_{B}^{2}} = \frac{d(\mu_{B} - \mu_{A})}{dX_{B}^{\alpha}}$$

$$d(\mu_{B} - \mu_{A}) = \frac{d^{2}G_{m}^{\alpha}}{dX_{B}^{2}}dX_{B}^{\alpha}$$

将此式代入式（5.16）可得

$$P^{\beta}V_{m}^{\beta} = (X_{B}^{\beta} - X_{B}^{\alpha})\frac{d^{2}G_{m}^{\alpha}}{dX_{B}^{2}}dX_{B}^{\alpha}$$

注意到 $P = \dfrac{2\sigma}{r}$ 可知

$$\frac{2\sigma}{r}V_{m}^{\beta} = (X_{B}^{\beta} - X_{B}^{\alpha})\frac{d^{2}G_{m}^{\alpha}}{dX_{B}^{2}}dX_{B}^{\alpha}$$

最后，可以得到由附加压力所带来的溶解度的变化为

$$dX_{B}^{\alpha} = \frac{2\sigma V_{m}^{\beta}}{r(X_{B}^{\beta} - X_{B}^{\alpha})\dfrac{d^{2}G_{m}^{\alpha}}{dX_{B}^{2}}} \tag{5.17}$$

如果基体α固溶体为正规溶体，将其摩尔自由能 G_m^α 的二阶微分代入上式，可得

$$dX_B^\alpha = \frac{2\sigma V_m^\beta (1-X_B^\alpha) X_B^\alpha}{r(X_B^\beta - X_B^\alpha)[RT - 2I_{AB}^\alpha (1-X_B^\alpha) X_B^\alpha]} \qquad (5.18)$$

这就是有名的 Gibbs-Thomson 公式，它表达了析出相尺寸－表面张力－固溶体溶解度之间的关系。

由前面得到的化学势差公式（5.13），还可以求得溶解度与析出物尺寸之间关系的积分形式。由附加压力项所带来的化学势变化为

$$\Delta\mu_B = \frac{X_A^\alpha P^\beta V_m^\beta - X_A^\beta P^\alpha V_m^\alpha}{X_A^\alpha - X_A^\beta}$$

因为此时只有β相受到附加压力的作用，即

$$P^\alpha = 0 \qquad p^\beta = \frac{2\sigma}{r}$$

所以

$$\Delta\mu_B = \frac{X_A^\alpha 2\sigma V_m^\beta}{r(X_A^\alpha - X_A^\beta)} = \frac{(1-X_B^\alpha) 2\sigma V_m^\beta}{r(X_B^\beta - X_B^\alpha)} \qquad (5.19)$$

另外，按正规稀溶体近似求出化学势对成分微分的形式为

$$\mu_B = {}^0G_B + (1-X_B)^2 I_{AB} + RT\ln X_B$$

$$d\mu_B = RT d\ln X_B$$

积分上式可得，化学成分由 ${}^0X_B^\alpha$ 变到 X_B^α 所引起的化学势改变为

$$\Delta\mu_B \approx RT\ln\frac{X_B^\alpha}{{}^0X_B^\alpha} \qquad (5.20)$$

比较式（5.19）和式（5.20）可知

$$\ln\frac{X_B^\alpha}{{}^0X_B^\alpha} = \frac{(1-X_B^\alpha) 2\sigma V_m^\beta}{RTr(X_B^\beta - X_B^\alpha)}$$

$$X_B^\alpha = {}^0X_B^\alpha \exp\frac{(1-X_B^\alpha) 2\sigma V_m^\beta}{RTr(X_B^\beta - X_B^\alpha)} \qquad (5.21)$$

这是固溶体溶解度与析出物尺寸关系的积分形式，以上各式虽然是在 ΔX_B^α 较小的情况下推导出来的，但即使 ΔX_B^α 较大时，仍可求出相同形式的公式。例如，若α相为正规稀溶体，则有 $X_B^\alpha \ll 1$，由式（5.18）可得

$$dX_B^\alpha \approx \frac{2\sigma V_m^\beta X_B^\alpha}{rRT(X_B^\beta - X_B^\alpha)}$$

$$\frac{dX_B^\alpha}{X_B^\alpha} \approx \frac{2\sigma V_m^\beta}{rRT(X_B^\beta - X_B^\alpha)}$$

另外，由成分的对数的关系可知

$$X_B^\alpha = {}^0X_B^\alpha + \Delta X_B^\alpha$$

$$\Delta \ln X_B^\alpha = \ln X_B^\alpha - \ln {}^0X_B^\alpha$$

$$d \ln X_B^\alpha = \ln \frac{{}^0X_B^\alpha + \Delta X_B^\alpha}{{}^0X_B^\alpha}$$

$$\frac{dX_B^\alpha}{X_B^\alpha} = \ln\left(1 + \frac{\Delta X_B^\alpha}{{}^0X_B^\alpha}\right) = \frac{2\sigma V_m^\beta}{rRT(X_B^\beta - X_B^\alpha)}$$

$$1 + \frac{\Delta X_B^\alpha}{{}^0X_B^\alpha} = \exp\frac{2\sigma V_m^\beta}{rRT(X_B^\beta - X_B^\alpha)}$$

$$\Delta X_B^\alpha = {}^0X_B^\alpha \left[\exp\frac{2\sigma V_m^\beta}{rRT\left(X_B^\beta - X_B^\alpha\right)} - 1 \right]$$

$$X_B^\alpha = {}^0X_B^\alpha \left[\exp\frac{2\sigma V_m^\beta}{rRT(X_B^\beta - X_B^\alpha)} \right] \tag{5.22}$$

这说明如果是稀溶体，即使 ΔX_B 较大，积分的结果仍与式（5.21）的形式相同。

5.5 二级相变

5.5.1 相变的热力学特征

在压力一定时，一级相变（First order transition）在可逆相变温度下的热力学特征是：化学势相等，而化学势对温度、压力的一阶偏微分不等，即

$$\mu_i^\alpha = \mu_i^\beta$$

$$\left(\frac{\partial \mu_i^\alpha}{\partial T}\right)_p \neq \left(\frac{\partial \mu_i^\beta}{\partial T}\right)_p$$

$$\left(\frac{\partial \mu_i^\alpha}{\partial P}\right)_T \neq \left(\frac{\partial \mu_i^\beta}{\partial P}\right)_T$$

由 Maxwell 方程可知

$$\left(\frac{\partial \mu}{\partial P}\right)_T = V \quad , \quad \left(\frac{\partial \mu}{\partial T}\right)_p = -S$$

所以，在可逆相变温度下，一级相变时会有体积和熵（焓）的突变。如图 5.17 所示，Au、Al、Cu 的熔化和 Fe 的熔化以及同素异构转变（β→γ, γ→δ）都是一级相变（β 相是顺磁态的 bcc 结构相），因而在可逆相变温度都有熵的突变。亚稳相金刚石与稳态相石墨间也有明显的熵差。

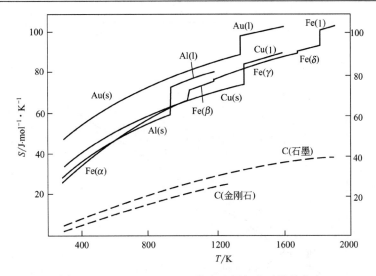

图 5.17　Au、Al、Cu、Fe 发生一级相变时的熵突变

图 5.18 还给出了纯 Fe 发生一级相变（熔化以及同素异构转变）时的体积突变的实测结果。在 A_3 与 A_4 之间的温度下 Fe 为 fcc 结构，而 A_3 以下和 A_4 以上的温度下为 bcc 结构。图中的虚线提示了这一点。

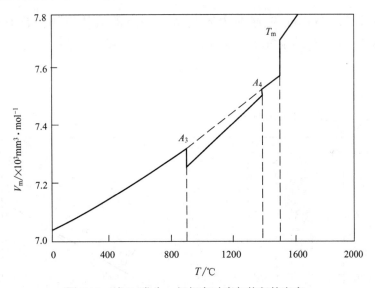

图 5.18　纯 Fe 发生一级相变时摩尔体积的突变

关于发生一级相变时热力学性质的突变，有两个很有用的经验定律：Richard 定律和 Trouton 定律。前者在第 1 章也有所介绍，其内容是 1 mol 纯金属在熔点下发生熔化时的熵增加值为 8.314 J·mol^{-1}·K^{-1}，约等于气体常数。这一关系可以表示成

$$\Delta S_f = \frac{\Delta H_f}{T_f} \approx R \tag{5.23}$$

式（5.23）的关系如图 5.19 所示。如果使该定律的适用范围扩大到更多的材料（物质），熵变值范围应扩大到 $1R \sim 2R$。

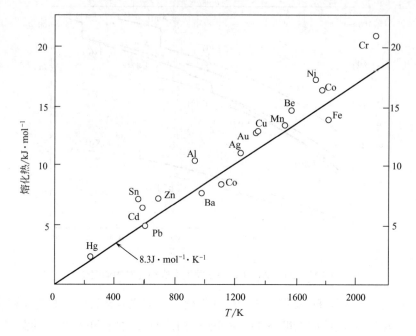

图 5.19　固-液相变的熵突变定律（Richard 定律）

用途更大的 Trouton 定律的内容是多数物质的液体在沸点汽化时的熵变为 $90J\cdot mol^{-1}\cdot K^{-1}$ 左右，约等于气体常数的 11 倍。这一关系可以写成

$$\Delta S_b = \frac{\Delta H_b}{T_b} \approx 11R$$

多数金属的这一关系如图 5.20 所示。

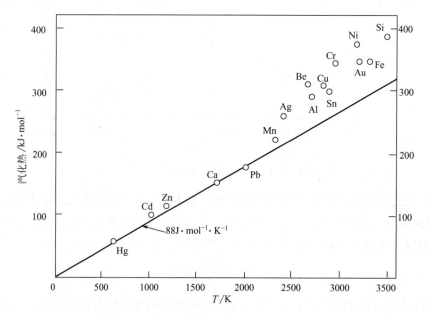

图 5.20　液-气相变的熵突变定律（Trouton 定律）

在压力一定时，二级相变（Second order transition）在可逆相变温度下的热力学特征是：化学势相等，化学势对温度、压力的一阶偏微分也相等，即

$$\mu_i^{\alpha} = \mu_i^{\beta}$$

$$\left(\frac{\partial \mu_i^{\alpha}}{\partial T}\right)_P = \left(\frac{\partial \mu_i^{\beta}}{\partial T}\right)_P$$

$$\left(\frac{\partial \mu_i^{\alpha}}{\partial P}\right)_T = \left(\frac{\partial \mu_i^{\beta}}{\partial P}\right)_T$$

但化学势对温度、压力的二阶偏微分不等，即

$$\left(\frac{\partial^2 \mu_i^{\alpha}}{\partial T^2}\right)_P \neq \left(\frac{\partial^2 \mu_i^{\beta}}{\partial T^2}\right)_P$$

$$\left(\frac{\partial^2 \mu_i^{\alpha}}{\partial P^2}\right)_T \neq \left(\frac{\partial^2 \mu_i^{\beta}}{\partial P^2}\right)_T$$

化学势对温度、压力的各类二阶偏微分的含义为

$$\left(\frac{\partial^2 \mu}{\partial T^2}\right)_P = -\frac{C_p}{T}$$

$$\left(\frac{\partial^2 \mu}{\partial P^2}\right)_T = -V\beta \ , \qquad \beta = -\frac{1}{V}\left(\frac{\partial V}{\partial P}\right)_T$$

$$\left[\frac{\partial}{\partial T}\left(\frac{\partial \mu}{\partial P}\right)_T\right]_P = V\alpha \ , \qquad \alpha = \frac{1}{V}\left(\frac{\partial V}{\partial T}\right)_P$$

式中，C_p、V、α 和 β 分别为定压热容、体积、膨胀系数（Expand coefficient）和压缩系数（Compress coefficient）。所以二级相变发生时，将伴随着定压热容，膨胀系数和压缩系数的特异变化。

材料中经常发生的铁磁-顺磁转变（Ferromagnetic-paramagnetic transition）如 Fe、Ni、Co 及其合金，各种铁氧体，Mn-Al 化合物，稀土-过渡族元素化合物等，反铁磁（Anti-ferromagnetic）-顺磁转变（如 Fe、Mn、Cr 及部分稀土元素等），有序-无序转变（如 Au-Cu、Ti-Al、Al-Mn、Cr-Al、Cu-Zn、Cu-Pd、Cu-Pt、Fe-Co、Fe-Al、Fe-Si、Fe-Ni、Fe-Pt、Ni-V 等合金系），超导-常导转变（Superconduct- generally conduct transition ，如 In、Sn、Ta、V、Pb、Nb 等纯金属和 Nb-Ti、Nb-Zr、V_3Ga、Nb_3Sn、Nb_3AlGe、Nb_3Ge 等金属间化合物以及 Y-Ba-Cu-O 等氧化物超导体等）都属于二级相变。

纯铁中的铁磁-顺磁转变时所发生的定压摩尔热容的突变是人们熟知的（见第 1 章的 1.5），纯 Ni 中的铁磁-顺磁转变所带来的膨胀系数的突变见图 5.21。固溶体中原子排布有序性的转变所引起的热容特异变化如图 5.22 所示。

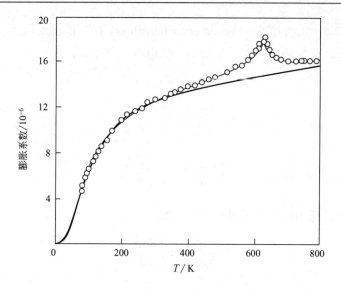

图 5.21　纯 Ni 的铁磁-顺磁转变所引起的膨胀系数的突变

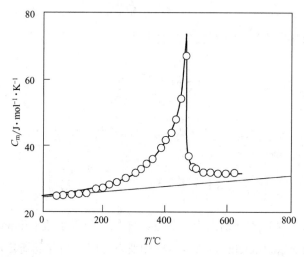

图 5.22　Cu-Zn 系中的 CuZn 固溶体的有序-无序转变所引起的热容突变

5.5.2　固溶体的磁性转变自由能

　　以具有磁性转变元素（如 Fe、Co、Ni 等）为溶剂的固溶体仍会有磁性转变，只是通常会因溶质种类和数量的不同而有不同程度的弱化。描述固溶体磁性转变有很多种模型，这里介绍的是一种由 Zener 和 Hillert 首先提出，并由 Nishizawa 等进行了大量实践的从热容模拟出发的模型。该模型的特点是可以将磁性转变自由能部分从摩尔自由能整体中分离出来，从而方便了热力学计算。下面，以 Fe-M 固溶体为例介绍此模型。

　　固溶体 α 的摩尔自由能 G_m^α 由顺磁态自由能 $\left(G_m^\alpha\right)^p$ 和磁性转变（Magnetic transision）自由能 $\left(\Delta G_m^\alpha\right)^m$ 两部分组成

$$G_m^\alpha = \left(G_m^\alpha\right)^p + \left(\Delta G_m^\alpha\right)^m \tag{5.24}$$

顺磁态（Paramagnetic state）自由能可以用正规溶体近似或亚正规溶体近似来描述（这里采用正规溶体近似），为强调磁性状态对顺磁态摩尔自由能标注上角标 p。

$$\left(G_m^\alpha\right)^p = X_{Fe}\left({}^0G_{Fe}^\alpha\right)^p + X_M\left({}^0G_M^\alpha\right)^p + RT\left(X_{Fe}\ln X_{Fe} + X_M\ln X_M\right)$$
$$+ X_{Fe}X_M\left(I_{FeM}^\alpha\right)^p \tag{5.25}$$

这里顺磁态相互作用能 $\left(I_{FeM}^\alpha\right)^p$ 可认为就是正规溶体近似中的 I_{FeM}^α。磁性转变自由能 $\left(\Delta G_m^\alpha\right)^m$ 可以表示成如下形式

$$\left(\Delta G_m^\alpha\right)^m = \left(1 - m_M X_M\right)\left[\Delta^0 G_{Fe}^\alpha\left(T'\right)\right]^m \tag{5.26}$$

这里，固溶体的磁性转变自由能是通过 Fe 的磁性转变自由能 $\left[\Delta^0G_{Fe}^\alpha\left(T'\right)\right]^m$ 转换得来的。m_M 为溶质的磁性系数，M 为 Co、Ni 时 $m_M = 0$，M 为其他元素时，$m_M = 1$；T' 为转换温度。式（5.26）利用 m_M 和 T' 来实现对任何成分的固溶体在任何温度下的磁性转变自由能的描述。

$$T' = T - \Delta T X_M$$
$$T = T' + \Delta T X_M \tag{5.27}$$

T 是固溶体实际所处的温度，固溶体在温度 T 时的磁性转变自由能，要用纯 Fe 在 T' 温度下的磁性转变自由能来转换。这里的 ΔT 来源于溶质 M 对固溶体居里温度 T_C 的影响，即

$$T_C = {}^0T_C + \Delta T X_M \tag{5.28}$$

${}^0T_C$ 是纯铁的 Curie 温度。ΔT 为成分系数，可以是常数，也可以是成分的函数，在是常数时有下述关系

$$\frac{\partial T_C}{\partial X_M} = \Delta T \tag{5.29}$$

上述温度之间的关系可参照图 5.23。

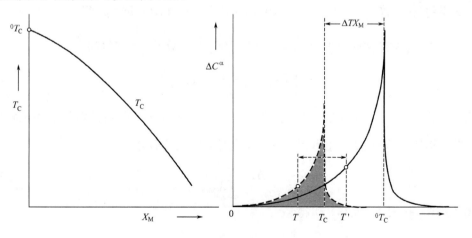

图 5.23　不同成分固溶体磁性转变热容的转换

式（5.26）的磁性转变自由能$\left(\Delta G_{\mathrm{m}}^{\alpha}\right)^{\mathrm{m}}$的计算是基于摩尔热容的转换而来的。固溶体的磁性转变热容如图 5.23 中影区所示，磁性转变的 Curie 温度为T_{C}。在温度T时的磁性转变热容$\left[\Delta C^{\alpha}(T)\right]^{\mathrm{m}}$是用纯铁在$T'$温度下的磁性转变热容$\left[\Delta C_{\mathrm{Fe}}^{\alpha}(T')\right]^{\mathrm{m}}$乘以成分因子来描述的。

$$\left[\Delta C^{\alpha}(T)\right]^{\mathrm{m}} = \left(1 - m_{\mathrm{M}} X_{\mathrm{M}}\right)\frac{T}{T'}\left[\Delta C_{\mathrm{Fe}}^{\alpha}(T')\right]^{\mathrm{m}} \tag{5.30}$$

将式（5.30）对温度进行积分可以得到以顺磁态为基准态的磁性转变焓$\left[\Delta H^{\alpha}(T)\right]^{\mathrm{m}}$。

$$\left[\Delta H^{\alpha}(T)\right]^{\mathrm{m}} = \left[H^{\alpha}(T)\right]^{\mathrm{f}} - \left[H^{\alpha}(T)\right]^{\mathrm{p}}$$

$$\left[\Delta H^{\alpha}(T)\right]^{\mathrm{m}} = \int_{0}^{T}\left[\Delta C^{\alpha}(T)\right]^{\mathrm{m}}\mathrm{d}T - \int_{0}^{+\infty}\left[\Delta C^{\alpha}(T)\right]^{\mathrm{m}}\mathrm{d}T$$

$$= \int_{0}^{T}\left[\Delta C^{\alpha}(T)\right]^{\mathrm{m}}\mathrm{d}T - \int_{0}^{T}\left[\Delta C^{\alpha}(T)\right]^{\mathrm{m}}\mathrm{d}T - \int_{T}^{+\infty}\left[\Delta C^{\alpha}(T)\right]^{\mathrm{m}}\mathrm{d}T$$

$$= -\int_{T}^{+\infty}\left[\Delta C^{\alpha}(T)\right]^{\mathrm{m}}\mathrm{d}T$$

积分的结果为

$$\left[\Delta H^{\alpha}(T)\right]^{\mathrm{m}} = \left(1 - m_{\mathrm{M}} X_{\mathrm{M}}\right)\left\{\left[\Delta^{0} H_{\mathrm{Fe}}^{\alpha}(T')\right]^{\mathrm{m}} + \Delta T X_{\mathrm{M}}\left[\Delta^{0} S_{\mathrm{Fe}}^{\alpha}(T')\right]^{\mathrm{m}}\right\} \tag{5.31}$$

同理也可以求得固溶体以顺磁态为基准态的磁性转变熵$\left[\Delta S^{\alpha}(T)\right]^{\mathrm{m}}$

$$\left[\Delta S^{\alpha}(T)\right]^{\mathrm{m}} = \left(1 - m_{\mathrm{M}} X_{\mathrm{M}}\right)\left[\Delta^{0} S_{\mathrm{Fe}}^{\alpha}(T')\right]^{\mathrm{m}} \tag{5.32}$$

由式（5.31）和式（5.32）可求得固溶体的磁性转变自由能$\left[\Delta G^{\alpha}(T)\right]^{\mathrm{m}}$

$$\left[\Delta G^{\alpha}(T)\right]^{\mathrm{m}} = \left[\Delta H^{\alpha}(T)\right]^{\mathrm{m}} - T\left[\Delta S^{\alpha}(T)\right]^{\mathrm{m}} = \left[1 - m_{\mathrm{M}} X_{\mathrm{M}}\right]\left[\Delta^{0} G_{\mathrm{Fe}}^{\alpha}(T')\right]^{\mathrm{m}} \tag{5.33}$$

对于 Ni、Co 以外的各种元素，式（5.33）也可以写成：

$$\left[\Delta G^{\alpha}(T)\right]^{\mathrm{m}} = \left(1 - X_{\mathrm{M}}\right)\left[\Delta^{0} G_{\mathrm{Fe}}^{\alpha}(T')\right]^{\mathrm{m}} \tag{5.34}$$

这就是该模型对各种成分 Fe 基固溶体的磁性转变自由能的转换式。

如果将$\left[\Delta G^{\alpha}(T)\right]^{\mathrm{m}}$在$T \sim T'(=\Delta T X_{\mathrm{M}})$的范围内做 Taylor 展开后得

$$\left[\Delta G^{\alpha}(T)\right]^{\mathrm{m}} = \left(1 - X_{\mathrm{M}}\right)\left\{\left[\Delta^{0} G_{\mathrm{Fe}}^{\alpha}(T)\right]^{\mathrm{m}} + \Delta T X_{\mathrm{M}}\left[\Delta^{0} S_{\mathrm{Fe}}^{\alpha}(T)\right]^{\mathrm{m}}\right\}$$

$$= X_{\mathrm{Fe}}\left\{\left[\Delta^{0} G_{\mathrm{Fe}}^{\alpha}(T)\right]^{\mathrm{m}} + \Delta T X_{\mathrm{M}}\left[\Delta^{0} S_{\mathrm{Fe}}^{\alpha}(T)\right]^{\mathrm{m}}\right\} \tag{5.35}$$

此式用纯铁的同温度的热力学性质$\left[\Delta^{0} G_{\mathrm{Fe}}^{\alpha}(T)\right]^{\mathrm{m}}$和$\left[\Delta^{0} S_{\mathrm{Fe}}^{\alpha}(T)\right]^{\mathrm{m}}$对固溶体的磁性转变自由能做了描述。这里$\Delta T$可看作是 Curie 温度对成分的偏微分。

$$\Delta T = \frac{\partial T_{\mathrm{C}}}{\partial X_{\mathrm{M}}} \tag{5.36}$$

将式（5.36）代入式（5.35）可得

$$\left[\Delta G^{\alpha}(T)\right]^{\mathrm{m}} = X_{\mathrm{Fe}}\left\{\left[\Delta^{0} G_{\mathrm{Fe}}^{\alpha}(T)\right]^{\mathrm{m}} + \frac{\partial T_{\mathrm{C}}}{\partial X_{\mathrm{M}}} X_{\mathrm{M}}\left[\Delta^{0} S_{\mathrm{Fe}}^{\alpha}(T)\right]^{\mathrm{m}}\right\} \tag{5.37}$$

将此式及式（5.25）代入自由能模型的公式（5.24），可得

$$G_m^{\alpha} = X_{Fe}\left(^0G_{Fe}^{\alpha}\right)^P + X_M\left(^0G_M^{\alpha}\right)^P + RT\left(X_{Fe}\ln X_{Fe} + X_M\ln X_M\right)$$
$$+ X_{Fe}X_M\left(I_{FeM}^{\alpha}\right)^P + X_{Fe}\left\{\left[\Delta^0G_{Fe}^{\alpha}(T)\right]^m + \frac{\partial T_C}{\partial X_M}X_M\left[\Delta^0S_{Fe}^{\alpha}(T)\right]^m\right\}$$

$$G_m^{\alpha} = X_{Fe}\left(^0G_{Fe}^{\alpha}\right)^N + X_M\left(^0G_M^{\alpha}\right)^P + RT\left(X_{Fe}\ln X_{Fe} + X_M\ln X_M\right)$$
$$+ X_{Fe}X_M\left(I_{FeM}^{\alpha}\right)^P + X_{Fe}X_M\frac{\partial T_C}{\partial X_M}\left[\Delta^0S_{Fe}^{\alpha}(T)\right]^m$$

式中$\left(^0G_{Fe}^{\alpha}\right)^N$为纯铁的自然磁性状态的摩尔自由能，即在 Curie 温度以下为铁磁态，在 Curie 温度以上为顺磁态时的摩尔自由能。如果定义 Fe 为自然磁性状态时α相中 Fe-M 原子间的相互作用能为$\left(I_{FeM}^{\alpha}\right)^N$，正规溶体近似中的相互作用能为$\left(I_{FeM}^{\alpha}\right)^P$，则

$$\left(I_{FeM}^{\alpha}\right)^N = \left(I_{FeM}^{\alpha}\right)^P + \frac{\partial T_C}{\partial X_M}\left[\Delta^0S_{Fe}^{\alpha}(T)\right]^m \tag{5.38}$$

正因为有式（5.38）的关系存在，Fe-M 系中 M 组元的γ相稳定化参数$\Delta^*G_M^{\alpha\to\gamma}$必然是温度的函数，因为

$$\Delta^*G_M^{\alpha\to\gamma} = \Delta^0G_M^{\alpha\to\gamma} + I_{FeM}^{\gamma} - \left(I_{FeM}^{\alpha}\right)^P - \frac{\partial T_C}{\partial X_M}\left[\Delta^0S_{Fe}^{\alpha}(T)\right]^m \tag{5.39}$$

$$\left[I_{FeM}^{\alpha}\right]^N = \left[I_{FeM}^{\alpha}\right]^R + \left[\Delta^0S_{Fe}^{\alpha}(T)\right]^m\frac{\partial T_C}{\partial X_M} \tag{5.40}$$

式（5.39）使前面曾利用过的式（5.9）获得了证明。式（5.40）表明，只要考虑了组元的磁性转变，相互作用能就已经不再是常数。

当$X_M \to 0$时，从式（5.37）可得

$$\left[\Delta G^{\alpha}(T)\right]^m = \left[\Delta^0G_{Fe}^{\alpha}(T)\right]^m + \Delta TX_M\left[\Delta^0S_{Fe}^{\alpha}(T)\right]^m$$

这表明，在磁性转变自由能$\left[\Delta G^{\alpha}(T)\right]^m$与温度的关系曲线上，对应于温度的变化$\Delta T$，自由能的变化斜率为$X_M\left[\Delta^0S_{Fe}^{\alpha}(T)\right]^m$。

5.5.3　有序-无序转变的自由能

有序-无序转变是二元以上固溶体的特有的二级相变，已经知道当固溶体有这种相变时，将对该溶体与其他相之间的相平衡产生重要影响。这个影响来源于有序-无序转变的自由能。

如图 5.24 所示，A-B 二元系有一原子比为 1∶1 的固溶体 AB，在^0T_C温度以上组元原子为无序排布；在^0T_C温度以下两种原子各自占据特定的位置。4.1 节中的 Bragg-Williams 近似曾处理过 CsCl 结构的这种原子比固溶体的摩尔自由能。如式（4.14）和式（4.15）所示，此时固溶体的有序度既影响过剩自由能也影响混合熵，无法从固溶体的自由能中将有序-无序转变自由能单独分离出来。这对热力学计算十分不便。下面参照磁性转变自由能的处理方法，分离有序-无序转变自由能。

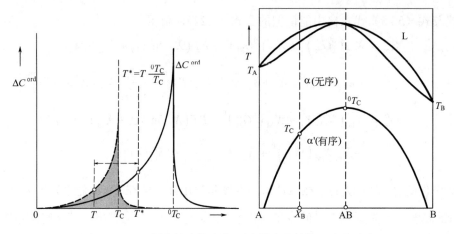

图 5.24　二元固溶体中的有序-无序转变和转换温度的确定

固溶体 AB（α）的摩尔自由能 G_m^α 由两部分组成：无序态的自由能 $\left(G_m^\alpha\right)^{dis}$ 和有序-无序转变自由能 $\left(\Delta G_m^\alpha\right)^{ord}$

$$G_m^\alpha = \left(G_m^\alpha\right)^{dis} + \left(\Delta G_m^\alpha\right)^{ord} \tag{5.41}$$

其中，有序-无序转变自由能 $\left(\Delta G_m^\alpha\right)^{ord}$ 从有序-无序转变热容出发进行计算。由 Bragg-Williams 近似已知，AB 固溶体的有序-无序转变的温度 ^0T_C 为

$$^0T_C = -\frac{I_{AB}^\alpha}{2R}$$

其他成分固溶体的有序无序转变温度 T_C 为

$$T_C = 4X_B^\alpha\left(1 - X_B^\alpha\right){}^0T_C$$

首先计算 A：B=1：1 的 AB 固溶体的有序-无序转变自由能 $\left[\Delta G_{AB}^\alpha(T)\right]^{ord}$。

$$\left[\Delta G_{AB}^\alpha(T)\right]^{ord} = \left[\Delta H_{AB}^\alpha(T)\right]^{ord} - T\left[\Delta S_{AB}^\alpha(T)\right]^{ord} \tag{5.42}$$

参照 5.5.2 中磁性转变焓的计算式（5.31）可知，以无序态为基准态的有序-无序转变焓 $\left[\Delta H_{AB}^\alpha(T)\right]^{ord}$ 为

$$\left[\Delta H_{AB}^\alpha(T)\right]^{ord} = \int_\infty^T \left[\Delta C_{AB}^\alpha(T)\right]^{ord} dT \tag{5.43}$$

有序-无序转变熵 $\left[\Delta S_{AB}^\alpha(T)\right]^{ord}$ 为

$$\left[\Delta S_{AB}^\alpha(T)\right]^{ord} = \int_\infty^T \frac{\left[\Delta C_{AB}^\alpha(T)\right]^{ord}}{T} dT \tag{5.44}$$

将式（5.43）和式（5.44）代入式（5.42）即可得到有序-无序转变自由能。应当指出，要获得实际结构固溶体的 $\left[\Delta C_{AB}^\alpha(T)\right]^{ord}$ 与温度关系的解析式是很困难的，即使能得到也是极复杂，或很难积分。所以更实用的方法是对实际测得的 $\left(\Delta C_{AB}^\alpha\right)^{ord}$ 与温度的关系进行

数值积分。

图 5.25 是对称成分固溶体的有序-无序转变热容，和用热容模拟法求出的有序-无序转变焓、熵和自由能。其中右图是根据 Bragg-Williams 近似求得的简单立方固溶体的有序-无序转变热容与温度的关系式利用数值积分求得的结果；左图是利用图 5.22 的 Cu-Zn 系合金中 CuZn 固溶体的有序-无序转变热容与温度的关系计算的结果。可以看出，根据 Bragg-Williams 近似求得的结果要比根据实测热容值的计算结果小得多。不同合金系中固溶体的同类型有序-无序转变热容取决于固溶体的有序-无序转变温度，参见第 4 章的式（4.26）。

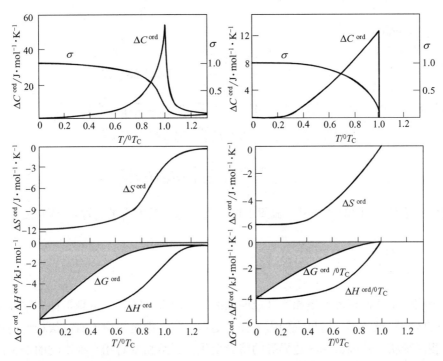

图 5.25　成分为 A∶B=1∶1 的固溶体的有序-无序转变摩尔热容、焓、熵和自由能

对于成分偏离 A∶B=1∶1 的固溶体，可以参照磁性转变自由能的处理方法。如图 5.24 所示，成分为 X_B 的固溶体的有序-无序转变温度是 T_C，该固溶体的有序-无序转变自由能 $\left[\Delta G^{\alpha}(T)\right]^{ord}$。

$$\left[\Delta G^{\alpha}(T)\right]^{ord} = \left[\Delta H^{\alpha}(T)\right]^{ord} - T\left[\Delta S^{\alpha}(T)\right]^{ord} \tag{5.45}$$

为了计算有序-无序转变焓和熵，需要知道任一成分 X_B 的固溶体的有序-无序转变摩尔热容与温度的关系。这一关系也是通过对称成分固溶体 AB 的热容来转换的。图 5.24 左图中的粗实线是固溶体 AB 的热容曲线，有序-无序转变温度为 ^0T_C，虚线及影区是假设的 X_B 成分固溶体的热容与温度的关系曲线，与固溶体 AB 的热容曲线呈相似形，有序-无序转变温度为 T_C。X_B 成分固溶体在任一温度下的热容 $\left[\Delta C^{\alpha}(T)\right]^{ord}$ 与固溶体 AB 的热容 $\left(\Delta C_{AB}^{\alpha}\right)^{ord}$ 之间的关系是

$$\left[\Delta C^{\alpha}(T)\right]^{\text{ord}} = 2X_{\text{B}}\left[\Delta C_{\text{AB}}^{\alpha}(T^*)\right]^{\text{ord}} \tag{5.46}$$

式中的 T^* 是转换温度

$$T^* = T\frac{{}^0T_{\text{C}}}{T_{\text{C}}} \tag{5.47}$$

这是该模型的核心内容，用以描述任一成分固溶体在任一温度下的有序-无序转变热容。X_{B} 成分固溶体在某一温度 T 的以无序态为基准态的有序-无序转变焓为

$$\left[\Delta H^{\alpha}(T)\right]^{\text{ord}} = \int_{\infty}^{T}\left[\Delta C^{\alpha}(T)\right]^{\text{ord}}\text{d}T = 2X_{\text{B}}\frac{T_{\text{C}}}{{}^0T_{\text{C}}}\left[\Delta H_{\text{AB}}^{\alpha}(T^*)\right]^{\text{ord}} \tag{5.48}$$

有序-无序转变熵为

$$\left[\Delta S^{\alpha}(T)\right]^{\text{ord}} = \int_{\infty}^{T}\frac{\left[\Delta C^{\alpha}(T)\right]^{\text{ord}}}{T}\text{d}T = 2X_{\text{B}}\left[\Delta S_{\text{AB}}^{\alpha}(T^*)\right]^{\text{ord}} \tag{5.49}$$

将式（5.48）和式（5.49）代入式（5.45）即可得到有序-无序转变自由能

$$\left[\Delta G^{\alpha}(T)\right]^{\text{ord}} = \left[\Delta H^{\alpha}(T)\right]^{\text{ord}} - T\left[\Delta S^{\alpha}(T)\right]^{\text{ord}}$$

$$\left[\Delta G^{\alpha}(T)\right]^{\text{ord}} = 2X_{\text{B}}\frac{T_{\text{C}}}{{}^0T_{\text{C}}}\left[\Delta G_{\text{AB}}^{\alpha}(T^*)\right]^{\text{ord}} \tag{5.50}$$

这就是任一成分 X_{B} 固溶体在某一温度 T 时以无序态为基准态的有序-无序转变自由能。

5.6　二级相变对相平衡的影响

二级相变本身使相图的单相区（或两相区）中出现了特定的区域，如有序区和无序区、铁磁区和顺磁区等。这里说的影响并不是指这些，而是指由于有二级相变的存在，造成了相区形状、范围、相区边界等的特异变化。二级相变对相平衡影响的最突出的例子是纯 Fe 中的铁磁-顺磁转变对 $\alpha \to \gamma$ 相变的影响，造成了金属中仅有的一例加热时变密排结构的相变，这在第 1 章已经介绍过，参见图 1.11。

5.6.1　对溶解度曲线的影响

在第 3 章的式（3.15）和式（3.21）中曾分析过，溶解度 X_{B} 与温度 T 的关系曲线为如下形式

$$\ln X_{\text{B}} = \ln K - \frac{\Delta^0 H_{\text{B}}^{\beta \to \alpha} + I_{\text{AB}}^{\alpha}}{RT}$$

在热力学参数一定时，X_{B} 与 T 之间是对数关系，$\ln X_{\text{B}}$ 与 $\frac{1}{T}$ 之间是直线关系。就如同图 5.26 中 Fe-Be 系 α 相溶解度的虚线所示的那样。但很多人测得的该系 α 相溶解度如粗实线所示，沿着居里温度 T_{C}（图中的点画线）有一个突起（图中用影区表示），这种特异的形状是前面的溶解度理论所无法解释的。

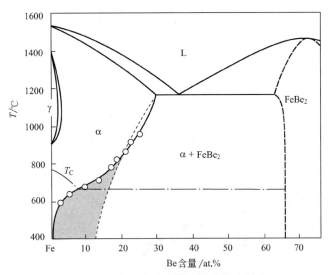

图 5.26 Fe-Be 合金中 α 相的溶解度异常

其实，这种溶解度曲线的特异形状是铁基固溶体的铁磁-顺磁转变所引起的。如图 5.27 中的下图所示，在 T_1 温度下，Fe-M 系α 固溶体的居里温度以下α固溶体除正规溶体

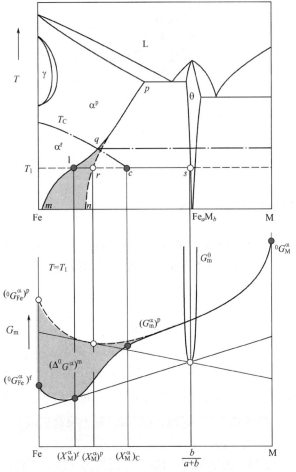

图 5.27 铁基固溶体的铁磁-顺磁转变对α相溶解度的影响

的自由能之外，还存在铁磁-顺磁转变自由能（图中的影区）部分，这部分自由能叠加到正规溶体的自由能上，致使α固溶体的自由能曲线总体上变成了具有拐点的形状，与化合物自由能曲线的公切线的切点位置，也与单纯正规溶体的自由能曲线（图中的虚线部分）相比明显移向左侧，溶解度明显降低。

具有这种溶解度曲线异常的例子还很多。图 5.28 中给出了 Fe-Zn、Fe-P、Fe-Be 和 Fe-Cu 系中的溶解度曲线。首先，这些系统中的α相的溶解度的对数与温度的关系偏离了直线关系，其次这种偏离发生在居里温度 T_C 附近。

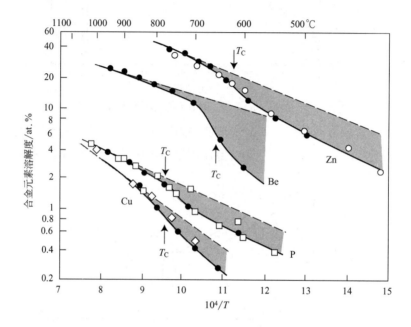

图 5.28　Fe-Zn、Fe-P、Fe-Be 和 Fe-Cu 系中α相的溶解度曲线

5.6.2　对溶解度间隙的影响

二级相变对溶解度间隙有很重要的影响。按 Bragg-Williams 近似分析，只有相互作用能为较大正值，温度又不太高时才会有溶解度间隙。其顶点温度 T_S 与相互作用能 I_{AB} 之间有如下关系：

$$T_S = \frac{I_{AB}}{2R}$$

但是，当其中的一个组元 A（如 Fe、Co、Ni 中的一个时）具有铁磁-顺磁转变时，在居里温度 T_C 以下，以 A 为基的铁磁性固溶体 α^f 的自由能中将有一个磁性转变部分。在居里温度 T_C 以上的顺磁态固溶体 α^p 则没有这个部分。磁性转变自由能叠加在顺磁态固溶体的自由能之上，将会使自由能曲线出现拐点或使曲线向上突起的成分范围变大，从而引起或增大溶解度间隙。参见图 5.29。

如图 5.29 所示，Fe-M 系中顺磁态的相互作用能为一较大正值，在 T_S 温度以下有溶解度间隙。但当把磁性转变自由能部分 $(\Delta G^{\alpha})^{m}$（图中影区部分）叠加上去之后，在高于 T_S 温度即本来不应当出现溶解度间隙的温度 T_1 下，自由能曲线仍出现了拐点，产生了溶解度间隙。不仅如此，根据热力学计算，溶解度间隙会沿着居里温度 T_C 向上延伸，最终形成一个特殊的犄角形状，人们称其为 Nishizawa（西泽）角。

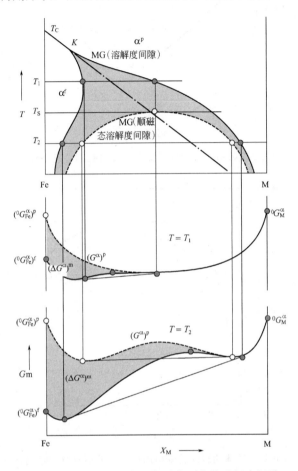

图 5.29　由磁性转变自由能改变形状的溶解度间隙

在低于 T_S 温度的温度 T_2 下，当把磁性转变自由能部分 $(\Delta G^{\alpha})^{m}$（图中影区部分）叠加上去之后，也会使溶解度间隙的成分范围变宽。综上所述，磁性转变自由能部分对溶解度间隙的影响一是增大了溶解度间隙的温度和成分范围，二是改变了其形状，形成了沿居里温度的 Nishizawa 角。实际材料中的 Nishizawa 角主要出现在三元以上的材料中，二元系中由于 Fe-Ni 系有很特异的居里温度，有计算结果表明将会出现这种特异的溶解度间隙，如图 5.30 所示。

二元系磁性转变自由能对溶解度间隙影响的实例主要是增大其范围。如图 5.31 所示，Co 基固溶体与 Fe 基固溶体一样其磁性转变自由能增大了居里温度以下的溶解度间隙范围。

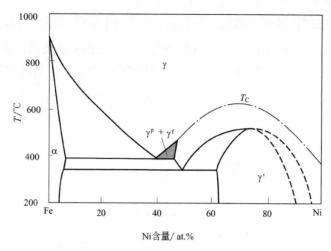

图 5.30　Fe-Ni 系中由磁性转变自由能引起的特异溶解度间隙

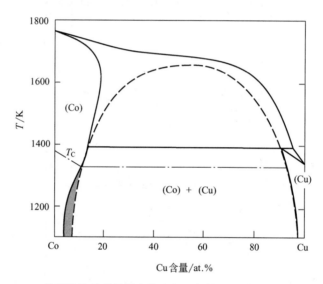

图 5.31　Co 基固溶体的磁性转变自由能引起的溶解度间隙成分范围变宽

　　有序-无序转变本来是与溶解度间隙式固溶体相对立的热力学现象。后者是固溶体的相互作用能为正值的结果；而前者则是相互作用能为负值的产物。既然如此，相互作用能为负值的固溶体是怎样造成溶解度间隙的呢？出现溶解度间隙的条件是固溶体远离对称成分，比如远离 A∶B=1∶1，而且温度较低时。此时，有序度很低的单相状态的自由能会高于两相混合物的自由能，这两相一个是有序度更高、接近对称成分的有序相，另一个是有序度较低的低浓度相，于是发生两相分离（Two phase separate），这一点可以在图 5.32 中获得说明。图 5.32 的上图是较低温度（$0.1\ {}^{0}T_{C}$）时的摩尔自由能曲线。图中的虚线部分 $(G^{\alpha})^{dis}$ 为无序态的正规溶体自由能，是无拐点的曲线。影区部分 $(\Delta G^{\alpha})^{ord}$ 为有序-无序转变自由能。叠加到一起后，在曲线两侧各出现一处有双拐点的部分。于是产生了两个溶解度间隙，即下图的影区部分。与磁性转变自由能造成的溶解度间隙相似，有序-无序转变自由能所引起的溶解度间隙也呈沿有序-无序转变曲线的尖角状。

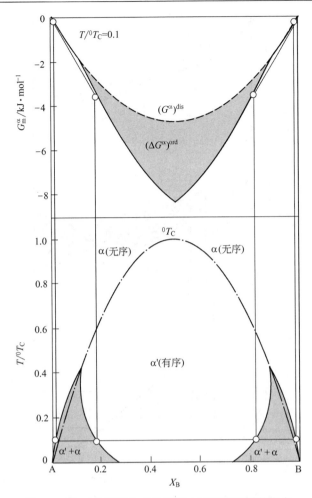

图 5.32 相互作用能为负的系统中溶解度间隙的发生

有时，磁性转变自由能和有序-无序转变自由能会同时出现在一个二元系中，Fe-Al
系就是其中的一例。如图 5.33 之下图所示，铁磁-顺磁转变曲线（图中的一点锁线）和
有序-无序转变曲线（图中的两点锁线）在低 Al 成分处相交。α 相有 4 种状态：α^p 为顺磁-
无序态（Paramagnetic-disorder state），α^f 为铁磁-无序态（Ferromagnetic-disorder state），
α'^p 为顺磁-有序态（Paramagnetic-order state），α'^f 为铁磁-有序态（Ferromagnetic-order
state）。在温度为 T_2 时，磁性转变自由能 $(\Delta G^\alpha)^m$ 和有序无序转变自由能 $(\Delta G^\alpha)^{ord}$ 同时叠
加的结果，在自由能曲线上造成两处有拐点区，都引起了溶解度间隙。此外还有一个亚
稳的顺磁-无序态 α^p 与顺磁-有序态 α'^p 的溶解度间隙，即下图的影区部分。

在温度为 T_1 时，磁性转变自由能 $(\Delta G^\alpha)^m$ 和有序-无序转变自由能 $(\Delta G^\alpha)^{ord}$ 同时叠加
的结果，只在自由能曲线上造成一处有拐点区。引起了铁磁-无序态 α^f 与为顺磁-有序态
α'^p 的溶解度间隙。这个模型用比较简单的计算解决了对 Fe-Al 系固溶体中三角形溶解度
间隙的认识：这原来是两个二级相变联合作用的结果。图 5.34 中给出了利用前述模型和
最简单热力学数据（见图上侧）时的计算结果，即图中的影区部分。虽然与图中的实验
结果在成分区域上尚有较大差别，但在认识这个溶解度间隙的起因上是很有意义的。

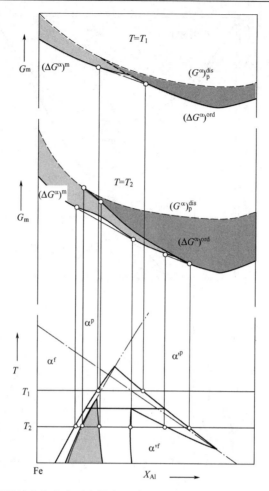

图 5.33　磁性转变与有序无序转变同时出现在一个二元系内的溶解度间隙

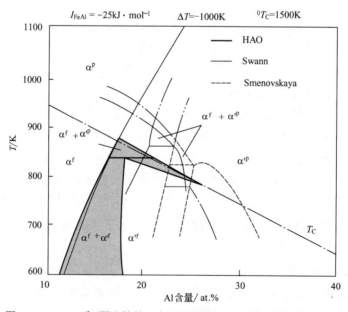

图 5.34　Fe-Al 系α固溶体的三角形溶解度间隙实验结果与计算结果

5.7 晶间偏析

晶间偏析（Grain boundary segregation）是研究分析很多材料问题的基础。例如对合金结构钢回火脆性的本质长时间没有正确的认识，是通过现代物理检测手段发现了微量 P 和 As 在原奥氏体晶界的偏聚后，才明确了回火脆性产生的真正原因。其他如陶瓷材料中 Y_2O_3 的晶界偏聚或净化，微量 B、C、N 在 Fe 的晶界的偏析，都对材料的性能产生重要影响。不锈钢的晶间腐蚀，功能陶瓷、碳化硅陶瓷以及氮化硅陶瓷的界面相设计，都与晶间偏析的研究有密切关系。人们终于认识到，晶间偏析不是偶然产生的缺陷，其本质是一种热力学平衡状态。

在研究普通的两相平衡时，两相的自由能之和 $G = G^{\alpha} + G^{\beta}$ 为最小是平衡的条件，或者写成为

$$dG = dG^{\alpha} + dG^{\beta} = 0$$

晶间偏析作为相平衡来研究时，有如下两点基本假设：

① 把晶界的存在看成是"晶界相（Grain boundary phase）"与"晶内相（Grain inner phase）"的平衡；

② 达到平衡态时，晶界相中的原子数保持一定。

如图 5.35 所示，在某 A-B 二元系中，若固溶体 α 是一种晶粒组织。则可以把 α 相看做是晶内相，而晶界是有一定厚度的晶界相 b，在平衡状态下，应该有

$$dG = dG^{\alpha} + dG^{b} = 0 \tag{5.51}$$

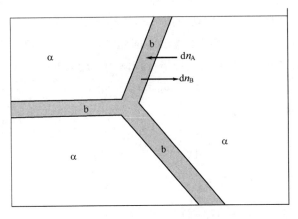

图 5.35　晶界相与晶内相的平衡

为了符合第 2 项假设，当有 dn_A 个 A 原子由 α 进入 b 时，必有 dn_B 个 B 原子由 b 进入 α。此时两个相的自由能变化为

$$dG^{\alpha} = -\mu_A^{\alpha} dn_A + \mu_B^{\alpha} dn_B$$

$$dG^{b} = +\mu_A^{b} dn_A - \mu_B^{b} dn_B$$

平衡时总的自由能变化为

$$dG = -\mu_A^\alpha dn_A + \mu_B^\alpha dn_B + \mu_A^b dn_A - \mu_B^b dn_B = 0$$

此时，应有 $dn_A = dn_B \neq 0$，

$$-\mu_A^\alpha + \mu_B^\alpha + \mu_A^b - \mu_B^b = 0$$

或

$$\mu_B^b - \mu_B^\alpha = \mu_A^b - \mu_A^\alpha \tag{5.52}$$

这就是晶界相与晶内相平衡时的特殊条件，也称为平行线法则（Parallel rule）。这一特殊条件来源于前面的第 2 项假设。如果，定义摩尔晶界能 ΔG_m^b 为晶界相自由能 G_m^b 与晶内相自由能 G_m^α 之差，即

$$\Delta G_m^b = G_m^b - G_m^\alpha = \sigma F = \sigma \frac{V_m^b}{\delta} \tag{5.53}$$

式中，σ 为表面张力，F 为晶界面积，V_m^b 为晶界相的摩尔体积，δ 为晶界厚度。对于两个纯组元，摩尔晶界能为

$$\Delta G_A^b = G_A^b - G_A^\alpha = \sigma_A \frac{V_A^b}{\delta} \tag{5.54}$$

$$\Delta G_B^b = G_B^b - G_B^\alpha = \sigma_B \frac{V_B^b}{\delta} \tag{5.55}$$

当已知固溶体成分 X_B^α 时，可以通过平行线法则，求出晶界相成分 X_B^b 来，因为这时晶内相与晶界相之间满足下式

$$\Delta \mu_B = \mu_B^b - \mu_B^\alpha = \mu_A^b - \mu_A^\alpha = \Delta \mu_A \tag{5.56}$$

如图 5.36 所示，过 X_B^α 成分的自由能点做自由能曲线的切线，再做此切线的平行线，使之与晶界相的自由能曲线相切，此切点成分就是晶界相的成分。

如果晶界相和晶内相都可以用正规溶体描述时，则式（5.52）和式（5.56）可以进一步求出具体形式。如图 5.36 所示，按平行线法则，应有

$$\mu_A^b - \mu_B^b = \mu_A^\alpha - \mu_B^\alpha$$

所以，在两个切点处，应该有

$$\left(\frac{dG_m^\alpha}{dX_B} \right)_{X_B^\alpha} = \left(\frac{dG_m^b}{dX_B} \right)_{X_B^b} \tag{5.57}$$

将 G_m^α 和 G_m^b 都代以正规溶体的表达式，可得

$$\frac{dG_m^\alpha}{dX_B} = {}^0G_B^\alpha - {}^0G_A^\alpha + \left(1 - 2X_B^\alpha \right) I_{AB}^\alpha + RT \left(\ln X_B^\alpha - \ln X_A^\alpha \right)$$

$$\frac{dG_m^b}{dX_B} = {}^0G_B^b - {}^0G_A^b + \left(1 - 2X_B^b \right) I_{AB}^b + RT \left(\ln X_B^b - \ln X_A^b \right)$$

代入式（5.57）成为

$$RT \ln \frac{X_B^b X_A^\alpha}{X_A^b X_B^\alpha} = \left({}^0G_A^b - {}^0G_A^\alpha \right) - \left({}^0G_B^b - {}^0G_B^\alpha \right) + \left(1 - 2X_B^\alpha \right) I_{AB}^\alpha - \left(1 - 2X_B^b \right) I_{AB}^b \tag{5.58}$$

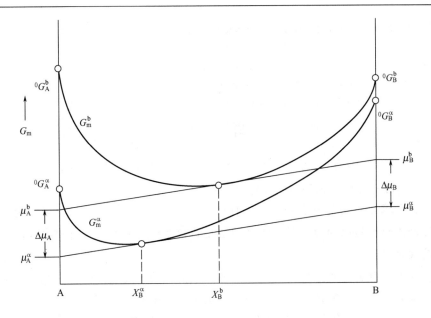

图 5.36 晶界相与晶内相的摩尔自由能与平行线法则

若晶界相和晶内相均为稀溶体，这对于绝大多数实际问题是成立的。即

$$X_B^\alpha \ll 1, \quad X_B^b \ll 1$$
$$X_A^\alpha \to 1 \quad X_A^b \to 1$$

则式（5.58）可以简化为

$$\ln \frac{X_B^b}{X_B^\alpha} = \frac{(\sigma_A - \sigma_B)V_m^b}{\delta RT} + \frac{I_{AB}^\alpha - I_{AB}^b}{RT}$$

$$\frac{X_B^b}{X_B^\alpha} = \exp \frac{(\sigma_A - \sigma_B)V_m^b}{\delta RT} \exp \frac{I_{AB}^\alpha - I_{AB}^b}{RT} \tag{5.59}$$

这里，可以将 $\dfrac{X_B^b}{X_B^\alpha}$ 定义为偏析系数（Segregation coefficient）

$$K_B^{b/\alpha} = \frac{X_B^b}{X_B^\alpha} \tag{5.60}$$

式（5.59）中的两个因子中 $\dfrac{(\sigma_A - \sigma_B)V_m^b}{\delta RT} \ll 1$，所以影响偏析系数的主要因素是第二项

$\exp \dfrac{I_{AB}^\alpha - I_{AB}^b}{RT}$。

第 5 章推荐读物

[1] 徐祖耀. 相变原理. 北京：科学出版社，1988.

[2] 徐祖耀，李麟. 材料热力学. 2 版. 北京：科学出版社，1999.

[3] 陈景榕，李承基. 金属与合金中的固态相变. 北京：冶金工业出版社，1997.

[4] 石霖. 合金热力学. 北京：机械工业出版社，1992.

[5] 翟启杰，关绍康，商全义. 合金热力学理论及其应用. 北京：冶金工业出版社，1999.

[6] Porter D A, Easterling K E. Phase Transformations in Metals and Alloys. Van Nostrand Reinhold Co Ltd, 1981.

[7] Shewmon P G. Transformations in Metal. McGraw-Hill ,1969.

[8] Swalin R A. Thermodynamics of Solids. 2nd ed. A Wiley-Interscience Publication, 1972.

[9] Zackay V F, Aaronson H I. Decomposition of Austenite by Diffusional Process. Interscience, 1962.

习　　题

（1）试用图解法标出，在某一温度 T 某一二元过饱和固溶体α在析出另一结构的化合物θ时，如何确定相变驱动力和形核驱动力。

（2）试在摩尔自由能的成分曲线上标出，一个二元固溶体α，析出同结构的固溶体的相变驱动力和形核驱动力，并分析对两组元的相互作用能和温度有何要求，析出什么成分的晶核时驱动力最大。

（3）在摩尔自由能成分图上说明，为什么碳素钢的淬火马氏体在 200℃以下的低温回火时，首先析出的并不是渗碳体，而是更富碳的 ε 碳化物。

（4）若 A-B 二元合金由α基体和β第二相组成，且 $X_B^\beta > X_B^\alpha$，β第二相的尺寸差别很大。试分析经较长时间高温退火时，溶质 B 在基体中的扩散流动方向及第二相的形状将如何变化？已知 $I_{AB}^\alpha < 0$。

（5）试用摩尔自由能-成分图说明，为什么碳素钢在淬火之后回火时，渗碳体的粒子越细，其周围的铁素体中的含碳量越高？

（6）Fe-Cr 系中某一合金的成分 $X_{Cr} = 0.1$，在 400℃时，发生无扩散 $\gamma \to \alpha$ 相变，试求算此时的相变驱动力是多少？已知：$\Delta^* G_{Cr}^{\alpha \to \gamma} = -630\ J \cdot mol^{-1}$，其他必要的数据要设法获得。

（7）已知 Co 的奥氏体稳定化参数在 1000K 以下的数值近乎常数，约为 2000 J·mol⁻¹，若向铁（钢）中加入 0.01（原子分数）Co，试估算可使钢的马氏体点提高多少。

（8）已知纯 Ti 的 $\alpha \to \beta$ 平衡相变温度为 882℃，此时的相变潜热为 $\Delta^0 H_{Ti}^{\alpha \to \beta}$=3.3 kJ·mol⁻¹，试计算 $\alpha \to \beta$ 相变驱动力 $\Delta G_{Ti}^{\alpha \to \beta}$ 与温度的关系曲线。

6

多 组 元 相

【本章导读】

本章以正规溶体为基础分析了三元及三元以上系统溶体自由能及其空间描述形式，以及溶解度间隙与公切面法则的含义。另外还介绍了"化合物之间形成固溶体"时的自由能表达方式。有趣的是互易化合物的自由能表达方式，能够给描述多元合金钢的间隙-代位固溶体摩尔自由能提供一种现代方式。多元合金钢的奥氏体和铁素体都因此有了最好的自由能表达形式。本章还介绍了一种计算多元固溶体二级相变自由能的方法。

实际材料中的绝大多数都是多组元系物质。多组元材料的组成相中虽然也可能有纯组元相，但多数情况下是多组元相（Multicomponent phase），包括多组元溶体（Multicomponent solution）和多组元化合物（Multicomponent compound）。化合物之间也可能形成固溶体。

图 6.1 是一个重要的三元系相图的等温截面，其中包含了各种类型的多元相。组元 Zn 中溶解 Al 和 Cu 的能力很小（相对于 Al 和 Cu），可近似地看成是近纯组元相；组元 Al 中溶解 Cu 的能力很小，但溶解 Zn 的能力很强，可以看成是二元固溶体相；Cu 中溶解 Al 和 Zn 的能力都很强，是典型的三元固溶体相。

Al_2Cu 中几乎不能溶解多余的 Zn、Al 和 Cu 中的任何一种原子，所以可看成二元化学计量比化合物（Stoichiometric compound）或 Daltonide 型化合物；AlCu、$CuZn_5$、CuZn 等二元金属间化合物都能溶解各自组元的多余原子，称作 Berthollide 型化合物。它们虽然能溶解较多的第三组元，但仍然是以二元化合物为基的固溶体；Al_4Cu_9 和 Cu_5Zn_8 是结构不同的化合物，其结构类型虽分别为 $D8_2$（P43m）和 $D8_3$（I43m），但都是立方晶型，每个晶胞都是 52 个原子，所以一直被认为两者之间可以形成连续固溶体；只有 T' 相的结构是三个二元系中都不存在的，是典型的三元化合物相。可见，溶体相是多元系中的主要组成物，下面首先介绍溶体相。

三元相的成分描述在其他课程中有详细介绍，这里只做简单说明。除特殊需要外，一般用正三角形的三个角顶表示三个组元，用该三角形中的任一点表示三元系中的任一成分，所以称此三角形为浓度三角形（Concentration triangle），见图 6.2。图中 P 点的成分 X_A、X_B、X_C 用图中平行于三角形的三个边的线段表示。三个成分变量 X_A、X_B、X_C 之间的关系为

$$X_A + X_B + X_C = 1 \qquad (6.1)$$

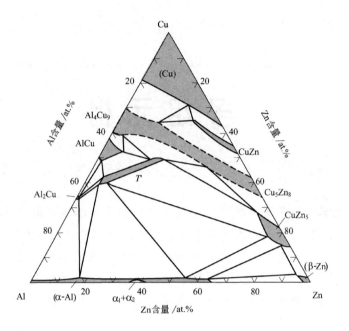

图 6.1 Al-Cu-Zn 相图的 350℃等温截面

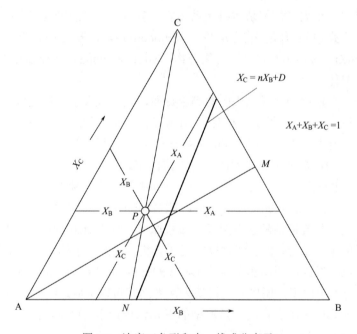

图 6.2 浓度三角形和点、线成分表示

所以，只有两个成分变量是独立的。浓度三角形中的 AM 线上，$X_C = X_B$，CN 线上，$X_A = mX_B$。任一直线的方程为

$$X_C = nX_B + D \qquad (6.2)$$

6.1 正规溶体近似

多元正规溶体近似是由二元系正规溶体近似扩展而来的。某一三元正规溶体的摩尔自由能为

$$
\begin{aligned}
G_{\mathrm{m}} = {}& X_{\mathbf{A}}^0 G_{\mathbf{A}} + X_{\mathbf{B}}^0 G_{\mathbf{B}} + X_{\mathbf{C}}^0 G_{\mathbf{C}} \\
& + RT\big(X_{\mathrm{A}}\ln X_{\mathrm{A}} + X_{\mathrm{B}}\ln X_{\mathrm{B}} + X_{\mathrm{C}}\ln X_{\mathrm{C}}\big) \\
& + X_{\mathrm{A}}X_{\mathrm{B}}I_{\mathrm{AB}} + X_{\mathrm{A}}X_{\mathrm{C}}I_{\mathrm{AC}} + X_{\mathrm{B}}X_{\mathrm{C}}I_{\mathrm{BC}}
\end{aligned} \tag{6.3}
$$

多元正规溶体近似的摩尔自由能通式为

$$
G_m = \sum_{i=1}^{n} X_i^0 G_i + RT\sum_{i=1}^{n} X_i \ln X_i + \sum_{i=1}^{n}\sum_{j=i+1}^{n} I_{ij} X_i X_j \tag{6.4}
$$

式中，各符号的意义除特别注明者外，均与二元系时相同。但需要说明的是，为了保持摩尔自由能及化学势形式上的对称性，式（6.3）和式（6.4）中各组元的成分在形式上都表示成独立变量。式（6.3）的摩尔自由能的三维形象可表示成图 6.3 的形式。

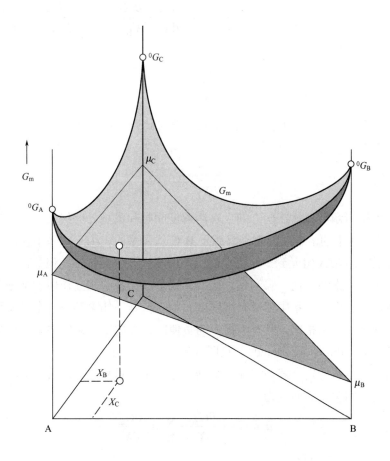

图 6.3　A-B-C 三元系中一溶体相的摩尔自由能曲面

由式（6.2）可知，

$$\frac{\mathrm{d}X_\mathrm{C}}{\mathrm{d}X_\mathrm{B}} = n \tag{6.5}$$

不同的 n 值代表了 A-B-C 三元系浓度三角形中的不同方向。如果用 u 表示 A-B-C 三元系任一组元的成分，假如在任何方向 n 都有

$$\frac{\mathrm{d}^2 G_\mathrm{m}}{\mathrm{d}u^2} > 0$$

表示摩尔自由能曲面在各处都是向下弯曲的，该溶体相在全成分范围内是稳定的，不发生分解的。假如在某一方向 n 有

$$\frac{\dfrac{\partial^2 G_\mathrm{m}}{\partial X_\mathrm{B}^2}}{\dfrac{\partial^2 G_\mathrm{m}}{\partial X_\mathrm{B}\partial X_\mathrm{C}}} = \frac{\dfrac{\partial^2 G_\mathrm{m}}{\partial X_\mathrm{B}\partial X_\mathrm{C}}}{\dfrac{\partial^2 G_\mathrm{m}}{\partial X_\mathrm{C}^2}} = -n \tag{6.6}$$

则自由能曲面在 n 方向上有拐点，因为

$$\frac{\partial^2 G_\mathrm{m}}{\partial X_\mathrm{B}^2} = -n\frac{\partial^2 G_\mathrm{m}}{\partial X_\mathrm{B}\partial X_\mathrm{C}} = -\frac{\mathrm{d}X_\mathrm{C}}{\mathrm{d}X_\mathrm{B}}\frac{\partial^2 G_\mathrm{m}}{\partial X_\mathrm{B}\partial X_\mathrm{C}} = -\frac{\partial^2 G_\mathrm{m}}{\partial X_\mathrm{B}^2}$$

因此一定有

$$\frac{\partial^2 G_\mathrm{m}}{\partial X_\mathrm{B}^2} = 0$$

图 6.4 中的溶体自由能曲面在方向 n 上符合式（6.6）的条件，因此在该方向上曲面有拐点，即存在下面特征的点：

$$\frac{\partial^2 G_\mathrm{m}}{\partial X_\mathrm{B}^2} = 0$$

因此，如图所示该溶体在此方向上有溶解度间隙和失稳分解线。

显然，图 6.4 中的溶解度间隙是来源于 B-C 二元系的。由于该系中在此温度有溶解度间隙，所以在加入 A 组元到一定程度时，溶解度间隙仍然存在。但是，三元系中的溶解度间隙也可以不来源于任一二元系。比如，三个二元系的相互作用能都是负值，按正规溶体近似，这三个二元系中都没有溶解度间隙。但是，如果其中一个二元系的相互作用能与其他两个二元系相比，具有大得多的负值时，在此三元系的中心部位也能形成溶解度间隙岛（Miscibility gap island）。见图 6.5。

多元溶体化学势的定义式与二元系相同，这里不再重复。n 元系中 i 组元的化学势与摩尔自由能之间关系的通式为

$$\mu_i = G_\mathrm{m} + \frac{\partial G_\mathrm{m}}{\partial X_i} - \sum_{i=1}^{n} X_i \frac{\partial G_\mathrm{m}}{\partial X_i} \tag{6.7}$$

必须说明，该式中 $\frac{\partial G_\mathrm{m}}{\partial X_i}$ 是摩尔自由能对各个组元成分的偏微分，但是认为各 X_i 是

相互独立的。因此式（6.7）不能退化成二元系化学势的形式。对于三元系，写成具体形式为

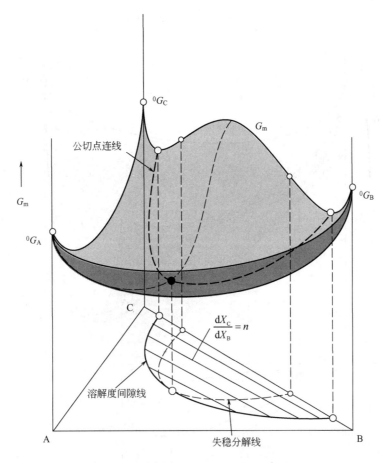

图 6.4 在某方向上具有溶解度间隙和失稳分解线的三元系

$$\mu_A = G_m + \frac{\partial G_m}{\partial X_A} - \left(X_A \frac{\partial G_m}{\partial X_A} + X_B \frac{\partial G_m}{\partial X_B} + X_C \frac{\partial G_m}{\partial X_C} \right) \qquad (6.8)$$

$$\mu_B = G_m + \frac{\partial G_m}{\partial X_B} - \left(X_A \frac{\partial G_m}{\partial X_A} + X_B \frac{\partial G_m}{\partial X_B} + X_C \frac{\partial G_m}{\partial X_C} \right) \qquad (6.9)$$

$$\mu_C = G_m + \frac{\partial G_m}{\partial X_C} - \left(X_A \frac{\partial G_m}{\partial X_A} + X_B \frac{\partial G_m}{\partial X_B} + X_C \frac{\partial G_m}{\partial X_C} \right) \qquad (6.10)$$

到摩尔自由能-成分曲面图上去找化学势是很容易的。如图 6.3 所示，成分为（X_B，X_C）的溶体的三个组元的化学势，是过此成分自由能点的摩尔自由能曲面的切面与三个自由能轴的交点。图 6.5 中自由能曲面的切面是一个公切面（Common tangent face），它的两个切点对应于溶解度间隙线上的两个点。

式（6.8）~式（6.10）对于摩尔自由能的任何模型都是成立的，而且可以写成下面的形式

$$\mu_i = {}^0G_i + RT\ln X_i + {}^E\mu_i$$

对于正规溶体的具体形式为

$$\mu_A = {}^0G_A + RT\ln X_A + {}^E\mu_A \qquad (6.11)$$

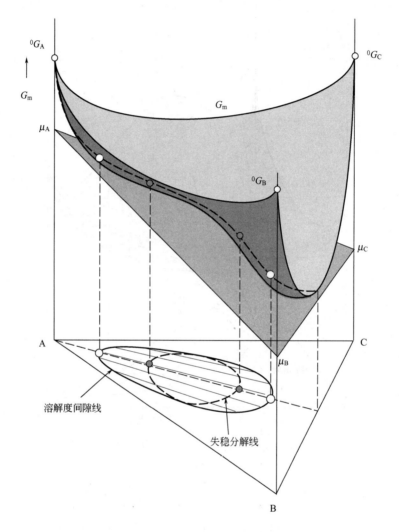

图 6.5 不来源于二元系的溶解度间隙岛

$${}^E\mu_A = I_{AB}(1-X_A)X_B + I_{AC}(1-X_A)X_C - I_{BC}X_BX_C$$
$$\mu_B = {}^0G_B + RT\ln X_B + {}^E\mu_B \qquad (6.12)$$
$${}^E\mu_B = I_{BC}(1-X_B)X_C + I_{BA}(1-X_B)X_A - I_{AC}X_AX_C$$
$$\mu_C = {}^0G_C + RT\ln X_C + {}^E\mu_C \qquad (6.13)$$
$${}^E\mu_C = I_{CA}(1-X_C)X_A + I_{CB}(1-X_C)X_B - I_{AB}X_AX_B$$

多元系溶体活度及活度系数的定义式也与二元系相同，即活度 a_i 为

$$\mu_i = {}^0G_i + RT\ln a_i \qquad (6.14)$$

$$a_i = f_iX_i \qquad (6.15)$$

由式（6.14）和式（6.15）可知，

$$\mu_i = {}^0G_i + RT\ln a_i = {}^0G_i + RT\ln f_i X_i = {}^0G_i + RT\ln X_i + RT\ln f_i$$

如果溶体以 A 为溶剂，以 B、C 为溶质，则溶质的活度和活度系数为

$$\mu_B = {}^0G_B + RT\ln a_B = {}^0G_B + RT\ln f_B X_B = {}^0G_B + RT\ln X_B + RT\ln f_B \tag{6.16}$$

$$\mu_C = {}^0G_C + RT\ln a_C = {}^0G_C + RT\ln f_C X_C = {}^0G_C + RT\ln X_C + RT\ln f_C \tag{6.17}$$

活度测定是相互作用能数值的重要来源，所以建立活度、活度系数与相互作用能之间的关系是很有意义的。

对于二元系的稀溶体，将活度系数的对数做 Taylor 展开，可得

$$\ln f_B = \ln f_B^0 + \left[\frac{\partial \ln f_B}{\partial X_B}\right]_{X_B=0} X_B + \frac{1}{2}\left[\frac{\partial^2 \ln f_B}{\partial X_B^2}\right]_{X_B=0} X_B^2 + \cdots$$

而对于三元系稀溶体，则可得

$$\ln f_B = \ln f_B^0 + \left[\frac{\partial \ln f_B}{\partial X_B}\right]_{X_B=0} X_B + \left[\frac{\partial \ln f_B}{\partial X_C}\right]_{X_C=0} X_C +$$

$$\frac{1}{2}\left(\left[\frac{\partial^2 \ln f_B}{\partial X_B^2}\right]_{X_B=0} X_B^2 + \left[\frac{\partial^2 \ln f_B}{\partial X_B \partial X_C}\right]_{X_B=X_C=0} X_B X_C\right) + \cdots$$

若忽略三元系中二次方以上各项，则

$$\ln f_B = \ln f_B^0 + \varepsilon_B^B X_B + \varepsilon_B^C X_C \tag{6.18}$$

式中的 ε_B^B 和 ε_B^C 可称作"活度相互作用系数"（Activity interaction parameter），其意义为

$$\varepsilon_B^B = \left[\frac{\partial \ln f_B}{\partial X_B}\right]_{X_B=0} \tag{6.19}$$

$$\varepsilon_B^C = \left[\frac{\partial \ln f_B}{\partial X_C}\right]_{X_C=0} \tag{6.20}$$

由活度定义式和式（6.18）可得

$$\mu_B = {}^0G_B + RT\left(\ln f_B^0 + \varepsilon_B^B X_B + \varepsilon_B^C X_C\right) + RT\ln X_B$$

$$\frac{\mu_B}{RT} = \frac{{}^0G_B}{RT} + \ln f_B^0 + \varepsilon_B^B X_B + \varepsilon_B^C X_C + \ln X_B$$

若令 $\dfrac{{}^0G_B}{RT} + \ln f_B^0 = \ln f_B^*$，则可得

$$\frac{\mu_B}{RT} = \ln f_B^* + \varepsilon_B^B X_B + \varepsilon_B^C X_C + \ln X_B \tag{6.21}$$

同理可得

$$\frac{\mu_C}{RT} = \ln f_C^* + \varepsilon_C^B X_B + \varepsilon_C^C X_C + \ln X_C \tag{6.22}$$

ε_B^B 和 ε_B^C 是可以通过实验测得的。对于稀溶体，$X_A \to 1$，$X_B \ll 1$，$X_C \ll 1$，所以在正规溶体近似中，式（6.12）和式（6.13）可以得到简化

$$\mu_B = {}^0G_B + RT\ln X_B + I_{BC}(1-X_B)X_C + I_{BA}(1-X_B)(1-X_B-X_C) - I_{AC}X_C$$

$$= {}^0G_B + RT\ln X_B + I_{BC}X_C + I_{BA}(1-2X_B-X_C) - I_{AC}X_C$$

$$\mu_B \approx {}^0G_B + RT\ln X_B + I_{AB} - 2X_B I_{AB} + (I_{BC} - I_{BA} - I_{AC})X_C \qquad (6.23)$$

将式（6.23）两边同除以 RT，得下式

$$\frac{\mu_B}{RT} = \frac{{}^0G_B + I_{AB}}{RT} + \ln X_B - \frac{2I_{AB}}{RT}X_B + \frac{(I_{BC}-I_{BA}-I_{AC})}{RT}X_C$$

与式（6.21）比较，可得到活度相互作用系数与相互作用能之间的关系

$$\ln f_B^* = \frac{{}^0G_B + I_{AB}}{RT}$$

$$\varepsilon_B^B = -\frac{2I_{AB}}{RT} \qquad (6.24)$$

$$\varepsilon_B^C = \frac{I_{BC} - I_{BA} - I_{AC}}{RT} \qquad (6.25)$$

对于二元系正规溶体，也可以做相似处理，可以得到

$$\varepsilon_B^B = -\frac{2I_{AB}}{RT} \qquad (6.26)$$

式（6.24）～ 式（6.26）为正规溶体近似扩大了相关数据的来源。

6.2 化合物相

三组元材料中的化合物相有三元化学计量比化合物，二元化学计量比化合物，二元 Berthollide 型化合物，三元 Berthollide 型化合物，线性化合物等多种。其中线性化合物是指以两个 Daltonide 化合物为组元的可连续互溶的化合物。因其在三元相图等温截面中是一条直线而得名。

6.2.1 线性化合物 $(A,B)_aC_c$

图 6.6 中的 Ga（As,P）是典型的线性化合物，在 Ga-As-P 三元系中，Ga（As,P）是一条直线，它可以看成是 GaAs 与 GaP 两个化合物组元的固溶体。但同一图中的 Ti（C,N）不作为线性化合物处理。因为不仅在 Ti-C 和 Ti-N 二元系中，TiC 和 TiN 都有很大的溶解度范围，是典型的 Berthollide 型化合物，而且在 Ti-C-N 系中也有很大的溶解度范围，作为普通固溶体处理更合适些。

图 6.7 中的（Fe,Mn）S 是另一种典型的线性化合物。它可作为 FeS 和 MnS 的固溶体处理。与前一例不同的是，Ti（C,N）中互换的是非金属元素 C 和 N，而(Fe,Mn)S 中互换的是金属元素 Fe 和 Mn。这里的共同点是在两个化合物组元相互溶解时，互换的原子是不能找错对象的。因此线性化合物符合双亚点阵模型的处理原则。

线性化合物的通式是$(A,B)_aC_c$，这个化合物与$(A,B)C_{c/a}$是等效的，后者可以看成是$AC_{c/a}$ 与 $BC_{c/a}$ 两个化合物的固溶体。如果用第 4 章的双亚点阵模型的分子式 M_aN_c 来分析，在$(A,B)_aC_c$ 化合物中，A, B 原子只进入亚点阵 M 中，而 C 原子只进入亚点阵 N 中。

此时相成分为

$$X_A + X_B + X_C = 1$$

这样在（A,B）的亚点阵中，两种原子的分数为

$$y_A = \frac{X_A}{X_A + X_B} \ , \quad y_B = \frac{X_B}{X_A + X_B}$$

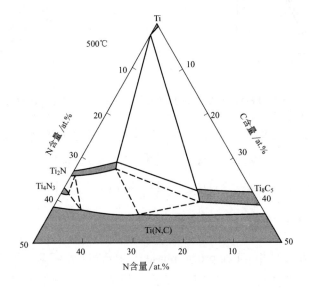

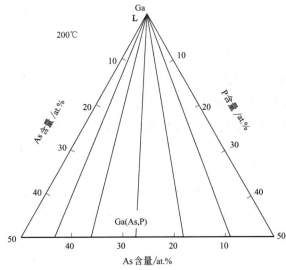

图 6.6　线性化合物的基本特征

而在 C 亚点阵中，

$$y_C = 1$$

对于 1mol (A,B)$_a$C$_c$ 化合物，其摩尔自由能为

$$G_m = y_A^0 G_{A_aC_c} + y_B^0 G_{B_aC_c} + aRT\left(y_A \ln y_A + y_B \ln y_B\right) + ay_A y_B I_{AB} \tag{6.27}$$

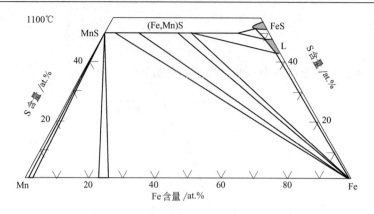

图 6.7　Fe-Mn-S 相图的 1100℃等温截面中的线性化合物

利用第 4 章的方法，可以求出两个化合物组元 A_aC_c 和 B_aC_c 的化学势为

$$\mu_{A_aC_c} = {}^0G_{A_aC_c} + a\left(RT\ln y_A + y_B^2 I_{AB}\right) \tag{6.28}$$

$$\mu_{B_aC_c} = {}^0G_{B_aC_c} + a\left(RT\ln y_B + y_A^2 I_{AB}\right) \tag{6.29}$$

6.2.2　互易相（互易化合物、互易固溶体）

在材料学中涉及互易相（Reciprocal phase）的问题随处可见。传统材料合金钢中的合金奥氏体就是典型的互易相。只是在双亚点阵模型出现之前，没有把它作为互易相处理，也就没有出现这种术语。但即使在那时，人们也会把（TiNb）（CV）自然地看做是互易相。现在，人们习惯用双亚点阵模型分析问题之后，像当前研究十分活跃的新材料 Sialon 陶瓷，就已成为一种用互易相概念控制其相和组织的重要代表。$Si_{6-z}Al_zO_zN_{8-z}$ 材料既可以从 Si_3N_4、Al_2O_3、AlN 反应得到，也可以从 Si_3N_4、SiO_2、AlN 反应得到。

新材料中应用互易相概念最突出的实例是对Ⅲ-Ⅴ族化合物半导体材料的研究。对四元互易相系统相平衡、相图的热力学计算成功地指导了材料的设计。图 6.8 就是一个代表性的互易相系统。

互易相$(A,B)_a(C,D)_c$ 是一个四元相，可以看做是 A_aC_c，B_aC_c，A_aD_c，B_aD_c 的固溶体。一般情况下，一个四元溶体成分的自由度（Degree of freedom）为 3，即使在等温情况下，也需要 3 个独立的浓度坐标。但是，对于四元互易相，由于有下面的约束条件，成分自由度只有 2。

$$\frac{X_A + X_B}{X_C + X_D} = \frac{a}{c} \tag{6.30}$$

图 6.9 形象地说明了 A-B-C-D 四元系中，由 4 个化合物组元构成的互易相系统的成分自由度的下降。

这样，可以在平面上表示其成分，图中的正方形中的任一点都代表一个互易相系统的成分，正方形的对角线为互易化合物（Reciprocal compound），其余的位置为互易固溶体（Reciprocal solid solution）。对于 1mol $(A,B)_a(C,D)_c$ 互易相，首先将其看成是 A_aN_c 与 B_aN_c 构成的溶体，而 A_aN_c 和 B_aN_c 又可分别看成是 A_aC_c 与 A_aD_c 及 B_aC_c 与 B_aD_c 的溶

体，于是互易相的摩尔自由能将表示成为

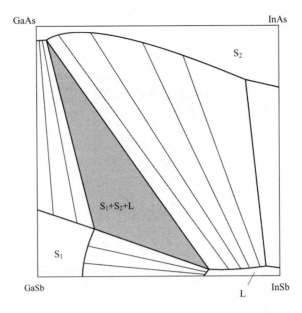

图 6.8　GaAs-GaSb-InAs-InSb 互易相系统

$$G_m = y_A\,{}^0G_{A_aN_c} + y_B\,{}^0G_{B_aN_c} + aRT\left(y_A \ln y_A + y_B \ln y_B\right) + {}^EG'$$

$${}^0G_{A_aN_c} = y_C\,{}^0G_{A_aC_c} + y_D\,{}^0G_{A_aD_c} + cRT\left(y_C \ln y_C + y_D \ln y_D\right) + {}^EG''$$

$${}^0G_{B_aN_c} = y_C\,{}^0G_{B_aC_c} + y_D\,{}^0G_{B_aD_c} + cRT\left(y_C \ln y_C + y_D \ln y_D\right) + {}^EG'''$$

$$G_m = y_A y_C\,{}^0G_{A_aC_c} + y_B y_C\,{}^0G_{B_aC_c} + y_A y_D\,{}^0G_{A_aD_c} + y_B y_D\,{}^0G_{B_aD_c}$$

$$+ aRT\left(y_A \ln y_A + y_B \ln y_B\right) + cRT\left(y_C \ln y_C + y_D \ln y_D\right) + {}^EG_m \tag{6.31}$$

$${}^EG_m = y_A y_B y_C L_{AB}^C + y_A y_B y_D L_{AB}^D + y_C y_D y_A L_{CD}^A + y_C y_D y_B L_{CD}^B \tag{6.32}$$

${}^EG_m$ 为过剩自由能。这里出现了一种新的热力学参数，称为互易系相互作用能（Reciprocal system interaction energy），即 L_{AB}^C、L_{AB}^D、L_{CD}^A、L_{CD}^B。以 L_{AB}^C 为例加以说明，其含义为处于同一亚点阵中的 A、B 原子之间的相互作用能，但另一亚点阵中全部由 C 原子占据。其余类推。如图 6.8 所示，浓度正方形的各边实际上是一个线性化合物，其各自的过剩自由能如表 6.1 所示，将互易系的过剩自由能和互易系相互作用能（L 参数）相互比较，可以得到 L 参数与亚点阵相互作用能（I 参数）之间的对应关系。

表 6.1　线性化合物过剩自由能与互易系过剩自由能的关系

线性化合物	过剩自由能	互易系过剩自由能	L 参数	I 参数
$(A,B)_a C_c$	${}^EG_m = a y_A y_B I_{AB}$	${}^EG_m = y_A y_B L_{AB}^C$	L_{AB}^C	aI_{AB}
$(A,B)_a D_c$	${}^EG_m = a y_A y_B I_{AB}$	${}^EG_m = y_A y_B L_{AB}^D$	L_{AB}^D	aI_{AB}
$A_a(C,D)_c$	${}^EG_m = c y_C y_D I_{CD}$	${}^EG_m = y_C y_D L_{CD}^A$	L_{CD}^A	cI_{CD}
$B_a(C,D)_c$	${}^EG_m = c y_C y_D I_{CD}$	${}^EG_m = y_C y_D L_{CD}^B$	L_{CD}^B	cI_{CD}

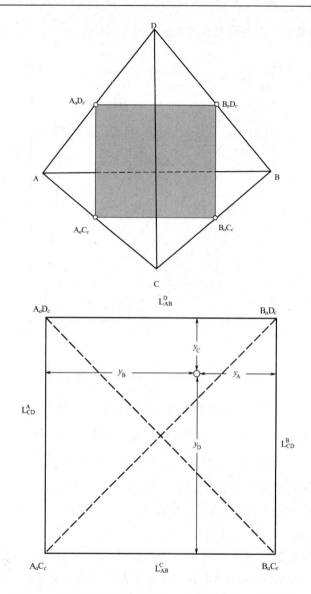

图6.9 互易相系统成分变量自由度数的减少与成分描述

可以证明，互易相的化学势与摩尔自由能的关系为

$$\mu_{A_aC_c} = G_m + \frac{\partial G_m}{\partial y_A} + \frac{\partial G_m}{\partial y_C} - \left(y_A \frac{\partial G_m}{\partial y_A} + y_B \frac{\partial G_m}{\partial y_B} + y_C \frac{\partial G_m}{\partial y_C} + y_D \frac{\partial G_m}{\partial y_D} \right)$$

$$\mu_{B_aC_c} = G_m + \frac{\partial G_m}{\partial y_B} + \frac{\partial G_m}{\partial y_C} - \left(y_A \frac{\partial G_m}{\partial y_A} + y_B \frac{\partial G_m}{\partial y_B} + y_C \frac{\partial G_m}{\partial y_C} + y_D \frac{\partial G_m}{\partial y_D} \right)$$

$$\mu_{A_aD_c} = G_m + \frac{\partial G_m}{\partial y_A} + \frac{\partial G_m}{\partial y_D} - \left(y_A \frac{\partial G_m}{\partial y_A} + y_B \frac{\partial G_m}{\partial y_B} + y_C \frac{\partial G_m}{\partial y_C} + y_D \frac{\partial G_m}{\partial y_D} \right)$$

$$\mu_{B_aD_c} = G_m + \frac{\partial G_m}{\partial y_B} + \frac{\partial G_m}{\partial y_D} - \left(y_A \frac{\partial G_m}{\partial y_A} + y_B \frac{\partial G_m}{\partial y_B} + y_C \frac{\partial G_m}{\partial y_C} + y_D \frac{\partial G_m}{\partial y_D} \right) \quad （6.33）$$

仍要强调，上面各式中求摩尔自由能对 y_i 的偏微分时，要认为 y_i 与其他成分变量无关。因为在各亚点阵中应用了正规溶体近似，求出各化合物组元在互易相中的化学势如下。

$$\mu_{A_aC_c} = {}^0G_{A_aC_c} + y_By_D\Delta G + aRT\ln y_A + cRT\ln y_C + {}^E\mu_{A_aC_c}$$

$${}^E\mu_{A_aC_c} = y_B(y_Dy_A + y_By_C)L^C_{AB} + y_D(y_Dy_A + y_By_C)L^A_{CD}$$

$$+ y_By_D(y_D - y_C)L^B_{CD} + y_By_D(y_B - y_A)L^D_{AB} \tag{6.34}$$

$$\Delta G = \left({}^0G_{A_aD_c} - {}^0G_{A_aC_c}\right) + \left({}^0G_{B_aD_c} - {}^0G_{B_aC_c}\right) \tag{6.35}$$

ΔG 表示的是两个亚点阵之间不同原子的结合能的差值，见图 6.10；L 表示的是同一亚点阵内部两种原子的结合能的差值。其他化合物组元的化学势的表达式可以通过公式的对称性分析获得，这里仅举一例，余不赘述。

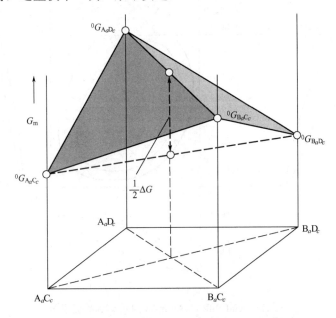

图 6.10　化合物组元摩尔自由能的差值 ΔG 的意义

$$\mu_{A_aD_c} = {}^0G_{A_aD_c} + y_By_C\Delta G + aRT\ln y_A + cRT\ln y_D + {}^E\mu_{A_aD_c}$$

$${}^E\mu_{A_aD_c} = y_B(y_Cy_A + y_By_D)L^D_{AB} + y_C(y_Cy_A + y_By_D)L^A_{CD}$$

$$+ y_By_C(y_C - y_D)L^B_{CD} + y_By_C(y_B - y_A)L^C_{AB} \tag{6.36}$$

【例题 6.1】　Ⅲ-Ⅴ族化合物半导体（Semiconductor）中，GaAs-GaP-InAs-InP 互易系是一个非常重要的系统。其中的四个二元系 GaAs-GaP, InAs-InP, GaP-InP, GaAs-InAs 都是化合物连续固溶体，见图 6.11。但是，在互易系内却发现了溶解度间隙，而溶解度间隙的出现对于半导体的外延生长质量会产生不利影响。试分析溶解度间隙产生的原因，并指出溶解度间隙存在的温度范围。

　解： 如图 6.11 所示，题中的四个二元系的固相都是完全互溶的有序化合物，应该不存在形成溶解度间隙的倾向。但是溶解度间隙的形成最终决定于自由能曲面的形状。如本章的图 6.5 所示，几个相互作用能都为负值，但其中的一个是远大得多的负值时，自由能曲面也会在某一方向出现 $\dfrac{\partial^2 G_\mathrm{m}}{\partial u^2}<0$ 的成分范围，在这个范围内将出现溶解度间隙。本问题与此类似。

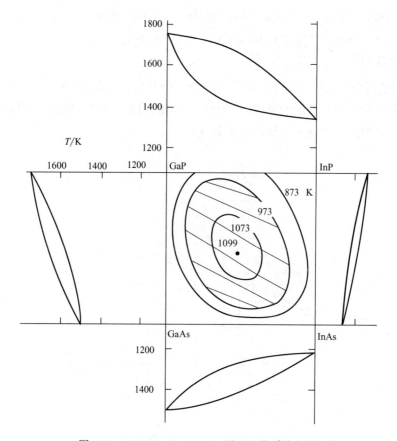

图 6.11　GaP-InP-GaAs-InAs 四元互易系统相图

图 6.12（a）给出了 GaAs-GaP-InAs-InP 互易系中的四个化合物组元的摩尔自由能的示意图。在假设纯元素 In、P、As、Ga 的摩尔自由能为 0 时，四个化合物组元的摩尔自由能 $^0G_{\mathrm{GaAs}}$、$^0G_{\mathrm{GaP}}$、$^0G_{\mathrm{InAs}}$、$^0G_{\mathrm{InP}}$ 就是它们的形成自由能，这是可以得到的。其实，这些化合物的熔点也能提示它们的形成自由能，熔点越高形成自由能越负，这些数据列于表 6.2。

表 6.2　Ⅲ-Ⅴ族半导体的标准形成自由能 ΔG（298K）和熔点

化　合　物	$\Delta H/\mathrm{kJ\cdot mol^{-1}}$	$\Delta S/\mathrm{J\cdot mol^{-1}\cdot K^{-1}}$	$\Delta G/\mathrm{kJ\cdot mol^{-1}}$	熔点/℃
InAs	−56.8	74.5	−79.0	942
InP	−75.3	59.8	−93.1	1071
GaAs	−81.2	64.2	−100.3	1238
GaP	−122.2	53.2	−138.1	1467

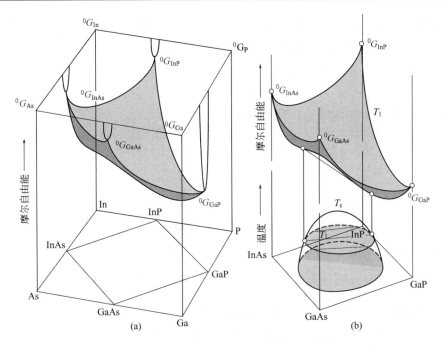

图 6.12　GaAs-GaP-InAs-InP 四组元互易固溶体溶解度间隙的产生

GaAs、GaP、InAs、InP 四个化合物组元将形成互易固溶体，固溶体的自由能曲面如图 6.12（b）所示。由于 GaP 的形成自由能也即摩尔自由能远低于其他三个组元，所以自由能曲面在互易正方形的中心成分范围内，沿 GaP-InAs 出现 $\dfrac{\partial^2 G_m}{\partial u^2} < 0$ 的现象，这意味着在这个成分范围将出现溶解度间隙。T_1 温度下的溶解度间隙的成分范围如图 6.12（b）中的下图所示。图 6.11 中给出了溶解度间隙等温线的计算结果。溶解度间隙的顶点温度为 1099K。虽然在全成分范围内不出现溶解度间隙要高达 800℃ 以上，但低于 700℃ 会有很大的成分范围供选择，相平衡计算将提供精确的参考。

6.3　代位-间隙式固溶体

代位-间隙式固溶体（Replace-interstitial solid solution）的代表是合金钢中的合金奥氏体，合金铁素体等。这类固溶体相在钢铁材料中发挥着重要作用。而不论现在还是将来钢铁材料都将处于其他材料无法替代的地位。此外，在分析钛合金以及其他新材料中的微量 N、O、H 等元素的作用时，也需要代位-间隙式固溶体的概念。若设互易相 $(A,B)_a(C,D)_c$ 中的 A 为钢铁材料的基体元素 Fe，B 为代位式合金元素 M，C 为钢铁材料的主要间隙式元素碳（C），D 为元素铁中的空隙 Va（如八面体空隙、四面体空隙等）。则互易相可写成铁基代位-间隙式固溶体的一般表达式

$$(Fe,M)_a(C,Va)_c \tag{6.37}$$

在进行相应的替代之后，可以由式（6.31）和式（6.32）获得铁基代位-间隙式固溶体的

摩尔自由能表达式，这里不再重复列出。这种固溶体中的 C 元素的化学势与活度经常是最重要的热力学量，但它们不能像正规溶体近似那样简单地求出，因为容易得到的是化合物组元的化学势。由于存在

$$\mu_{A_aC_c} = a\mu_A + c\mu_C \tag{6.38}$$

而且假设空位的化学势为零是合理的，即

$$\mu_D = 0$$

于是，

$$\mu_{A_aD_c} = a\mu_A + c\mu_D = a\mu_A$$

同理，

$$\mu_{B_aC_c} = a\mu_B + c\mu_C$$

前面已经提到，可以用 C 表示碳，所以碳的化学势为

$$\mu_C = \frac{\mu_{A_aC_c} - \mu_{A_aD_c}}{c} = \frac{\mu_{B_aC_c} - \mu_{B_aD_c}}{c} \tag{6.39}$$

按互易相的化学势公式（6.34）和式（6.36）得

$$\mu_{A_aC_c} = {}^0G_{A_aC_c} + y_By_D\Delta G + aRT\ln y_A + cRT\ln y_C + {}^E\mu_{A_aC_c}$$

$$\mu_{A_aD_c} = {}^0G_{A_aD_c} + y_By_C\Delta G + aRT\ln y_A + cRT\ln y_D + {}^E\mu_{A_aD_c}$$

代入式（6.39）可得

$$\mu_C = \frac{1}{c}\left({}^0G_{A_aC_c} - {}^0G_{A_aD_c}\right) + \frac{1}{c}y_B\Delta G(y_D - y_C)$$

$$+ RT(\ln y_C - \ln y_D) + \frac{1}{c}\left({}^E\mu_{A_aC_c} - {}^E\mu_{A_aD_c}\right) \tag{6.40}$$

将式（6.35）的 ΔG 代入后，并省略成分的高次项，且 $y_D \to 1$，μ_C 可以写成

$$\mu_C = \frac{1}{c}y_A\left({}^0G_{A_aC_c} - {}^0G_{A_aD_c}\right) - \frac{1}{c}y_B\left({}^0G_{B_aC_c} - {}^0G_{B_aD_c}\right) + RT\ln\frac{y_C}{1-y_C} + {}^E\mu_C'$$

$$^E\mu_C' = \frac{1}{c}\left({}^E\mu_{A_aC_c} - {}^E\mu_{A_aD_c}\right) \tag{6.41}$$

已经知道，两个化合物组元的化学势过剩项分别为

$$^E\mu_{A_aC_c} = y_B(y_Dy_A + y_By_C)L_{AB}^C + y_D(y_Dy_A + y_By_C)L_{CD}^A$$

$$+ y_By_D(y_D - y_C)L_{CD}^B + y_By_D(y_B - y_A)L_{AB}^D$$

$$^E\mu_{A_aD_c} = y_B(y_Cy_A + y_By_D)L_{AB}^D + y_C(y_Cy_A + y_By_D)L_{CD}^A$$

$$+ y_By_C(y_C - y_D)L_{CD}^B + y_By_C(y_B - y_A)L_{AB}^C$$

代入式（6.41），并考虑 $y_A = 1 - y_B$，通过加减 L_{CD}^A/c 项整理，可以得到

$$\mu_C = \frac{1}{c}\left({}^0G_{A_aC_c} - {}^0G_{A_aD_c} + L_{CD}^A\right) + \frac{1}{c}y_B\Delta G + RT\ln\frac{y_C}{1-y_C} + {}^E\mu_C \tag{6.42}$$

$$c^E\mu_C = y_B\left(L_{AB}^C - L_{AB}^D + L_{CD}^B - L_{CD}^A\right) - 2y_CL_{CD}^A - 2y_By_CL_{CD}^B + y_B^2\left(L_{AB}^D - L_{AB}^C\right)$$

省略成分的高次项，可得

$$^E\mu_C = \frac{1}{c}y_B\left(L_{AB}^C - L_{AB}^D + L_{CD}^B - L_{CD}^A\right) - \frac{2}{c}y_C L_{CD}^A \tag{6.42a}$$

此式与式（6.42）一起构成 C 的化学势表达式。

【例题 6.2】 合金钢中的奥氏体，是分析研究钢的相平衡和相变的基础。其中常常溶解较多的代位式合金元素，同时又溶解多量的间隙式碳原子。在含碳量很高时，用多元正规溶体近似处理这个问题是不适当的。试用本节的方法求合金奥氏体中的碳活度。

解： 合金钢中奥氏体的碳活度经常用于研究钢的渗碳、脱碳、相变等很多实际问题。合金钢中的绝大部分合金元素 M 只进入 Fe 原子的实体亚点阵，碳只进入空隙亚点阵，是典型的互易相（互易固溶体）。这时，把空隙亚点阵中未添入碳原子的空隙位置也看做是一种"原子 Va"。于是，奥氏体的分子式可写成

$$(Fe,M)_a(C,Va)_c, \quad a=c=1$$

根据互易固溶体中 C 元素化学势的公式（6.42）和式（6.42a），考虑到 $y_{Fe} \approx 1$，可以得到碳（C）在奥氏体 γ 中的化学势 μ_C^γ 为

$$\mu_C^\gamma = \left({}^0G_{FeC}^\gamma - {}^0G_{Fe}^\gamma + L_{CVa}^{Fe}\right) + y_M\Delta G + RT\ln\frac{y_C}{1-y_C} + {}^E\mu_C^\gamma \tag{6.43}$$

$$^E\mu_C^\gamma = y_M\left(L_{FeM}^C - L_{FeM}^{Va} + L_{CVa}^M - L_{CVa}^{Fe}\right) - 2y_C L_{CVa}^{Fe}$$

J_M^γ 被称做合金元素对奥氏体碳活度的影响因子（Carbon activity factor）

$$J_M^\gamma = \Delta G + \left(L_{FeM}^C - L_{FeM}^{Va} + L_{CVa}^M - L_{CVa}^{Fe}\right)$$

对于合金钢来说，奥氏体的碳活度影响因子 J_M^γ 是一个十分重要的独立的参数，它与原子序数有一定的关系，如图 6.13 所示。目前合金钢中的主要合金元素的奥氏体碳活度影响因子 J_M^γ 的数值如表 6.3 所示。

表 6.3　合金钢中合金元素的奥氏体碳活度影响因子 J_M^γ

合金元素	V	Mo	Cr	W	Mn	Fe	Co	Ni	Cu	Si
J_M^γ /kJ·mol^{-1}	−180	−100	−251.16+0.118T	−84	−41	0.2	24.5	46	−46 +0.055T	100

将奥氏体的碳活度影响因子 J_M^γ 代入式（6.43）后，可得到合金奥氏体 γ 中碳的化学势 μ_C^γ 为

$$\mu_C^\gamma = \left({}^0G_{FeC}^\gamma - {}^0G_{Fe}^\gamma + L_{CVa}^{Fe}\right) + RT\ln\frac{y_C}{1-y_C} - 2y_C L_{CVa}^{Fe} + y_M J_M^\gamma \tag{6.44}$$

与第4章中 Fe–C 二元系中的碳活度公式（4.38）（见下式）比较

$$\mu_C^\gamma = {}^0G_{FeC}^\gamma - {}^0G_{Fe}^\gamma + I_{CVa}^\gamma(1-2y_C) + RT\ln\frac{y_C}{1-y_C}$$

可以看出，两式之间其实有

$$I_{CVa}^\gamma = L_{CVa}^{Fe}$$

差别只在于 $y_M J_M^\gamma$ 项。利用 Gibbs-Duhem 方程可以证明，各合金元素的作用是叠加的，因此当有 n 种合金元素加入时，合金奥氏体中碳的化学势的公式为

$$\mu_C^\gamma = \left({}^0G_{FeC}^\gamma - {}^0G_{Fe}^\gamma + I_{CVa}^\gamma\right) + RT\ln\frac{y_C}{1-y_C} - 2y_C I_{CVa}^\gamma + \sum_{i=1}^n y_i J_i^\gamma \qquad (6.45)$$

合金奥氏体γ中碳活度 a_C^γ 通常以石墨态碳为基准态，其定义式为

$$\mu_C^\gamma = {}^0G_C^{gr} + RT\ln a_C^\gamma$$

其中 ${}^0G_C^{gr}$ 为石墨态碳的摩尔自由能。可以求得合金奥氏体中的碳活度

$${}^0G_C^{gr} + RT\ln a_C^\gamma = \left({}^0G_{FeC}^\gamma - {}^0G_{Fe}^\gamma + I_{CVa}^\gamma\right) + RT\ln\frac{y_C}{1-y_C} - 2y_C I_{CVa}^\gamma + \sum_{i=1}^n y_i J_i^\gamma$$

$$RT\ln a_C^\gamma - RT\ln\frac{y_C}{1-y_C} = \left({}^0G_{FeC}^\gamma - {}^0G_{Fe}^\gamma + I_{CVa}^\gamma - {}^0G_C^{gr}\right) - 2y_C I_{CVa}^\gamma + \sum_{i=1}^n y_i J_i^\gamma$$

为方便，这里给出了碳活度与浓度的另一种关系式，f_C^γ 为碳活度系数。

$$a_C^\gamma = f_C^\gamma \frac{y_C}{1-y_C} \qquad (6.46)$$

碳活度系数 f_C^γ 为

$$f_C^\gamma = \exp\frac{\left({}^0G_{FeC}^\gamma - {}^0G_{Fe}^\gamma + I_{CVa}^\gamma - {}^0G_C^{gr}\right) - 2y_C I_{CVa}^\gamma + \sum_{i=1}^n y_i J_i^\gamma}{RT} \qquad (6.47)$$

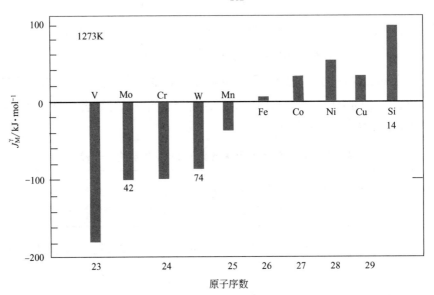

图 6.13　奥氏体中碳活度影响因子与原子序数的关系

【例题 6.3】 试计算 Fe-20Cr-10Ni 合金在 1000℃下的碳活度，此合金中的碳含量为 0.1 mass.%。

解： 这是 1986 年由我国某钢厂提出的一个实际问题。当时，该钢厂为组织生产的方便，将 Fe-20Cr-10Ni 合金与另一种合金混装退火。该合金长时间脱碳质量不合格，而另一合金却能合格。经分析研究，认为是对两合金的平衡碳活度估计有误造成。经计算，确定了两合金的正确平衡碳活度。分装退火后，脱碳质量问题得到了解决。

数据如下：

处理温度 T=1273K；

元素原子量 M_{Fe}=56，M_{Ni}=58.7，M_{Cr}=52.0；

合金成分（原子分数）X_C=0.0047，X_{Cr}=0.215，X_{Ni}=0.095，X_{Fe}=0.685；

亚点阵原子分数 y_C=0.00468，y_{Cr}=0.216，y_{Ni}=0.095，y_{Fe}=0.688；

R=8.3142 J·mol^{-1}·K^{-1}，RT=10583 J·mol^{-1}；

奥氏体碳活度影响因子 J_{Cr}^{γ}=−100946 J·mol^{-1}，J_{Ni}^{γ}=46000 J·mol^{-1}；

$\left({}^0G_{FeC}^{\gamma} - {}^0G_C^{gr} - {}^0G_{Fe}^{\gamma} + I_{CVa}^{\gamma} \right)$=46115 − 19.178$T$=21701 J·mol^{-1}；

I_{CVa}^{γ} = − 21079 − 11.555T = − 35788 J·mol^{-1}。

代入相应公式（6.46）和式（6.47）可得

$$f_C^{\gamma} = \exp \frac{1}{10583}[21701 - 2(-35788)(0.00468) + 46000 \times 0.095 - 100946 \times 0.216]$$

$$= \exp 0.436$$

$$= 1.54$$

$$a_C^{\gamma} = 1.54 \times \frac{0.00468}{1 - 0.00468} = 0.00724$$

$$= 0.724\%$$

附：关于铁基合金奥氏体中碳及合金元素亚点阵分数的近似计算方法

对于多数铁基合金来说，特别是钢铁材料，铁基稀溶体居多。由质量分数（mass.%）与原子分数（X_i）之间的转换关系，计算亚点阵分数十分繁复，特别是对组元很多的材料更是如此。当进行手工计算时，可以利用如下的简便计算公式

$$y_i = (\text{mass.}\%)_i \frac{M_{Fe}}{M_i} \tag{6.48}$$

式中，y_i 为组元 i 的亚点阵分数；$(\text{mass.}\%)_i$ 为组元 i 的质量分数；M_{Fe} 为 Fe 的原子量；M_i 为组元 i 的原子量。

【例题 6.4】 欲使一个含 1.4%（质量分数）Cr、3.0%Ni 的合金钢齿轮表面的含碳量达到 0.7%，在 900℃进行气体渗碳，并通过测定细钢丝两端的电势来确定碳势，钢丝为含 0.8%的 Mn 和 0.3%的 Si 的极低碳钢。试计算控制钢丝中的碳含量为何值时，才能达到预期的目的。气体渗碳及碳势检测装置参见图 6.14。

解： 这实际上是单个组元在各相之间达到平衡的问题。在渗碳温度下，钢丝中碳的化学势能迅速与气氛中的碳化学势达到一致，在足够的时间内，气氛的碳化学势与齿轮钢表面的碳化学势也能达到一致。所以，齿轮钢表面碳的化学势与钢丝是相等的。

在此温度下，钢丝和渗碳钢都处于单相奥氏体状态，奥氏体中的碳含量越高，电阻就越大，钢丝两端的电势就越高。因此通过监视电势可以了解钢丝中的含碳量。预先测出的碳含量-电势关系的定标线如图 6.14 所示。根据以上分析，钢丝-气氛-齿轮表面的碳化学势相等，即

$$\mu_C^{\gamma}(\text{wire}) = \mu_C^{\text{gas}} = \mu_C^{\gamma}(\text{surface})$$

按代位-间隙式固溶体模型，各自的化学势为

$$\mu_C^\gamma(\text{wire}) = \left({}^0G_{FeC}^\gamma - {}^0G_{Fe}^\gamma + I_{CVa}^\gamma\right) + RT\ln\frac{y_C^w}{1-y_C^w} - 2y_C^w I_{CVa}^\gamma + y_{Mn}^w J_{Mn}^\gamma + y_{Si}^w J_{Si}^\gamma$$

$$\mu_C^\gamma(\text{surface}) = \left({}^0G_{FeC}^\gamma - {}^0G_{Fe}^\gamma + I_{CVa}^\gamma\right) + RT\ln\frac{y_C^s}{1-y_C^s} - 2y_C^s I_{CVa}^\gamma + y_{Ni}^s J_{Ni}^\gamma + y_{Cr}^s J_{Cr}^\gamma$$

$$RT\ln\frac{y_C^w}{1-y_C^w} = RT\ln\frac{y_C^s}{1-y_C^s} - 2y_C^s I_{CVa}^\gamma + 2y_C^w I_{CVa}^\gamma +$$

$$y_{Ni}^s J_{Ni}^\gamma + y_{Cr}^s J_{Cr}^\gamma - y_{Mn}^w J_{Mn}^\gamma - y_{Si}^w J_{Si}^\gamma$$

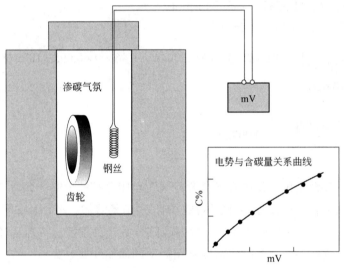

图 6.14 气体渗碳及碳势检测装置

求解此方程式所需数据如下：

项　　目	Cr	Ni	Mn	Si	C	Fe
齿轮钢						
mass.%	1.4	3.0			0.7	
X_i	0.015	0.0286			0.0326	
y_i	0.0155	0.0295			0.0337	
钢丝						
mass.%			0.8	0.3		
X_i			0.0082	0.006		
y_i			0.0082	0.006		

T=900℃=1173 K

RT= 9752 J·mol^{-1}

J_{Ni} = 46000 J·mol^{-1}

$$J_{Cr} = -251160 + 118 \times 1173 = -112746 \text{ J} \cdot \text{mol}^{-1}$$

$$J_{Mn} = -41000 \text{ J} \cdot \text{mol}^{-1}$$

$$J_{Si} = 100000 \text{ J} \cdot \text{mol}^{-1}$$

$$I_{CVa} = -21079 - 11.555 \times 1173 = -34633 \text{ J} \cdot \text{mol}^{-1}$$

代入上式

$$9752 \ln \frac{y_C^w}{1 - y_C^w} = 9752 \ln \frac{0.0337}{1 - 0.0337} - 2 \times (-34633) \times (0.0337)$$

$$+ 2 \times (-34633) y_C^w +$$

$$46000 \times 0.0295 - 112746 \times 0.0155 -$$

$$100000 \times 0.006 + 41000 \times 0.0082$$

$$9752 \ln \frac{y_C^w}{1 - y_C^w} = -31047 - 69266 y_C^w$$

$$y_C^w = 0.032$$

$$X_C^w = 0.031$$

需要控制钢丝中的含碳量$(\text{mass.\%})_C = 0.664\%$

6.4 二级相变自由能

在多元相中也存在二级相变的自由能如何描述的问题，因为摩尔自由能中的这个部分对于多元相平衡有非常重要的影响。关于这个问题有多种理论近似方法，下面介绍的仍是富有成效的 Zener-Hillert-Nishizawa 方法。这种方法也是从二级相变的特殊热容出发进行处理的。

6.4.1 磁性转变自由能

这里的磁性转变是指铁磁-顺磁转变，第 5 章以二元系为例介绍了这种转变的热容模拟模型。对于多元系这一模型的基本出发点仍与二元系相同，即式（5.24）对于多元系仍然有效：

$$G_m^\alpha = \left(G_m^\alpha\right)^p + \left(\Delta G_m^\alpha\right)^m \tag{6.49}$$

多元固溶体 α 的摩尔自由能 G_m^α 是由顺磁态自由能 $\left(G_m^\alpha\right)^p$ 和磁性转变自由能 $\left(\Delta G_m^\alpha\right)^m$ 构成的。如以 A（Fe）-B-C 系为例分析磁性转变自由能，则 $\left(G_m^\alpha\right)^p$ 可按正规溶体描述，即

$$\left(G_m^\alpha\right)^p = \sum_{i=1}^3 X_i \, {}^0G_i + RT \sum_{i=1}^3 X_i \ln X_i + \sum_{i=1}^3 \sum_{j=i+1}^3 I_{ij} X_i X_j \tag{6.50}$$

式中，$i=1$ 为 Fe，$i=2$ 为 B，$i=3$ 为 C。

$$\left(\Delta G_m^\alpha\right)^m = (1 - m_B X_B - m_C X_C)\left[\Delta \, {}^0G_{Fe}^\alpha \left(T'\right)\right]^m \tag{6.51}$$

式中，m_B、m_C 为溶质的磁性系数，溶质为 Co、Ni 时，$m_i = 0$，溶质为其他元素时，$m_i = 1$。T' 为转换温度。式（6.51）利用 m_i 和 T' 来实现对三元系任何成分的固溶体在任何温度下的磁性转变自由能的描述。

$$T' = T - \Delta T_B X_B - \Delta T_C X_C \tag{6.52}$$

$$T = T' + \Delta T_B X_B + \Delta T_C X_C \tag{6.53}$$

T 是固溶体实际所处的温度，固溶体在温度 T 时的磁性转变自由能，要用纯 Fe 在 T' 温度下的磁性转变自由能来转换。这里的 ΔT_i 来源于溶质 i 对固溶体居里温度 T_C 的影响，即

$$T_C = {}^0T_C + \Delta T_B X_B + \Delta T_C X_C \tag{6.54}$$

${}^0T_C$ 是纯铁的 Curie 温度。ΔT_i 为成分系数，可以是常数，也可以是成分的函数。在是常数时有下述关系

$$\frac{\partial T_C}{\partial X_i} = \Delta T_i \tag{6.55}$$

上述温度之间的关系可参照图 6.15。

经过与第 5 章 5.5.2 类似的处理，可以获得某成分（X_i）铁基三元溶体在温度 T 的磁性转变自由能

$$\left[\Delta G^\alpha(T)\right]^m$$

$$= X_{Fe}\left\{\left[\Delta^0 G_{Fe}^\alpha(T)\right]^m + \Delta T_B X_B\left[\Delta^0 S_{Fe}^\alpha(T)\right]^m + \Delta T_C X_C\left[\Delta^0 S_{Fe}^\alpha(T)\right]^m\right\} \tag{6.56}$$

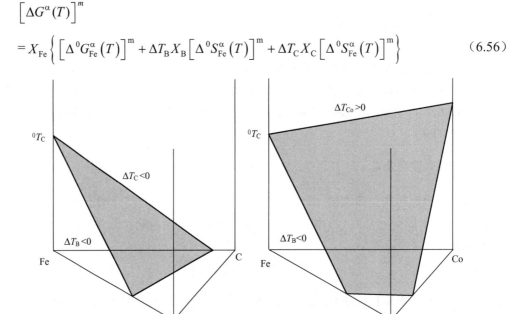

图 6.15 Fe 基三元固溶体的居里温度与成分的关系

6.4.2 有序-无序转变自由能

多元系中的有序-无序转变比较复杂，如 A-B-C 三元系中可能出现其中一个二元

系（如 B-C）、两个二元系（如 B-C, A-C）或三个二元系（A-B, B-C, A-C）存在有序-无序转变的情况，其有序-无序转变温度与成分的关系如图 6.16 所示。

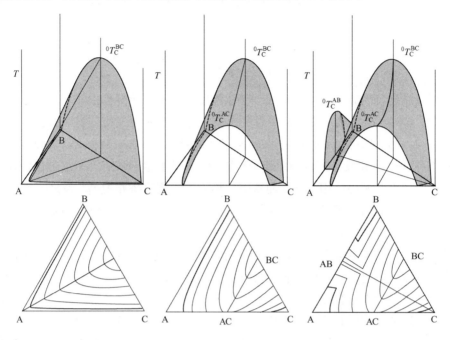

图 6.16　A-B-C 三元系的三种有序-无序转变温度曲面

通过 Bragg-Williams 近似向三元系的扩展可以得到，当 A-B-C 系中只有 B-C 二元系存在 BC 有序相时，有序-无序转变温度 T_C 可以表示成

$$T_C = 4\,^0T_C^{BC}\frac{X_B X_C}{X_B + X_C} \tag{6.57}$$

当 A-B-C 系中的 B-C 二元系存在 BC 有序相，同时 A-C 二元系也存在 AC 有序相时，有序-无序转变温度 T_C 可以表示成

$$T_C = 4\,^0T_C^{BC}X_B X_C + 4\,^0T_C^{AC}X_A X_C \tag{6.58}$$

当 A-B-C 系中的三个二元系都存在有序相时，如图 6.16 所示，问题进一步复杂化。在 $^0T_C^{BC} > {}^0T_C^{AC} > {}^0T_C^{AB}$ 时，在较高的温度下（ $T > {}^0T_C^{AB}$ ），有序-无序转变温度 T_C 可以表示成下面的形式

$$T_C = 4\,^0T_C^{BC}X_B X_C + 4\,^0T_C^{AC}X_A X_C$$
$$-4\,^0T_C^{AB}X_A X_B\frac{X_C}{1 - X_C} \tag{6.59}$$

三元系有序-无序转变自由能的描述与磁性转变自由能的处理相近，也是通过热容模拟实现，固溶体的摩尔自由能 G_m^α 可以写成无序态自由能 $\left(G_m^\alpha\right)^{dis}$ 与有序化自由能 $\left(\Delta G_m^\alpha\right)^{ord}$ 之和，即

$$G_m^\alpha = \left(G_m^\alpha\right)^{dis} + \left(\Delta G_m^\alpha\right)^{ord} \tag{6.60}$$

其中 $\left(G_m^\alpha\right)^{dis}$ 可以用正规溶体近似处理。

关于 $\left(\Delta G_m^\alpha\right)^{ord}$，第 5 章 5.5.3 中的热容模拟模型的处理适用于三元系，只是有序-无序转变温度须用本节的三元表达式，式（5.46）中的热容因子 $f=2X_B$ 将变成

$$f = 2X_B \quad (X_B \leqslant X_C)$$
$$f = 2(1-X_B) \quad (X_B > X_C)$$

这样就可以通过转换温度求出任意成分任意温度的有序化转变自由能。

【例题 6.5】 在金属永磁材料中有一个类别是主要通过失稳分解即两相分离来提高材料的矫顽力的。如可变形的铜基（Cu-Ni-Co, Cu-Ni-Fe）永磁合金，高矫顽力的铝镍钴（Alnico）永磁合金和兼备高矫顽力和变形能力的铁铬钴（Fe-Cr-Co）永磁合金等。已知两相分离的组织中顺磁性相为基体而铁磁性相为第二相时矫顽力高，反之，铁磁性相为基体而顺磁性相为第二相时矫顽力很低。试根据这三种材料的溶解度间隙的特征，说明应如何选择合金成分和处理工艺。

解：题中所述 Cu-Ni-Co 和 Cu-Ni-Fe 合金的溶解度间隙是由 Cu-Co（或 Cu-Fe）二元系的溶解度间隙引入的，参见本章 6.1 中的图 6.4。它的一个等温截面如图 6.17(a)中的左图所示，可以看出溶解度间隙是来源于一个二元系。随着 Ni 含量的增加，溶解度间隙将消失。这是溶解度间隙的最简单的情况。在图 6.17(a)中选定一个成分，并沿通过该成分的共轭线画出相图的纵截面，如中图所示。在纵截面中可以看出合金加热到溶解度间隙以上的温度时，将获得单相，然后急冷到室温，再重新加热到溶解度间隙内的适当温度（如 600℃左右）时效时，由于 γ^f 相的体积分数远小于 γ^p 相，所以铁磁性的 γ^f 相成为第二相而 γ^p 相成为基体，有利于矫顽力的提高。如果选择磁性元素（Co,Ni）含量高而 Cu 含量低的成分，虽然有利于提高磁化强度，但在时效中 γ^p 相将成为第二相，铁磁性的 γ^f 相成为基体，矫顽力大大下降，磁能积降低。

Fe-Cr-Co 三元系的溶解度间隙起因于 Fe-Cr 二元系的溶解度间隙和 Fe 基固溶体的铁磁-顺磁转变，参见第 5 章 5.5.2。Co 的加入明显提高了固溶体的磁性转变温度，也从而加强了铁磁-顺磁转变对溶解度间隙的影响，不仅扩大了温度和成分范围，而且形成了沿 T_C 线出现 Nishizawa 角的特殊形状，如图 6.17（b）所示。这给合金成分的选择提供了新的可能：选择靠近 Fe-Co 侧的成分以保证足够的磁化强度，而且自单相区冷却到溶解度间隙内进行保温时效，又能保证铁磁性相 α^f 是第二相，而 α^p 是基体。

在较高的温度时效（如 850℃）时，因铁磁性相体积分数少而成为第二相，顺磁相为基体。这时如果在时效中加上强磁场，铁磁性第二相的长轴将顺着磁场方向生长。铁磁性相在随后的分级时效中继续沿此方向不断长大，形成择优取向，会进一步增加矫顽力。这个过程如图 6.17（b）、（c）的中图所示。

Alnico 永磁材料体系中的溶解度间隙与二元系中的溶解度间隙无关，是典型的溶解度间隙岛。相关的各二元系的相互作用能均为负值或接近于 0。这种溶解度间隙岛的产生，参见 6.1 节之图 6.5。除了由无序顺磁态热力学参数引起的溶解度间隙岛之外，还有铁基固溶体的磁性转变和 NiAl 和 FeAl 两个有序固溶体的有序-无序转变的影响。由于这

两项影响使溶解度间隙岛的顶点温度提高了 800℃左右。除此之外，使溶解度间隙岛的形状也发生了很大的变化。

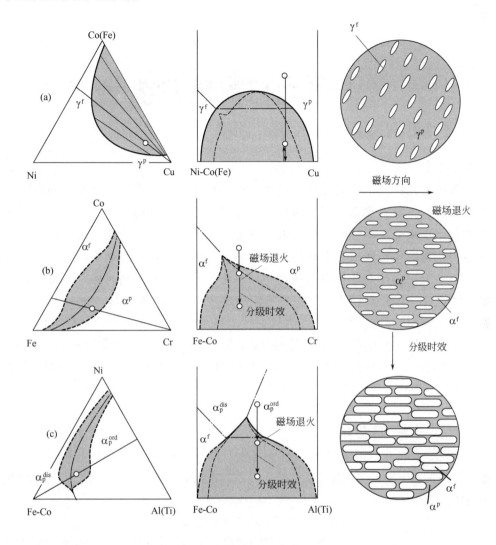

图 6.17　三种永磁合金系中的三种溶解度间隙及合金成分与工艺的选择
（a）Cunife；（b）FeCrCo；（c）Alnico

在图 6.17（c）给出了这个溶解度间隙的高温等温截面，可以看出这个溶解度间隙岛的形状沿有序-无序转变曲面发生了明显的变形。沿通过选定合金成分的共轭线方向的纵截面相图如中图所示，可以看出溶解度间隙沿有序-无序转变曲线出现了 Nishizawa 角。这种形式的溶解度间隙与 Fe-Cr-Co 系一样为选择尽可能高的 Fe、Co 含量的合金成分提供了可能。这种成分合金的热处理及组织转变过程与 Fe-Cr-Co 永磁材料相近，但在要求同样的磁能积时，Alnico 合金有更好的工艺适应能力。

多元材料热力学

【本章导读】

本章对三元材料中各类固相间的相平衡进行了分析。目标是明确已知条件，求解相平衡成分。与二元系不同，由化学势相等方程所提供的自由度限制，对于求解等温两相平衡成分是不够的，所以需要设定某相一个组元的含量。与两种固溶体的平衡不同，固溶体与线性化合物的平衡、与化学计量比化合物的平衡都会给已知条件带来一些变化。结合具体实例研究材料中丰富多彩的相平衡问题是掌握材料热力学的基本途径。经验和能力只有在应用实践中才能逐步积累和锻炼出来。

真正意义上的单元和二元材料是极少数。即使这些材料也极难避免并非有意加入的杂质元素的影响。所以材料工作者必须面对多种原子（或多种组元）同时出现时的各类问题。本章以各种类型的相平衡为中心探讨多元材料的相关热力学问题。

7.1 三元系中的两相平衡

多元系的相平衡最能直观分析的是三元系。根据 Gibbs 相律，A-B-C 三元系两相平衡的自由度为 3，即

$$F = C - P + 2 = 3 - 2 + 2 = 3$$

式中，F 为自由度；C 为组元数；P 为相数。最后加上去的 2 指的是压力和温度两个变量。如果在压力和温度已经确定了的情况下（即等温等压下）讨论这个自由度数，两相平衡时只有 1。这一个自由度的含义是这样：α 与 β 两相平衡时，有独立成分变量 4 个。比如它们是（X_B^α，X_C^α），（X_B^β，X_C^β），另有两个成分变量因为有下列约束条件而成为非独立的。

$$X_A^\alpha + X_B^\alpha + X_C^\alpha = 1$$
$$X_A^\beta + X_B^\beta + X_C^\beta = 1$$

（X_B^α，X_C^α），（X_B^β，X_C^β）等 4 个独立变量(Independent variable)中，只有 1 个是自由的，这就是自由度等于 1。这是因为 4 个独立变量有下面 3 个约束条件存在：

$$\mu_A^\alpha = \mu_A^\beta$$
$$\mu_B^\alpha = \mu_B^\beta$$

$$\mu_C^\alpha = \mu_C^\beta$$

从这 1 个自由度出发，三元系、两相平衡的相平衡成分的确定过程（计算过程）如图 7.1 所示。

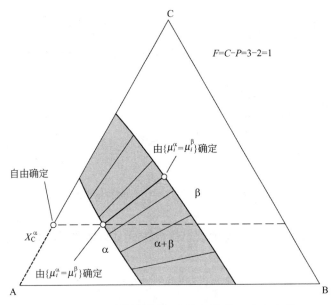

图 7.1　三元系等温等压下两相平衡的一个自由度

α 与 β 两相平衡时，由于有一个自由度，4 个独立成分变量（X_B^α，X_C^α，X_B^β，X_C^β）中的哪一个都可以自由确定，图中是自由确定了 X_C^α 的数值。即图中的粗虚线。X_C^α 被确定之后，其余的 3 个独立成分变量的数值将被约束条件确定。这 4 个独立成分变量全部确定后，就确定了一条 α 与 β 平衡的共轭线。不断地改变自由确定变量 X_C^α 的数值，不断重复上述过程，就会获得一系列 α 与 β 平衡的共轭线——平衡相成分。图 7.1 中的 α 与 β 两相区（影区）也就得到了。

7.2　固溶体与线性化合物的平衡

实际多元材料中这类平衡问题是很多的。例如合金钢在做超硬表面处理——CDC（Carbide dispersion carburizing）处理时，会出现(FeM)$_3$C。(FeM)$_3$C 与奥氏体（γ）基体的平衡就是这类平衡，见图 7.2。

Fe-Cr-C 系是合金钢的最重要的系统。其中 γ（奥氏体）相与(Fe,Cr)$_3$C、(Fe,Cr)$_7$C$_3$ 和 α 相与(Cr,Fe)$_{23}$C$_6$ 的相平衡都是典型的固溶体与线性化合物的平衡。

如果在 A-B-C 三元系中有固溶体 α 和线性化合物(A,B)$_a$C$_c$（θ）之间的平衡，按平衡条件，两相的化学势应该相等。

$$\mu_A^\alpha = \mu_A^\theta \tag{7.1}$$

$$\mu_B^\alpha = \mu_B^\theta \tag{7.2}$$

$$\mu_C^\alpha = \mu_C^\theta \tag{7.3}$$

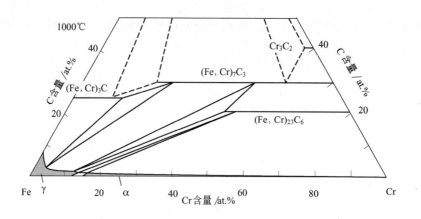

图 7.2　固溶体与线性化合物的相平衡

前面提到过，线性化合物能够方便地求出化合物组元的化学势，而后者与组成元素的化学势之间的关系为

$$\mu_{A_aC_c}^{\theta} = a\mu_A^{\theta} + c\mu_C^{\theta} \tag{7.4}$$

$$\mu_{B_aC_c}^{\theta} = a\mu_B^{\theta} + c\mu_C^{\theta} \tag{7.5}$$

由于有式（7.1）～式（7.3）的关系，所以，下面的关系成立

$$\mu_{A_aC_c}^{\theta} = a\mu_A^{\alpha} + c\mu_C^{\alpha} \tag{7.6}$$

$$\mu_{B_aC_c}^{\theta} = a\mu_B^{\alpha} + c\mu_C^{\alpha} \tag{7.7}$$

这就是固溶体与线性化合物平衡时的约束条件。由于线性化合物相（θ）只有一个独立成分变量 y_B^{θ}，所以等温等压的该两相平衡仍然是一个自由度。图 7.3 给出了平衡时的自由能曲面和一个公切面。如果 α 相用正规溶体近似描述，可用第 6 章的式（6.11）～式（6.13）表示 μ_A^{α}、μ_B^{α} 和 μ_C^{α}，而 $\mu_{A_aC_c}^{\theta}$ 和 $\mu_{B_aC_c}^{\theta}$ 可用第 6 章的式（6.28）和（6.29）表示。

两个化合物组元的化学势为

$$\mu_{A_aC_c}^{\theta} = {}^0G_{A_aC_c}^{\theta} + a\left[RT\ln y_A^{\theta} + \left(y_B^{\theta}\right)^2 I_{AB}^{\theta} \right]$$

$$\mu_{B_aC_c}^{\theta} = {}^0G_{B_aC_c}^{\theta} + a\left[RT\ln y_B^{\theta} + \left(y_A^{\theta}\right)^2 I_{AB}^{\theta} \right]$$

把相关各项代入式（7.6）和式（7.7）之后，可得下面两式

$$\frac{1}{a}\left({}^0G_{A_aC_c}^{\theta} - a\,{}^0G_A^{\alpha} - c\,{}^0G_C^{\alpha} \right) + RT\ln y_A^{\theta} + (y_B^{\theta})^2 I_{AB}^{\theta}$$

$$= RT\ln X_A^{\alpha} + I_{AB}^{\alpha}\left(1 - X_A^{\alpha}\right)X_B^{\alpha} + I_{AC}^{\alpha}\left(1 - X_A^{\alpha}\right)X_C^{\alpha} - I_{BC}^{\alpha}X_B^{\alpha}X_C^{\alpha}$$

$$+ \frac{c}{a}[RT\ln X_C^{\alpha} + I_{CA}^{\alpha}\left(1 - X_C^{\alpha}\right)X_A^{\alpha} + I_{CB}^{\alpha}\left(1 - X_C^{\alpha}\right)X_B^{\alpha} - I_{AB}^{\alpha}X_A^{\alpha}X_B^{\alpha}] \tag{7.8}$$

$$\frac{1}{a}\left({}^{0}G^{\theta}_{B_aC_c} - a\,{}^{0}G^{\alpha}_B - c\,{}^{0}G^{\alpha}_C\right) + RT\ln y^{\theta}_B + (y^{\theta}_A)^2 I^{\theta}_{AB}$$

$$= RT\ln X^{\alpha}_B + I^{\alpha}_{BC}\left(1 - X^{\alpha}_B\right)X^{\alpha}_C + I^{\alpha}_{BA}\left(1 - X^{\alpha}_B\right)X^{\alpha}_A - I^{\alpha}_{AC}X^{\alpha}_A X^{\alpha}_C$$

$$+ \frac{c}{a}\left[RT\ln X^{\alpha}_C + I^{\alpha}_{CA}\left(1 - X^{\alpha}_C\right)X^{\alpha}_A + I^{\alpha}_{CB}\left(1 - X^{\alpha}_C\right)X^{\alpha}_B - I^{\alpha}_{AB}X^{\alpha}_A X^{\alpha}_B\right] \qquad (7.9)$$

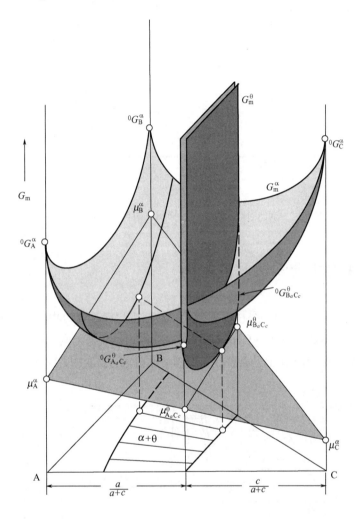

图 7.3 等温等压下的固溶体α与线性化合物θ的相平衡

图 7.3 中线性化合物θ 处的垂直截面以及与公切面的交线如图 7.4 所示。这实际上是一个 A_aC_c-B_aC_c 二元系连续固溶体(Continuous solid solution)问题。

求解平衡相成分时，除正规溶体和线性化合物的相互作用能 I^{α}_{AB}、I^{α}_{BC}、I^{α}_{AC}、I^{θ}_{AB} 之外，还需要知道两个化合物的生成自由能$\left({}^{0}G^{\theta}_{A_aC_c} - a\,{}^{0}G^{\alpha}_A - c\,{}^{0}G^{\alpha}_C\right)$和$\left({}^{0}G^{\theta}_{B_aC_c} - a\,{}^{0}G^{\alpha}_B - c\,{}^{0}G^{\alpha}_C\right)$。这样，三个独立成分变量，两个约束条件，一个自由度，可以按 7.1 节的方式求得相平衡成分。

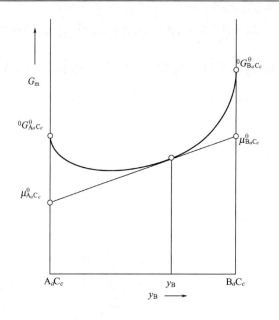

图 7.4　A_aC_c、B_aC_c 两个化合物组元所构成的连续固溶体

7.3　两个线性化合物之间的平衡

如图 7.5 所示，Fe-Mn-C 系中存在多种线性化合物之间的相平衡，如$(Mn,Fe)_7C_3$/$(Mn,Fe)_5C_2$, $(Mn,Fe)_5C_2$/$(Mn,Fe)_3C$, $(Mn,Fe)_3C$/$(Mn,Fe)_{23}C_6$ 等。两个线性化合物一共是 2 个独立成分变量。在等温等压的条件下，平衡两相的成分自由度是 1，因为只存在一个约束条件。

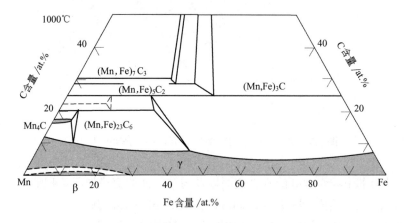

图 7.5　Fe-Mn-C 系中多种线性化合物之间的相平衡

如图 7.6，对于线性化合物θ和φ，其成分特征如果是在 A 和 B 组元的成分改变时，如果 C 组元的含量保持一定，这时两个线性化合物是相互平行的。

$$\theta \longrightarrow (A,B)_a C_c$$

$$\phi \longrightarrow (A,B)_b C_d$$

两相平衡的条件为：$\mu_A^\theta = \mu_A^\phi$，$\mu_B^\theta = \mu_B^\phi$，$\mu_C^\theta = \mu_C^\phi$。考虑到这些元素化学势之间的关系，以及下面化合物组元化学势与元素化学势的关系，可以得到相平衡成分的约束条件。

$$\mu_{A_a C_c}^\theta = a\mu_A^\theta + c\mu_C^\theta, \quad \mu_{B_a C_c}^\theta = a\mu_B^\theta + c\mu_C^\theta$$

$$\mu_{A_b C_d}^\phi = b\mu_A^\phi + d\mu_C^\phi, \quad \mu_{B_b C_d}^\phi = b\mu_B^\phi + d\mu_C^\phi$$

$$\mu_{A_a C_c}^\theta = a\mu_A^\theta + c\mu_C^\theta = a\mu_A^\phi + c\mu_C^\phi$$

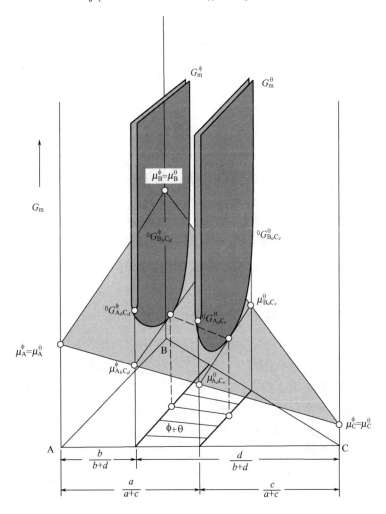

图 7.6　两个线性化合物之间的相平衡

$$\mu_{B_a C_c}^\theta = a\mu_B^\theta + c\mu_C^\theta = a\mu_B^\phi + c\mu_C^\phi$$

$$\mu_{A_b C_d}^\phi = b\mu_A^\phi + d\mu_C^\phi = b\mu_A^\theta + d\mu_C^\theta$$

$$\mu_{B_b C_d}^\phi = b\mu_B^\phi + d\mu_C^\phi = b\mu_B^\theta + d\mu_C^\theta$$

θ与φ两相平衡时，可不再区别两相的化学势 μ_i^{θ} 与 μ_i^{ϕ}，将相应的两式相减后可得

$$\frac{\mu_{A_aC_c}^{\theta} - \mu_{B_aC_c}^{\theta}}{a} = \mu_A - \mu_B$$

$$\frac{\mu_{A_bC_d}^{\phi} - \mu_{B_bC_d}^{\phi}}{b} = \mu_A - \mu_B$$

$$\frac{\mu_{A_aC_c}^{\theta} - \mu_{B_aC_c}^{\theta}}{a} = \frac{\mu_{A_bC_d}^{\phi} - \mu_{B_bC_d}^{\phi}}{b} \tag{7.10}$$

这就是两个线性化合物平衡时的成分约束条件。按线性化合物的正规溶体近似，$\mu_{A_aC_c}^{\theta}$，$\mu_{B_aC_c}^{\theta}$，$\mu_{A_bC_d}^{\phi}$，$\mu_{B_bC_d}^{\phi}$ 等有相近的表达式。例如

$$\mu_{A_bC_d}^{\phi} = {}^0G_{A_bC_d}^{\phi} + b\left[RT\ln y_A^{\phi} + \left(y_B^{\phi}\right)^2 I_{AB}^{\phi} \right]$$

$$\mu_{B_bC_d}^{\phi} = {}^0G_{B_bC_d}^{\phi} + b\left[RT\ln y_B^{\phi} + \left(y_A^{\phi}\right)^2 I_{AB}^{\phi} \right]$$

代入式（7.10）后成为

$$\frac{1}{a}\left({}^0G_{A_aC_c}^{\theta} - {}^0G_{B_aC_c}^{\theta} \right) + RT\ln\frac{y_A^{\theta}}{y_B^{\theta}} + I_{AB}^{\theta}\left[\left(y_B^{\theta}\right)^2 - \left(y_A^{\theta}\right)^2 \right]$$

$$= \frac{1}{b}\left({}^0G_{A_bC_d}^{\phi} - {}^0G_{B_bC_d}^{\phi} \right) + RT\ln\frac{y_A^{\phi}}{y_B^{\phi}} + I_{AB}^{\phi}\left[\left(y_B^{\phi}\right)^2 - \left(y_A^{\phi}\right)^2 \right] \tag{7.11}$$

若下列参数已知：$\left({}^0G_{A_aC_c}^{\theta} - {}^0G_{B_aC_c}^{\theta} \right)$，$\left({}^0G_{A_bC_d}^{\phi} - {}^0G_{B_bC_d}^{\phi} \right)$，$I_{AB}^{\theta}$，$I_{AB}^{\phi}$，则可以从 y_B^{θ} 求 y_B^{ϕ}，反之亦然。但这个方程式主要还是在 y_B^{θ} 和 y_B^{ϕ} 已知时，用来求 $\left({}^0G_{A_aC_c}^{\theta} - {}^0G_{B_aC_c}^{\theta} \right)$，$\left({}^0G_{A_bC_d}^{\phi} - {}^0G_{B_bC_d}^{\phi} \right)$，$I_{AB}^{\theta}$，$I_{AB}^{\phi}$ 等热力学参数。

7.4 固溶体与化学计量比化合物的平衡

以三元化学计量比化合物作为材料的主要相组成物，或者以固溶体为主要相组成物化学计量比化合物为重要第二相者，在实际材料的开发中都不乏其例。钕铁硼现代永磁材料可以作为前者的一个代表，其 1000℃ 等温截面相图如图 7.7 所示。作为永磁材料主相的是三元化学计量比化合物 $Nd_2Fe_{14}B$。1000℃ 是钕铁硼永磁材料的热处理温度，在该温度下，实际磁性能最好的材料成分范围是处于三相区（$Nd_2Fe_{14}B$、富硼化合物 F2 和富钕液相区），如图中影区所示。其中的 $Nd_2Fe_{14}B$/L 平衡就是化学计量比化合物与溶体相的平衡。

作为重要第二相发挥作用的三元化学计量比化合物为数很多。现以图 7.8 的 Al-Cu-Mg 系为例，加以说明。Al-Cu-Mg 系是最重要的 Al 合金三元系统之一。该系中 Al_2CuMg 在 Al 合金中数量不多但对性能有重要影响，是一个化学计量比化合物与溶体相平衡的实例。

在 A-B-C 三元系中，有固溶体α 相与化学计量比化合物相θ之间的平衡，见图 7.9。化合物相θ的分子式和摩尔自由能 G_m^{θ} 为

$$\theta = A_l B_m C_n$$

$$G_m^\theta = l\mu_A^\theta + m\mu_B^\theta + n\mu_C^\theta \qquad (7.12)$$

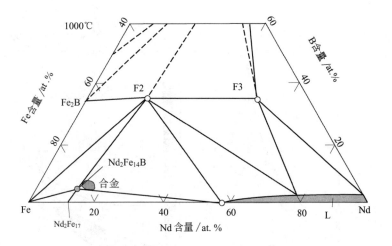

图 7.7　Nd-Fe-B 三元相图的 1000℃等温截面

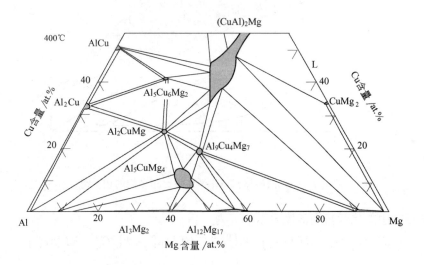

图 7.8　Al-Cu-Mg 三元相图的 400℃等温截面

两相平衡时，化学势相等

$$\mu_A^\alpha = \mu_A^\theta$$

$$\mu_B^\alpha = \mu_B^\theta$$

$$\mu_C^\alpha = \mu_C^\theta$$

将化学势的上列各式代入式（7.12），可得

$$G_m^\theta = l\mu_A^\alpha + m\mu_B^\alpha + n\mu_C^\alpha \qquad (7.13)$$

按溶体活度的定义

$$\mu_A^\alpha = {}^0G_A^\alpha + RT \ln a_A^\alpha$$
$$\mu_B^\alpha = {}^0G_B^\alpha + RT \ln a_B^\alpha$$
$$\mu_C^\alpha = {}^0G_C^\alpha + RT \ln a_C^\alpha$$

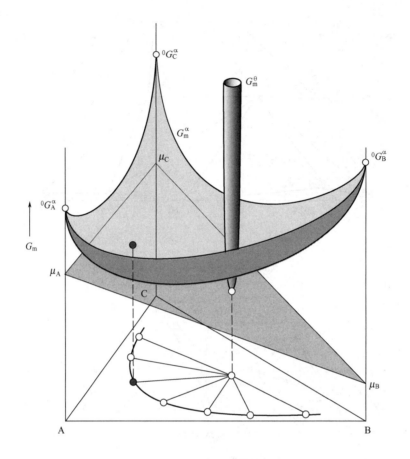

图 7.9 三元固溶体相与化学计量比相之间的相平衡

将式（7.13）中的化学势用活度表示，成为

$$G_m^\theta = l\left({}^0G_A^\alpha + RT \ln a_A^\alpha\right) + m\left({}^0G_B^\alpha + RT \ln a_B^\alpha\right) + n\left({}^0G_C^\alpha + RT \ln a_C^\alpha\right)$$

$$= \left(l\,{}^0G_A^\alpha + m\,{}^0G_B^\alpha + n\,{}^0G_C^\alpha\right) + RT\left[\ln\left(a_A^\alpha\right)^l + \ln\left(a_B^\alpha\right)^m + \ln\left(a_C^\alpha\right)^n\right]$$

三元化合物的生成自由能 ΔG_m^θ 为

$$\Delta G_m^\theta = G_m^\theta - \left(l\,{}^0G_A^\alpha + m\,{}^0G_B^\alpha + n\,{}^0G_C^\alpha\right)$$

α相中各组元的活度与化合物的生成自由能 ΔG_m^θ 之间的关系为

$$\prod_{i=A}^{C}\left(a_i^\alpha\right)^{k(i)} = \exp\frac{\Delta G_m^\theta}{RT} \tag{7.14}$$

从图 7.7 和图 7.8 可以看出，化学计量比化合物在溶体中的溶解度都是很小的。根据稀溶体的 Henry 定律

$$a_B^\alpha = f_B^\alpha X_B^\alpha, \quad f_B^\alpha = \text{Const.}$$

$$a_C^\alpha = f_C^\alpha X_C^\alpha, \quad f_C^\alpha = \text{Const.}$$

另外，根据稀溶体的溶剂定律（Raoult 定律），溶剂 A 的活度

$$a_A \approx 1$$

式（7.14）可以简化为

$$\exp\frac{\Delta G_m^\theta}{RT} = \left(f_B^\alpha\right)^m \left(f_C^\alpha\right)^n \left(X_B^\alpha\right)^m \left(X_C^\alpha\right)^n$$

于是，便得到了化学计量比化合物在溶体中的溶解度积（Solubility product） 公式

$$\left(X_B^\alpha\right)^m \left(X_C^\alpha\right)^n = K_0 \exp\frac{\Delta G_m^\theta}{RT} \tag{7.15}$$

$$K_0 = \frac{1}{\left(f_B^\alpha\right)^m \left(f_C^\alpha\right)^n}$$

因为 $\Delta G_m^\theta = \Delta H_m^\theta - T\Delta S_m^\theta$。所以，如果另行定义熵系数 K，则

$$K = \frac{1}{\left(f_B^\alpha\right)^m \left(f_C^\alpha\right)^n} \exp\left(-\frac{\Delta S_m^\theta}{R}\right)$$

则可得到溶解度积公式的另一种形式，即与化合物形成焓的关系为

$$\left(X_B^\alpha\right)^m \left(X_C^\alpha\right)^n = K \exp\frac{\Delta H_m^\theta}{RT} \tag{7.16}$$

$$m\ln X_B^\alpha + n\ln X_C^\alpha = \ln K + \frac{\Delta H_m^\theta}{RT} \tag{7.17}$$

式（7.17）说明，在温度一定时

$$m\ln X_B^\alpha + n\ln X_C^\alpha = \text{Const.}$$

上述方法对于计算 Fe 基合金中的 TiC、AlN、NbC、VC、TiN 等具有稳定成分的二元化学计量比化合物的溶解度积也适用。对于这些化合物，溶解度积的形式为

$$X_M X_C = K \exp\frac{\Delta H_m^\theta}{RT}$$

【例题 7.1】 图 7.2 的 Fe-Cr-C 三元系中并没有化学计量比化合物，而只有线性化合物。如果将该系中的 Fe_3C、$(Cr,Fe)_7C_3$、$(Cr,Fe)_{23}C_6$ 看做表 7.1 所列分子式的化学计量比化合物，与实际的相平衡并没有大的差别，试求作为化学计量比化合物时的溶解度积曲线。

表 7.1 线性化合物作为化学计量比化合物处理的转换

线性化合物	化学计量比化合物	l	m	n	公 式
Fe_3C	Fe_3C	3	0	1	$\ln X_C = \text{Const.}$
$(Cr,Fe)_7C_3$	$Fe_3Cr_4C_2$	3	4	2	$4\ln X_{Cr} + 2\ln X_C = \text{Const.}$
$(Cr,Fe)_{23}C_6$	$Fe_2Cr_4C_3$	2	4	3	$4\ln X_{Cr} + 3\ln X_C = \text{Const.}$

解： 由图 7.2 的 Fe-Cr-C 三元系相图中可以看出与固溶体γ平衡的 Fe_3C、$(Cr,Fe)_7C_3$、

(Cr,Fe)$_{23}$C$_6$ 等三个化合物与γ相的平衡成分是一个成分范围，而并非一个点。只有 (Cr,Fe)$_{23}$C$_6$ 与γ相的平衡成分接近于一个点。上面的化学计量比是一个近似值。按表 7.1 中的方程式获得的溶解度范围如图 7.10 所示。

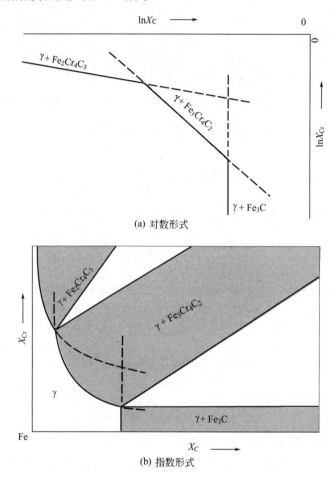

(a) 对数形式

(b) 指数形式

图 7.10 Fe–Cr–C 系中化合物在γ相中的溶解度曲线

附录：式（7.12） $G_m^\theta = l\mu_A^\theta + m\mu_B^\theta + n\mu_C^\theta$ 的证明

这是一个未经证明而直接使用的公式。该式来源于下面的三元相摩尔自由能与化学势的定义式

$$G_m = X_A\mu_A + X_B\mu_B + X_C\mu_C$$

如果定义 θ 和 θ′ 相，$\theta = A_l B_m C_n$，而 θ 与 θ′ 相的关系是

$$\theta' = \frac{A_l B_m C_n}{l + m + n}$$

$$G_m^{\theta'} = \frac{1}{l + m + n} G_m^\theta$$

$$G_m^\theta = (l + m + n) G_m^{\theta'}$$

但 θ′ 与 θ 相的成分（摩尔分数或原子分数）是一致的，即

$$X_A^{\theta'} = \frac{l}{l+m+n} = X_A^{\theta}$$

$$X_B^{\theta'} = \frac{m}{l+m+n} = X_B^{\theta}$$

$$X_C^{\theta'} = \frac{n}{l+m+n} = X_C^{\theta}$$

因为 θ' 相的摩尔自由能与化学势之间的关系为

$$G_m^{\theta'} = X_A^{\theta'} \mu_A^{\theta'} + X_B^{\theta'} \mu_B^{\theta'} + X_C^{\theta'} \mu_C^{\theta'}$$

$$G_m^{\theta} = (l+m+n)\left(X_A^{\theta'} \mu_A^{\theta'} + X_B^{\theta'} \mu_B^{\theta'} + X_C^{\theta'} \mu_C^{\theta'}\right)$$

$$G_m^{\theta} = l\mu_A^{\theta'} + m\mu_B^{\theta'} + n\mu_C^{\theta'}$$

又由于，θ' 与 θ 相的化学势也是一致的，即

$$\mu_A^{\theta'} = \mu_A^{\theta}, \quad \mu_B^{\theta'} = \mu_B^{\theta}, \quad \mu_C^{\theta'} = \mu_C^{\theta}$$

所以

$$G_m^{\theta} = l\mu_A^{\theta} + m\mu_B^{\theta} + n\mu_C^{\theta}$$

【例题 7.2】 化学计量比化合物的生成自由能是很大的负值时，其在固溶体中的溶解度积会很小。有可能利用正规溶体近似来描述溶体相的摩尔自由能，包括含间隙式元素碳（C）的溶体摩尔自由能。MC 型碳化物一般都有很负的生成自由能。试求这种碳化物在 Fe 基奥氏体（γ）中的溶解度积。

解：MC 型碳化物是很稳定的。如果固溶体是正规溶体，而且化合物的生成自由能已知，则可以求得溶解度积。在 Fe-M-C 系中，稀溶体（奥氏体）中的合金元素 M 及碳 C 的化学势可以写成

$$\mu_M^{\gamma} = {}^0G_M^{\gamma} + RT\ln f_M^{\gamma} + RT\ln X_M^{\gamma}$$

$$\mu_M^{\gamma} = {}^0G_M^{\gamma} + I_{FeM}^{\gamma} + RT\ln X_M^{\gamma}$$

$$\mu_C^{\gamma} = {}^0G_C^{gr} + RT\ln f_C^{\gamma} + RT\ln X_C^{\gamma}$$

$$\mu_C^{\gamma} = {}^0G_C^{\gamma} + I_{FeC}^{\gamma} + RT\ln X_C^{\gamma}$$

可以求出 M 和 C 的活度系数为

$$f_M^{\gamma} = \exp\frac{I_{FeM}^{\gamma}}{RT}$$

$$f_C^{\gamma} = \exp\frac{{}^0G_C^{\gamma} + I_{FeC}^{\gamma} - {}^0G_C^{gr}}{RT}$$

溶解度积为

$$X_M^{\gamma} X_C^{\gamma} = \exp\left(\frac{\Delta G_m^{\theta}}{RT}\right)\exp\left(-\frac{I_{FeM}^{\gamma}}{RT}\right)\exp\left(-\frac{{}^0G_C^{\gamma} + I_{FeC}^{\gamma} - {}^0G_C^{gr}}{RT}\right) \tag{7.18}$$

$$\ln\left(X_M^{\gamma} X_C^{\gamma}\right) = \frac{\Delta G_m^{\theta} - I_{FeM}^{\gamma} - \left({}^0G_C^{\gamma} + I_{FeC}^{\gamma} - {}^0G_C^{gr}\right)}{RT} \tag{7.19}$$

知道相关的热力学参数后，可以预测溶解度积。

【例题 7.3】 试用图解法绘出 TiC 在钢的奥氏体（γ）相中的溶解度积曲线。

解：可以在 Fe-Ti-C 三元系中分析此问题。首先画出三元系中的 γ 相的自由能曲面，

然后在 Ti-C 二元系中画出 TiC(θ)相的自由能曲线。做γ相的自由能曲面和 TiC(θ)相的自由能曲线的一系列公切面，可在γ相的自由能曲面上获得一系列公切点。这些公切点在浓度三角形上的投影点的集合，就是溶解度积曲线。见图7.11。

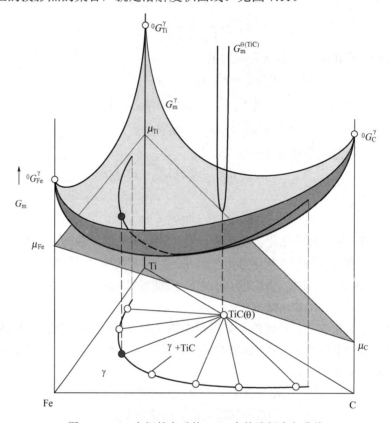

图 7.11　TiC 在钢的奥氏体（γ）中的溶解度积曲线

【例题 7.4】 试求 Fe-W-C 系中 WC 化合物在奥氏体中的溶解度积，并与实测相图加以比较和分析。已知下列热力学参数：

$$G_m^{WC} - \left({}^0G_W^\alpha + {}^0G_C^{gr} \right) = -35.163 \quad \text{kJ} \cdot \text{mol}^{-1} \tag{1}$$

$$\Delta^* G_W^{\alpha \to \gamma} = {}^0G_W^\gamma - {}^0G_W^\alpha + I_{FeW}^\gamma - I_{FeW}^\alpha = 4.605 \quad \text{kJ} \cdot \text{mol}^{-1} \tag{2}$$

$$I_{FeW}^\alpha = 20.9 \quad \text{kJ} \cdot \text{mol}^{-1} \tag{3}$$

$${}^0G_C^\gamma - {}^0G_C^{gr} = 73.674 \quad \text{kJ} \cdot \text{mol}^{-1} \tag{4}$$

$$I_{FeC}^\gamma = -51.907 \quad \text{kJ} \cdot \text{mol}^{-1} \tag{5}$$

解： 对上述热力学参数加以分析研究后得知，如果进行下述算式的计算后可得到：

$$(1)-(2)-(3)-(4)-(5) = G_m^{WC} - \left({}^0G_W^\gamma + {}^0G_C^{gr} \right) - \left({}^0G_C^\gamma - {}^0G_C^{gr} + I_{FeC}^\gamma + I_{FeW}^\gamma \right)$$

$$= -82.435 \text{ kJ} \cdot \text{mol}^{-1}$$

在 1000℃，$RT = 10.584 \text{ kJ} \cdot \text{mol}^{-1}$，将上述数据代入式（7.18）可得

$$X_W^\gamma X_C^\gamma = \exp \frac{-82.435}{10.584} = 0.00042$$

(W mass.%)(C mass.%)=0.000296

Fe-W-C 三元系的实测相图如图 7.12 所示。可以看出，实测的 M_6C 的溶解度积小于 WC 化合物溶解度积的计算结果，似乎 M_6C 才是稳态化合物，其实不然。含 W 钢的分解劣化（Spoiling）等现象表明，高温长时间保温确实存在 M_6C 向 WC 的转变，WC 化合物应当是更稳定的碳化物。若果真如此，WC 化合物的溶解度积应该如图 7.12 中的预测值所示，小于 M_6C 的溶解度积才对，为什么会出现目前这样的计算结果呢，这一方面说明了正规溶体近似本身的局限，另一方面也说明 WC 化合物的生成自由能的数据可能存在问题。

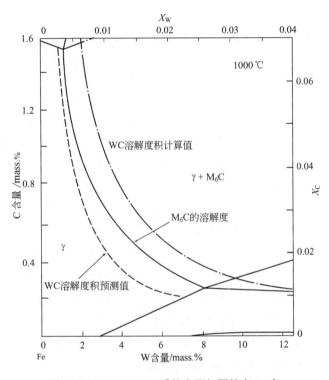

图 7.12　Fe-W-C 三元系的实测相图的富 Fe 角

关于 NbC、TiC、TaC、VC 等的稳态溶解度积的以下各式被认为是较可信的：

$$\lg(\text{Nb mass.\%})(\text{C mass.\%})=-\frac{7900}{T}+3.42$$

$$\lg(\text{Ti mass.\%})(\text{C mass.\%})=-\frac{10475}{T}+5.33$$

$$\lg(\text{Ta mass.\%})(\text{C mass.\%})=-\frac{9500}{T}+2.9$$

$$\lg(\text{V mass.\%})(\text{C mass.\%})=-\frac{9500}{T}+6.72$$

【例题 7.5】　目前，世界各工业发达国家大都有发展"超级钢"的计划。其目的之一是发展细晶钢或超细晶钢。向钢中加入"微量 Ti"可以明显细化钢的组织。这种钢被称作"钛处理钢（Titanium treated steel）"。但 Ti 的加入量要加以严格控制，特别是不能过高。还要控制钢中的 N 含量。试分析应当如何调整钢中的 Ti 和 N 的含量。

解： 钛处理钢细化晶粒是指细化奥氏体晶粒。细化作用的要点是形成 TiN 的微细粒子。如果把这个问题简化成 Fe-Ti-N 三元系的问题，可以通过分析图 7.13 获得控制 Ti 和 N 的成分的思路。应当这样调整钢中的 Ti 和 N 的含量：①使得在较高温度下，Ti 和 N 处于固溶状态，而在较低温度下，以 TiN 的形式析出；②在钢中含 N 量已知时，应根据溶解度积曲线，确定在固溶温度下，能够处于溶解态的含 Ti 量。

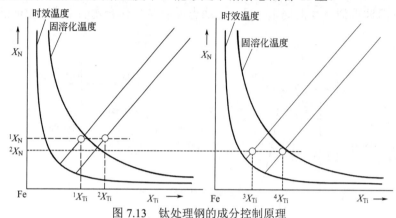

图 7.13　钛处理钢的成分控制原理

图中的曲线是溶解度积曲线，直线是 TiN 与固溶体的共轭线。

如图 7.13 所示，如果钢中的 N 含量较高，达到图 7.13 中的 ${}^{1}X_{N}$，这时应当控制 Ti 的加入量在 ${}^{1}X_{Ti}$。只有这样才能保证在固溶处理温度下，所生成的 TiN 能够溶解，在其后的时效温度下，以微细粒子的形态析出。起到细化奥氏体晶粒的作用。如果加入的 Ti 含量过高，达到了 ${}^{2}X_{Ti}$，在固溶温度下，TiN 不能全部溶解，未溶解的 TiN 在固溶温度下粗化，不仅不能起细化奥氏体晶粒的作用，而且在时效时，它们还是 TiN 析出的非自发核心，使得时效中无法形成微细的 TiN 析出。

如果 N 含量较低，为 ${}^{2}X_{N}$ 时，加入的 Ti 量可达到 ${}^{4}X_{Ti}$。若加入量过低，如 ${}^{3}X_{Ti}$，则不能形成足够量的 TiN，难于达到细化晶粒的目的。

【例题 7.6】 试计算向钢中加入少量 Si 时，如何简便、定量地分析在铁素体与渗碳体平衡时 Si 对碳活度的影响。

解： 已知 Si 是钢铁材料中的石墨化元素，很容易想象到它将提高奥氏体和铁素体中碳的活度。Si 在钢中完全不溶解于渗碳体，而全部溶于铁素体中。如果用 θ 表示渗碳体，用 α 表示铁素体，可知，在 θ/α 平衡时有如下的关系。首先，根据式（7.13）渗碳体的摩尔自由能为

$$G_{m}^{\theta} = 3\mu_{Fe}^{\alpha} + \mu_{C}^{\alpha}$$

根据式（7.14）

$$\left(a_{Fe}^{\alpha}\right)^{3}\left(a_{C}^{\alpha}\right) = \exp\left(\frac{\Delta G_{m}^{\theta}}{RT}\right)$$

在温度一定时，$\exp\dfrac{\Delta G_{m}^{\theta}}{RT}$ 是常数，与是否加入 Si 无关，根据稀溶体的 Raoult 定律，

溶剂（Fe）的活度系数为 1，即活度等于浓度。加入 Si 时，即 Fe-Si-C 三元系中的铁与碳的活度 $\left(a_{\mathrm{Fe}}^{\alpha}\right)_{\mathrm{T}}$ 与 $\left(a_{\mathrm{C}}^{\alpha}\right)_{\mathrm{T}}$ 如下

$$\left(a_{\mathrm{Fe}}^{\alpha}\right)_{\mathrm{T}} = X_{\mathrm{Fe}}^{\alpha} = 1 - X_{\mathrm{C}}^{\alpha} - X_{\mathrm{Si}}^{\alpha}$$

$$\left(a_{\mathrm{C}}^{\alpha}\right)_{\mathrm{T}} = \frac{1}{\left(a_{\mathrm{Fe}}^{\alpha}\right)_{\mathrm{T}}^{3}} \exp \frac{\Delta G_{\mathrm{m}}^{\theta}}{RT}$$

而未加 Si 时，Fe-C 二元系中的铁与碳的活度 $\left(a_{\mathrm{Fe}}^{\alpha}\right)_{\mathrm{B}}$ 与 $\left(a_{\mathrm{C}}^{\alpha}\right)_{\mathrm{B}}$ 如下

$$\left(a_{\mathrm{Fe}}^{\alpha}\right)_{\mathrm{B}} = X_{\mathrm{Fe}}^{\alpha} = 1 - X_{\mathrm{C}}^{\alpha}$$

$$\left(a_{\mathrm{C}}^{\alpha}\right)_{\mathrm{B}} = \frac{1}{\left(a_{\mathrm{Fe}}^{\alpha}\right)_{\mathrm{B}}^{3}} \exp \frac{\Delta G_{\mathrm{m}}^{\theta}}{RT}$$

把三元与二元系中碳活度 $\left(a_{\mathrm{C}}^{\alpha}\right)_{\mathrm{T}}$ 与 $\left(a_{\mathrm{C}}^{\alpha}\right)_{\mathrm{B}}$ 的两式相比较，可以得到

$$\frac{\left(a_{\mathrm{C}}^{\alpha}\right)_{\mathrm{T}}}{\left(a_{\mathrm{C}}^{\alpha}\right)_{\mathrm{B}}} = \frac{\left(a_{\mathrm{Fe}}^{\alpha}\right)_{\mathrm{B}}^{3}}{\left(a_{\mathrm{Fe}}^{\alpha}\right)_{\mathrm{T}}^{3}} = \frac{\left(1 - X_{\mathrm{C}}^{\alpha}\right)^{3}}{\left(1 - X_{\mathrm{C}}^{\alpha} - X_{\mathrm{Si}}^{\alpha}\right)^{3}}$$

$$\left(a_{\mathrm{C}}^{\alpha}\right)_{\mathrm{T}} \approx \frac{\left(a_{\mathrm{C}}^{\alpha}\right)_{\mathrm{B}}}{1 - 3X_{\mathrm{Si}}^{\alpha}}$$

可以看出，经过并不复杂的计算，可以得知 Si 的加入，使得铁素体中的碳活度增加。向钢中加入 $X_{\mathrm{Si}}^{\alpha} = 0.01$，碳活度是未加 Si 时的 1.03 倍。即增加了 3%。

7.5 固溶体之间的相平衡

7.5.1 稀溶体之间的相平衡

如果 A-B-C 三元系中的 α 和 β 两个固溶体都是以 A 为溶剂的，即

$$\alpha—A(B, C)$$

$$\beta—A(B, C)$$

首先讨论 α 和 β 都是 A(B,C) 形式的稀溶体的情况。其实这就是三元系中 B、C 两组元的含量较低的富 A 角的情况，钢中的情况与此类似。两个固溶体为 α 和 β 时，相平衡的条件是

$$\left\{ \begin{array}{l} \mu_{\mathrm{A}}^{\alpha} = \mu_{\mathrm{A}}^{\beta} \\ \mu_{\mathrm{B}}^{\alpha} = \mu_{\mathrm{B}}^{\beta} \\ \mu_{\mathrm{C}}^{\alpha} = \mu_{\mathrm{C}}^{\beta} \end{array} \right. \tag{7.20}$$

如果两相都是正规稀溶体（Regular dilute solution），则由 $\mu_{\mathrm{B}}^{\alpha} = \mu_{\mathrm{B}}^{\beta}$ 可得

$$^{0}G_{\mathrm{B}}^{\alpha} + RT \ln X_{\mathrm{B}}^{\alpha} + I_{\mathrm{AB}}^{\alpha} = {}^{0}G_{\mathrm{B}}^{\beta} + RT \ln X_{\mathrm{B}}^{\beta} + I_{\mathrm{AB}}^{\beta}$$

$$K_{\mathrm{B}}^{\alpha/\beta} = \frac{X_{\mathrm{B}}^{\alpha}}{X_{\mathrm{B}}^{\beta}} = \exp \frac{{}^{0}G_{\mathrm{B}}^{\beta} - {}^{0}G_{\mathrm{B}}^{\alpha} + I_{\mathrm{AB}}^{\beta} - I_{\mathrm{AB}}^{\alpha}}{RT}$$

$$K_{\mathrm{B}}^{\alpha/\beta} = \exp\frac{\Delta^* G_{\mathrm{B}}^{\alpha\to\beta}}{RT} \qquad (7.21)$$

同理，由于 $\mu_{\mathrm{C}}^{\alpha} = \mu_{\mathrm{C}}^{\beta}$ 可得

$$K_{\mathrm{C}}^{\alpha/\beta} = \frac{X_{\mathrm{C}}^{\alpha}}{X_{\mathrm{C}}^{\beta}} = \exp\frac{{}^0 G_{\mathrm{C}}^{\beta} - {}^0 G_{\mathrm{C}}^{\alpha} + I_{\mathrm{AC}}^{\beta} - I_{\mathrm{AC}}^{\alpha}}{RT}$$

$$K_{\mathrm{C}}^{\alpha/\beta} = \exp\frac{\Delta^* G_{\mathrm{C}}^{\alpha\to\beta}}{RT} \qquad (7.22)$$

而由 $\mu_{\mathrm{A}}^{\alpha} = \mu_{\mathrm{A}}^{\beta}$ 则可得

$${}^0 G_{\mathrm{A}}^{\alpha} + RT\ln X_{\mathrm{A}}^{\alpha} = {}^0 G_{\mathrm{A}}^{\beta} + RT\ln X_{\mathrm{A}}^{\beta}$$

由于

$$X_{\mathrm{A}} = 1 - X_{\mathrm{B}} - X_{\mathrm{C}}$$
$$\ln X_{\mathrm{A}} = \ln\left(1 - X_{\mathrm{B}} - X_{\mathrm{C}}\right) \approx -\left(X_{\mathrm{B}} + X_{\mathrm{C}}\right)$$
$$\left(X_{\mathrm{B}}^{\beta} + X_{\mathrm{C}}^{\beta}\right) - \left(X_{\mathrm{B}}^{\alpha} + X_{\mathrm{C}}^{\alpha}\right) = \frac{{}^0 G_{\mathrm{A}}^{\beta} - {}^0 G_{\mathrm{A}}^{\alpha}}{RT}$$

在温度一定时，$\dfrac{{}^0 G_{\mathrm{A}}^{\beta} - {}^0 G_{\mathrm{A}}^{\alpha}}{RT}$ 是常数，所以

$$X_{\mathrm{B}}^{\beta} + X_{\mathrm{C}}^{\beta} - K_{\mathrm{B}}^{\alpha/\beta} X_{\mathrm{B}}^{\beta} - K_{\mathrm{C}}^{\alpha/\beta} X_{\mathrm{C}}^{\beta} = \mathrm{Const}.$$
$$X_{\mathrm{B}}^{\beta}(1 - K_{\mathrm{B}}^{\alpha/\beta}) + X_{\mathrm{C}}^{\beta}(1 - K_{\mathrm{C}}^{\alpha/\beta}) = \mathrm{Const}. \qquad (7.23)$$

或者

$$X_{\mathrm{B}}^{\alpha}(K_{\mathrm{B}}^{\beta/\alpha} - 1) + X_{\mathrm{C}}^{\alpha}(K_{\mathrm{C}}^{\beta/\alpha} - 1) = \mathrm{Const}. \qquad (7.24)$$

式（7.23）与式（7.24）两式说明，在温度一定时，两个稀固溶体平衡时的两相区边界线应该是直线。

【例题 7.7】 已知 Ti-Al、Ti-Cr、Ti-Nb 三个二元系相图的富 Ti 区如图 7.14 所示，试求温度为 800℃时的 Ti-Nb-Cr、Ti-Al-Nb 三元相图等温截面的富 Ti 角部分。

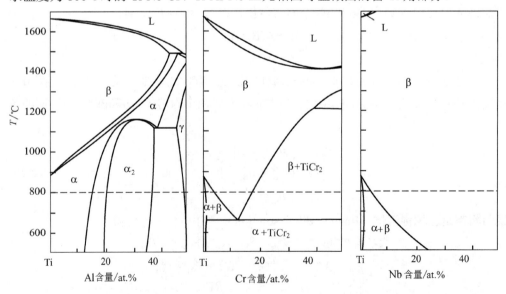

图 7.14　Ti-Al、Ti-Cr、Ti-Nb 二元系相图的富 Ti 区

解： 在 Ti-Nb-Cr、Ti-Al-Nb 系三元相图的富 Ti 角，参与平衡的各相都可以看成是稀溶体，根据式（7.23）和式（7.24）平衡两相区的边界线应该近于直线，因此可根据 800℃时的 Ti-Al、Ti-Cr、Ti-Nb 三个二元系的α/β两相平衡成分，按直线关系求得 Ti-Nb-Cr、Ti-Al-Nb 三元系中的α/β两相平衡相变界，求出相图的富 Ti 角，见图 7.15。

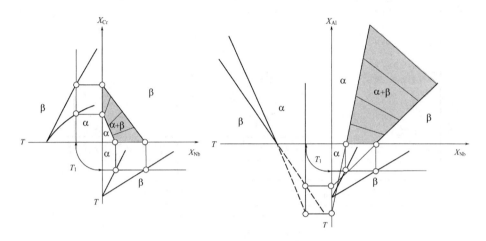

图 7.15　Ti-Nb-Cr 和 Ti-Al-Nb 系 800℃等温截面的富 Ti 角示意图

7.5.2　非稀溶体之间的相平衡

如果平衡的两个固溶体都不是稀溶体，前面的求平衡相成分关系的方法就不适用了。但可由平衡条件的式（7.20）得到下面的 3 个分配比的公式

$$K_A^{\beta/\alpha} = \frac{X_A^\beta}{X_A^\alpha} = \exp\frac{{}^0G_A^\alpha - {}^0G_A^\beta + {}^E\mu_A^\alpha - {}^E\mu_A^\beta}{RT} \tag{7.25}$$

$$K_B^{\alpha/\beta} = \frac{X_B^\alpha}{X_B^\beta} = \exp\frac{{}^0G_B^\beta - {}^0G_B^\alpha + {}^E\mu_B^\beta - {}^E\mu_B^\alpha}{RT} \tag{7.26}$$

$$K_C^{\alpha/\beta} = \frac{X_C^\alpha}{X_C^\beta} = \exp\frac{{}^0G_C^\beta - {}^0G_C^\alpha + {}^E\mu_C^\beta - {}^E\mu_C^\alpha}{RT} \tag{7.27}$$

由于有了这 3 个约束条件，使得三元系等温等压下的两相平衡时的自由度成为 1，即 $F=3-2=1$。这意味着在平衡时，三元系的两个固溶体相的 4 个独立的成分变量，由于上述 3 个方程式的限制，使独立成分变量减少到了 1 个。如前所述，在等温等压下两相平衡时，两个固溶体中有 1 个固溶体相的某 1 个成分变量是可以任意确定的，譬如说，任意确定了α相的独立成分变量 X_B^α。当 X_B^α 被确定后，由上述 3 个方程式可以确定 X_C^α、X_C^β、X_B^β，这一数值计算过程可以用 Newton-Raphson 迭代法等数值计算方法完成，其原理见图 7.16。当然实际上自由度为 1 时的三元系两相平衡计算还可以选择其他计算方法，但那仅仅是计算方法的优劣选择，原理都是一样的。目前普遍应用 TERMO-CALC 或 PANDAT 通用相平衡计算软件，参见第 10 章。

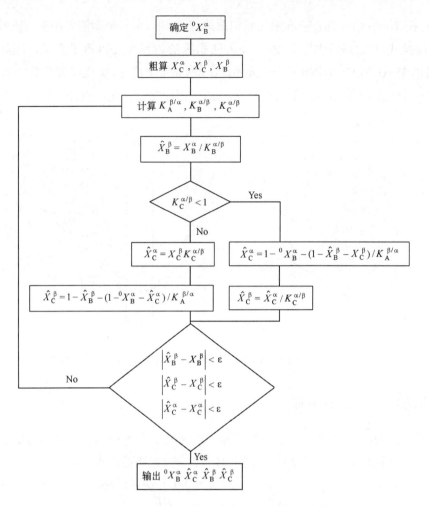

图 7.16   用迭代法计算三元系两相平衡成分的原理

7.6   两相平衡与第三元素

本节讨论 A-B-C 三元系的某一个二元系（譬如 A-C 系）中存在的两相平衡在加入第三元素 B 以后所发生的变化。譬如，若三元系 A-B-C 中的各组元对应着下列元素：A=Fe，B=M（合金元素），C=C（碳），则恰好相当于合金钢，便适合于讨论合金元素对钢铁材料中两相平衡的影响。如果 A=Ti，B=M（合金元素），C=Al，便适合于讨论合金元素对 Ti 合金中两相平衡（α+β、α₂+β）的影响。如果 A=Ni，B=M（合金元素），C=Al，便适合于讨论合金元素对 Ni 基高温合金中两相[Ni 基固溶体+N₃Al(γ')]平衡的影响，以此类推。

对于上面的 A-B-C 三元系，当α与β两相平衡时，根据 Gibbs-Duhem 方程

$$X_A^\alpha \mathrm{d}\mu_A^\alpha + X_B^\alpha \mathrm{d}\mu_B^\alpha + X_C^\alpha \mathrm{d}\mu_C^\alpha = 0 \tag{7.28}$$

$$X_A^\beta \mathrm{d}\mu_A^\beta + X_B^\beta \mathrm{d}\mu_B^\beta + X_C^\beta \mathrm{d}\mu_C^\beta = 0 \tag{7.29}$$

由于存在下面的两相平衡条件

$$\mu_A^\alpha = \mu_A^\beta \qquad \mathrm{d}\mu_A^\alpha = \mathrm{d}\mu_A^\beta \tag{7.30}$$

$$\mu_B^\alpha = \mu_B^\beta \qquad \mathrm{d}\mu_B^\alpha = \mathrm{d}\mu_B^\beta \tag{7.31}$$

$$\mu_C^\alpha = \mu_C^\beta \qquad \mathrm{d}\mu_C^\alpha = \mathrm{d}\mu_C^\beta \tag{7.32}$$

所以，下面可以不再区别α与β的化学势变化$\mathrm{d}\mu_i$，可得

$$\mathrm{d}\mu_A = -\frac{X_B^\beta \mathrm{d}\mu_B + X_C^\beta \mathrm{d}\mu_C}{X_A^\beta} \tag{7.33}$$

将式（7.33）代入式（7.28），可得

$$\mathrm{d}\mu_C = \frac{X_B^\alpha X_A^\beta - X_B^\beta X_A^\alpha}{X_C^\beta X_A^\alpha - X_C^\alpha X_A^\beta} \mathrm{d}\mu_B = X_B^\alpha X_A^\beta \frac{1 - \dfrac{X_B^\beta X_A^\alpha}{X_A^\alpha X_A^\beta}}{X_C^\beta X_A^\alpha - X_C^\alpha X_A^\beta} \mathrm{d}\mu_B$$

如果定义一种特殊的分配比$K_{BA}^{\beta/\alpha}$

$$K_{BA}^{\beta/\alpha} = \frac{X_B^\beta X_A^\alpha}{X_B^\alpha X_A^\beta}$$

则可以获得两种组元化学势变化之间的关系，即组元 B 对组元 C 化学势的影响，而这影响与分配比$K_{BA}^{\beta/\alpha}$有关。

$$\mathrm{d}\mu_C = X_B^\alpha X_A^\beta \frac{1 - K_{BA}^{\beta/\alpha}}{X_C^\beta X_A^\alpha - X_C^\alpha X_A^\beta} \mathrm{d}\mu_B$$

如果讨论的平衡的两相都是溶质为 B、C 的稀溶体，即$X_B \ll 1$，而$X_A^\alpha \to 1$，$X_A^\beta \to 1$。这时分配比$K_{BA}^{\beta/\alpha}$就成了组元 B 在两相间的分配比，两组元间的关系可用式（7.34）表示。

$$K_{BA}^{\beta/\alpha} = K_B^{\beta/\alpha} = \frac{X_B^\beta}{X_B^\alpha}$$

$$\mathrm{d}\mu_C = X_B^\alpha \frac{1 - K_B^{\beta/\alpha}}{X_C^\beta - X_C^\alpha} \mathrm{d}\mu_B \tag{7.34}$$

由活度的定义式可知

$$\mu_B^\alpha = {}^0G_B^\alpha + RT \ln f_B^\alpha + RT \ln X_B^\alpha$$

根据稀溶体的 Henry 定律，在$X_B \ll 1$时，$f_B^\alpha = \mathrm{Const.}$，所以

$$\frac{\mathrm{d}\mu_B^\alpha}{\mathrm{d}X_B^\alpha} = RT \frac{1}{X_B^\alpha}$$

$$\mathrm{d}\mu_B^\alpha = RT \frac{\mathrm{d}X_B^\alpha}{X_B^\alpha}$$

代入上面的式（7.34），可得

$$\mathrm{d}\mu_C = \frac{1 - K_B^{\beta/\alpha}}{X_C^\beta - X_C^\alpha} RT \mathrm{d}X_B^\alpha \tag{7.35}$$

将式（7.35）对X_B进行积分，可以得到从 A-C 二元系变到 A-B-C 三元系时，化学势μ_C所发生的变化$(\mu_C)_T - (\mu_C)_B$。

$$\int_0^{X_B} d\mu_C = \int_0^{X_B} \frac{1-K_B^{\beta/\alpha}}{X_C^\beta - X_C^\alpha} RT dX_B^\alpha$$

$$\left(\mu_C\right)_T - \left(\mu_C\right)_B = RT\frac{1-K_B^{\beta/\alpha}}{X_C^\beta - X_C^\alpha} X_B^\alpha \tag{7.36}$$

二元系与三元系中组元 C 的化学势的定义式是一样的。所以式（7.36）能够变成式（7.37）的形式。

$$\left(\mu_C\right)_T = {}^0G_C + RT\ln\left(a_C\right)_T$$

$$\left(\mu_C\right)_B = {}^0G_C + RT\ln\left(a_C\right)_B$$

$$\ln\frac{\left(a_C\right)_T}{\left(a_C\right)_B} = \frac{1-K_B^{\beta/\alpha}}{X_C^\beta - X_C^\alpha} X_B^\alpha \tag{7.37}$$

若 C 为间隙式溶质元素，在做如下的成分形式转换后，可得到式（7.38）。

$$u_i = \frac{X_i}{1-X_C}$$

$$\ln\frac{\left(a_C\right)_T}{\left(a_C\right)_B} = \frac{1-K_B^{\beta/\alpha}}{u_C^\beta - u_C^\alpha} u_B^\alpha \tag{7.38}$$

此式表明，加入 B 组元后的 A-B-C 三元固溶体中组元 C 的活度与 A-C 二元固溶体相比，比值取决于 B 元素在两相中的分配系数 K_B，

$$若 K_B^{\beta/\alpha} > 1，则 \left(a_C\right)_T < \left(a_C\right)_B \tag{1}$$

$$若 K_B^{\beta/\alpha} < 1，则 \left(a_C\right)_T > \left(a_C\right)_B \tag{2}$$

如果把 α 相当作 Fe 基固溶体，把 β 相当作碳化物（如 Fe_3C），则上述的情况（1）的 B 组元有 Cr、V、W、Mo、Ti 等；上述的情况（2）的 B 组元有 Si、Ni、Cu 等。

上述分析处理了加入一定量 B 组元后，对 C 组元化学势、活度的影响，这种处理方法也适用于更多组元的系统。例如在四元系的 α 与 β 两相平衡中，根据 Gibbs-Duhem 方程为

$$X_A^\alpha d\mu_A^\alpha + X_B^\alpha d\mu_B^\alpha + X_C^\alpha d\mu_C^\alpha + X_D^\alpha d\mu_D^\alpha = 0 \tag{7.39}$$

$$X_A^\beta d\mu_A^\beta + X_B^\beta d\mu_B^\beta + X_C^\beta d\mu_C^\beta + X_D^\beta d\mu_D^\beta = 0 \tag{7.40}$$

由于相平衡时

$$d\mu_i^\alpha = d\mu_i^\beta$$

由式（7.40），可得

$$d\mu_A = -\frac{X_B^\beta d\mu_B + X_C^\beta d\mu_C + X_D^\beta d\mu_D}{X_A^\beta}$$

代入式（7.39），可得

$$X_A^\alpha X_B^\beta d\mu_B + X_A^\alpha X_C^\beta d\mu_C + X_A^\alpha X_D^\beta d\mu_D$$

$$-X_A^\beta X_B^\alpha d\mu_B - X_A^\beta X_C^\alpha d\mu_C - X_A^\beta X_D^\alpha d\mu_D = 0$$

组元 C 的化学势的变化与组元 B 和组元 D 的关系为

$$d\mu_C = -\frac{X_A^\alpha X_B^\beta - X_A^\beta X_B^\alpha}{X_C^\beta X_A^\alpha - X_C^\alpha X_A^\beta}d\mu_B - \frac{X_A^\alpha X_D^\beta - X_A^\beta X_D^\alpha}{X_C^\beta X_A^\alpha - X_C^\alpha X_A^\beta}d\mu_D$$

所以，对于 n 元系

$$d\mu_k = -\sum_{j=2}^{n-1}\frac{X_1^\alpha X_j^\beta - X_1^\beta X_j^\alpha}{X_k^\beta X_1^\alpha - X_k^\alpha X_1^\beta}d\mu_j \tag{7.41}$$

因此，式（7.41）表明，对于 n 元系来说，其他各组元 j 对于组元 k 的化学势的影响具有加和性质。

【例题 7.8】 一白口铁中含有 3.96%（质量分数）的 C（碳）及 2.0% Si（硅），试定量计算，由于 Si 的加入将使 900℃下白口铁的奥氏体中碳的石墨化（Graphitization）驱动力发生多大的变化。

解： 这可以看做是一个 Fe-Si-C 三元系中的两相平衡问题。而实际上，Si 使奥氏体中碳活度发生的变化，可以看做是奥氏体中溶解的碳发生石墨化的驱动力的变化。在 900℃下，不加 Si 时（Fe-C 二元系合金）奥氏体与渗碳体平衡时的碳活度为 1.04。而加入 Si 后（Fe-Si-C 三元系），Si 不溶解于渗碳体而全部溶于奥氏体中。若将奥氏体和渗碳体分别记作 γ 和 θ，并首先将合金的成分变成间隙式溶体的成分形式

$$u_C^{alloy} = \frac{X_C}{1-X_C} = \frac{X_C}{X_{Fe}+X_{Si}} = \frac{3.96/12.01}{94.04/55.85+2.0/28.09} = 0.188$$

$$u_{Si}^{alloy} = \frac{X_{Si}}{1-X_C} = \frac{X_{Si}}{X_{Fe}+X_{Si}} = \frac{2.0/28.09}{94.04/55.85+2.0/28.09} = 0.0406$$

由 Fe-C 系相图可知在 900℃下 γ 相与渗碳体平衡时的碳含量为 1.23%，

$$u_C^\gamma = \frac{1.23/12.01}{98.77/55.85} = 0.0579$$

Fe₃C 中的碳含量，$X_C^\theta = 0.25$，$u_C^\theta = 0.333$。将合金中的相分数与相成分列入表 7.2。

表 7.2 白口铁的合金成分和相成分

合金成分			θ相分数：0.47			γ相分数：0.53		
			Fe₃C(θ)成分			奥氏体(γ)成分		
元素	C	Si	Fe	C	Si	Fe	C	Si	Fe
mass.%	3.96	2.0	94.04	6.67	0	93.33	1.23	4.0	94.77
u	0.188	0.0406	—	0.333	0	—	0.0579	0.0769	—

由式（7.38）可知

$$\ln\left[\frac{(a_C)_T}{(a_C)_B}\right] = \frac{1-K_{Si}^{\theta/\gamma}}{u_C^\theta - u_C^\gamma}u_{Si}^\gamma = \frac{1}{0.333-0.0579}\times 0.0769 = 0.279$$

$$\frac{(a_C)_T}{(a_C)_B} = 1.32$$

$$(a_C)_T = 1.32(a_C)_B = 1.32\times 1.04 = 1.375$$

γ 相与石墨平衡时的碳活度 1.0

未加 Si 时二元 γ 相的石墨化驱动力 1.04－1.0＝0.04

加入 Si 后三元γ相的石墨化驱动力　1.375－1.0＝0.375

由于 Si 的加入，使石墨化驱动力提高了近 10 倍

【例题 7.9】　研究新材料时，A-B-C 三元系相图的富 A 角常常是以 A 为基材料的重要基础。但三元相图的研究还远没有达到可以随手得的程度。有统计指出，三元合金相图的可供参考率尚不足十分之一。但二元相图的情况就大不相同了。已有近 90%左右的二元合金相图被很好地研究过了。所以根据二元相图来推测三元相图的富 A 角，是具有实际意义的工作。

试根据 Fe-Mn，Fe-C 二元相图的低 C 部分，建立 Fe-Mn-C 三元系相图的 600℃等温截面的富铁角。已知在 600℃下，$K_{Mn}^{\theta/\alpha}=16$。

解： 看来这是一个很难的任务。因为，由 Fe-Mn，Fe-C 相图（图 7.17）可知，两侧的相区差异很大。Fe-Mn 相图在 600℃下没有 Fe_3C 相，而 Fe-C 相图在同温度下没有γ相。这就需要借助于亚稳态的相平衡数据。

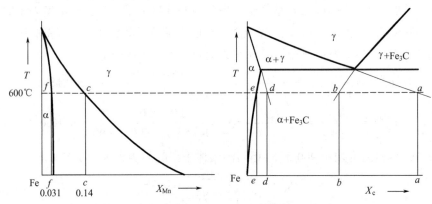

图 7.17　Fe-Mn 和 Fe-C 二元相图的富 Fe 部分

（1）求α和γ两相平衡区（参见图 7.17）

$$X_{Mn}^{\alpha/\alpha+\gamma} = 0.031, \qquad u_{Mn}^{\alpha/\alpha+\gamma} = 0.031$$

$$X_{Mn}^{\gamma/\alpha+\gamma} = 0.14, \qquad u_{Mn}^{\gamma/\alpha+\gamma} = 0.14$$

d 点处　$(\text{mass.\%})_C^{\alpha/\alpha+\gamma} = 0.03\%, \qquad u_C^{\alpha/\alpha+\gamma} = 0.0014$

a 点处　$(\text{mass.\%})_C^{\gamma/\alpha+\gamma} = 1.8\%, \qquad u_C^{\gamma/\alpha+\gamma} = 0.085$

在γ和θ两相平衡区

b 点处　$(\text{mass.\%})_C^{\gamma/\gamma+\theta} = 0.55\%, \qquad u_C^{\gamma/\gamma+\theta} = 0.0257$

（2）求α+γ两相区边界

由于稀溶体两相区边界可作为直线，所以可确定 ac，df 为此边界线，但应该注意到，在 Fe-Mn 边的 c，f 点一侧为实际存在的α和γ两相平衡，而在 Fe-C 边的 a，d 点一侧，α和γ两相平衡状态是亚稳的，见图 7.18。

（3）求γ（γ+θ）边界

在 Fe-C 边上的 b 点是亚稳γ（γ+θ）边界上的一点，此边界为一近乎平行于 Fe-Mn 边的曲线，该曲线随 Mn 含量的提高逐渐靠近 Fe-Mn 边，为确定此线的位置，应至少找

到此线上的另一点，设此点的 Mn 含量为 $u_{\mathrm{Mn}}^{\gamma/\gamma+\theta}=0.1$，为计算对应此点的 C 含量 $u_{\mathrm{C}}^{\gamma/\gamma+\theta}$，需要先知道碳的活度比。

按 Henry 定律，稀溶体的溶质活度为

$$a_{\mathrm{C}} = f_{\mathrm{C}} X_{\mathrm{C}} \approx f_{\mathrm{C}} u_{\mathrm{C}}, \quad f_{\mathrm{C}} = \text{Const.}$$

因为 Mn 是对碳活度影响较小的元素，可以假设在 Fe-Mn-C 三元系的γ相中等碳活度线为直线，所以有

$$\frac{(a_{\mathrm{C}})_{\mathrm{T}}}{(u_{\mathrm{C}})_{\mathrm{T}}} = \frac{(a_{\mathrm{C}})_{\mathrm{B}}}{(u_{\mathrm{C}})_{\mathrm{B}}}, \quad \frac{(a_{\mathrm{C}})_{\mathrm{T}}}{(a_{\mathrm{C}})_{\mathrm{B}}} = \frac{(u_{\mathrm{C}})_{\mathrm{T}}}{(u_{\mathrm{C}})_{\mathrm{B}}}$$

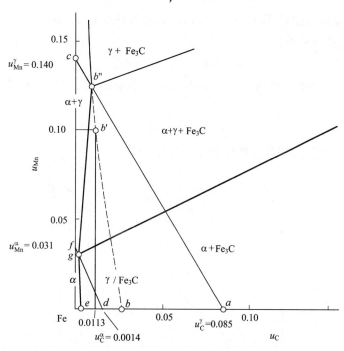

图 7.18　根据二元相图推测出的 Fe-Mn-C 三元相图富 Fe 角

根据式（7.38）

$$\ln \frac{(a_{\mathrm{C}})_{\mathrm{T}}}{(a_{\mathrm{C}})_{\mathrm{B}}} = \frac{1 - K_{\mathrm{Mn}}^{\theta/\gamma}}{u_{\mathrm{C}}^{\theta} - u_{\mathrm{C}}^{\gamma}} u_{\mathrm{Mn}}^{\gamma}$$

已知：$u_{\mathrm{Mn}}^{\gamma}=0.1$，$u_{\mathrm{C}}^{\theta}=0.333$，$u_{\mathrm{C}}^{\gamma}=0.0257$（$b$ 点成分），$K_{\mathrm{Mn}}^{\theta/\alpha}=16$

$$K_{\mathrm{Mn}}^{\theta/\gamma} = K_{\mathrm{Mn}}^{\theta/\alpha} K_{\mathrm{Mn}}^{\alpha/\gamma} = 16 \times \frac{u_{\mathrm{Mn}}^{\alpha/\alpha+\gamma}}{u_{\mathrm{Mn}}^{\gamma/\alpha+\gamma}} = 16 \times \frac{0.031}{0.14} = 3.54$$

可以求得γ/θ平衡时的碳活度比如下，

$$\ln \frac{(a_{\mathrm{C}})_{\mathrm{T}}}{(a_{\mathrm{C}})_{\mathrm{B}}} = \frac{1 - 3.54}{0.333 - 0.0257} \times 0.1 = -0.8265$$

$$\frac{(a_{\mathrm{C}})_{\mathrm{T}}}{(a_{\mathrm{C}})_{\mathrm{B}}} = 0.438, \quad \frac{(u_{\mathrm{C}})_{\mathrm{T}}}{(u_{\mathrm{C}})_{\mathrm{B}}} = 0.438$$

与 $u_{Mn}^\gamma = 0.1$ 相对应的碳含量为 $(u_C)_T = 0.438 \times 0.0257 = 0.0113$

这样，便得到了 b' 点的位置，如果能够多确定几个亚稳 $\gamma/(\gamma+\theta)$ 边界上的位置，便能确定此边界曲线

（4）求 $\alpha/(\alpha+\theta)$ 边界

在 Fe-C 边上的 e 点是这个边界线上的一点，用上述的确定 $\gamma/(\gamma+\theta)$ 边界的方法可以得到此边界线。

（5）求 $\alpha+\gamma+\theta$ 三相区的三个顶点

该三相区为一三角形，三个顶点的位置分别为：γ 相顶点的位置是 ac 线与 $\gamma/(\gamma+\theta)$ 边界的交点 b''；α 相顶点的位置是 df 线与 $\alpha/(\alpha+\theta)$ 边界的交点 g；θ 相顶点的位置 h 是这样确定的。首先计算下列数值

$$u_{Mn}^\theta = u_{Mn}^\alpha K_{Mn}^{\theta/\alpha} = 16 \times u_{Mn}^\alpha$$

u_{Mn}^θ 是 $(Fe,Mn)_3C$ 中 Mn 的含量。u_{Mn}^α 是 α 相顶点位置 g 的 Mn 含量。u_C^θ 是 $(Fe,Mn)_3C$ 中 C 的含量

$$u_C^\theta = 0.333$$

由 u_C^θ 和 u_{Mn}^θ 确定了 θ 相顶点的位置 h。见图 7.19。

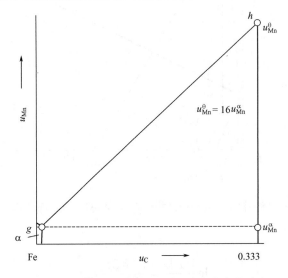

图 7.19　Fe-Mn-C 相图中 $\alpha/(\alpha+\theta)$ 边界走向的确定

【例题 7.10】　从 20 世纪 70 年代以后，国际上兴起一种特殊的渗碳。最初，参照内氧化（Internal oxidation）现象，曾将其称为内部碳化（Internal carburization）。后来因容易与聚合物的碳化混淆，Nishizawa 提议将其称为 CD 渗碳（Carbide dispersion carburization）或 CDC 处理。这是一种"在从表面向内部渗碳的同时，在渗层内析出碳化物颗粒的过程"，这种渗碳能够获得极高硬度的表面层。试分析在对合金钢 40Cr1.5Ni3 进行 900℃ 的渗碳时，应该控制怎样的碳活度才能保证只产生期望的 M_7C_3 型碳化物，而不形成硬度不高又容易粗化的 Fe_3C。已知此温度下 Cr 和 Ni 在 M_3C 和 γ 相之间的分配比为 7 和 0.1。

图 7.20 给出了该钢在渗碳时析出各种碳化物时的碳活度与钢的成分的关系。图中画出了 4 条等碳活度线，因为钢中的合金元素中 Cr 是强烈降低碳活度的元素，所以等碳活度线的走向是随合金元素量的提高碳含量呈提高趋势。钢的奥氏体中析出 M_7C_3 时的碳活度是 $\left[a_C^\gamma\right]_{M_7C_3}$，析出亚稳态 Fe_3C 时的碳活度是 $\left[a_C^\gamma\right]_{Fe_3C}$，分别处于 γ 相与 γ+$M_7C_3$ 和 γ+Fe_3C 相区的边界上。

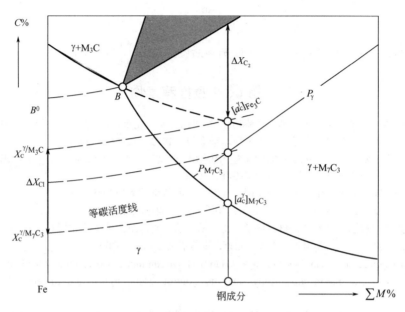

图 7.20 CDC 处理中的碳活度控制原理

考虑式 (7.41) 所表示的各合金元素作用的叠加效果和式 (7.38)，可以得到 Fe-Cr-Ni-C 四元系中析出 M_3C 时的碳活度 $\left[a_C^\gamma\right]_{M_3C}$。首先，在 Fe-Cr-C 三元系中析出 M_3C 时的碳活度 $\left[a_C^\gamma\right]_{M_3C}$ 为

$$\ln\frac{\left[a_C^\gamma\right]_{M_3C}}{\left[a_C^\gamma\right]_{M_3C}^B} = \frac{1-K_{Cr}^{M_3C/\gamma}}{u_C^{M_3C}-u_C^\gamma}u_{Cr}^\gamma = \frac{1-7}{0.333-0.059}\times0.015\times\frac{56}{52} = -0.352$$

式中，$K_{Cr}^{M_3C/\gamma}$ 为合金元素 Cr 在 M_3C 和 γ 相中的分配比；$\left[a_C^\gamma\right]_{M_3C}^B$ 为 Fe-C 二元系中析出 M_3C 时的碳活度，约为 1.045。

在 Fe-Ni-C 三元系中析出 M_3C 时的碳活度 $\left[a_C^\gamma\right]_{M_3C}$ 为

$$\ln\frac{\left[a_C^\gamma\right]_{M_3C}}{\left[a_C^\gamma\right]_{M_3C}^B} = \frac{1-K_{Ni}^{M_3C/\gamma}}{u_C^{M_3C}-u_C^\gamma}u_{Ni}^\gamma = \frac{1-0.1}{0.333-0.059}\times0.03\times\frac{56}{59} = 0.094$$

考虑到合金元素作用的加和性，多元系的相应碳活度 $\left[a_C^\gamma\right]_{M_3C}^{Mult}$ 与上述 Fe-C 二元系碳活度 $\left[a_C^\gamma\right]_{M_3C}^{B}$ 的比例为

$$\ln \frac{\left[a_C^\gamma\right]_{M_3C}^{Mult}}{\left[a_C^\gamma\right]_{M_3C}^{B}} = 0.094 - 0.352 = -0.258 , \quad \frac{\left[a_C^\gamma\right]_{M_3C}^{Mult}}{\left[a_C^\gamma\right]_{M_3C}^{B}} = 0.773$$

$$\left[a_C^\gamma\right]_{M_3C}^{Mult} = 0.773\left[a_C^\gamma\right]_{M_3C}^{B} = 0.773 \times 1.045 = 0.81$$

要使表面不出现 M_3C 析出，应控制碳活度为 $\left[a_C^\gamma\right]_{M_3C}^{Mult} = 0.81$。

第 6、7 章推荐读物

[1] 希拉特 M．合金扩散和热力学．赖和怡，刘国勋，译．北京：冶金工业出版社，1984．

[2] 西泽泰二．铁合金的热力学．日本金属学会会报，1973，12（6）：401．

[3] 山口明良．实用热力学及其在高温陶瓷中的应用．张文杰，译．武汉：武汉工业大学出版社，1993．

[4] 萧纪美．合金能量学．北京：科学出版社，1983．

[5] 侯增寿，陶岚琴．实用三元合金相图．上海：上海科学技术出版社，1983．

[6] 杜丕一，潘硕．材料科学基础．北京：中国建材工业出版社，2002．

[7] 席慧智，邓启刚，刘爱东．材料化学导论．哈尔滨：哈尔滨工业大学出版社，1999．

[8] 马鸿文．结晶岩热力学概论．2 版．北京：高等教育出版社，2001．

[9] Qin G W, Oigawa K, Sun Z M, Guo S W , Hao S M. Discontinuous Coarsening of the Lamellar Structure of γ-TiAl-based Intermetallic Alloys and Its Control. Metallurgical and Materials Transaction A, 2001,32A：1927．

[10] Yang G J, Hao S M. Study on the phase equilibria of the Ti-Ni-Nb ternary system at 900℃. J Alloy and Compound, 2000,297：226．

[11] Porter D A, Easterling K E. Phase Transformations in Metals and Alloys. Van Nostrand Reinhold Co Ltd, 1981．

[12] Haasen P. Physical Metallurgy. Cambridge University Press, 1978．

[13] Leslie W C. The Physical Metallurgy of Steels. McGraw-Hill, 1981．

[14] Zackay V F, Aaronson H I. Decomposition of Austenite by Diffusional Process. Interscience,1962．

[15] Devereux O F. Topics in Metallurgical Thermodynamics. A Wiley-Interscience,1983．

[16] Gordon P. Principles of Phase Diagrams in Materials Systems. McGraw-Hill ,1968．

[17] Devereux O F. Topics in Metallurgical Thermodynamics. A Wiley-Interscience,1983．

习　题

（1）试画出某三元系 A-B-C 的固溶体相的自由能曲面，并标出某一成分固溶体中三组元的化学势。已知该温度下，B-C 二元系中固溶体发生 Spinodal 分解。

（2）若 A-B-C 三元系中，某固溶体相 $I_{AB} = 0$、$I_{AC} = 0$、$I_{BC} > 0$，试画出在较低温度下，该固溶体的摩尔自由能曲面，并标出其中某一成分固溶体的化学势。

（3）若 A-B-C 三元系中，某固溶体相 $I_{AB} = 0$、$I_{AC} = 0$、$I_{BC} \ll 0$，试画出在较低温度下，该固溶体的摩尔自由能曲面，并标出其中某一成分固溶体的化学势。

（4）画出一化学计量比化合物与固溶体平衡时，某温度的自由能曲面，并标出相平

衡成分。

（5）四元互易相（A,B）$_a$（C,D）$_c$ 中，y_A=0.6，y_C=0.8，试在互易正方形中标出该相的位置。

（6）已知 A-B、A-C 二元系相图的富 A 侧如下图所示，试画出温度 T_1 下的 A-B-C 三元系相图等温截面的富 A 角。

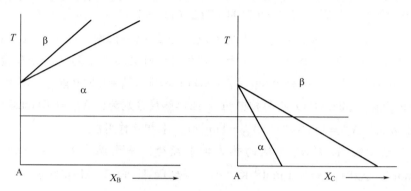

（7）Al 能细化钢的奥氏体晶粒是由于在钢中能形成 AlN。已知 Fe-Al-N 相图中，AlN 的溶解度积曲线如下图所示，T_S 为固溶化温度，T_C 为γ相粗化温度，T_T 为γ相冷却转变温度。若已知钢水中的氮含量 X_N，试求合理的加 Al 量。

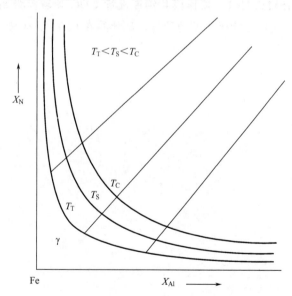

（8）向含碳 0.4mass.%的钢中加入 0.5mass.%Si 时，将对 α/Fe$_3$C 平衡时的α相碳活度发生怎样的影响。

（9）要计算一个线性化合物（A,B）$_a$C$_c$ 与一个固溶体平衡时的平衡成分，需要知道哪些热力学参数。

（10）GCr15 钢（C 含量 1.0 mass.%,Cr 含量 1.5 mass.%）在加热到 950℃时，已经完全奥氏体化，试计算奥氏体的碳活度。已知：$\left({}^0G_{FeC}^\gamma - {}^0G_{Fe}^\gamma - {}^0G_C^{gr} + I_{CVa}^\gamma \right) = (46115 -$

19.178T) J·mol^{-1}, $I_{CVa}^{\gamma} = (-21079 - 11.555T)$ J·mol^{-1}, $J_{Cr}^{\gamma} = (-251160 + 118T)$ J·mol^{-1}。

（11）试计算 60Si2 钢（C 含量 0.6 mass.%,Si 含量 2.0mass.%）在 1000℃时奥氏体的碳活度。

已知：$J_{Si}^{\gamma} = 100000$ J·mol^{-1}，其余同题（10）。

（12）试计算 T10 钢（C 含量 1.0 mass.%）在 1000、1100、1200℃时奥氏体的碳活度。已知：$({}^{0}G_{FeC}^{\gamma} - {}^{0}G_{Fe}^{\gamma} - {}^{0}G_{C}^{gr}) = (67194 - 7.623T)$ J·mol^{-1}，其余同题（10）。

（13）已知氧（O）可在固态金属 V 和液态金属 Na 中溶解，而 V 和液态 Na 之间互不溶解。若 O 在液固两相之间达到平衡。850℃时 O 在两相中的 3 组溶解度分别为：$X_{O}^{S} = 0.01$ mass.%，$X_{O}^{L} = 0.04$ mg/kg；$X_{O}^{S} = 0.1$ mass.%，$X_{O}^{L} = 0.5$ mg/kg；$X_{O}^{S} = 1$ mass.%，$X_{O}^{L} = 20$ mg/kg。650℃时 O 在两相中的 2 组溶解度分别为：$X_{O}^{S} = 0.01$ mass.%，$X_{O}^{L} = 0.0013$ mg/kg；$X_{O}^{S} = 1$ mass.%，$X_{O}^{L} = 1$ mg/kg；求相互作用能 I_{ov}^{S}。

（14）已知纯 Ti 的 α/β 平衡的热力学参数为：平衡温度 $T^{\alpha/\beta} = 1155$K，$\Delta H^{\alpha/\beta} = 4228$ J·mol^{-1}，$\Delta S^{\alpha/\beta} = 3.68$ J·mol^{-1}·K^{-1}，试根据 Fe-Ti 和 Ti-Al 相图求 Ti-0.8Al-1.0Fe（mass.%）合金在 860℃的平衡组织。

（15）在 1000℃下向 Fe-C 合金中加入元素 M 其在 γ 和 θ(Fe$_3$C) 中的分配比为 1∶10，试求加入 M 元素后合金中碳活度的变化。已知 $u_{M}^{\gamma} = 0.01$，$u_{M}^{\theta} = 0.1$。

（16）H13（4Cr5MoV1Si1）热作模具钢可进行 CDC 处理以提高表面的硬度和耐磨性。如果可以按名义成分进行碳活度的计算，试计算在 950℃、碳势为 1.2mass.%时该钢奥氏体中的碳浓度。

集团变分法

【本章导读】

本章介绍的集团变分法（CVM）基础，是本书的特色内容。最重要的是要用"原子集团"和"概率变量"来取代我们已经熟悉了的原子点阵占位的概念。最好的学习途径是以两个原子组成的"原子对"作为一个"集团"，来统计"对概率变量"。用对概率来计算内能、熵和自由能。而概率变量是要服从归一化条件的。集团变分法（CVM）首先在同一结构相的不同状态，如有序-无序状态间的平衡成分计算、溶解度间隙的计算方面取得了精彩的成功。在组态熵计算方面还没有别的方法能够取代它。在第一原理计算空前发展的今天，由于密度泛函方法主要适合于基态计算，集团变分法（CVM）计算组态熵方面的优势就显得格外重要。

集团变分法（Cluster variation method，CVM）起源于 20 世纪 50 年代初一位日本籍学者 R.Kikuchi 提出的一个混合熵的统计模型。70 年代后由于在 Au-Cu 有序-无序转变平衡相图的计算等方面所获得的成功而受到人们的广泛关注。目前，在人们对第一性原理（First principle）相平衡计算的期待越来越大的今天，对处理配置熵（Configurational entropy）最成功的集团变分法的兴趣也越来越浓厚。应当说，现在集团变分法已经不再是一个单纯的统计热力学理论，它所包含的内容、涉及的问题都更加广泛。本章将把集团变分法作为一个完整的热力学分析方法和手段做简要的介绍。

集团变分法由其名称可知，是从原子集团（Cluster）选择开始的，使用原子集团来描述合金的原子配置熵是 CVM 的主要特点。作为熵近似的方法，一般来说使用的原子集团越大，与实际情况的近似程度就越高。最简单的原子集团是一个原子，称"点近似"。唯象的正规溶体模型，或统计热力学中的 Bragg-Williams 模型就是点近似。稍复杂一些的是"原子对近似"，简称"对近似"，Bethe 近似（Bethe approximation）即属于此种。还可以选择更大的原子集团，比如四面体、八面体等等，它们的配置熵计算精度也比"对近似"有进一步的提高。下面的介绍不包括"点近似"，而以"对近似"和"四面体近似"为主。与"点近似"相比，它们的优点是熵计算近似程度更好，可以考虑短程有序度。

下面用一个实例来说明 CVM 在相平衡计算上的优越性。应该说，利用正规溶体近似做相平衡计算也是有很多优点的，比如能方便地计算液/固、不同结构的固/固相平衡；在计算不同结构固相平衡时，不需要处理非常复杂的振动熵的差别问题，而只需根据实验数据确定一些热力学参数。但在处理像有序-无序转变这一类问题时，正规溶体近似便暴露出它明显的劣势。

图 8.1 是人们熟悉的实测 Cu-Au 二元相图的现代形式。该系中 fcc 结构相的多种有序-无序转变是十分引人注意的，也一直在考验着相平衡计算的各种模型。作为正规溶体近似统计依据的 Bragg-Williams 模型，即点近似方法，虽然用亚点阵能处理有序-无序转变，但却只能定义长程有序度，而无法处理短程有序度。

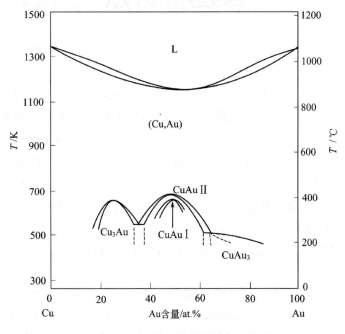

图 8.1　Cu-Au 系二元相图的实测结果

如图 8.2（a）所示，Schockley 用 Bragg-Williams 近似计算的 Cu-Au 系共格相图中包括 Cu_3Au（$L1_2$）、CuAu（$L1_0$）、$CuAu_3$（$L1_2$）等有序相，但与实测结果的差异是非常明显的。图 8.2（b）是将准化学方法（Quasi-chemical method）引入溶体模型后的计算结果。虽然上述 3 种有序相可以分立了，但仍然无法与实测结果相比较。图 8.2（c）是用 CVM 模型计算的该系固相有序-无序共格相图，其计算结果与实测结果的符合程度是其他方法无法比拟的。值得强调的是在 CVM 计算中只使用了 3 个参数：2 个四面体相互作用能和 1 个为确定 CuAu I 相有序化温度（410℃）所采用的原子对相互作用能。

8.1　集团概率变量

用 CVM 来描述合金热力学函数的第一个步骤是选定概率变量（Probability variable）。以无序相为例，采用最近邻（Nearest-neighbouring）原子对为最大原子集团的"对近似"（Pair approximation）在描述二元合金的无序相时，所使用的集团概率变量如表 8.1 所示。

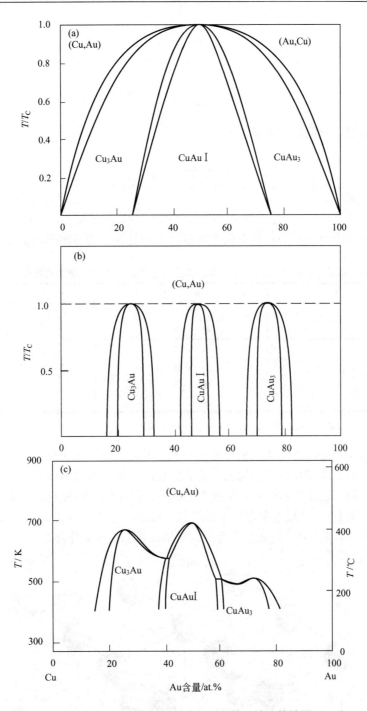

图 8.2　Cu-Au 系有序-无序相平衡的几种计算结果

（a）Bragg-Williams 近似；（b）准化学方法；（c）CVM

　　表中，x_i（$i=1,2$）为任意结点上出现第 i 种原子的概率；y_{ij}（$i,j = 1,2$）为任意相邻的两个结点上，出现由第 i 种原子和第 j 种原子构成的"对"的概率。x_i 的归一化（Normalization）条件为

$$\sum_{i=1}^{2} x_i = 1 \qquad (8.1)$$

在对概率已知时，点概率可由下面的关系求得

$$x_i = \sum_{j=1}^{2} y_{ij}, \quad i = 1, 2 \qquad (8.2)$$

因此，处理对概率时的归一化条件是

$$\sum_{i=1}^{2} \sum_{j=1}^{2} y_{ij} = 1 \qquad (8.3)$$

对于无序相来说，

$$y_{12} = y_{21} \qquad (8.4)$$

所以，在二元系的对近似中，只有两个对概率变量是独立的（例如，y_{11}，y_{12}）。

表 **8.1**　以最近邻原子"对近似"描述二元合金的无序相时所使用的集团概率变量

项　目	配　置	集团概率变量
点	○	x_1
	●	x_2
对	○——○	y_{11}
	○——●	y_{12}
	●——○	y_{21}
	●——●	y_{22}

注：○为 1 原子，●为 2 原子，"对"的长度是最近邻原子间距离。

在处理有序相时，确定集团概率变量要对应于这个相内的亚点阵结构。当然最好能知道什么样的亚点阵在什么样的情况下能够出现，但这是非常困难的，这是绝对零度下的有序基态问题，这里不做分析。现在考虑具有最简单的三维亚点阵结构的 CsCl（B2）型有序相（见图 8.3）。"最近邻对"全都是其一端在一个亚点阵（如α）上，而另一端在另一个亚点阵（如β）上。因此必须考虑的概率变量如表 8.2 所示。

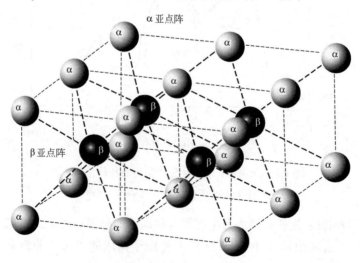

图 8.3　B2 结构有序相的"最近邻原子对"

表 8.2　二元合金 B2（CsCl）型有序相最近邻对近似所需要的概率变量

项　目	配　置		集团概率变量
	α 亚点阵	β 亚点阵	
点	○		x_1^α
	●		x_2^α
		○	x_1^β
		●	x_2^α
对	○——○		$y_{11}^{\alpha\beta}$
	○——●		$y_{12}^{\alpha\beta}$
	●——○		$y_{21}^{\alpha\beta}$
	●——●		$y_{22}^{\alpha\beta}$

表中的 $y_{ij}^{\alpha\beta}$ 表示α亚点阵上为 i 原子而β亚点阵上为 j 原子的"原子对"概率。因为有两种亚点阵，所以有 4 种点概率。两个亚点阵内的归一化条件分别为

$$\sum_{i=1}^{2} x_i^\alpha = 1 \tag{8.5}$$

$$\sum_{i=1}^{2} x_i^\beta = 1 \tag{8.6}$$

与无序相一样，所有的点概率都可以由对概率求出

$$x_i^\alpha = \sum_{j=1}^{2} y_{ij}^{\alpha\beta}, \quad i = 1, 2 \tag{8.7}$$

$$x_i^\beta = \sum_{k=1}^{2} y_{ki}^{\alpha\beta}, \quad i = 1, 2 \tag{8.8}$$

就"对概率"而言，归一化条件为

$$\sum_{i=i}^{2}\sum_{j=i}^{2} y_{ij}^{\alpha\beta} = 1 \tag{8.9}$$

对于有序相来说，

$$y_{12} \neq y_{21} \tag{8.10}$$

所以，在用"最近邻对近似"处理二元系的 CsCl 型有序相时，对概率变量中有 3 个是独立的（例如， $y_{11}^{\alpha\beta}$ ， $y_{12}^{\alpha\beta}$ ， $y_{21}^{\alpha\beta}$ ）。以上的最近邻对近似与 Bethe 的第一近似是等效的。下面考察在表 8.1 和表 8.2 中的集团概率变量与长程和短程有序度（Ordering degree）之间的关系。对于由 2 个亚点阵描述的有序相来说，长程有序度σ 被定义如下

$$\sigma \stackrel{\text{def}}{=} \text{原子 1 在α亚点阵上的概率–原子 1 在β亚点阵上的概率} \tag{8.11}$$

即

$$\sigma = x_1^\alpha - x_1^\beta \tag{8.12}$$

而像 Fe$_3$Al（D0$_3$）这样的有序相需要划分为 4 个亚点阵时，可以定义 3 个独立的长程有序度。另外，Bethe 的短程有序度 S 无论是在有序相内还是在无序相内都是按下式

定义的:

$$S \stackrel{\text{def}}{=} \text{异类原子对的概率} - \text{同类原子对的概率} \tag{8.13}$$

对于无序相而言

$$S = 2y_{12} - (y_{11} + y_{22}) \tag{8.14}$$

而对于 B2（CsCl）型有序相

$$S = \left(y_{12}^{\alpha\beta} + y_{21}^{\alpha\beta}\right) - \left(y_{11}^{\alpha\beta} + y_{22}^{\alpha\beta}\right) \tag{8.15}$$

应当指出，短程有序度还有其他的定义方式。

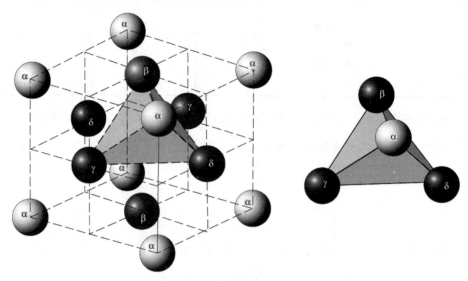

图 8.4 fcc 结构有序相的 4 个简单立方亚点阵 α，β，γ，δ

下面分析对 Cu-Au 系的处理。将具有长程有序的 CuAu Ⅱ 相除外，考察 Cu₃Au、CuAu Ⅰ 和 CuAu₃ 三种有序相和无序相（fcc 相）。这 4 种相的面心立方点阵如图 8.4 所示。4 种亚点阵 α、β、γ、δ 之间，在描述不同相时，有不同的等效关系。如描述 Cu₃Au 和 CuAu₃ 相时，α 亚点阵是独立的，而其他 β、γ、δ 3 种亚点阵是等效关系。在描述 CuAu Ⅰ 相时，α 和 β 亚点阵是等效的，而 γ 和 δ 是等效的。在描述无序相时，α、β、γ、δ 4 种亚点阵都是等效的。因此处理 Cu-Au 系时，首先把 α、β、γ、δ 4 种亚点阵都看成是独立的，并选定概率变量，其后再根据处理对象的不同附加上等效关系。将图 8.4 所示的四面体集团概率变量 $z_{ijkl}^{\alpha\beta\gamma\delta}$ 列入表 8.3。16 种四面体概率变量要满足下面的归一化条件

$$\sum_{i=1}^{2}\sum_{j=1}^{2}\sum_{k=1}^{2}\sum_{l=1}^{2} z_{ijkl}^{\alpha\beta\gamma\delta} = 1 \tag{8.16}$$

对于 Cu₃Au 有序相，有 $z_{1112} = z_{1121} = z_{1211} = \cdots$ 这样的等效关系，所以独立概率变量是 7 个；CuAu₃ 有序相的独立概率变量也是 7 个；CuAu Ⅰ 相的独立概率变量是 8 个；无序相的独立概率变量是 4 个。这些四面体集团的概率变量的数值确定之后，三角集团概率变量 $w_{ijk}^{\alpha\beta\gamma}$，对概率变量 $y_{ij}^{\alpha\beta}$ 和点概率 x_i^{α} 可由下面各式导出。图 8.4 面心立方点阵分割为 4 个同等大小的简单立方亚点阵，所选取的四面体原子集团的每个角顶都分属于上面

的 4 个亚点阵。该图左边所示的亚点阵划分方案也可以有其他的形式。

$$w_{ijk}^{\alpha\beta\gamma} = \sum_{l=1}^{2} z_{ijkl}^{\alpha\beta\gamma\delta} \ , \quad i, j, k = 1, 2 \tag{8.17}$$

$$y_{ij}^{\alpha\beta} = \sum_{k=1}^{2} \sum_{l=1}^{2} z_{ijkl}^{\alpha\beta\gamma\delta} \ , \quad i, j = 1, 2 \tag{8.18}$$

$$x_{i}^{\alpha} = \sum_{j=1}^{2} \sum_{k=1}^{2} \sum_{l=1}^{2} z_{ijkl}^{\alpha\beta\gamma\delta} \ , \quad i = 1, 2 \tag{8.19}$$

这时，利用对概率 $y_{ij}^{\alpha\beta}$ 和点概率 x_i^{α} 可以计算长程和短程有序度。而 $w_{ijk}^{\alpha\beta\gamma}$ 和 $z_{ijkl}^{\alpha\beta\gamma\delta}$ 是表示更高层次原子排列秩序的参数。目前，尚没有关于这些三角集团、四面体集团概率变量的相关实验研究报告。

表 8.3　用四面体近似描述的 fcc 结构有序相的四面体集团概率变量

配　置	概率变量	配　置	概率变量
	$z_{1111}^{\alpha\beta\gamma\delta}$		$z_{2112}^{\alpha\beta\gamma\delta}$
	$z_{2111}^{\alpha\beta\gamma\delta}$		$z_{2121}^{\alpha\beta\gamma\delta}$
	$z_{1211}^{\alpha\beta\gamma\delta}$		$z_{1212}^{\alpha\beta\gamma\delta}$
	$z_{1121}^{\alpha\beta\gamma\delta}$		$z_{2221}^{\alpha\beta\gamma\delta}$
	$z_{1112}^{\alpha\beta\gamma\delta}$		$z_{1222}^{\alpha\beta\gamma\delta}$
	$z_{2211}^{\alpha\beta\gamma\delta}$		$z_{2122}^{\alpha\beta\gamma\delta}$
	$z_{1221}^{\alpha\beta\gamma\delta}$		$z_{2212}^{\alpha\beta\gamma\delta}$
	$z_{1122}^{\alpha\beta\gamma\delta}$		$z_{2222}^{\alpha\beta\gamma\delta}$

注：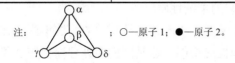；○—原子 1；●—原子 2。

8.2 摩尔自由能描述

在第 1 章就已经讨论过，确定合金系统是否处于平衡状态的热力学函数是自由能。与前面各章不同的是，CVM 模型在定义了集团概率变量之后，利用这些变量所描述的是合金系的 Helmholtz 自由能（Helmholtz free energy）。由 N（Avogadro 常数）个晶格结点原子所构成的系统的摩尔 Helmholtz 自由能用 F_m 表示，内能用 U_m 表示，熵用 S_m 表示。因此有

$$F_m = U_m - TS_m \tag{8.20}$$

式中，T 为热力学温度。在计算有序-无序态平衡和溶解度间隙时，只需要考虑结合内能和配置熵。

8.2.1 内能

关于内能，最广泛接受的表示方法是只计算最近邻原子对的结合能的总和，这里也做如此处理，即

$$U_m = \omega N \sum_i \sum_j u_{ij} y_{ij} \tag{8.21}$$

这里，2ω 是配位数（Coordination number），u_{ij} 是 i 和 j 原子分别处于最近邻"对"两端时的最近邻原子对结合能。所以应该有

$$u_{ij} = u_{ji} \tag{8.22}$$

y_{ij} 是表 8.1 中定义的"对"概率变量。对于 B2 型有序相，y_{ij} 将由 $y_{ij}^{\alpha\beta}$ 代替。二元系所使用的能量参数虽然有 u_{11}、$u_{12}(=u_{21})$ 和 u_{22} 共 3 个，但在实际相平衡计算时，只用下面一个独立变量即所谓相互作用键能。

$$u = u_{12} - \frac{u_{11} + u_{22}}{2} \tag{8.23}$$

用此式可以将式（8.21）改写成下面的形式

$$U_m = \frac{zN}{2}\left[(u_{11}x_1 + u_{22}x_2) + u(y_{12} + y_{21})\right] \tag{8.24}$$

如果假设 $u_{11} = u_{22} = 0$，实际上 zNu_{12} 便成为相互作用能 I_{12}。在多数情况下这样假设是完全可以的。这里 $z = 2\omega$。

式（8.21）以原子对（或更大的原子集团近似方法时）描述内能。而在点近似（Bragg-Williams 近似）时，内能的表达式为

$$U_m = zNux_1x_2 \tag{8.25}$$

将式（8.25）与式（8.24）的右边第二项加以比较，相当于式（8.25）做了下面的代换

$$y_{12} \cong x_1x_2 \tag{8.26}$$

式（8.26）正是点近似（Bragg-Williams 近似）的本征性质。

式（8.21）的内能表达式被用于很多理论模型，普遍认为是有效的。这里尚存在一个缺陷是无法考虑共格平衡时普遍存在的弹性应变能。这是因为要处理弹性应变能，

现在所使用的四面体原子集团还显得太小了。而选取能够考虑弹性应变能的大型原子集团并加以处理，在目前来说又是非常困难的。

使用图 8.4 所示的四面体近似时，$ijkl$ 四面体的能量是 u_{ijkl}。在必要的时候，还要引入与多原子集团有关的能量参数。

8.2.2 配置熵

CVM 最有特色的部分就是利用概率变量来求配置熵 S_m。假设由 N 个结点组成的系统，其可能的原子排布方案数为 w_N，在统计学上，配置熵 S_m 是由下面的 Boltzmann 方程决定的

$$S_m = k \ln w_N \tag{8.27}$$

这里，k 是 Boltzmann 常数。下面以对近似为例，推导一维、二维和三维晶体的 w_N 和配置熵。

8.2.2.1 一维模型

在处理一维模型时首先假设无长程有序存在。这时由 M 个结点组成的链叫做系，由 L 个系组成一个系综（Ensemble），如图 8.5 所示。原子是 1 和 2 两类。

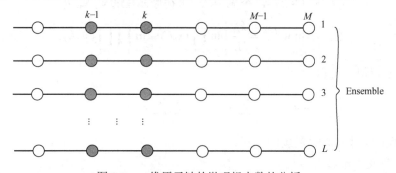

图 8.5 一维原子链的微观组态数的分析

对于任一 k–1-k 原子对上的原子排布，会出现如表 8.1 所示的两种集团概率变量：单原子集团的点概率 x_i 和双原子集团的对概率 y_{ij}。对于系综里所有的 k–1-k 原子对上的原子排布方案数如表 8.4 所示。

表 8.4　一维原子链中各类原子对的排布方案数

结点位置	原子	对类型	点概率	对概率	排布方案数
k–1	1	1-1	x_1	y_{11}	$w_1 = \dfrac{(x_1 L)!}{(y_{11} L)!(y_{12} L)!}$
k–1	1	1-2	x_1	y_{12}	
k–1	2	2-1	x_2	y_{21}	$w_2 = \dfrac{(x_2 L)!}{(y_{21} L)!(y_{22} L)!}$
k–1	2	2-2	x_2	y_{22}	

k–1 结点位置上既可以是原子 1，也可以是原子 2。因此 k–1 位置或为原子 1，或为原子 2 的排布方案数 w_L 为

$$w_L = w_1 w_2 = \frac{\prod\limits_{i=1}^{2}(x_i L)!}{\prod\limits_{i=1}^{2}\prod\limits_{j=1}^{2}(y_{ij} L)!} \qquad (8.28)$$

系综（Ensemble）内所有结点的排布方案总数 w_L^M 为

$$w_L^M = \frac{\left[\prod\limits_{i=1}^{2}(x_i L)!\right]^M}{\left[\prod\limits_{i=1}^{2}\prod\limits_{j=1}^{2}(y_{ij} L)!\right]^M} \qquad (8.29)$$

系综内每一个系统的排布方案数 $w_L^{M/L}$ 为

$$w_L^{M/L} = \frac{\left[\prod\limits_{i=1}^{2}(x_i L)!\right]^{M/L}}{\left[\prod\limits_{i=1}^{2}\prod\limits_{j=1}^{2}(y_{ij} L)!\right]^{M/L}} \qquad (8.30)$$

如果将式（8.30）代入式（8.27），令 $M = N$，可得摩尔配置熵 S_m 为

$$S_m = k \ln w_L^{M/L} = \frac{kN}{L}\left[\ln\prod\limits_{i=1}^{2}(x_i L)! - \ln\prod\limits_{i=1}^{2}\prod\limits_{j=1}^{2}(y_{ij} L)!\right]$$

应用 Stirling 近似，可得

$$S_m = kN\left[\sum\limits_{i=1}^{2} x_i \ln x_i - \sum\limits_{i=1}^{2}\sum\limits_{j=1}^{2} y_{ij} \ln y_{ij}\right] \qquad (8.31)$$

这就是一维晶体对近似配置熵的公式。

8.2.2.2　二维及三维模型

假设系综是由 L 层与图 8.6（a）所示的完全相同的片层组成的，以 A 为中心的最近邻原子为 4 个。如果用 2ω 表示配位数，这里 $\omega=2$。显然一维晶体的配位数 $\omega=1$。现在注意 B—A—C 三角形，正如在一维晶体中排布方案数的分析中所总结的，结点 A 或为 1、或为 2，组成"B—A 对"时的排布方案数为

$$w_{AB} = \frac{\prod\limits_{i=1}^{2}(x_i L)!}{\prod\limits_{i=1}^{2}\prod\limits_{j=1}^{2}(y_{ij} L)!} \qquad (8.32)$$

同理，结点 A 或为 1、或为 2，组成 A—C 对时的排布方案数为

$$w_{AC} = \frac{\prod\limits_{i=1}^{2}(x_i L)!}{\prod\limits_{i=1}^{2}\prod\limits_{j=1}^{2}(y_{ij} L)!} \qquad (8.33)$$

但是，在这两个排布方案数的计算中，A 结点被重复计算过多次，可以用下式计算

重复次数 P

$$P = \frac{L!}{(x_1 L)!(x_2 L)!} \qquad (8.34)$$

重复次数 P 的含义是：在 A 结点位置处，L 层中共（$x_1 L$）个 1 原子、（$x_2 L$）个 2 原子，在 A 结点位置处出现 1 原子的排布方案数为 P。因此，在系综内，计算所有 B—A—C 的排布方案数 w_L^t 时要除以重复次数 P

$$w_L^t = w_{AB}\, w_{AC} / P = \frac{\left[\prod\limits_{i=1}^{2}(x_i L)!\right]^3}{\left[\prod\limits_{i=1}^{2}\prod\limits_{j=1}^{2}(y_{ij} L)!\right]^2 L!} \qquad (8.35)$$

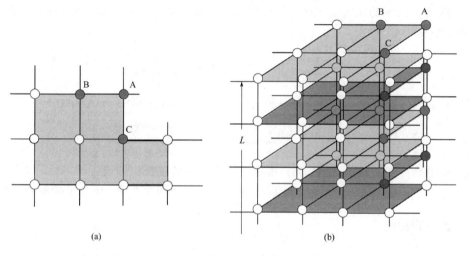

图 8.6 二维原子层的微观组态数的分析

在表示三维结构时，要使用任意配位数 2ω，式（8.35）将成为

$$w_L^t = \frac{\left(\prod\limits_{i=1}^{2}(x_i L)!\right)^{2\omega-1}}{\left(\prod\limits_{i=1}^{2}\prod\limits_{j=1}^{2}(y_{ij} L)!\right)^{\omega} (L!)^{\omega-1}} \qquad (8.36)$$

系综内的总排布方案数为 $\left(w_L^t\right)^{M/L}$ 为

$$\left(w_L^t\right)^{M/L} = \frac{\left[\left(\prod\limits_{i=1}^{2}(x_i L)!\right)^{2\omega-1}\right]^{M/L}}{\left[\left(\prod\limits_{i=1}^{2}\prod\limits_{j=1}^{2}(y_{ij} L)!\right)^{\omega}\right]^{M/L} \left[(L!)^{\omega-1}\right]^{M/L}} \qquad (8.37)$$

将式（8.37）代入式（8.27），令 $M = N$，便可得三维晶体的摩尔配置熵 S_m

$$S_m = k \ln \left(w_L^t \right)^{N/L}$$

$$S_m = \frac{kN}{L} \left\{ \ln \left[\prod_{i=1}^{2} (x_i L)! \right]^{2\omega-1} - \ln \left[\prod_{i=1}^{2} \prod_{j=1}^{2} (y_{ij} L)! \right]^{\omega} - \ln(L!)^{\omega-1} \right\} \qquad (8.38)$$

应用 Stirling 近似，式（8.38）将成为

$$S_m = kN \left[(2\omega-1) \sum_{i=1}^{2} x_i \ln x_i - \omega \sum_{i=1}^{2} \sum_{j=1}^{2} y_{ij} \ln y_{ij} \right] \qquad (8.39)$$

这就是三维晶体"对近似"摩尔配置熵的表达式。式（8.39）虽然是就二元系推导出来的，但可以证明，对于多元系也是适用的。

对于有序相而言，虽然要考虑亚点阵，但只在变量上指明亚点阵的名字就可以了。例如，图 8.3 所示的二元系 CsCl 型有序相在用最近邻对近似描述配置熵时，就是将式（8.39）稍稍变形，即取 $\omega = 4$，可得

$$S_m = kN \left[7 \sum_{i=1}^{2} \left(x_i^\alpha \ln x_i^\alpha + x_i^\beta \ln x_i^\beta \right) - 4 \sum_{i=1}^{2} \sum_{j=1}^{2} y_{ij}^{\alpha\beta} \ln y_{ij}^{\alpha\beta} \right] \qquad (8.40)$$

图 8.4 所示的具有 fcc 结构的晶格用四面体原子集团描述的摩尔配置熵如下：

$$S_m = kN \left[-5 \sum_i x_i \ln x_i + 6 \sum_i \sum_j y_{ij} \ln y_{ij} - 2 \sum_i \sum_j \sum_k \sum_l z_{ijkl} \ln z_{ijkl} \right]$$

描述其中的有序相时，像式（8.40）那样，加上亚点阵的标记即可。

对于不同结构的晶体，应根据实际需要选取不同的原子集团，进而求得摩尔配置熵。

8.2.3 摩尔自由能

将由上述方法求出的内能 U_m 和配置熵 S_m 代入式（8.20），可以得到 Helmholtz 自由能 F_m。与 Bragg-Williams 近似不同，在 CVM 中不再有通用的 F_m 表达式，该表达式会因所选择的原子集团的概率变量而异。"对近似"的摩尔 Helmholtz 自由能 F_m 的表达式为

$$F_m = \omega N \sum_{i=1}^{2} \sum_{j=1}^{2} u_{ij} y_{ij} - TkN \left[(2\omega-1) \sum_{i=1}^{2} x_i \ln x_i - \omega \sum_{i=1}^{2} \sum_{j=1}^{2} y_{ij} \ln y_{ij} \right] \qquad (8.41)$$

求出使这一函数 F_m 为最小值的概率变量数值的过程，也就是求单相平衡状态的过程。由这样的概率变量数值所描述的状态，才是系统的平衡状态。

【例题 8.1】 试用 CVM 分析影响二元 bcc 结构无序固溶体混合熵的主要因素，并与 Bragg-Williams 近似所描述的结果加以比较。

解：第 4 章介绍了 Bragg-Williams 近似所描述的混合熵与温度的关系。对于无序态，该模型描述的混合熵与理想溶体混合熵相同，只与溶体的成分有关。CVM 对固溶体混合熵的描述与溶体的晶体结构和所选择的原子集团的大小有关。如果是单原子集团，则与 Bragg-Williams 近似所描述的混合熵相同。如果是双原子集团，则如式（8.39）所示。如果用 4 原子四面体集团描述 fcc 结构的固溶体，则如式（8.41）所示。如果用 4 原子四

面体集团描述 bcc 结构的固溶体，则如式（8.42）所示。bcc 结构四面体原子集团如图 8.7 所示，它不是一个正四面体，其 6 个棱边中 i—j 与 k—l 键是次近邻，其余为最近邻[1]。

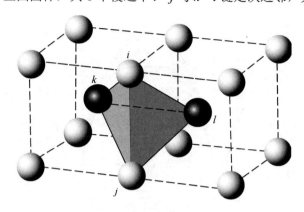

图 8.7　bcc 结构晶体中的四面体原子集团

$$S_{\mathrm{m}} = kN\left[\sum_i x_i \ln x_i - 4\sum_i\sum_j y_{ij} \ln y_{ij} + 12\sum_i\sum_j\sum_k u_{ijk} \ln u_{ijk}\right]$$
$$+ kN\left[-3\sum_i\sum_j v_{ij} \ln v_{ij} - 6\sum_i\sum_j\sum_k\sum_l z_{ijkl} \ln z_{ijkl}\right] \tag{8.42}$$

但是，与 Bragg-Williams 近似不同，即使对于无序固溶体，式（8.39）～式（8.42）各式也不能直观地反映出各种因素的影响，因为各类原子集团概率变量的数值只有在进行了使自由能为最小的变分后才能确定。下面分析原子间结合能、温度、溶体成分、溶体结构等四个因素的影响。

（1）原子间结合能　二元相中的原子间结合能 u_{ij} 有多种可能的分布，但按式（8.23），只用相互作用键能 u 一个参数表示，$u = u_{12} - (u_{11} + u_{22}) / 2$。参见表 8.5。

表 8.5　二元相原子间结合能的可能分布

u_{ij}	u_{11}	u_{12}	u_{21}	u_{22}	u
1	0	0	0	0	0
2	0	e	e	0	e
3	0	$-e$	$-e$	0	$-e$
4	$-e$	0	0	0	$e/2$

注：e 为一正数。

表 8.5 中分布 1 为理想溶体，混合熵与正规溶体近似一致是各种分布中最大的。分布 2、3 分别为发生溶解度间隙和有序-无序转变的溶体。$x_2 = 0.5$ 时，由于异类原子的相互作用，对概率 y_{12}，y_{21} 都将偏离 0.25，使混合熵降低。分布 4 为原子间结合能不对称的情况，但混合熵仍是对称的。计算结果表明，不论结合能如何分布，混合熵曲线只取决于 u 的数值，见图 8.8。

（2）温度　温度的作用与相互作用键能 u 密切相关，$|kT/u|$ 是决定混合熵大小的参数。但 kT/u 的正负，不影响 $x_2=0.5$ 处的极值，见图8.8。

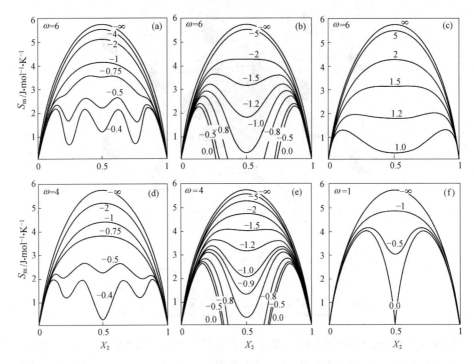

图 8.8　不同条件下的混合熵-成分曲线

曲线上的数值为 kT/u；(a),(d)为四面体近似计算结果，(b),(c),(e),(f)为对近似计算结果

（3）溶体成分　已假设原子间结合能没有成分依存性，混合熵相对于 $x_2=0.5$ 对称。在采用对近似时混合熵极大值变成 2 个，采用四面体近似时混合熵的极大值增至 4 个。

（4）溶体结构　溶体结构的影响主要体现在配位数上。ω 越大，在相同 kT/u 时的混合熵变小。即需要更高的温度才能达到较大的混乱度。

（5）关于"负熵"　除 $\omega=1$ 的一维晶体的情况之外，在 kT/u 的绝对值趋近于 0 时，都会出现负熵。这是 CVM 的一个尚未克服的缺陷。它来源于二维以上晶体计算微观组态数时的重复因子 P。如式（8.34）所示，重复因子是按完全随机假设来设计的，由于原子之间的相互作用能不是 0，重复因子 P 的数值总是估算过大。这导致了负熵的出现。好在负熵只出现在温度极低或 u 值极大时，在普通的条件下，尚不导致明显异常[1]。

8.3　巨势与相对化学势

利用 CVM 进行相平衡计算时所进行的变分，并不是给式（8.41）中的成分变量赋予某一定的原子分数，使其在成分一定的情况下进行变分，进而求得各种概率变量的数值；而是在使相对化学势（Opposite chemical potential）为一定值的条件下进行变分，求出使巨势（Grand potential）成极小值时的概率变量的数值，进而求出相的成分。这种方法在计算方面有很大的优越性，因此本节要介绍巨势和相对化学势的概念。

8.3.1 相对化学势与巨势的定义的导出

化学势是一个已经熟悉了的概念。它与摩尔 Gibbs 自由能的关系可以很容易得到，并能利用摩尔自由能曲线加以图示。相对化学势（μ_i'）与化学势（μ_i）有所不同，定义 n 元系各组元的相对化学势之间的关系为

$$\sum_{i=1}^{n} \mu_i' = 0 \tag{8.43}$$

后面还将说明相对化学势（μ_i'）与化学势（μ_i）之间的关系。

n 元系巨势 Gp 的定义其实就是指它与 Helmholtz 自由能 F 及相对化学势 μ_i' 之间的关系

$$Gp \stackrel{\text{def}}{=\!=} F - \sum_{i=1}^{n} N_i \mu_i' \tag{8.44}$$

式中，N_i 是 i 组元的物质的量。将式（8.44）两边都除以该相的摩尔总数 N 可以得到摩尔巨势(Molar grand potential) Gp_{m}

$$Gp_{\text{m}} = F_{\text{m}} - \sum_{i=1}^{n} x_i \mu_i' \tag{8.45}$$

式中的 x_i 是组元 i 的摩尔分数。n 元系摩尔分数的归一化条件为

$$\sum_{i=1}^{n} x_i = 1 \tag{8.46}$$

在二元溶体相的摩尔 Helmholtz 自由能曲线上可以直观地了解摩尔巨势、相对化学势的含义。如图 8.9 所示，由组元 1 和 2 构成的某相的摩尔 Helmholtz 自由能曲线标记为

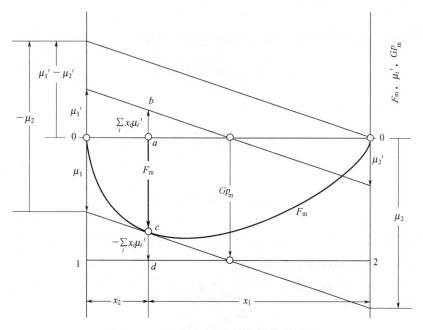

图 8.9　二元系相对化学势与巨势的图示

F_m，在讨论只涉及一种结构的相时，两个纯组元的摩尔自由能可以设为 0。该相成分为 x_2 时（d 点）的摩尔自由能 F_m 如 ac 所示，过 c 点做自由能曲线的切线与自由能轴的两个交点分别为该成分的两组元的化学势 μ_1 和 μ_2。在纵轴 0 点（$F_m = 0$）处，过成分中点（$x_1 = x_2 = 0.5$）做上述切线的平行线，与自由能轴的两个交点分别为相对化学势 μ_1' 和 μ_2'。显然 $\mu_1' + \mu_2' = 0$。由图可知，这两条平行线沿自由能轴（纵轴）方向上的距离就是巨势。

沿相的成分点（d 点）纵向分析表明，ab 的距离应当是 $\sum_i x_i \mu_i'$，所以

$$bc = ac - ab = F_m - \sum_i x_i \mu_i' \tag{8.47}$$

可见 bc 间距离为该成分的巨势。

多元系的情况与上述分析类似，现以三元系为例，就图 8.10 加以分析。A-B-C 三元系的零点平面为图中三棱柱的顶面，中心点为 H。某溶体相 O 的 Helmholtz 自由能为 F_m，过自由能曲面上点 O' 的切面与三个自由能轴的交点为 A'、B'、C'，分别为化学势 μ_A、μ_B、μ_C。向上平移此切面，使过零点平面中心点 H，此时该平面与三个自由能轴的交点为 A''、B''、C''，分别为相对化学势 μ_A'、μ_B'、μ_C'。而此两平面在自由能轴向上的距离便是巨势 Gp_m，如图中的 HH' 或 $O''O'$ 所示。由图中的关系很容易证明 $\sum_i \mu_i' = 0$，也很容易证明巨势 Gp_m（$O''O'$）为 $F_m - \sum_i x_i \mu_i'$。

【例题 8.2】 试参考图 8.10，求出多元系相对化学势、巨势与普通化学势之间存在怎样的相互关系。

解： 由图 8.10 可知

$$\mu_B = \mu_B' + Gp_m \tag{8.48}$$

由 H' 点（$A'B'C'$ 三角形的中点）为巨势 HH' 的端点可知，

$$Gp_m = \frac{\mu_A + \mu_B + \mu_C}{3} \tag{8.49}$$

因此化学势与相对化学势之间的关系为

$$\mu_B = \mu_B' + \frac{\mu_A + \mu_B + \mu_C}{3} \tag{8.50}$$

或

$$\mu_B' = \mu_B - \frac{\mu_A + \mu_B + \mu_C}{3} \tag{8.51}$$

以上推导虽然仅是一个特例，但可以证明对于二元系和多元系的任何组元，这种关系都是成立的。即对于 n 元系则上述关系为[2, 3]

$$Gp_m = \frac{\sum_{i=1}^{n} \mu_i}{n} \tag{8.52}$$

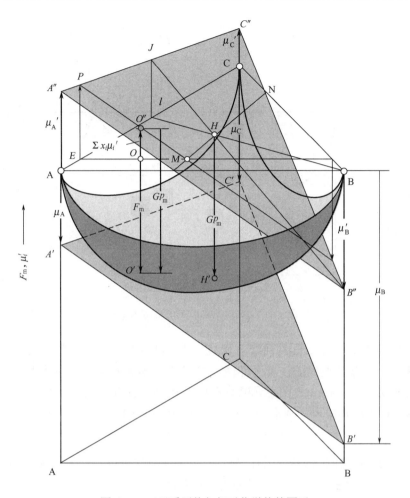

图 8.10 三元系巨势与相对化学势的图示

$$\mu_i' = \mu_i - \frac{\sum\limits_{i=1}^{n} \mu_i}{n} \tag{8.53}$$

8.3.2 巨势-相对化学势曲线

如前所述，CVM 的变分过程并不是首先确定相成分，而是首先确定相对化学势，然后求出使巨势为最小值的各种概率变量的数值，进而求出平衡态的成分。这时两相平衡的条件演变成为巨势和相对化学势相等，对于二元系的 α、β 两相平衡，则

$$Gp_m^{\alpha} = Gp_m^{\beta} \tag{8.54}$$

$$\left(\mu_2'\right)^{\alpha} = \left(\mu_2'\right)^{\beta} \tag{8.55}$$

在这个两相平衡条件中，相对化学势相等是描述了公切线的斜率，巨势相等是描述了公切线的位置。因此，需要知道巨势-相对化学势曲线(Grand potential-opposite chemical potential curve)是如何得到的。图 8.11 用图示的方法说明了取得这种曲线的过程。

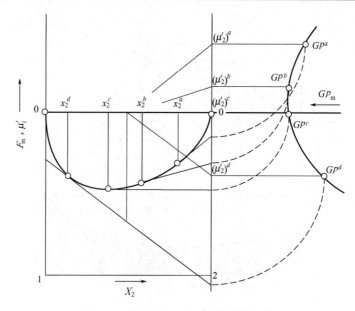

图 8.11　巨势-相对化学势曲线的获得

图 8.11 说明，对于二元系而言，在具有摩尔自由能-成分曲线的前提下，是一定能获得巨势-相对化学势曲线的；反之亦然，得到了巨势-相对化学势曲线也一定会获得摩尔自由能-成分曲线。在 1-2 两组元的摩尔自由能-成分曲线上确定一个成分 x_2^a，在对应于此成分的自由能处做自由能曲线的切线（该切线与自由能轴有一交点），过成分中点做此切线的平行线，得到一个与 2 组元自由能轴的交点 $\left(\mu_2'\right)^a$，而 $\left(\mu_2'\right)^a$ 点与前述切线在自由能轴上的交点之间的距离就是巨势 Gp^a。用此方法可以获得 x_2^b、x_2^c、x_2^d 各成分点对应的巨势 Gp^b、Gp^c、Gp^d，从而获得了巨势-相对化学势曲线。

当有两相平衡时，便会有巨势-相对化学势曲线的交叉，这样才能满足式（8.54）和式（8.55）的两相平衡条件。图 8.12 是从一个有同结构两相分解的二元溶体自由能曲线求得巨势-相对化学势曲线的情形，从自由能曲线的各点求得巨势的过程与图 8.11 相同。但可以看到对应于自由能曲线的公切线 bh，在巨势-相对化学势曲线上是一个交叉点 bh。由此可以知道，CVM 通过巨势-相对化学势曲线求两相平衡时，是通过寻找该曲线交叉点来完成的。这样做有很多好处，其中之一是求交叉点的方法可以避免求极小值时在收敛性上存在的困难。

【例题 8.3】 试用图示法求出其他固态两相平衡时的巨势-相对化学势曲线，例如有序-无序两相平衡、不同结构的两相平衡、两个化学计量比化合物的平衡等。

解： 在有序-无序转变温度之下，将会出现有序-无序转变自由能部分，如图 8.13 中的影区所示。因此在自由能曲线上将会出现拐点，造成有序和无序两相平衡。按图 8.12 的方法可以获得巨势-相对化学势曲线[2]。

如果 1-2 二元系中有 α、β 两个不同结构的相，其各自的自由能曲线如图 8.14 所示。按图 8.11 的方法可以分别获得 α、β 两相的巨势-相对化学势曲线。对应于自由能曲线的公切

线 ab，在巨势-相对化学势坐标上为两相曲线的交叉点 ab。

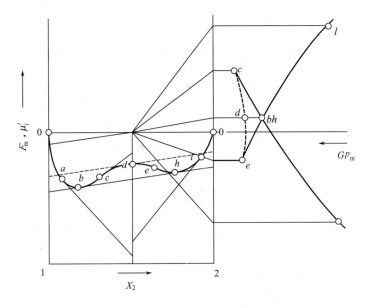

图 8.12 具有溶解度间隙的 1-2 二元系的巨势-相对化学势曲线的求得

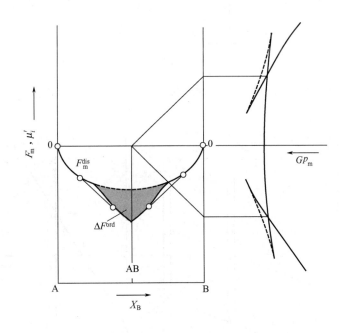

图 8.13 具有有序-无序转变的巨势-相对化学势曲线

不同结构的两相平衡中，很多是固溶体相与化合物相的平衡。如果化合物具有较宽的溶解度范围，则其巨势-相对化学势曲线与图 8.14 没有太大差别；如果是化学计量比化合物，其巨势-相对化学势曲线有明显的特征。图 8.15 中有两种化学计量比化合物 AB 和 A_mB_n。其摩尔自由能曲线都是极窄的 U 形曲线，可以近似地认为两个相的所有的切线

都切在自由能曲线的底部同一点。因此巨势-相对化学势曲线为一直线。该直线的方程为

$$Gp(A_mB_n) = \Delta F_m^{A_mB_n} - \left(\frac{2n}{m+n} - 1\right)\mu_B^0 \tag{8.56}$$

式中，$\Delta F_m^{A_mB_n}$ 为化合物 A_mB_n 的生成自由能。当 $m = n$ 时，巨势为恒等于形成自由能的直线。

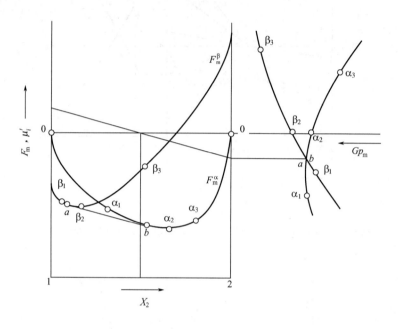

图 8.14　两种不同结构的固相的巨势-相对化学势曲线

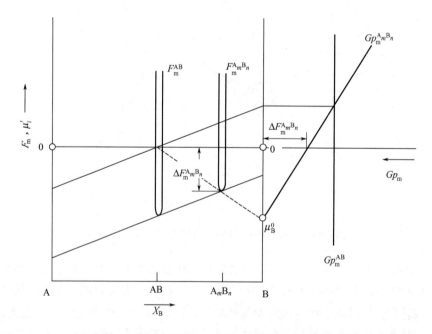

图 8.15　两种化学计量比化合物的巨势-相对化学势曲线

8.4 变分与数值计算

在用各种集团概率变量描述一个相的状态时，这些概率变量并非可以取任意数值，在保持"相对化学势" μ_i' 一定的前提下，能够使巨势 Gp_{m} 为极小值的概率变量数值才是可以存在的，把这种状态称作平衡状态。求出使热力学函数为极小值时的概率变量的过程被叫做变分（Variation）。变分的过程也就是求平衡态的过程。如前所述，摩尔巨势可以表达为

$$Gp_{\mathrm{m}} \stackrel{\mathrm{def}}{=\!=} F_{\mathrm{m}} - \sum_{i=1}^{n} x_i \mu_i' \tag{8.57}$$

将式（8.41）的 Helmholtz 自由能 F_{m} 表达式和点概率与对概率的关系式

$$x_i = \sum_{j=1}^{2} y_{ij}$$

代入式（8.57）可以得到"对近似摩尔巨势"表达式

$$Gp_{\mathrm{m}} = \omega N \sum_i \sum_j u_{ij} y_{ij} - TkN \left[(2\omega-1)\sum_{i=1}^{2} x_i \ln x_i - \omega \sum_{i=1}^{2} \sum_{j=1}^{2} y_{ij} \ln y_{ij} \right] - \sum_i x_i \mu_i' \tag{8.58}$$

为使相对化学势项具有对称性，改写成下式形式

$$Gp_{\mathrm{m}} = \omega N \sum_i \sum_j u_{ij} y_{ij} - TkN \left[(2\omega-1)\sum_{i=1}^{2} x_i \ln x_i - \omega \sum_{i=1}^{2} \sum_{j=1}^{2} y_{ij} \ln y_{ij} \right]$$
$$- \sum_i \sum_j \frac{\mu_i' + \mu_j'}{2} y_{ij} \tag{8.59}$$

该式就是"对近似"摩尔巨势的最常见形式。这里，μ_i' 项是按下面的形式变形以保证对称性的。

$$\sum_i x_i \mu_i' = \sum_i \sum_j \frac{\mu_i' + \mu_j'}{2} y_{ij} \tag{8.60}$$

下面根据"对近似"来分析二元系无序平衡状态的求算过程。首先要给 u_{ij}、μ_i'（$i,j=1,2$）、ω 及 T 赋值，并把"对近似"的归一化条件［见式（8.9）］用 Lagrange 不定乘子 λ 的形式引入巨势 Gp_{m} 内，再把摩尔巨势除以 NkT，得到的结果记作 g，注意式中的 μ_i' 和 μ_j' 已是原值的 $1/N$。

$$g = \frac{Gp_{\mathrm{m}}}{kNT} = \omega \sum_i \sum_j \frac{u_{ij}}{kT} y_{ij} - (2\omega-1)\sum_i x_i \ln x_i + \omega \sum_i \sum_j y_{ij} \ln y_{ij}$$
$$- \sum_i \sum_j \frac{\mu_i' + \mu_j'}{2kT} y_{ij} + \frac{\lambda}{kT}\left(1 - \sum_i \sum_j y_{ij}\right) \tag{8.61}$$

将式（8.61）的 g 对 y_{ij} 加以微分，并使

$$\frac{\partial g}{\partial y_{ij}} = 0 \qquad (i,j = 1,2) \tag{8.62}$$

可以得到下面的关系式。

$$y_{ij} = \left(x_i x_j\right)^{\frac{2\omega-1}{2\omega}} \exp\left(\frac{\lambda}{\omega kT} - \frac{u_{ij}}{kT} + \frac{\mu_i' + \mu_j'}{2\omega kT}\right) \qquad (i,j = 1,2) \tag{8.63}$$

这就是对近似经变分后所获得的对概率变量的形式，符合这一关系的对概率变量可以使该相处于单相平衡态。为了认识它的具体形式将 4 个方程全部列出

$$y_{11} = \left(x_1 x_1\right)^{\frac{2\omega-1}{2\omega}} \exp\left(\frac{\lambda}{\omega kT} - \frac{u_{11}}{kT} + \frac{\mu_1' + \mu_1'}{2\omega kT}\right) \tag{8.63.1}$$

$$y_{12} = \left(x_1 x_2\right)^{\frac{2\omega-1}{2\omega}} \exp\left(\frac{\lambda}{\omega kT} - \frac{u_{12}}{kT} + \frac{\mu_1' + \mu_2'}{2\omega kT}\right) \tag{8.63.2}$$

$$y_{21} = \left(x_2 x_1\right)^{\frac{2\omega-1}{2\omega}} \exp\left(\frac{\lambda}{\omega kT} - \frac{u_{21}}{kT} + \frac{\mu_2' + \mu_1'}{2\omega kT}\right) \tag{8.63.3}$$

$$y_{22} = \left(x_2 x_2\right)^{\frac{2\omega-1}{2\omega}} \exp\left(\frac{\lambda}{\omega kT} - \frac{u_{22}}{kT} + \frac{\mu_2' + \mu_2'}{2\omega kT}\right) \tag{8.63.4}$$

如式（8.2）所示，x_i 是 y_{ij} 的函数，所以式（8.63）的 4 个公式是关于 y_{ij} 的非线性联立方程组。而 Lagrange 不定乘子 λ 是按满足对概率变量 y_{ij} 的归一化条件［式（8.3）］而设定的。如果得到式（8.63）列出的 4 个对概率变量，即满足式（8.62）的 y_{ij} 时，根据式 $g - \sum\sum \dfrac{\partial g}{\partial y_{ij}}$ 可以得到

$$g = \frac{\lambda}{kT} \tag{8.64}$$

因此，得到满足式（8.63）的 y_{ij} 后，不是通过式（8.61）来计算 g，而是通过式（8.64）由 λ 来求得 g。

当 g 收敛成极小值后便完成了一次计算，得到了该结构在此温度和成分下的对概率值、巨势和相对化学势值，即相当于得到了巨势-相对化学势值曲线上的一个点。改变相对化学势，不断重复这个过程，可以求得所需要的巨势–相对化学势值曲线。

8.5 自然迭代法

为了求解式（8.63）的 y_{ij} 联立方程组，首先要设定 u_{ij}、ω 和 T，给 μ_i'（$i,j = 1,2$）赋值，然后进行数值计算。可以使用各种数值计算方法，例如 Newton-Raphson 法等。但目前主要使用下面所要介绍的自然迭代法（Natural iteration method，NIM），这是因为除了初始值的选择比较方便之外，还有种种优点，其中最主要的是它的绝对收敛性，即从任何粗略的初始值出发都能使迭代收敛。当然自然迭代法（NIM）也有缺点，那就是收敛速度很慢，对于四面体近似、四面体-八面体近似等，由于概率变量多，迭代计算量大，计算工作只能在功能较强大的计算机上进行。

为了解式（8.63），先粗略估计一个适当的初始值 $\hat{x}_i$，然后根据下式，计算新定义的过渡量 η_{ij}

$$\eta_{ij} = \left(\hat{x}_i \hat{x}_j\right)^{\frac{2\omega-1}{2\omega}} \exp\left(-\frac{u_{ij}}{kT} + \frac{\mu'_i + \mu'_j}{2\omega kT}\right) \tag{8.65}$$

该式是将式（8.63）的 y_{ij} 中的 Lagrange 不定乘子项去掉之后的量。然后可以利用归一化条件［式（8.3）］，求出这个阶段的 $\hat{\lambda}$ 值。

$$\exp\frac{\hat{\lambda}}{\omega kT} = \left(\sum_i \sum_j \eta_{ij}\right)^{-1} \tag{8.66}$$

利用这些结果，可得到此阶段的 $\hat{y}_{ij}$。

$$\hat{y}_{ij} = \eta_{ij} \exp\frac{\hat{\lambda}}{\omega kT} \quad (i, j = 1,2) \tag{8.67}$$

其后，为了利用由式（8.67）得到的 $\hat{y}_{ij}$ 继续进行自然迭代，要利用式（8.2）求出 $\hat{x}_i$

$$\hat{x}_i = \sum_j \hat{y}_{ij} \quad (j = 1,2) \tag{8.68}$$

将所得到的 $\hat{x}_i$ 再代入式（8.65），得到下阶段的 $\hat{y}_{ij}$。将这个过程反复进行，$\hat{y}_{ij}$（i,j = 1,2）值将一定收敛，这个过程如图 8.16 所示。

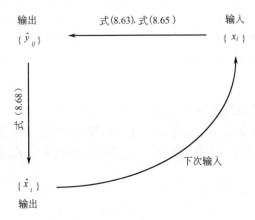

图 8.16　自然迭代法的进行过程

研究这个迭代过程进行中的各个阶段的 g 时，可以发现 g 值是逐次减小的。这就是说，自然迭代法是一种无论从什么初始值出发都能收敛的方法。求得式（8.63）的解之后，很自然地进入到式（8.65）的迭代，所以这种方法被称作自然迭代法。当计算最后两次的 g 值之差时，可以导出

$$g - \hat{g} = (2\omega - 1)\sum_{i=1}^{2}\left[\hat{x}_i \ln(\hat{x}_i / x_i) + x_i - \hat{x}_i\right] + \omega\sum_{i=1}^{2}\sum_{j=1}^{2}\left[y_{ij} \ln(y_{ij} / \hat{y}_{ij}) + \hat{y}_{ij} - y_{ij}\right]$$

$$\tag{8.69}$$

利用下式所示的收敛引理（Convergence lemma）能够证明上式是非负的，即

$$\hat{p}\ln(\hat{p} / p) + p - \hat{p} \geqslant 0 \tag{8.70}$$

对于所有的正值 $\hat{p}$ 及 p 来说，此式是成立的。式（8.70）可以这样证明：当 $p=\hat{p}$ 时，左边是零，然后对 p 来微分左端，以证明 $p=\hat{p}$ 是左边式子的最小值。这就证明了式（8.70）中的 g 值在迭代过程中是一次比一次降低的。

对于 B2(CsCl) 型结构的有序相而言，其熵值是用式（8.40）描述的。在计算摩尔 Helmholtz 自由能 F_m、巨势 Gp_m、g 值和过渡项 η_{ij} 时，都要区别标记亚点阵的符号 α 和 β，使用相应的对概率变量，按下面的程序进行计算。

$$\eta_{ij}^{\alpha\beta} = \left(\hat{x}_i^{\alpha} \hat{x}_j^{\beta}\right)^{\frac{7}{8}} \exp\left(-\frac{u_{ij}}{kT} + \frac{\mu_i' + \mu_j'}{8kT}\right) \quad (i,j=1,2) \quad (8.71)$$

$$\exp\frac{2\hat{\lambda}}{4kT} = \left(\sum_i \sum_j \eta_{ij}^{\alpha\beta}\right)^{-1} \quad (8.72)$$

$$\hat{y}_{ij}^{\alpha\beta} = \eta_{ij}^{\alpha\beta} \exp\frac{2\hat{\lambda}}{4kT} \quad (i,j=1,2) \quad (8.73)$$

$$\hat{x}_i^{\alpha} = \sum_j \hat{y}_{ij}^{\alpha\beta} \quad (i=1,2) \quad (8.74)$$

$$\hat{x}_i^{\beta} = \sum_j \hat{y}_{ij}^{\alpha\beta} \quad (j=1,2) \quad (8.75)$$

这时，必须给出两个初始值：$\hat{x}_1^{\alpha}\left(=1-\hat{x}_2^{\alpha}\right)$ 和 $\hat{x}_1^{\beta}\left(=1-\hat{x}_2^{\beta}\right)$。对于 B2(CsCl) 型结构的有序相，其初始值 $\hat{x}_1^{\alpha}$ 和 $\hat{x}_1^{\beta}$ 应该赋以不同的数值，如果初始值相等（$\hat{x}_1^{\alpha}=\hat{x}_1^{\beta}$），迭代的最终结果常常变成无序相。

应用巨势法有可能自然产生适当的初始值，这可以用二元系溶解度间隙的计算为例加以分析。如图 8.17 所示，1-2 二元系中存在溶解度间隙。图中给出了摩尔自由能曲线 F_m 和相对化学势曲线 μ_2'。μ_2' 曲线的极大值和极小值对应于 F_m 曲线的两个拐点，此处的成分对应于

$$\frac{\partial^2 F_m}{\partial x_2^2} = 0$$

由图右侧的巨势-相对化学势曲线可知，该曲线的交叉点（d、h 点）就是溶解度间隙两相平衡点，在此点巨势、相对化学势均相等，相当于摩尔自由能曲线的公切线。而此点的 μ_2' 值在两个拐点 c、e 的 μ_2' 值之间。这种特征可能有利于各种迭代法的初始值选择。

完成这样一个程序的计算，相当于获得了巨势-相对化学势曲线上的一点。但仅这一点，也需要迭代几百次，甚至上千次。要获得一条巨势-相对化学势曲线常常要计算数百点。所以自然迭代法是一种计算量很大的方法。

对于二元系，"对近似"实际上可以得到"对概率变量"y_{ij} 与固溶体成分 x_i 的解析关系，这不仅可以大大简化计算，而且能够计算失稳成分区域的"对概率变量"y_{ij}，对于理论分析有重要意义[4]。

由式（8.2）和式（8.63）可知，由于 λ 是考虑 y_{ij} 归一化条件而引入的 Lagrange 乘

子，因此有

$$\exp\left(-\frac{\lambda}{\omega kT}\right) = \sum_i \sum_j (x_i x_j)^{\frac{2\omega-1}{2\omega}} \exp\left(-\frac{u_{ij}}{kT} + \frac{\mu_i' + \mu_j'}{2\omega kT}\right) \tag{8.76}$$

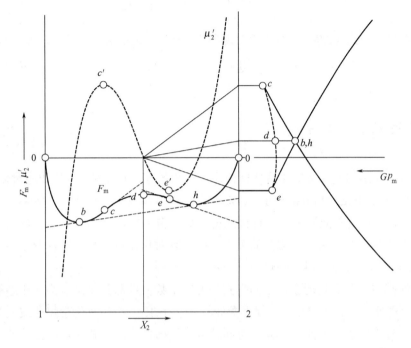

图 8.17 具有溶解度间隙的 1–2 二元系中相对化学势初始值的自然产生

由式（8.2）、式（8.63）和式（8.76）可以导出

$$x_1^{\frac{\omega-1}{\omega}} \exp\left(\frac{\mu_1}{\omega kT}\right) + (x_1 x_2)^{-\frac{1}{2\omega}} (x_2 - x_1) \exp\left(-\frac{u_{12}}{kT}\right) - x_1^{\frac{\omega-1}{\omega}} \exp\left(-\frac{\mu_1}{\omega kT}\right) = 0$$

$$\tag{8.77}$$

令 $M_1 = \exp\left(\dfrac{\mu_1}{\omega kT}\right)$，$M_2 = \exp\left(\dfrac{\mu_2}{\omega kT}\right)$，可以求解式（8.77）方程

$$M_1 = \left(\frac{x_1}{x_2}\right)^{\frac{1}{2\omega}} \left\{(x_1 - x_2) + \left[(x_1 - x_2)^2 + 4x_1 x_2 U_{12}^2\right]^{\frac{1}{2}}\right\} \left(2x_1 U_{12}\right)^{-1}$$

$$M_2 = \left(\frac{x_1}{x_2}\right)^{\frac{1}{2\omega}} \left\{(x_2 - x_1) + \left[(x_1 - x_2)^2 + 4x_1 x_2 U_{12}^2\right]^{\frac{1}{2}}\right\} \left(2x_1 U_{12}\right)^{-1}$$

式中，$U_{12}^2 = \exp\left(\dfrac{2u_{12}}{kT}\right)$，$U_{12} = \exp\left(\dfrac{u_{12}}{kT}\right)$。将上面两式代入式（8.76），然后再代入

（8.63），于是可以得到对概率变量为

$$y_{11} = x_1 + \left\{1 - \left[(x_1 - x_2)^2 + 4x_1 x_2 U_{12}^2\right]^{\frac{1}{2}}\right\} \left[2\left(U_{12}^2 - 1\right)\right]^{-1} \tag{8.78}$$

$$y_{22} = x_2 + \left\{ 1 - \left[(x_1 - x_2)^2 + 4x_1 x_2 U_{12}^2 \right]^{\frac{1}{2}} \right\} \left[2\left(U_{12}^2 - 1 \right) \right]^{-1} \qquad (8.79)$$

$$y_{12} = -\left\{ 1 - \left[(x_1 - x_2)^2 + 4x_1 x_2 U_{12}^2 \right]^{\frac{1}{2}} \right\} \left[2\left(U_{12}^2 - 1 \right) \right]^{-1} \qquad (8.80)$$

利用式（8.78）～式（8.80），对于"对近似"，可以在 u_{ij}、ω、T 及 $\mu_i{}'$（$i, j = 1, 2$）赋值后，不用任何迭代而直接求出 y_{ij}，进而求出 x_i。但是必须注意，仅"对近似"有这种可能。

8.6　同结构相平衡计算

前面几节主要讨论了 CVM 是如何描述一个相的摩尔自由能、巨势和相对化学势的。与以前所介绍的 Bragg-Williams 近似、双亚点阵模型以及正规溶体模型等不同，即使对于无序相，CVM 也不能简单地、直接地得到熵、自由能等热力学参数，从而直观地了解熵、自由能等热力学函数与成分的关系，而必须对集团概率变量进行变分后才能求得概率变量的数值，进而求得这些热力学函数与成分的关系。

与其他模型不同之处还有，上面提到的 CVM 数值计算其实是单相平衡态的计算，还没有提到两相平衡态的计算。两相平衡计算是一个求巨势-相对化学势曲线交叉点的问题，相对地简单化了。下面以计算合金同结构相平衡程序的形式对前面讨论的内容加以总结。

所谓同结构相平衡是指不涉及不同结构第二相的相平衡问题。如有序-无序转变、溶解度间隙等是典型的同结构相平衡问题。

计算程序如下：

① 选定作为描述对象（目标相）的集团概率变量（见 8.1 节）；

② 将目标相的 F_{m}、Gp_{m} 等热力学函数描述成相应的集团概率变量的函数（见 8.2 节，8.3 节）；

③ 给目标相相应的参数，如描述结构的配位数、组元原子间相互作用能赋值，设定计算温度（见 8.4 节，8.5 节）；

④ 变分计算，使 Gp_{m} 成为极小值，求出平衡态的概率变量的表达式和数值（见 8.4 节，8.5 节）；

⑤ 根据平衡态概率变量的数值，计算一系列 μ'（或一系列成分）的 Gp_{m} 与 μ'，直到求出完整的 Gp_{m}-μ' 关系曲线（见 8.5 节）；

⑥ 在给定 μ' 时，Gp_{m} 为最小值的相，即为该温度下的最稳定相（见 8.5 节）；

⑦ 用合适的数值计算方法，求出 Gp_{m}-μ' 关系曲线的交叉点，获得该温度的两相平衡成分。这部分本章没有介绍，因为已经主要是数值计算方法问题；

⑧ 求出各温度的相平衡成分，可以得到相应的计算相图。

对上述的程序④和⑤，再通过图 8.18 中的 Gp_{m}-μ_2' 关系曲线加以进一步的说明。图

中的 Gp_m-μ_2' 关系曲线与 F_m-X_2 摩尔自由能-成分曲线可以通过标记的 A，B，$\cdots$，H 各点相互对照。F_m-X_2 曲线中的公切点 B、F 在 Gp_m-μ_2' 曲线中是重叠的。如摩尔自由能图所示，A—B—C 线是 x_2 低浓度线，而 E—D—F—G 线对应于 x_2 高浓度线；但在 Gp_m-μ_2' 关系图中可以看出，相对化学势 μ_2' 值在 B 点左侧的相，因巨势 Gp_m 较低是稳定态；B 点是两相平衡点。当 μ_2' 在 B 点右侧时，高浓度相的巨势 Gp_m 较低，所以是稳定态。如前所述，由两个曲线的交叉点找出平衡相的方法，比寻找公切线的方法更加容易而且可得到更高的精度。

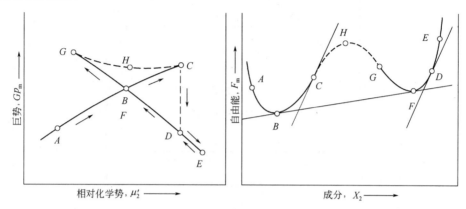

图 8.18　有溶解度间隙的二元系的巨势-相对化学势曲线和摩尔自由能曲线

用以上程序计算的同结构相平衡的一例就是本章开头的图 8.2(c)。该计算中采用了图 8.4 的四面体原子集团。可以看出，Cu_3Au 与 $CuAu_3$ 并不是对称的，这是因为在最近邻"原子对"内能之外，还使用了 CuCuCuAu 和 CuAuAuAu 四面体相互作用能，这个能量被假定是不同的。

图 8.2 所示的有序-无序相平衡的计算中，因为相互平衡的有序相与无序相的成分相差不大，点阵常数差别也不大，所以忽略了共格应变能。但像 Cu-Ag 溶解度间隙，发生相分离的两相成分差很大，两相点阵常数差值将不能忽略。

【例题8.4】 试计算 Ag-Cu 二元系 fcc 固溶体的溶解度间隙，并分析共格应力(Coherent stress)项在相平衡中的作用。

　解：应用 CVM 四面体近似所计算的 Ag-Cu 系溶解度间隙如图 8.19 中的粗实线所示，计算中估算了共格应力的影响。实验结果用细实线给出。富 Ag 与富 Cu 相的点阵常数差别很大以致两相是非共格的。如图所示，共格应变能显示了使溶解度间隙温度线降低的作用，对这个作用所做的估计是合理的。该图表明，CVM 计算的共格状态的固相线处于非共格溶解度间隙线的内侧，已经表现出共格应力的预期影响。

【例题8.5】 试用 CVM 的点近似（Bragg-Williams 近似）、"对近似"和"四面体近似"计算二元系的溶解度间隙，并分析过剩自由能对溶解度间隙的影响。

　解：参照本节上述第⑧项计算程序，利用 CVM 的三种原子团概率变量，对 fcc 结构固溶体的溶解度间隙进行了计算。其结果示于图 8.20。可以看出，随着原子集团的增大，溶解度间隙的顶点高度 T_s 有下降的趋势，图中 B-W 为点近似，CVM(p) 为对近似，CVM(t) 为四面体近似。粗实线为溶解度间隙，细虚线为失稳分解线[5,6]。

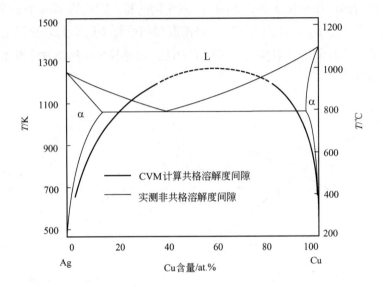

图 8.19　Ag-Cu 二元系中溶解度间隙的实测结果与 CVM 计算结果

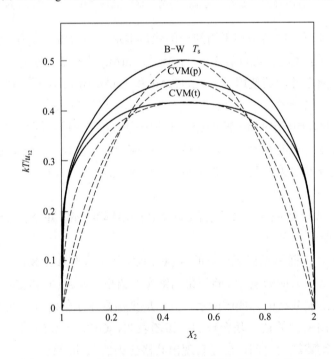

图 8.20　CVM 计算的二元系溶解度间隙与集团大小的关系

正的过剩自由能可以引起溶解度间隙。$\Delta F_{\mathrm{m}}^{\mathrm{E}} = \Delta U_{\mathrm{m}}^{\mathrm{E}} - T\Delta S_{\mathrm{m}}^{\mathrm{E}}$，异类原子间作用能（结合能）$u_{12} > 0$ 时，引起正的过剩内能，其值为

$$\Delta U_{\mathrm{m}}^{\mathrm{E}} = \omega N \sum_{i=1}^{2} \sum_{j \neq i}^{2} u_{ij} y_{ij} = \omega N \left(u_{12} y_{12} + u_{21} y_{21} \right) = 2 \omega N u_{12} y_{12}$$

Bragg-Williams 近似中，$y_{12} = x_1 x_2$，是完全随机分布时的对概率，其值最大，因此过剩自由能最大，产生最高的溶解度间隙。$u_{12} > 0$ 时，"对近似"、四面体近似中的 y_{12} 依次减小，过剩自由能降低，溶解度间隙变低。此外，对近似和四面体近似的混合熵（即配置熵）的描述更加合理，其值均小于点近似（参见[例题 8.1]），过剩熵是负值，$\Delta S_{\mathrm{m}}^{\mathrm{E}} < 0$，这也是造成较低溶解度间隙的重要原因。

【例题 8.6】 试将 CVM 的"对近似"扩展到三元系，并用来计算三元系的溶解度间隙。

解： 把相平衡问题由二元系扩展到多元系，这是 CVM 的长项，能够较容易地进行。本节中所列出的 8 项程序仍然有效，只是其中的⑤⑥⑦3 项的计算量要增加，不是计算一条图 8.18 那样的巨势-相对化学势曲线，而是多条这样的曲线。这时可以有图 8.21 所示的两种选择，一种是改变 x_2/x_3 的比值，另一种是改变 x_3 的含量，但都以能充分覆盖所要研究的三元成分范围为目的。可根据系统特点和计算目的确定分布方式，也可以在三元系的不同区域选择不同的方式。

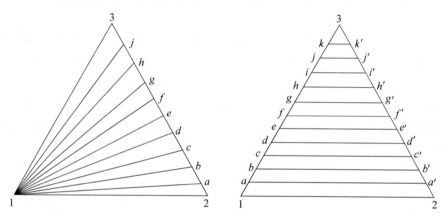

图 8.21　三元系中的巨势-相对化学势曲线的分布方式

以"对近似"为例，与二元系不同的仅仅在于内能和其他热力学参数因组元数增加而使加和次数增加。例如，三元系的内能 U_{m} 成为

$$U_{\mathrm{m}} = \omega N \left\{ \sum_{i=1}^{3} u_{ii} x_i + \sum_{i=1}^{3} \sum_{j \neq i}^{3} \left[u_{ij} - \frac{1}{2} \left(u_{ii} + u_{jj} \right) \right] y_{ij} \right\}$$

如果假设 $u_{11} = u_{22} = u_{33} = 0$，则

$$F_{\mathrm{m}} = \omega N \sum_{i=1}^{3} \sum_{j \neq i}^{3} u_{ij} y_{ij} - TkN \left[\left(2\omega - 1 \right) \sum_{i=1}^{3} x_i \ln x_i - \omega \sum_{i=1}^{3} \sum_{j=1}^{3} y_{ij} \ln y_{ij} \right]$$

这与二元系的摩尔自由能的形式只相差在加和次数上。因此应用本节的 8 项计算程序可计算三元溶解度间隙。1-2-3 三元系中的一个二元系相互作用能 $u_{23} > 0$，因此 2-3 二元系

具有溶解度间隙。若 1-2、1-3 两个二元系的相互作用能 $u_{12}=u_{13}=0$，则三元系的溶解度间隙如图 8.22 所示。此时的溶解度间隙大小与 kT/u_{23} 成比例。

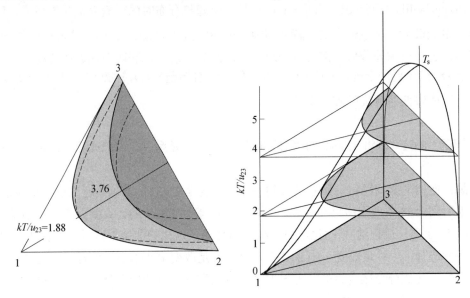

图 8.22　1-2-3 三元系中 2-3 组元间的相互作用能 $u_{23}>0$ 时的溶解度间隙

如果三个二元系的相互作用能均为负值，而其中的一个是极大的负值，或其中的两个为零，而另一个为负值时，将会在三元系的中央出现溶解度间隙岛。这是溶解度间隙中的特殊现象。这时溶解度间隙岛的大小也与 kT/u_{ij} 值成比例。

图 8.23 是 1-2 和 1-3 二元系的相互作用能为零，而 2-3 二元系的相互作用能为负时的溶解度间隙岛的 CVM "对近似" 计算结果。"溶解度间隙" 相对于 2-3 的垂线是对称的[7,8]。

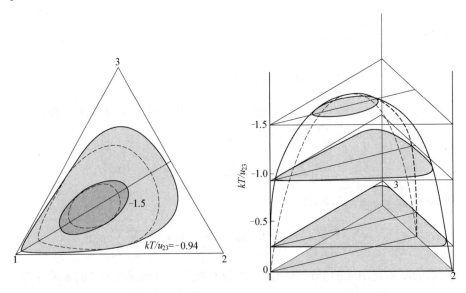

图 8.23　1-2-3 三元系中 $u_{23}<0$，$u_{12}=u_{13}=0$ 时的溶解度间隙岛

8.7 CVM 的新发展

CVM 计算最关键的参数是原子集团的相互作用，如最近邻结合键能、次近邻结合键能和四面体原子集团的能量等。类似 CALPHAD（CALculation of PHAse Diagrams）方法，通过拟合热力学实验数据或晶体结构数据，如有序-无序转变温度、形成焓或混合焓、短程或长程有序度等，可以确定原子集团的相互作用。通常称这种方法为 CVM-CALPHAD。

有许多工作采用 CVM-CALPHAD 研究合金体系相图，其中重点为 fcc 和 bcc 溶体中的有序-无序转变。也有工作计算了完整的合金相图，如 Al-Li、Al-Ni 和 Ni-Ti 等。除化学有序外，磁有序热力学性质的研究是工作的另一个特点。Colinet 等[9]在原子结合能中引入了磁性项的贡献，成功地计算了 Co-Fe 二元系 fcc 与 bcc 的相平衡，如图 8.24 所示。

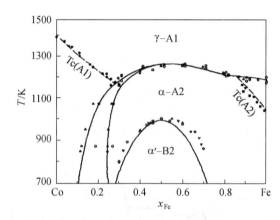

图 8.24　采用 CVM-CALPHAD 方法计算的 Co-Fe 相图[9]

近年来随着计算材料学的发展，第一性原理计算得到了广泛的应用。在第一性原理计算中，构建不同结构原子集团并计算其能量，是相对简单和比较成熟的工作。将第一性原理计算与 CVM 相结合，计算二元甚至三元固态相平衡是当前研究工作的一个热点，通常把这种方法称为 FP-CVM。

Shang 等[10]采用 FP-CVM 研究了 Fe-N 体系的 γ/γ′ 相平衡，并且描述了 N 原子在八面体间隙的分布。其自由能模型为

$$G(V,T) = E_{ab}(V) + E_{vib}(V,T) - T[S_{conf} + S_{vib}(V,T)] + PV$$

其中以第一性原理和集团展开法（Cluster expansion method, CEM）计算 0K 下的内能 $E_{ab}(V)$，以 Debye-Gruneisen 模型描述热振动对内能和熵的贡献项 $E_{vib}(V,T)$、$S_{vib}(V,T)$，以 CVM-四面体近似计算位形熵 S_{conf}。计算结果如图 8.25 所示。考虑了热振动影响的计算结果与实测相平衡有很好的吻合。

再例如 Fe-Al 二元相图的计算[11]。亦采用第一性原理计算有序化合物的总能量，并作为 CVM 计算的输入参数。以不规则四面体近似描述 bcc 结构。四面体能量中除包括化学相互作用，还包括磁性相互作用项。计算结果如图 8.26 所示，其基本上反映了 Fe-Al

二元系中的 A2/B2/D0$_3$ 型有序化特征，尽管有序化温度与实测结果还有差异。

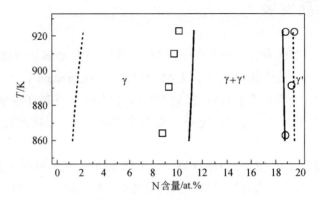

图 8.25　采用 FP-CVM 计算的 Fe-N 相图[10]

图中实线和虚线分别为考虑和忽略热振动的计算结果

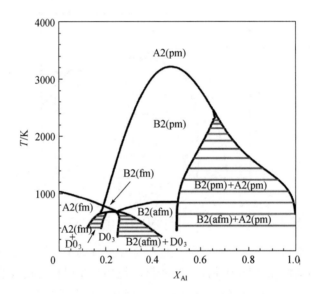

图 8.26　采用 FP-CVM 计算的 Fe-Al 相图[11]

　　FP-CVM 的优势在于通过第一性原理计算，保证了内能计算和原子集团相互作用参数计算具有明确的物理意义，而非经验的拟合数值；另一方面，CVM 计算的混合熵比 CALPHAD 中的理想溶体近似明显地更合理了。尽管如此，FP-CVM 目前还很难应用于多元实际合金体系，因为无论从计算方法还是计算量上都难以实现。另外在多数情况下，FP-CVM 相图计算的准确性还不能令人满意，更准确的相图计算还依赖于第一性原理计算方法的进步。采用多种研究方法复合，例如 FP-CVM-CALPHAD，发挥各方法的长处，既保证模型参数具有合理的物理意义，又兼顾计算的可行性，应该是未来相图研究的一个重要方向。

　　CVM 已发展了 50 多年，Kikuchi 在几年前离开了我们。除了创建 CVM 方法，他还致力于将常规的 CVM 扩展，使之包含时间过程变量，即路径概率方法（Path probability method, PPM），以描述与相变相关的动力学过程[12,13]。Mohri 后来采用这种方法研究了 Ll$_0$ 有序相的预转变行为。常规 CVM 描述的是在刚性晶格上原子排布的位形熵，但在实际合金中，会出现由于原子尺寸差异而导致的局部晶格畸变和热晶格振动等。为去除刚性晶格的束缚，Kikuchi 还发展了连续位移方法（Continuous displacement-Cluster variation method, CD-CVM）[14,15]，该方法被应用于描述液相和过冷液相。

第 8 章参考文献

[1] 蒋敏，郝士明. 科学通报，1993，38：471.

[2] 郝士明，蒋 敏，刘兴军. 材料科学进展，1992，6：369.

[3] 蒋敏. [博士论文]. 沈阳：东北大学，1992.

[4] Hao S M, Zhang X. Calculation of Phase Equilibrium for Ternary System by Grand Potential Method. International Symposium on Physics of Materials, Japan, 1992.

[5] Jiang M, Hao S M. Binary Spinodal Decomposition Calculation by CVM. Proceedings of the International Workshop on Physics of Materials, 1991.

[6] Jiang M , Hao S M. Calculation of Spinodal Decomposition in Fe-Cu and Co-Cu Alloys by CVM. Proceedings of the International Workshop on Physics of Materials, 1991.

[7] 蒋敏，郝士明，刘兴军，梁志德. 二元合金溶解度间隙的集团变分法分析. 第 6 届全国相图会议文集，1990：53-56.

[8] 蒋敏，郝士明. 三元溶解度间隙的集团变分法计算. 第 6 届全国相图学术会议文集，1990：57-60.

[9] Colinet C and Antoni-Zdziobek A. JOM, 2000, 52 (7)：26.

[10] Shang S, Bottger A J. A combined cluster variation method and ab initio approach to the γ-Fe[N]/γ'-Fe$_4$N$_{1-x}$ phase equilibrium. Acta Materialia, 2005, 53：255.

[11] Gonzales-Ormeno P G, Petrilli H M, Schon C G. Ab initio calculation of the bcc Fe-Al phase diagram including magnetic interactions. Scripta Materialia, 2006, 54：1271.

[12] Kikuchi R. Ann Phys, 1960, 10：127.

[13] Kikuchi R. Progr Theor Phys, 1966, 35：1.

[14] Kikuchi R. J Phase Equilibria, 1998, 19：412.

[15] Kikuchi R, Masuda-Jindo K. CALPHAD, 2002, 26：33.

第 8 章推荐读物

[1] Kikuchi R. Phys Rev, 1951, 81：988.

[2] Kikuchi R. J. Chem Phys, 1974, 60：1071.

[3] Kikuchi R, Sato H. Acta Metallurgica, 1974, 22：1099.

[4] Kikuchi R, de Fontaine D. Application of Phase Diagrams in Metallurgy and Ceramics. Editor by Carter G C.NBS Special Publication, 1978, 196/2：967.

[5] de Fontaine D, Kikuchi R. Application of Phase Diagrams in Metallurgy and Ceramics. Editor by Carter G C.NBS Special Publication, 1978, 196/2：999.

[6] Kikuchi R. Acta Metallurgica, 1977, 25：195.

[7] Kikuchi R, de Fontaine D, Murakami M, Nakamura T. Acta Metallurgica, 1977, 25：207.

[8] Inden G. Scandinavian J Metallury, 1991, 20：112.

[9] Mohri T, Terakura K, Takizawa S, Sanchez J M. Acta Metallurgica et Materials, 1991, 39(4)：493.

[10] Onodera H, Abe T, Yokokawa T. Acta Metallurgica et Materiala, 1994, 42(3)：887.

[11] Schon C G, Kikuchu R. Z Metallkd, 1998, 89(12)：868.

[12] Kikuchi R. J Statistical Physics, 1999, 95(5-6)：1323.

[13] Chaumat V, Colinet C, Moret F. J Phase Equilibria, 1999, 20(4)：389.

[14] Asato M, Hoshino T, Masuda-Jindo K. J Magnetism and Magnetic Materials. 2001, 226 Part 1：1051.

[15] Antoni-Zdziobek A, Colinet C. Scandinavian J Metallury, 2001, 30：265.

[16] Schon C G, Inden G. J Magnetism and Magnetic Materials, 2001, 234(3)：520.

[17] Matic V M, Mille L T, Lazarov N D, Milic M. Materials Transactions, 2001,42(11)：2157.

[18] Ma G, Xia Y M. Acta Metallurgica Sinica, 2002,38(9)：914.

次级相平衡

【本章导读】

本章介绍"熵非最大"或"自由能非最小"状态的特殊平衡条件热力学，也是本书的特色内容。第一种自由能并非最小状态就是经常会遇到的所谓亚稳态。有些亚稳态可以通过外推平衡态条件来预测，更多的则不能通过外推获知，是材料（物质）种类多样性的来源之一。另一种状态是平衡在空间上的有限性——局域平衡。这时就系统整体而言，处于"自由能"并非最小状态。最后一种是平衡在各组元之间的不均等性。当各组元在活动能力上有明显差异时，例如 Fe-M-C 奥氏体中的 C（碳）原子比 Fe、M 原子的活动能力大得多，这种仅仅由 C（碳）化学势相等造成的平衡被称为"仲平衡"。

稳定平衡状态是指特定温度压力条件下的自由能最小状态，实用材料处于真正的稳定平衡状态的是很少的，也是很难的。从应用的角度观察，这种稳定平衡状态虽然有时具有重要的实际价值，但多数情况下它只是分析研究的一种参考状态。材料的多数状态不仅与稳定的平衡状态有差异，而且为了改善材料的性能还要特意制造远离稳定平衡的状态。这种远离稳定平衡的状态并非完全无规可循，多数情况下它还是一种平衡状态，只是，不再是自由能最小的状态，而是次最小，或次次最小的状态。下面分三种情况（亚稳平衡、局部平衡和仲平衡）讨论这种偏离或远离稳定平衡状态的所谓"次级相平衡（Lower order phase equilibrium）"的规律。

9.1 亚稳态相平衡

9.1.1 亚稳相与亚稳平衡态

亚稳态相平衡（Metastable phase equilibrium）包括两层含义，一是出现了在特定温度、压力下稳定态相平衡时所没有的相，称该相为亚稳相（Metastable phase）；另一是虽然没有出现亚稳相，但与特定温度、压力下的稳态平衡时相比，平衡成分范围或温度都发生了明显的变化，称之为亚稳平衡态。下面以具体材料为例加以分析。

亚稳相也许会给人一种不稳定、将很快发生变化的印象。但实际上却并非经常如此，比如人类用量最大的金属材料——钢铁材料，就是一种利用亚稳相的材料。钢铁材料中的重要强化相 Fe_3C 就是一种亚稳相。只要它存在于钢铁材料中，材料的自由能就不会是最小值。只有 Fe_3C 分解成为 Fe 和石墨，自由能才能够成为最小。但这一分解过程是极其缓慢的，我国湖南长沙出土的春秋晚期的钢剑（BC 300 年），距今已 2300 年左右，钢剑中的 Fe_3C 颗粒仍然十分清晰（见图 9.1），并没有发生石墨化[1]。由此可见亚稳相完全可以成为实用材料的重要组成相。

图 9.1　2300 年前的钢剑的亚稳组织——Fe_3C 加铁素体

当前，亚稳相平衡的研究对于材料学有十分重要的意义。如果说，以前工程材料中亚稳态的出现并不需要十分特殊的工艺条件的话，那么，现在人类正在创造一些极端的条件，制造更加远离稳定平衡态的物质状态或物质形式，以满足对新材料的需要。例如通过超急冷制备非晶态，通过超高压制备人工金刚石，通过超高能量球磨制备纳米晶等。

图 9.2 表明，在稳态平衡(Stable equilibrium)的 Fe-C 相图中，Fe_3C 相是一个亚稳相，在它的成分处的最小自由能状态是 Fe 基溶体与石墨共存的两相状态。人们熟悉的 Fe-Fe_3C 相图实际上只是一个亚稳相图(Metastable phase diagram)，即亚稳平衡状态图，但由于 1600℃以下部分的相平衡成分与相平衡温度与本图差异很小，所以有时会忽视两者的差别。因为 Fe_3C 是一个非常稳定的亚稳相，所以也可以把 Fe-Fe_3C 看成是一个二元系。

图 9.3 给出了一个具体成分的 Fe-C 合金 P（相当于共析钢）的亚稳相平衡特征的示意图。图的上部是 Fe-Fe_3C 二元系相图的局部，其中画出了 α 与 γ 摩尔自由能相等线 T_0 和马氏体转变开始温度线 M_s。下面是温度 T_1 的摩尔自由能曲线。如果把合金 P 在 γ 相区加热成单相后，迅速冷却到 T_1 温度，这时的过冷 γ 相在此温度下的可能的亚稳相平衡的性质和特征便可以利用此图加以分析。

作为 Fe-Fe_3C 系的二元合金 P 在 T_1 温度下的稳态相平衡为 c' 成分的α 相与粗大 Fe_3C 相的平衡，这种状态也称为珠光体。过饱和 γ 相变成这种状态的驱动力在图中标记为 ec。作为参考，图中还画出了在 Fe-C(石墨)系中的平衡态——d' 成分的 α 相与石墨，变成

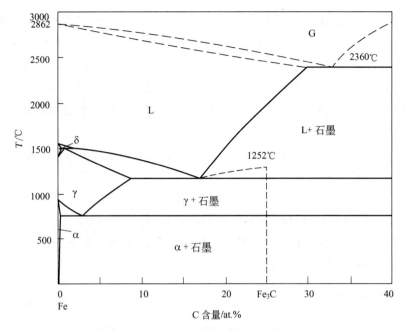

图 9.2 Fe-C 二元系相图的 Fe 侧部分

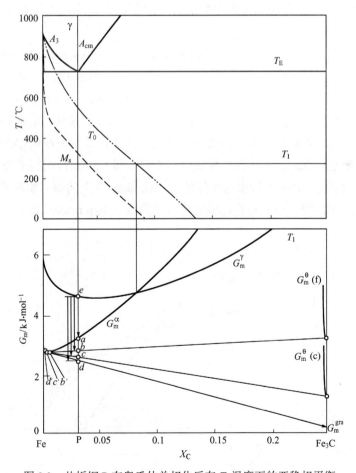

图 9.3 共析钢 P 在奥氏体单相化后在 T_1 温度下的亚稳相平衡

这种状态的驱动力为 ed。T_1 温度下的一种亚稳相是马氏体——过饱和的 α 固溶体，其成分与 γ 固溶体相同，γ 相转变成同成分马氏体的驱动力为 ea。此温度的另一种亚稳平衡态可称为回火马氏体或贝氏体，其本质为 b' 成分的 α 相与细小 Fe_3C 相的平衡。可以看出，由于 Fe_3C 相非常细小，其摩尔自由能曲线提高了很多（可达数千焦每摩尔），因此与其平衡的 α 相的成分也高于平衡相为粗 Fe_3C 时的成分 c'。此时的驱动力为 eb。总结上面的分析，可以取得以下几点认识：

① 亚稳相平衡需要一定的过冷度(Degree of supercooling)。例如，要使合金 P 中出现马氏体的最小过冷度 ΔT 是

$$\Delta T = T_E - M_s$$

② 发生亚稳相平衡的驱动力小于达到稳态相平衡的驱动力。

③ 亚稳平衡态的出现有一定的顺序。例如在合金 P 中，最先出现马氏体，其次为回火马氏体。最后出现的才是珠光体。

9.1.2 步进规则

从一种平衡态变成另一种平衡态时，为什么不总是一步到位，而会出现一个或几个亚稳态呢，除了动力学因素，在热力学上的原因是什么，这是很早以来就开始探讨的问题。

Ostwald 早在 1897 年就考察过亚稳相的形成条件。图 9.4 是高温下的稳定相①在温度 T_1 转变成此温度下的稳定相③时的情形。这时存在一个亚稳相②。各种状态的自由能与温度关系被 Cahn 称为自由能序列（Free energy hierarchy）。如果把图中的曲线①作为液相的自由能，其过冷到温度 T_1 时，达到了凝固均匀形核的条件。稳定相③或亚稳相②中的哪一个会在这时形成呢？从凝固相变的驱动力来说，转变成稳定相③要比转变成亚稳相②要大。但是，Ostwald 认为，相变中首先要变成与母相自由能差较小的相，然后再逐次变成自由能更低的相。后来这一结论为 Tammann 等人的很多实验所证明，成为一个由过冷相产生亚稳相的经验规则，被称作步进规则（Step rule）。

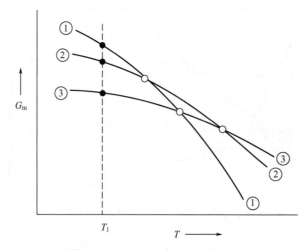

图 9.4　Ostwald 对步进规则的解说

步进规则的意义可通过相变的经典形核理论进行讨论。均匀形核率 N 的表达式为

$$N = K \exp\left(-\frac{\Delta G^*}{kT}\right) \tag{9.1}$$

式中，ΔG^* 为临界形核功(Critical nucleation work)。把稳定相和亚稳相的临界形核功的数值加以比较是有意义的。关于速度因子 K，在从同一液态形核时，可以认为稳态相与亚稳相的速度因子 K 是相同的。经典形核理论中临界形核功为

$$\Delta G^* = \frac{16\pi}{3}\left(\frac{\sigma^3}{\Delta G^2}\right) \tag{9.2}$$

其中，σ 为界面能，相变驱动力 ΔG 正比于过冷度 ΔT。如果用 T_m 表示熔点，则相变驱动力可表示成

$$\Delta G = \Delta H - T\Delta S$$

由于，熔点下的凝固熵(Solidification entropy)与凝固潜热(Solidification enthalpy)之间的关系为 $\Delta S = \dfrac{\Delta H}{T_\mathrm{m}}$，所以

$$\Delta G = \frac{\Delta H \Delta T}{T_\mathrm{m}} \tag{9.3}$$

$$\Delta T = T_\mathrm{m} - T \tag{9.4}$$

将式（9.3）、式（9.4）代入式（9.2）并取对数，可得

$$\ln \Delta G^* = \ln C - 2\ln\left(1 - \frac{T}{T_\mathrm{m}}\right) \tag{9.5}$$

式中 $\ln C$ 是各式的常数项的总和。式（9.5）与式（9.1）可以描述形核率与温度的关系。其中式（9.5）的关系如图 9.5 所示。可以看出，亚稳相的形核率高于稳态相形核率的温度是在 t_0 以下的范围。t_0 温度应该存在于热力学零度与亚稳相熔点 A 之间。使这个要求成立的条件是亚稳相的凝固潜热 ΔH_S 与稳态相的凝固潜热 ΔH 比值应当小于 1，即

$$\frac{\Delta H_\mathrm{S}}{\Delta H} < 1 \tag{9.6}$$

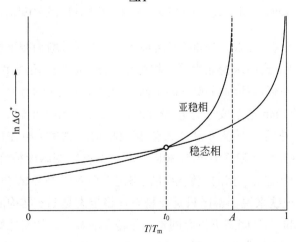

图 9.5　稳定相与亚稳相临界形核功的对比

根据 Richard 经验定律，熔化焓（Melting enthalpy, 熔化潜热）ΔH 的值应当正比于熔点 T_m，即 $\Delta H \approx RT_m$，R 为气体常数。所以这个条件一般是能够满足的。

如上所述，过冷度很大时，亚稳相从本质上说，具有比稳态相更容易形核的特点。直观地分析，这就是在发生某种结构差别较大的转变时，会首先变成更接近于原来结构的中间状态，然后再逐渐变成结构差别较大的最终相。这样直观的思考与上述热力学分析是一致的。因此，步进规则在过冷度很大时特别容易成立。一个很好的例子是，过冷度极大时的液体是近于非晶态的，而非晶态合金在晶化时是易于形成亚稳相的。

9.1.3　外插规律

Tammann 在论及相的多形性（Polymorphism）转变时就指出，由二元平衡相图外插可预测亚稳相，如图 9.6 所示。值得重视的是他还指出，当某一稳定化合物 A_mB_n 不能形成时，可以形成与稳态相成分相同的熔点为 c' 的亚稳相，该亚稳相与组元 A 之间的亚稳共晶反应可以由液相线的外插得到。

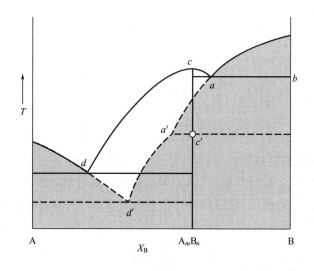

图 9.6　Tammann 由二元平衡相图外插预测亚稳相(熔点为 c')亚稳共晶反应

这种分析方法还进一步将"外推"扩展成了一个"通过增加相平衡时的独立变量数，然后外插平衡相边界，进而求得亚稳平衡相边界"的普遍性外插规律（Extrapolate rule）。例如，纯铁中的 γ 相在低温的顺磁-反铁磁平衡是无法通过实验证实的亚稳相平衡。但是，在二元系中通过增加 Mn 这个成分变量，将 Fe-Mn 二元相图中可能实测的顺磁-反铁磁平衡温度线向纯铁侧外插，不仅可以令人信服地相信纯铁的 γ 相在低温时存在一个顺磁-反铁磁转变，而且可预测其温度为 80K 左右，这种转变温度被称作 Neel 温度(T_N)，参见图 9.7。图中的影区是 γ 相的反铁磁性状态区。但对于 Fe-Mn 合金来说，这个区域是稳定态；而对于纯铁来说，影区只是亚稳态，稳定态是 bcc 结构的 α 相[2]。

再如，Al 和 Mg 都是固态下没有同素异晶转变的金属，如果想知道 hcp 结构的 Al 或 fcc 结构的 Mg 的熔点是多少，只能增加一个成分变量，到二元系中去寻找信息。如

图 9.8 所示，在 Al-Mg 二元系相图中，hcp 结构的 Mg 基固溶体中 Al 的溶解量很大，液相和 hcp 固溶体的两相区有足够的 Al 含量可供外推。外推的结果是 hcp 结构 Al 的熔点是 260℃左右。同理，fcc 结构 Mg 的熔点也可以由外推得到，是 330℃左右。

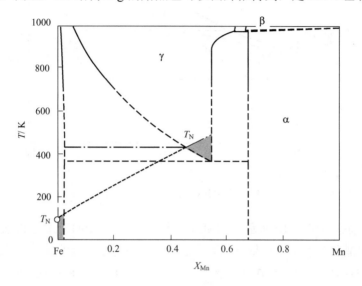

图 9.7　外插法求纯铁γ相顺磁-反铁磁平衡的转变温度

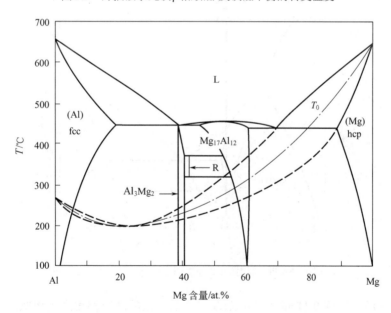

图 9.8　在 Al-Mg 二元相图中用外插法去求得 hcp 结构的 Al 的熔点

　　外插时增加的独立变量也可以是压力。亚稳相的存在可以通过高压相图(High pressure phase diagram)的外插来预测。Pb-Sn 合金系中，在 5GPa 的高压下 Sn 的高压相（Sn II）可以通过单纯的液相与 fccPb 的包晶反应结晶出来。图 9.9 给出了 2.5GPa 压力下的 Sn-Pb 系相图。该相图中显示了这个包晶反应的存在，但由于压力已经降低，在低温还存在一个共晶反应[3]。

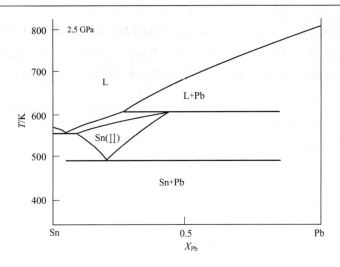

图 9.9　Sn-Pb 系高压相图（2.5GPa）

　　而在常压下，如图 9.10 所示，Sn 还是以常压相[Sn(Ⅰ)]的形式与 Pb 形成共晶相图。这时前述的包晶反应潜伏在共晶线之下。这个潜在的包晶反应可以通过静态冷却实验测定，所得到的结果见图 9.10 中的实验点。此图中左侧的 P-T 图中的 Sn(Ⅱ) 相的熔点向常压外插的结果与常压亚稳相图向 Sn 侧外插的结果几乎完全一致[3]。

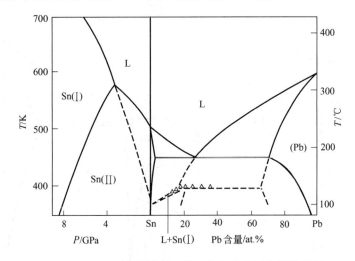

图 9.10　Sn-Pb 系相图中的亚稳平衡与从高压相图的外插

　　【例题 9.1】　如图 9.11 的上部所示，三个二元系的液固相线形状相似，特别是(a)、(b) 两个分图几乎相同，但是却得到了完全不同的外插结果，试分析是什么原因造成了这样的结果。

　　解：这个问题说明，外插不是一个简单的图形处理问题。它的实质是说明，从已知的稳定态相平衡温度、成分所获得的热力学性质、数据可以在更宽的温度、成分范围内使用。

　　在本例中由液相 L 和固相β 两相平衡成分可以获得足够的热力学数据，从而正确地计算出液固相线的低浓度部分。因此，外插的真正过程应该是：①由相图信息获取热力学数据；②由热力学数据计算相图，这样两个计算过程。如果把从上面相图的已知部分提取的热力学数据画成自由能曲线，则如图的下部所示。这表明由相图已知部分提取的热力学数据可以用来求得未知部分的平衡相成分[4]。

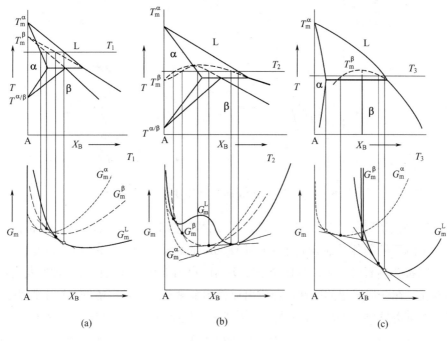

(a)　　　　　　　　　(b)　　　　　　　　　(c)

图 9.11　外插的热力学根据

9.1.4　单组元材料的亚稳平衡

这里指纯物质和化合物的亚稳平衡。如果把非晶态(Amorphous state)包括在内，S 和 Se 等都有数种亚稳态。其中各种同素异形体均有各自的熔点。已知 Ga 有 4 种不同的熔点，即有 3 种亚稳态，而且能够由实验证实。Bi 由熔点（544K）过冷约 230 K 之后，可形成亚稳相 BiⅡ。这是一个在 2GPa 压力下的稳态相。如果像 Sn-Pb 系那样由 P-T 相图中的液相与 BiⅡ相的相界线向常压外插，可以得到 BiⅡ相的熔点为 463K 左右，这与实测结果符合得很好。

不仅与其他固相平衡时金属间化合物可观察到多种亚稳相，而且从液相直接形成亚稳相的也不乏其例，例如 $In_{50}Bi_{50}$。比稳态相的熔点（283K）低 25K 就熔化的亚稳相 γ_1 可以在由液态过冷 100K 的条件下得到。如图 9.12 所示，在 P-T 相图上向常压外插，得到的熔点与实测结果十分接近。这些例子说明，亚稳相的形成应当是在过冷到比其熔点低得多的温度时才能得到。这与前述的步进法则所要求的大过冷是一致的。一旦形成的亚稳相在进一步向更低温度的冷却途中也可能转变成稳态相，更多的是一直在室温保持这种亚稳态。$In_{50}Bi_{50}$ 在油中分散成小滴（10mm 左右）过冷凝固所得到的亚稳相（高压相），在常温常压下可一直保持而不分解[5]。

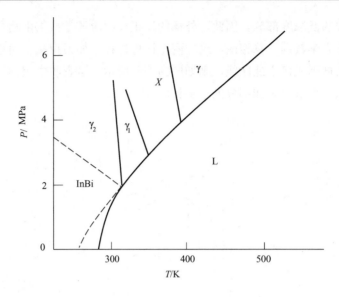

图 9.12　过冷凝固获得的 InBi 化合物的亚稳相 γ_1

金刚石是众所周知的亚稳相，它的高压相是稳态相。根据 Berman-Simon 曲线，合成稳态相金刚石的条件是 5GPa 的高压和 1800K 的高温。但是，根据步进规则，如果想在常压下制备金刚石时，可以从比金刚石更高的自由能状态开始使参与物质发生反应或状态的变化，在变成石墨的中途，合成出亚稳相金刚石应该是可能的。这个设想在 1956 年就已经由前苏联学者 Derjaguin 提出，近年来，根据这个设想利用 CH_4 和 H_2 混合气体在数千帕（数十毫米汞柱）的低压下进行等离子化，并先在基板上附着上碳，能够制出膜状或粒状的亚稳相金刚石。用同样的方法还能合成出具有同样晶体结构的立方氮化硼（cBN）。

9.1.5　溶体系统中的亚稳平衡

图 9.13 中给出了在金属模中凝固的白口铁和在砂型中凝固的同成分灰口铁的升温

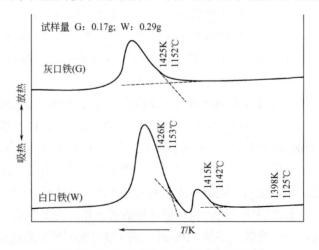

图 9.13　Fe-C 合金中 Fe_3C 的亚稳共晶熔化

热分析曲线。含亚稳相渗碳体的白口铁在 1415K 显示了一个明晰的亚稳共晶熔化吸热反应，而含稳定相石墨的灰口铁却只有一个 1426K 的稳态共晶吸热反应。由于亚稳共晶与稳态共晶只有 10K 的温度差异，所以很容易被忽略。但与 Fe-C 系很相似的 Ni-C 系中的亚稳反应却十分明显，而且很清楚地显示出对过冷度的依赖性[6]。

如图 9.14 所示，像 Fe-C 系一样，Ni-C 系中在液体与石墨的共晶温度之下也有一个与 Ni_3C 的亚稳共晶，但两个共晶的温度之差有 268K 之多。因此 Ni-C 系合金即使在金属模中铸造，造成很大的冷却速度，也不能获得亚稳共晶反应，而只能发生液体与稳定态石墨的共晶反应。但是，如果进一步加大冷却速度，如用单辊或双辊法进行急冷凝固则可以获得液体与亚稳相 Ni_3C 的亚稳共晶反应。这是由于与 Fe_3C 相比，Ni_3C 的形成自由能具有更大正值的缘故[7]。

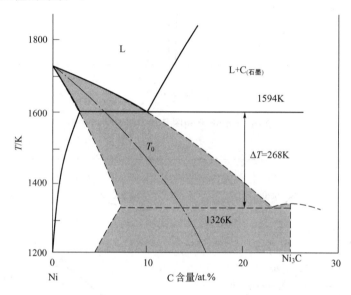

图 9.14 Ni-C 系中的亚稳相与亚稳相平衡

Cd-Sb 合金自液相快冷时容易形成亚稳相是人们熟知的，并通过热分析和组织观察实验研究过这个系统的亚稳相图。图 9.15 同时给出了稳态相平衡和亚稳相平衡，亚稳共晶温度为 668K。图 9.16 为合金 S58 的热分析曲线，显示出亚稳相 β 和 Sb 相的共晶点为 668K，比稳态 γ 相与 Sb 相的共晶温度低 50K。图 9.16 还表明，如果亚稳共晶后在 β 相未进一步转变时就重新加热（a 线），将重新发生亚稳熔化（Metastable melting）；如果 β 相转变成稳定相 γ 后再重新升温时便不再发生 668K 的亚稳熔化（b 线）。

虽然大的冷却速度容易造成亚稳相，小冷速时容易出现稳态相。但是，大冷速并不是形成亚稳相的必要条件。只要能获得大的过冷度，通过缓冷也能获得种种亚稳相。图9.17 中给出了含亚稳共晶反应的 Au-Sn 相图。这个亚稳相平衡是把合金试样的液滴分散在硅油中与硅油一起缓冷，在大过冷度下凝固时的亚稳相平衡。同时还实测了再加热时回归成为过冷亚稳液体的温度。这说明，通过静态过冷是可以获得比平衡反应温度低得多的亚稳相平衡的。图 9.17 中所示的 AuSn 的低熔点亚稳态在急冷凝固中并没有被证实，而另一亚稳相——Hume-Rothery 相 ζ 则无论用急冷还是缓冷都能获得[8]。

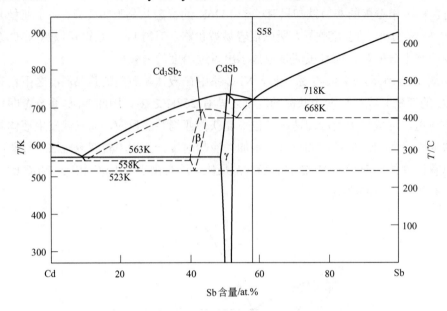

图 9.15　Cd-Sb 系相图及其中的亚稳相平衡

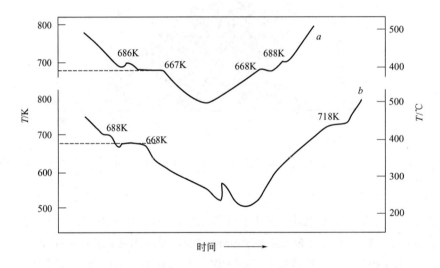

图 9.16　Cd-Sb 合金的热分析曲线

　　已经知道，平衡相图中液相线的斜率近乎水平时，其下面可能潜伏着亚稳偏晶反应。Nakagawa 曾把 Cu-Fe 和 Cu-Co 系的合金小滴（400mg 左右）用静态过冷到液相线以下，发现了典型的液态两相分离，见图 9.18。液相线和两液分离线的顶点温差（最小必须过冷度）与顶点成分的液相线斜率成比例，Perepezko 曾导出了这一关系。但这一斜率很难精确测得。准确的亚稳平衡热力学计算才能准确揭示这个现象的原因[9]。

　　【例题 9.2】 K.Ishida 等最近发表了他们的有趣的研究结果[10]。他们制备了 Cu-Fe 二元和 Cu-Fe-ΣX 多元材料。这种材料在凝固后可以自然地实现 Cu 包覆 Fe，或 Fe 包覆

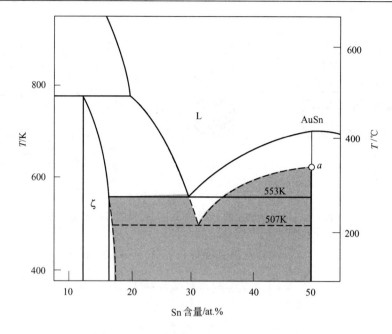

图 9.17 Au-Sn 系相图局部及亚稳相平衡

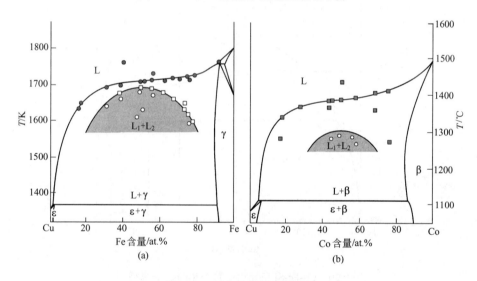

图 9.18 亚稳液态两相分离相

Cu。图 9.19 给出了这些材料的形态，有棒状、球状和粒度为 100μm 左右的粉末。白色表示 Fe，深色表示 Cu。无论哪一种形态都能够随心所欲地控制，既可以由 Cu 包覆 Fe，也可以由 Fe 包覆 Cu。试分析如何才能实现上述目的。由于黄色的 Cu 可以被包覆在白色 Fe 中所以这种粉末被称为卵状粉末（Egg type powder）。

解：Ishida 等首先注意到 Cu-Fe 系中的液态相分离是可以加以利用的，但是需要使它从"幕后"（亚稳态）走到"幕前"（稳定态）。通过加入第三元素 Si 可以达到这个目的。图 9.20 给出了他们确定的 Cu-Fe-Si 三元相图的 3mass.%Si 的纵截面。再通过合金化来控制两个液相 L_1 与 L_2 之间的界面能，便可以控制富 Fe 相与富 Cu 相的包覆关系。

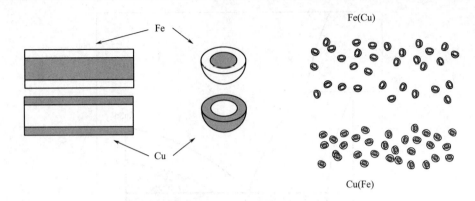

图 9.19　K.Ishida 等制备的 Cu 与 Fe 相互包覆的各种形态的材料

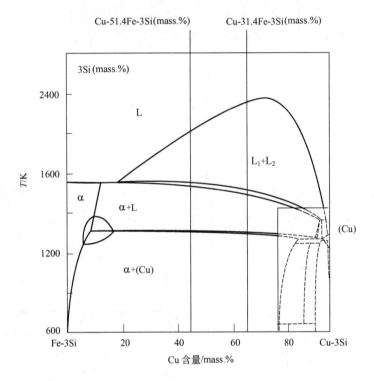

图 9.20　Cu-Fe-Si 三元相图的 3Si(mass.%)纵截面

　　液态容易过冷的陶瓷材料当中，多组元玻璃因亚稳溶解度间隙而在玻璃态呈两相分离的例子颇多。在 SiO_2-B_2O-Na_2O 系（硼硅酸钠）玻璃中，利用这种低温亚稳溶解度间隙，可以将 B_2O，Na_2O 尽量分离出去，制作出有名的高硅玻璃（Vycor）[11]。

　　玻璃材料系统中的溶解度间隙是处于玻璃化温度 T_g 之上还是之下，对玻璃的稳定性是很重要的。图 9.21 是溶解度间隙处于玻璃化温度 T_g 之下的例子。成分在溶解度间隙之内的玻璃虽然理论上有发生相分离的可能，但因为是处于 T_g 之下，原子移动度很低，实际上不能发生相分离。与溶解度间隙处于 T_g 之上的系统相比，这样的玻璃结构稳定性要高得多。金属玻璃（非晶态金属）的情况则如下节所述，具有越强的玻璃化倾向的合金其混合自由能有更大的负值，非晶态就越难于发生相分离。

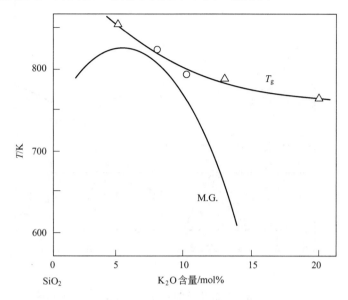

图 9.21 SiO$_2$-K$_2$O 系中的玻璃化转变温度与溶解度间隙的关系

9.1.6 非晶态合金

非晶态合金(Amorphous alloy)从热力学上说就是液体被大幅度地过冷到玻璃化温度(Glass transition temperature)T_g 之下，在这样的温度下液态结构被冻结下来。因此讨论合金的非晶态形成能力、非晶态的稳定性等都必须探讨过冷液体(Supercooling liquid)即亚稳液体的自由能特点。前面所述的在过冷状态下具有产生溶解度间隙的合金液体是不能形成非晶态的。

通常认为容易形成非晶态的合金系是"深共晶(Deep eutectic)"合金。例如，Au-Si系是其代表。元素的混合造成熔点下降表示液相的稳定性在增加，即液态溶体与理想溶体相比具有更负的混合自由能，就正规溶体而言，也就是液态下 A、B 两种原子的相互作用能是很大的负值，$I_{AB}^L << 0$。把深共晶的判断扩展到"深亚稳共晶（Deep metastable eutectic)"时，非晶态的形成能力(Amorphous formation ability)将更加容易理解。

$$I_{AB}^L = Nz\left(u_{AB}^L - \frac{u_{AA}^L + u_{BB}^L}{2} \right)$$

相互作用能 I_{AB}^L 是大的负值的系统也就是异类原子间的亲和力 u_{AB}^L 是更大的负值的系统，因此也是容易生成有序金属间化合物的系统。如果不考虑固态下原子之间的相互作用能和金属间化合物的形成，而只考虑液相本身稳定性的话，I_{AB}^L 是大的负值，则合金液态亚稳定的"稳定程度（Stability)"更大。

图 9.22 给出了生成化合物的系统发生亚稳共晶的情形[12,13]。

如果在温度 T_1 把 A 和 B 两种原子混合起来，而且不生成金属间化合物，在成分 ab 之间将会生成亚稳态的液体。另外，如果 T_1 处于玻璃化温度附近，而且假如是处于晶化

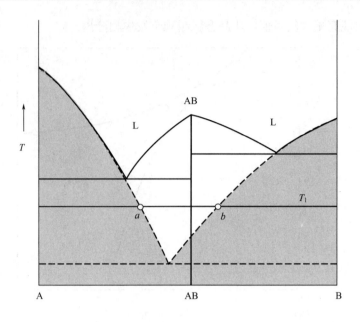

图 9.22　形成金属间化合物的系统中形成了亚稳液相区

温度以下，那么将会由固相反应形成非晶相。以这种形式制备非晶的例子有 Au-La 系的相应研究结果。这个系统中可以生成比 Au 和 La 的熔点高 300K 以上的金属间化合物 AuLa。合金形成化合物的倾向也是混合焓为负，即混合时是放热的。因此，混合焓负的系统形成非晶态的能力也强。这种比较单纯的思考与分析基本上是正确的，只是还应考虑熵项。总的说来，如果用合金液相与晶体相的自由能差 ΔG_f 来表示非晶形成能力，可以得到

$$\Delta G_f = \Delta H_f - T\Delta S_f \tag{9.7}$$

式中，ΔH_f 为熔化焓；ΔS_f 为熔化熵。温度低于熔点时，$\Delta G_f > 0$。可见，熔化焓越负而熔化熵越正则非晶形成能力越强。合金组元的增多有利于熔化熵的增加，因而易于形成非晶。

应该指出，只考虑热力学还是不够的，还必须考虑动力学因素。不过首先要考虑热力学是因为它决定了可能性的有无，是必要的条件。

【例题 9.3】 最近的研究表明[14]，具有片层珠光体组织的共析钢经大量塑性变形（如高能球磨，大变形量轧制等）可以形成一种亚稳组织：非晶或纳米晶组织。这时钢的组织已经不再是两相组织，而成为单相。渗碳体的消失使人们对碳的去向产生了种种猜想：①过饱和地溶入铁素体；②过饱和地溶入奥氏体；③过饱和地溶入过冷液相。试通过热力学分析确定碳的最可能的去向。

解：渗碳体在大量塑性变形的过程中不断被破碎，尺寸越来越小，表面能越来越大。如第 5 章 5.4.1 所述，因尺寸变小使渗碳体自由能的增加 ΔG_m^θ 可用下式表示

$$\Delta G_m^\theta = P^\theta V_m^\theta = \frac{2\sigma^{\theta/\alpha} V_m^\theta}{r^\theta}$$

式中，$\sigma^{\theta/\alpha}$ 为渗碳体与铁素体之间的界面张力，约为 1.0 J·m^{-2}；V_m^θ 为渗碳体的摩尔体积，为 7.79cm^3·mol^{-1}；r^θ 为渗碳体的平均半径。铁素体因细化而产生的自由能增加也有类似的公式，但相应的数据为 $\sigma^{\alpha/\theta} = 0.6$ J·m^{-2}，$V_m^\alpha = 7.71$cm^3·mol^{-1}，两者的自由能增量与尺寸的关系如图 9.23 所示。

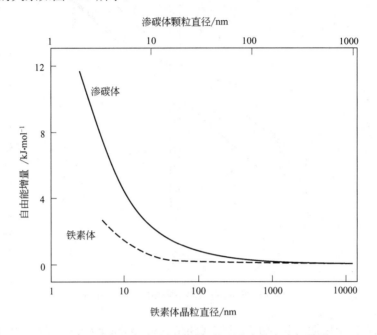

图 9.23　铁素体和渗碳体尺寸细化所带来的自由能增量

铁素体晶粒半径细化到 20nm 时，自由能增量 ΔG_m^α 为 0.46 kJ·mol^{-1}，但是渗碳体半径细化到 20nm 时，自由能增量 ΔG_m^θ 为 0.78 kJ·mol^{-1}，细化到 2nm 时，自由能增量 ΔG_m^θ 为 7.8 kJ·mol^{-1}。由于碳化物细化时产生的实际自由能增量效果远大于铁素体，所以只分析碳化物的作用。利用 Thermo-Calc 软件计算的室温下 Fe-C 系各种相的摩尔自由能成分曲线如图 9.24 所示。可以看出，渗碳体自由能因细化而增加 8 kJ·mol^{-1} 左右时，将会溶入过冷液相，而形成非晶晶界。形成过饱和铁素体与过饱和奥氏体所需要的自由能增量要大得多，是不可能出现的。有人曾猜到碳是溶到晶界中，但却武断地认为只有 4.3mass.% 的浓度[15]。可见，没有热力学分析的猜度是不可信的。

9.2　局域平衡

如果一种材料是由两个以上的相组成的，那么"材料的自由能"是指各相的自由能的总和。这个总和中除了各相的化学自由能之外还应包括其他的各种能量，如附加压力自由能、界面自由能、各类场致能等。如果说，相平衡状态就是总自由能最小的状态的话，那就必须使上述各类自由能都达到最小。除了各类场致能之外，要使附加压力自由能变成最小，第二相粒子的曲率半径必须达到无穷大，成为平界面；要使界面能变成最小就要求已经成为平界面的第二相（例如片层状珠光体中的渗碳体）尽可能地变厚，使界面能尽可能变小。这些，在实际上都是不可能做到的。

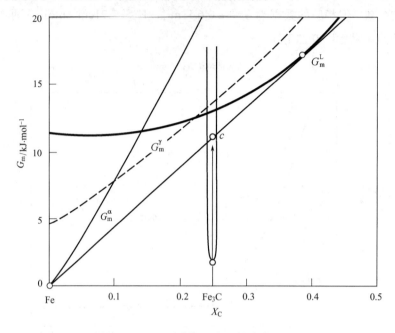

图 9.24　Fe-C 系室温下各相的摩尔自由能

另外，20 世纪后期兴起的扩散偶法（Diffusion couple method）测定相图也给相平衡提出了一个新问题。由 A、B、C 三个组元构成的扩散偶，经长时间扩散后可以测得这个 A-B-C 三元系中的某两个相互接触的相（如 α, β）的平衡成分。认定 α, β 这两个相的平衡成分的前提，是认定它们处于平衡状态。但就扩散偶试样而言，肯定没有达到平衡。按某一定尺寸制成的 A、B、C 三组元扩散偶，经过充分长时间扩散后应该形成某一成分的合金。这个合金的自由能才是系统自由能最小的状态。这样就出现两个自由能最小状态：一个是扩散偶试样的自由能最小状态，另一个是扩散偶中某两相的接触区的自由能最小状态。

由上面两个问题可以看出，在整个系统（如一个合金试样或扩散偶试样）难于达到自由能最小的情况下，有必要分析一个次级自由能最小的问题，即局部自由能最小问题。

9.2.1　局部平衡假设

如果在一定的温度和压力下，一个系统在整体上并没有达到自由能最小状态，但在局部却出现了自由能为极小值的状态，可以认为在这个局部出现了一种平衡状态，这种状态叫做局部平衡状态(Local phase equilibrium state)。

对于钢铁材料，如果渗碳体都成了 1μm 以上的颗粒状，颗粒的进一步粗化自由能下降并不多。在一个尺寸很小的局部，可以认为颗粒的曲率半径已达到了一个很大的相对值，因此可以认为是一种局部平衡态。

对于扩散偶试样，只要发生了充分的扩散，而且形成了有一定厚度的中间相层，可以用电子探针微区成分分析测定其成分，这个中间相层从宏观上看就是一个二维的面。从厚度上看，它是一个很小的局部。如果相界面是平面，可以认为相界面两侧是处于局部平衡状态。

如图 9.25 所示，由组元 A 和 B 构成的扩散偶，在某一温度下进行长时间的扩散后，A 和 B 之间新产生了一个中间相层 γ，在中间相 γ 与 A 基固溶体α和 B 基固溶体β之间各形成了一个相界面。若扩散偶整体的平均成分为 X_B^{DiC}，经过无限长时间的扩散，所形成的 A-B 二元合金若以单相α的形式存在，这时该溶体的摩尔自由能为 d'点，高于α+γ两相混合物状态的摩尔自由能 d 点。因此扩散偶最终应达到α+γ两相组织。

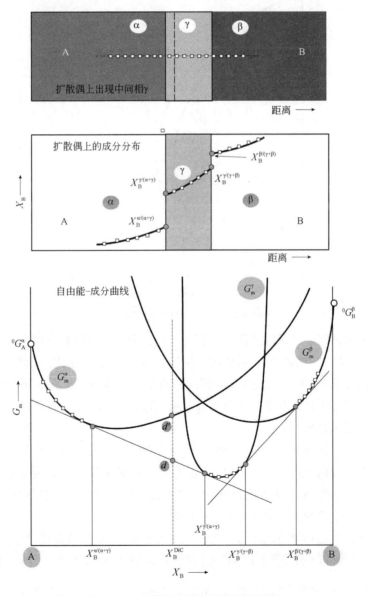

图 9.25　A-B 扩散偶中的局部平衡原理

当扩散一定长时间后使扩散偶淬火，采用电子探针微区成分分析技术，对扩散偶进行等间隔逐点成分分析，可获得成分-距离曲线。这时应认为α/γ界面与α/γ相界面附近处于局部平衡，因此外插成分-距离曲线至相界面处，即为α与γ相的平衡相成分 $X_B^{\alpha/(\alpha+\gamma)}$ 和 $X_B^{\gamma/(\gamma+\gamma)}$，同理可确定γ与β相的平衡相成分 $X_B^{\gamma/(\gamma+\beta)}$ 和 $X_B^{\beta/(\gamma+\beta)}$。由扩散偶中各点所对应的摩尔自由能曲线可知，所谓局部平衡，就是指分析的相界面附近，其摩尔自由能处于最低状态。

【例题 9.4】 一个研究结果对局部平衡假设提出了挑战。如图 9.26 所示，在 Fe-Cr 二元系中存在一个特殊的γ相圈，这个γ相圈在 830℃有一个极小点。如果在 890℃制备一个 Fe-Fe(20%Cr)扩散偶，该扩散偶中应该具备α/γ/α的层状结构。

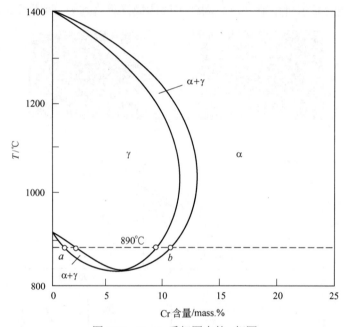

图 9.26　Fe-Cr 系相图中的γ相圈

但是，十分精密、系统的实验结果表明，在扩散偶中并没有出现γ相。如图 9.27 所示，在 890℃保温 30~600h 的一系列实验结果均显示从高 Cr α 相到低 Cr α 相只有一次成分跳跃，由 a 至 b。对应于两个α+γ相区的两个 α 相成分，见图 9.26 中的 a 与 b 点。没有α相到 γ 相的成分突变就是没有出现γ相。这是局部平衡假设所难于解释的。试分析这个问题的原因是什么。

解：M.Hillert 详细分析了这个问题。认为问题不是出在局部平衡假设上，它画出了这个扩散偶的合理的 Cr 浓度分布曲线的示意图，如图 9.28 所示。应用准稳态扩散方法估算了 γ 相层的厚度 Δy。结果认为Δy 只有 0.6μm 左右。在用电子探针分析测定 Cr 浓度分布曲线时，这个厚度的 γ 相层是不可能被发现的。

M.Hillert 的近似估算方法十分巧妙，他注意到 300 h 的浓度曲线中 γ 相两侧的 α 相中的 Cr 浓度曲线的斜率很接近，因此 Cr 的扩散通量 J_{Cr}^α 也是基本一致的，而且应该与 γ 相中的扩散通量 J_{Cr}^γ 相等。因此可用两相的扩散系数 D_{Cr}^γ、D_{Cr}^α 和浓度梯度 $\dfrac{\Delta C_{Cr}^\gamma}{\Delta y}$、$\dfrac{d C_{Cr}^\alpha}{d y}$

进行下面的计算

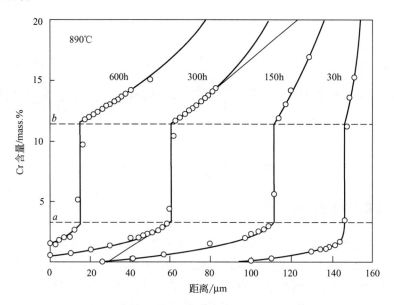

图 9.27　Fe-Cr 扩散偶中的 Cr 浓度分布曲线

$$J_{Cr}^{\gamma} = D_{Cr}^{\gamma} \frac{\Delta C_{Cr}^{\gamma}}{\Delta y}$$

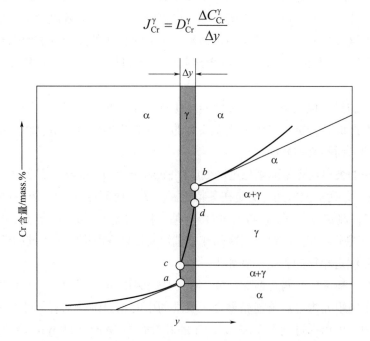

图 9.28　Fe-Cr 系 890℃扩散偶的合理的 Cr 浓度曲线示意图

$$J_{Cr}^{\alpha} = D_{Cr}^{\alpha} \frac{d C_{Cr}^{\alpha}}{d y}$$

$$D_{Cr}^{\gamma} \frac{\Delta C_{Cr}^{\gamma}}{\Delta y} = D_{Cr}^{\alpha} \frac{d C_{Cr}^{\alpha}}{d y}$$

$$\Delta y = \frac{D_{Cr}^{\gamma}}{D_{Cr}^{\alpha}} \times \frac{\Delta C_{Cr}^{\gamma}}{\dfrac{d C_{Cr}^{\gamma}}{d y}} \tag{9.8}$$

如果忽略 α 与 γ 相的密度差，式中上下的两个 C_{Cr} 可用(mass.%)Cr 代替。根据图 9.26，$\Delta(\text{mass.\%})_{Cr}^{\gamma} = 8\%$；根据图 9.27，$\dfrac{d(\text{mass.\%})_{Cr}^{\alpha}}{d y} = 0.142 \text{mass.\%} \cdot \mu m^{-1}$；$\dfrac{D_{Cr}^{\gamma}}{D_{Cr}^{\alpha}} = 0.01$。代入式（9.8）可得

$$\Delta y = 0.01 \times \frac{8}{0.142} = 0.56 \quad \mu m$$

9.2.2 局部平衡与相图测定

[例题 9.4] 的结果实际上已经告诉我们，曾一度为人们所接受的扩散偶中的所谓"相消失（Phase disappear）"现象是并不成立的。中间相并没有消失，只是它的厚度小于我们能分辨的程度。因此，局部平衡的热力学分析（参见图 9.25）表明，扩散偶加上微区成分分析可以用来测定相图。很多研究结果表明，扩散偶相图测定法是一种可信的、高效的好方法。从原理上分析，一个 A、B 二元素组成的扩散偶试样中，可以包含这个二元系的全部成分，因此利用局部平衡原理，可以测得该系中的各温度下的全部相平衡成分，从而获得这个二元系的整体相图。当然，因元素性质的差异，扩散偶制备难度的差别很大，往往不能只用一个试样解决全部问题。但即使如此它仍不失为一种高效率的方法。

扩散偶法的另一优点是可以直接测定相平衡关系和相平衡成分。因为扩散偶法是利用电子探针微区成分分析直接测定所观察到的相区边界的成分，所以相边界和相关系的确定是直接的，而不是推测的。

扩散偶法的突出优点是能避免过冷效应（Supercooling effect），这对于固态相平衡的研究尤其重要。因为扩散偶法是测定在某特定温度 T 长时间保温后快冷试样中的平衡相成分，属于"横向测定"。与在连续冷却中测定某一特定成分（如 X_B）合金试样的转变温度的方法（即纵向测定）相比，没有因冷却速度过快而使转变温度测定不准的所谓过冷效应。

扩散偶法测定相图的主要步骤如下。

（1）设计、制备扩散偶用基准合金　如[例题 9.4]所示，即使是二元系也不是任意两个合金或两个纯组元焊合后就能获得合乎要求的中间相。[例题 9.4]中间相 γ 不能得到必要厚度的问题，可以通过制备 7mass.% Cr 的基准合金(Master alloy)，用该合金与 Fe 和 Cr 制成扩散偶来解决。

"基准合金"原则上应该是单相合金。在三元或更多组元系相图的扩散偶法测定中，基准合金除纯组元外多数是二元中间相。

【例题 9.5】 Ti-Ni-Nb 合金系是高温合金、形状记忆合金等实用材料研究开发的重要合金

系统。如图 9.29 所示，该系中影区的低 Ni 区是完全没有研究过的部分，其余的高 Ni 区域有 900℃ 以上的研究结果，但 900℃ 以下的部分却没有任何研究结果。试分析在研究温度为 900℃ 以下的该系统全成分范围的相图时，应该如何设计基准合金。

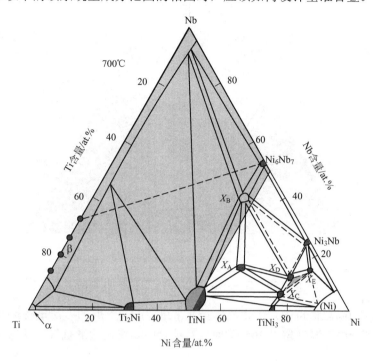

图 9.29　Ti-Ni-Nb 相图测定的扩散偶基准合金设计

解：因为纯 Nb 是高熔点金属，自扩散系数极低，不适合用来制备扩散偶。在实际研究中，选择了 Ti-Nb 系中的 4 个 Ti 基固溶体即 Ti-15(at.%)Nb、Ti-20Nb、Ti-26Nb、Ti-32Nb；Ti-Ni 系中的 Ti_2Ni、TiNi、$TiNi_3$；Ni-Nb 系中的 Ni_3Nb、Ni_6Nb_7 等作为基准合金。加上纯 Ti 和纯 Ni，成功地测定了全成分范围的相平衡（见图 9.30）。由于高 Nb 区 β 相的自由能很低，实测的相平衡成分范围已经远超出了虚线所示的基准合金成分所覆盖的 Nb 含量的上限。这也应该看做是扩散偶法的一个优点[16]。

（2）制备合理的扩散偶　如果各个二元系内的基准合金能构成伪二元或三元系时，用这几个基准合金制备二元或三元扩散偶是最合适的。若有可能，应尽可能沿着预期的相平衡共轭线方向制备扩散偶。仍以图 9.29 的 Ti-Ni-Nb 相图的测定为例，基准合金熔制之后，按图 9.30 所示的方式制作了扩散偶，主要的构成方式有：(Ti-32Nb)/TiNi/Ni_6Nb_7、Ni_6Nb_7/TiNi/Ni、(Ti-32Nb)/Ti_2Ni/Ti、(Ti-32Nb)/Ti_2Ni/TiNi 等。在 Ni_6Nb_7 与 Ti-32Nb 之间，如前所述形成了出现高 Nb 含量β相的扩散通道，见图中的粗实线。

（3）平衡扩散处理及快淬　平衡扩散处理温度就是待测相图的等温线或等温截面的温度。扩散处理的时间应以在扩散偶中生成足够厚度的中间相层为准，一般应大于 15μm，以便能够对该相的微区成分进行分析。平衡处理后应以最快的速度将扩散偶从保温温度冷却到室温，以保存其高温的组织形态和成分。

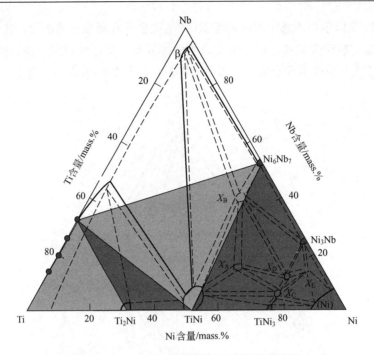

图 9.30　Ti-Ni-Nb 系相图测定时的扩散偶结构

在长时间的高温保持中，防止氧化是非常重要的。一般的方法是将扩散偶试样封装在真空的石英管中。温度超过 1050℃时，石英管中要充入适量氩气，以防石英管因软化而塌陷。

（4）扩散偶组织分析　最多可以制备四元扩散。从二元到四元扩散偶，扩散偶中相区的几何维数 D 有一定的规律：相区的维数 D 与组元数无关，只取决于相区中的相数 P

$$D = 4 - P \tag{9.9}$$

单相区在扩散偶中是 3 维的块体，两相区为 2 维的面，三相区为 1 维的线，四相区为 0 维的点。由于观察扩散偶中的组织是在扩散偶的截面上进行的，截面上的相区特征便成为：单相区有一定的面积，两相区为线，三相区为点。因为四相区为 0 维的点，在随机确定的截面中是见不到的。

图 9.31 是 Fe-Mo 二元扩散偶在 1300℃平衡处理 50h 后快冷至室温的组织，可以与图 9.32 的 Fe-Mo 二元相图 1300℃的相区相互比较，除 γ 相外，该温度的各种相悉数出现，呈厚度不等的层状[17]。

三元和四元扩散偶组织的例子如图 9.33 所示。其中图 9.33(a)为 Fe/NiAl 三元扩散偶，图 9.33(b)为(Fe-Mn)/NiAl 四元扩散偶。两个扩散偶的右侧均为 B2 结构的有序化合物 NiAl，该相左侧的笔直的线为 bcc 结构不同成分的溶解度间隙界面。Fe-Mn 二元"基准合金"为 $\gamma + \alpha$ 两相合金[18,19]。

（5）微区成分分析　如图 9.32 中的下图所示，通过电子探针微区成分分析将可以在扩散偶中测得一个组元浓度的分布曲线。这个曲线的重要特点是在相界面处（即相图中的两相区）出现组元浓度的突变，也称成分跳跃。图 9.34 是通过对图 9.33（a）的(Fe-5Al)/

NiAl 扩散偶进行微区成分分析获得的浓度分布曲线。在 NiAl 一侧距相界面 $30\mu m$ 左右 Ni 和 Al 的浓度开始偏离 1∶1 的比例。这表明 Fe 已经越过相界面，扩散到达此处。将相界面两侧 α_1 和 α_2 相中的 Ni、Al 的浓度曲线向相界面处外插，可以得到 α_1 和 α_2 的两相平衡成分。

图 9.31　Fe-Mo 二元扩散偶的组织

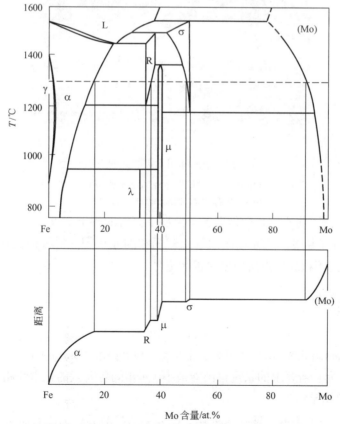

图 9.32　Fe-Mo 二元系相图与扩散偶中的成分分布

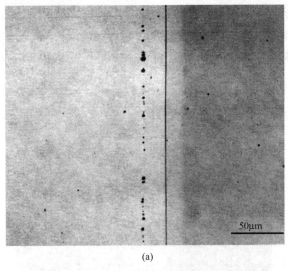

(a)

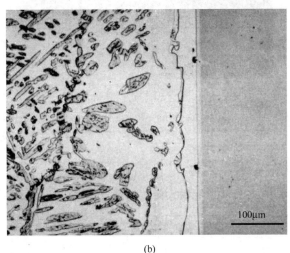

(b)

图 9.33　三元和四元扩散偶的组织

(a) (Fe-5Al)/NiAl 三元扩散偶[18]；(b) (Fe-Mn)/(Ni-Al)四元扩散偶

图为扩散偶在 900℃保温 400 h 后的组织[19]

（6）构造相图　将不同扩散偶在各个温度下获得的相平衡成分全部汇集起来，就构成了二元相图的等温线，三元相图的等温截面和四元相图的等温四面体的相应共轭线（Tie line）和由共轭相成分点所构成的相区边界。

9.3　仲平衡

仲平衡（Paraequilibrium）是相对于正平衡（Orthoequilibrium）而言。但通常并不言正平衡，那是因为它所要求的系统自由能最小、两相间各元素的化学势相等这样的条件，通常只称其为"相平衡"。

如果 A-B-C 三元系的固溶体相α 中，C 元素的扩散系数远比其他两个元素大得多，

在该溶体与第二相 β 共存时，可能会出现这样的情况：元素 C 在两相间发生了充分的扩散，而另外两个元素 A、B 的扩散却可以忽略。这时在α 固溶体与第二相 β 之间可以只出现 C 组元的化学势相等，即

$$\mu_C^\alpha = \mu_C^\beta \tag{9.10}$$

但在α 与β 之间，其他两个组元 A 和 B 的化学势不等。这种只有一个组元的化学势相等而另两个组元化学势不等的两相关系，称作仲平衡。

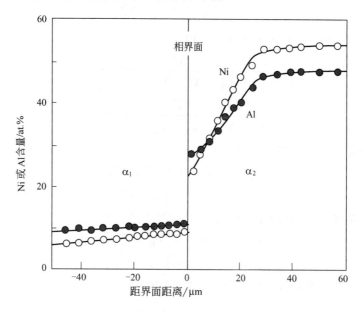

图 9.34　(Fe-5Al)/NiAl 扩散偶中的浓度分布曲线[18]

在 Fe-M-C 三元系中，合金的渗碳、脱碳反应，或在较低温度的相变过程中都可以认为只发生了碳的扩散，而 Fe 与合金元素 M 却没有发生扩散。这时的两相共存状态相当于仲平衡。可以把其他两个几乎未发生扩散的组元看成是一个单元系统，原子间彼此不发生移动，这是仲平衡的又一个重要特征。

这样，问题就必须回到双亚点阵模型中去。溶体相由实体亚点阵中的 Fe 和 M，以及空隙亚点阵中的 C(碳)组成。为了分析仲平衡时的成分关系，这里仍使用双亚点阵模型中的成分表示方法，即定义 A、B 两元素的亚点阵成分 u_i

$$u_A^\alpha = \frac{X_A^\alpha}{X_A^\alpha + X_B^\alpha} \tag{9.11}$$

$$u_B^\alpha = \frac{X_B^\alpha}{X_A^\alpha + X_B^\alpha} \tag{9.12}$$

由于实体亚点阵部分可看做是单元系，而单元系的两相平衡的条件是摩尔自由能相等，如果实体亚点阵部分的摩尔自由能记作 $^*G_m$，则

$$^*G_m^\alpha = {}^*G_m^\beta \tag{9.13}$$

根据溶体相摩尔自由能与化学势的关系

$$^*G_m^\alpha = u_A^\alpha \mu_A^\alpha + u_B^\alpha \mu_B^\alpha \tag{9.14}$$

$$^*G_m^\beta = u_A^\beta \mu_A^\beta + u_B^\beta \mu_B^\beta \tag{9.15}$$

由于两相之间的 X_C 是不同的，假如 $X_C^\alpha < X_C^\beta$，而

$$X_A^\alpha + X_B^\alpha = 1 - X_C^\alpha \tag{9.16}$$

$$X_A^\beta + X_B^\beta = 1 - X_C^\beta \tag{9.17}$$

此时

$$\left(X_A^\alpha + X_B^\alpha\right) > \left(X_A^\beta + X_B^\beta\right) \tag{9.18}$$

但是，实际上 A、B 原子都原地不动，所以

$$\frac{X_A^\alpha}{X_A^\alpha + X_B^\alpha} = \frac{X_A^\beta}{X_A^\beta + X_B^\beta}, \quad u_A^\alpha = u_A^\beta \tag{9.19}$$

$$\frac{X_B^\alpha}{X_A^\alpha + X_B^\alpha} = \frac{X_B^\beta}{X_A^\beta + X_B^\beta}, \quad u_B^\alpha = u_B^\beta \tag{9.20}$$

因此，可以不再区别不同相中的亚点阵成分，由式（9.13）～式（9.15）可得

$$u_A \mu_A^\alpha + u_B \mu_B^\alpha = u_A \mu_A^\beta + u_B \mu_B^\beta$$

$$u_A(\mu_A^\alpha - \mu_A^\beta) + u_B(\mu_B^\alpha - \mu_B^\beta) = 0 \tag{9.21}$$

另外，三元固溶体的摩尔自由能与化学势之间有下述关系

$$G_m^\alpha = X_A^\alpha \mu_A^\alpha + X_B^\alpha \mu_B^\alpha + X_C^\alpha \mu_C^\alpha \tag{9.22}$$

$$G_m^\beta = X_A^\beta \mu_A^\beta + X_B^\beta \mu_B^\beta + X_C^\beta \mu_C^\beta \tag{9.23}$$

考虑式（9.14），式（9.15），式（9.19），式（9.20）可以得到

$$^*G_m^\alpha = u_A^\alpha \mu_A^\alpha + u_B^\alpha \mu_B^\alpha = \frac{G_m^\alpha - X_C^\alpha \mu_C^\alpha}{1 - X_C^\alpha}$$

$$^*G_m^\beta = u_A^\beta \mu_A^\beta + u_B^\beta \mu_B^\beta = \frac{G_m^\beta - X_C^\beta \mu_C^\beta}{1 - X_C^\beta}$$

由于在仲平衡时，$^*G_m^\alpha = {}^*G_m^\beta$，所以

$$\frac{G_m^\alpha - X_C^\alpha \mu_C^\alpha}{1 - X_C^\alpha} = \frac{G_m^\beta - X_C^\beta \mu_C^\beta}{1 - X_C^\beta} \tag{9.24}$$

$$\frac{X_A^\alpha \mu_A^\alpha + X_B^\alpha \mu_B^\alpha}{1 - X_C^\alpha} = \frac{X_A^\beta \mu_A^\beta + X_B^\beta \mu_B^\beta}{1 - X_C^\beta} \tag{9.25}$$

这是仲平衡的又一方程式，与式（9.10）一起成为仲平衡时两相成分的约束条件。

如果 β 相为一线性化合物 θ，而且 θ 相的分子式为 $(A,B)_a C_c$ 时，根据摩尔自由能与化学势的关系，有

$$G_m^\theta = a\mu_{(AB)}^\theta + c\mu_C^\theta \tag{9.26}$$

式中 $\mu_{(AB)}^\theta$ 就是实体亚点阵的化学势，因为已经把实体亚点阵看成是单元系，所以

$$\mu_{(AB)}^\theta = {}^*G_m^\theta$$

而且，$^*G_m^\alpha = {}^*G_m^\theta$，代入式（9.26），成为

$$G_{m}^{\theta} = a \frac{G_{m}^{\alpha} - X_{C}^{\alpha}\mu_{C}^{\alpha}}{1 - X_{C}^{\alpha}} + c\mu_{C}^{\theta}$$

与 $\mu_{C}^{\alpha} = \mu_{C}^{\theta}$ 联立，可以求解仲平衡成分。图 9.35 是固溶体与线性化合物仲平衡的图解。

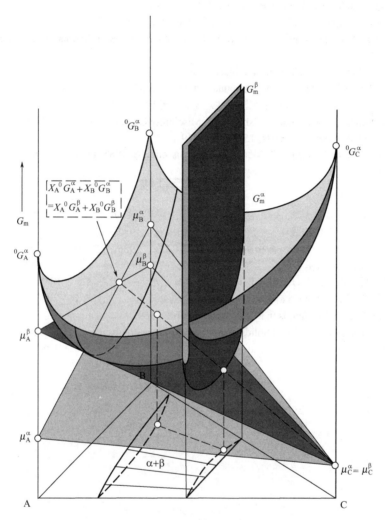

图 9.35 固溶体与线性化合物的仲平衡

第 9 章参考文献

[1] 中国大百科全书：矿冶卷. 北京：中国大百科全书出版社，1984：彩页 8.

[2] Kubaschewski O. Iron-Binary Phase Diagrams. Spring-Verlag, 1982：63.

[3] Tonkov E Yu, Aptekar L A. Doklady Physical Chemistry, 1969：188, 620.

[4] Murray J L. Alloy Phase Diagrams//Bennett L H, Massalski T B, Giessen B C. Material Research Society Symposia Proc. Elsevier Science Pub, 1983, 19：223.

[5] Ishihara K N, Mori K, Shingu P H. Proc. 5th Int Conf on Rapidly Quenched Metals//Steeb ,Warlimont H. Elsevier Science Pub,1985：55.

[6] 尾崎良平，冈田 明，三宅秀和. 铸物，1979，51：15.

[7] Ishihara K N, Nishitani S R,Miyake H, Shingu P H. Int J. Rapid Solidification, 1984,1：51.

[8] Giessen Z.Metallkd, 1968, 59：805.

[9] Nakagawa Y. Acta Metallurgica, 1958, 6：704.

[10] Wang CP, Liu XJ, Ohnuma I, Kainuma R, Ishida K. Science, 2002, 297(9)：990.

[11] Kawamoto Y, Tomozawa M. J Amer Ceram Soc, 1981, 64：289.

[12] Schwars R B, Johson W L. Phys Rev Letter, 1983, 51：415.

[13] 新宫秀夫，铃木亮辅，石原庆一. 固体物理, 1985, 20：593.

[14] Liu Z G, Hao X J, Masuyama K, Tcuchiya M, Umemoto M, Hao S M. Scripta Materiala, 2001, 44 (8-9)：1775.

[15] Hidaka H, Kimura Y, Takaki S. Iron & Steel, 1999, 85：52.

[16] Yang G J, Hao S M. J Alloys and Compounds, 2000, 297：226.

[17] 西泽泰二，佐久间健人. 金属组织写真集. 日本金属学会, 1979：74.

[18] Hao S M, Ishida K, Takayama T, Nishizawa T. Miscibility Gap in Fe-Ni-Al and Fe-Ni-Al-Co Systems. Metallurgical Transaction A, 1984, 15A(10)：1819.

[19] Hao S M, Ishida K, Nishizawa T. Metallurgical Transaction A, 1985, 16A(2)：179.

第 9 章推荐读物

[1] 徐祖耀，李麟. 材料热力学. 第 2 版. 北京：科学出版社, 1999.

[2] 邱关明，黄良钊. 玻璃形成学. 北京：兵器工业出版社, 1987.

[3] 新宫秀夫，石原庆一. 亚稳平衡相图. 日本金属学会报, 1986, 25：16.

[4] 西泽泰二. 状态图. 日本金属学会会报, 1987, 26（7）：600.

[5] 铃木朝夫. 材料设计における状态图の役割. 金属セミナ−. テキスト, 1984.

[6] 毛利哲雄. 原子レベルの材料安定性の解析. 金属セミナ−. テキスト, 2000.

[7] Shewmon P G. Transformations in Metal. McGraw-Hill ,1969.

[8] Swalin R A. Thermodynamics of Solids. second edi. A Wiley-Interscience Publication, 1972.

[9] Devereux O F. Topics in Metallurgical Thermodynamics. A Wiley-Intersciece, 1983.

10

材料设计与热力学

【本章导读】

本章介绍材料设计与热力学的密切关系。人类使用材料的历史可以上溯到几千年前的新石器时代。但是直到 20 世纪 60 年代中期之前，材料设计还一直都处于尝试法阶段。PHACOMP 以及后来 *Md* 方法的出现，终于结束了尝试法阶段而进入了材料经验设计阶段。所谓经验设计主要是指相成分计算的经验性。20 世纪 70 年代兴起的 CALPHAD 结束了材料经验设计阶段，而达到了材料设计的热力学阶段。CALPHAD 与多元合金热力学数据库一起，可以实现多元合金相成分和相分数的热力学计算。当然数据库从本质上仍然带有经验性。材料设计的最后一个阶段应该是完全不依赖经验的第一原理设计。

材料设计(Material design)的概念源于高分子材料的分子设计。近年来已经广泛地用来表示对材料的结构、组织、性能的预测性质的计算。但是，要给"材料设计"一个能被广泛认可的定义也绝非易事。首先是因为它的范围很宽阔，它所涉及的目标几乎包括整个物质世界；其次是对"设计"一词含义理解上的差异。当然还有其他种种原因，诸如达到目标的差异、使用手段的差异等。

但是，至少有两点认识是人们都能接受的：一是材料设计一词的产生是在人类认识到材料的研究与开发终于可以走出尝试法(Trial and error)阶段的时候；另一是材料设计一词产生于大量繁复的计算已经不再成为人们探索未知世界的障碍的时候。第一点来源于对物质世界认识的深入和定量数据的较充分的积累，人们在面对任何新材料需求的挑战时，已经不再需要从头由最基础性的实验做起。相反，已经有大量可供参考的理论知识和近百年甚至数百年的经验数据。这个时期发生在 20 世纪的 60 年代[1,2]。超多元镍基高温合金的相计算（PHAse COMPutation, PHACOMP）的出现是其标志。第二点认识来源于计算技术的飞速进步，大大提高了人们对材料领域的所有可以量化认识进行定量计算的可能性，这个时期大致与第 4 代计算机（大规模超大规模集成电路计算机，LSI）出现的时期相当。标志性事件因为太多而难于枚举，与材料热力学关系最密切的标志是计算相图 CALPHAD（CALculation of PHAse Diagrams）领域的出现[3,4]。

可作为材料设计定义的说法之一是，为满足预期材料的特性而用来确定材料的类型、材料的成分及其加工处理制度的计算机程序系统是材料设计[5]。这里包含了各种数据库的建设。随着材料设计走出研究探索的阶段，进入实际应用的商品化阶段，给材料设计以更加确切的定义，或更加清晰的多种定义的时期应该不会太遥远了。

10.1　经验材料设计的热力学

PHACOMP 的出现最初是镍基高温合金实际生产的需要，后来其思想扩展到钛基合金和其他双相合金和多相合金。最早进行材料设计（或称合金设计）的镍基高温合金，其使用状态是接近于平衡状态的。根据平衡态来设计成分，设计的材料在平衡态（实际是近于平衡态）下使用，这是使问题能够简化、设计得以成功的原因之一。所谓经验材料设计是指材料平衡相成分的热力学分析是经验性质的，而在相平衡规律的研究方面，其实包括很多更富理论意义的基础性探索。

10.1.1　相边界成分的确定与电子空位浓度

PHACOMP 的根本目的是确定合理的镍基高温合金的成分，使选择的合金能够在使用中不会因出现拓扑密排相（Topologically close packed phase, TCP）而脆化。所谓拓扑密排相是与几何密排相（Geometrically close packed phase）相对而言的。后者中的面心立方（fcc）、密排六方（hcp）的配位数为 12，而前者配位数可高达 14、15、16。结构复杂、对称性差、滑移系少、极具脆性是拓扑密排相的主要特征，其有很多结构类型，例如：

σ相——$(Cr,Mo)_x(Ni,Co)_y$，$x：y$ 接近于 $1：1$，x 和 y 的数值范围是 1~7，原子间尺寸差较小；

μ相——$(Mo,Cr)_x(Co,Ni)_y$，x 和 y 的比例与σ相接近，原子尺寸差大；

Laves 相——为 A_2B 型化合物，原子比严格，如 Co_2Mo，Co_2Ti 等，原子尺寸差也比较大。

研究发现，拓扑密排相的析出与母相的平均电子空位浓度（Average electron-vacancy concentration）N_V 有密切的关系。元素电子空位浓度的定义是

$$N_V = 10.66 - N_0 \tag{10.1}$$

10.66 是过渡族元素的 d 和 s 电子层实际可填入的轨道总数，N_0 为过渡族元素的 d 和 s 电子总数。过渡族元素的电子空位浓度如表 10.1 所示。

图 10.1 是以 Cr、Mo、W 为中心的极坐标相图，相当于三组以 Cr、Mo、W 为顶的 5 个并排连接起来的三元相图等温截面。Cr 组为 750℃左右，Mo 组为 1100℃左右、W 组为 1000℃左右。

表 10.1　第 4,5,6 周期过渡族元素的电子空位浓度

周期	ⅤB	ⅥB	ⅦB	ⅧB		
4	V(5.66)	Cr(4.66)	Mn(3.66)	Fe(2.22)	Co(1.71)	Ni(0.61)
5	Nb(5.66)	Mo(4.66)	Tc(3.66)	Ru(2.66)	Rh(1.66)	Pd(0.66)
6	Ta(5.66)	W(4.66)	Re(3.66)	Os(2.66)	Ir(1.66)	Pt(0.66)

由这三组极坐标相图可以得到如下规律。

① σ相、μ相、Laves 相和 R 相等拓扑密排相的出现有一定的成分范围；单相区呈条带状，Cr、Mo、W 三个组元在拓扑密排相中的成分范围较窄。

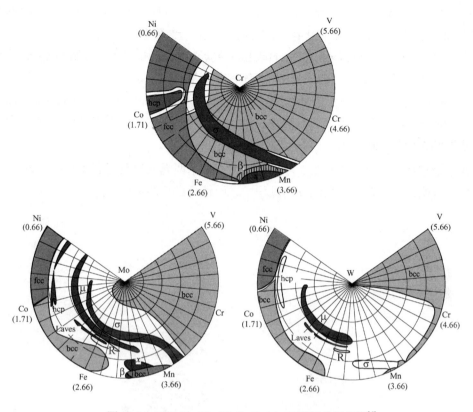

图 10.1   Cr-, Mo-, W- (Ni,Co,Fe,Mn,V) 系极坐标相图[6]

② 图中标明了各元素的电子空位浓度，在各相的单相区内应该引入固溶体平均电子空位浓度的概念。

③ 相对于极坐标中心（Cr、Mo、W），拓扑密排相的成分带呈螺旋线走向。这说明，对于 Cr、Mo、W 基合金而言，出现拓扑密排相的合金元素（Ni、Co、Fe、Mn 等）含量随平均电子空位浓度的提高而增加。

④ 相对于 Ni、Co、Fe 基合金而言，出现拓扑密排相的合金元素（Cr、Mo、W、Mn 等）含量随平均电子空位浓度的提高而降低。Cr 组相图最明显地表示出 fcc 结构γ相随着平均电子空位浓度的提高，γ/γ+TCP 边界成分向低浓度化转移。

根据大量二元、三元相图的研究，Beck 等提出存在一个由γ相中析出 TCP 的临界平均电子空位浓度，即γ/γ+TCP 边界应当对应一个等 N_V 线。n 元系固溶体平均电子空位浓度 $\overline{N}_V$ 的定义式为

$$\overline{N}_V = \sum_{i=1}^{n}(N_V)_i X_i \tag{10.2}$$

式中，$(N_V)_i$ 为固溶体中第 i 组元的电子空位浓度；X_i 为第 i 组元的原子分数或摩尔分数。

PHACOMP 要完成的计算主要包括：

① 确定合金成分，一般包括 10 种以上的元素；确定每种合金元素的变化范围及步长；

② 根据经验，扣除形成碳化物、硼化物的合金元素数量；

③ 根据合金元素在 γ 或 γ′ 相中的分配比的经验数据，确定进入 γ 和 γ′ 相中的各合金元素的数量，计算 γ 和 γ′ 相的"相成分"和"体积分数"；

④ 根据经验，确定临界平均电子空位浓度（Critical average electron-vacancy concentration）$\overline{N}_V^C$，从所确定的大量合金成分中，筛掉 γ 或 γ′ 相的平均电子空位浓度已经超过临界值 $\overline{N}_V^C$ 的合金成分。

其中最重要的计算工作是第 3 项。图 10.2 用一个四元系等温四面体示意地表示了当合金成分被确定后，在计算相成分的过程中经验性分配比的重要作用。

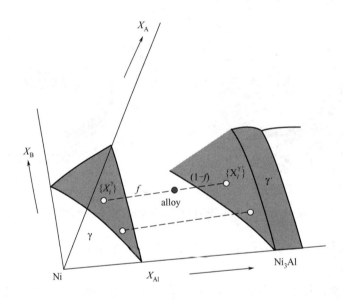

图 10.2　Ni-Al-A-B 四元系中的 γ 与 γ′ 两相平衡成分与合金成分

【例题 10.1】　日本 Hitachi 公司 Yasugi 分厂提出了一种燃气轮机叶片用材的设计任务。使用温度为 982~1000℃，叶片要接受 200~1000℃ 的经常性温度变化，要求高温蠕变强度为：1000℃，50000 h，10MPa。同时具有抗腐蚀性、抗氧化性等。试考察合金设计工作者的主要研究工作。

解： R.Watanabe（渡边力藏）等完成了这项设计任务，其要点如下[7~9]。

（1）合金类型、成分范围的确定　通过对性能的全面分析，确定了 Ni 基 γ 相基体 γ′ 相沉淀硬化型合金为设计目标。组成合金的元素成分范围等如表 10.2 所示。按该表所示的元素种类、范围和步长一共可组合成的合金成分为 5×10^8 组。

表 10.2　Ni 基γ相基体γ′相沉淀硬化型合金的成分设计范围

元素	范围	步长	步数
C	0.15	—	—
Cr	6~30	2	13
Co	0~30	10	4
Mo	0~25	1	26
W	0~40	2	21
Al	1.0~10.0	0.5	19
Ti	0~15	1	16
Nb	0~12	2	7
Ta	0~24	3	9
B	0.015	—	—
Zr	0.05	—	—
Ni	balance		

（2）设计γ′相的体积分数为 25%~75%　以此条件筛选上述各组成分。此时，假设 Al、Ti、Ta、Nb 全部进入γ′相，首先按下式估算γ′相的体积分数：

$$\left(\text{vol.}\%\right)^{\gamma'} = 4\left[X_{Al} + X_{Ti} + X_{Ta} + X_{Nb}\right] \tag{10.3}$$

（3）扣除碳化物、硼化物中的合金元素　假设所有的碳和硼全部形成碳化物和硼化物。硼化物为 M_3B_2，合金元素的进入按 $(Mo_{0.5}Ti_{0.15}Cr_{0.25}Ni_{0.1})_3B_2$ 计算。碳化物按 MC 和 $M_{23}C_6$ 计算，两者的比例由实验和经验确定。合金元素的进入按 $(Ti_{0.5}Nb_{0.25}Ta_{0.25})C$ 和 $(Cr_{21}MoW)C_6$ 计算。

（4）精确计算γ相和γ′相的成分及体积分数　由式（10.3）估算的γ′相的体积分数和表 10.3 中的各元素在γ相和γ′相中的分配比可以计算两相的成分。计算所用的合金成分 $[X_i^0]$ 为扣除碳化物和硼化物后的数值。

$$\begin{bmatrix} X_1^0 \\ X_2^0 \\ \vdots \\ X_n^0 \end{bmatrix} = \begin{bmatrix} X_1^\gamma \\ X_2^\gamma \\ \vdots \\ X_n^\gamma \end{bmatrix}\left(1 - f^{\gamma'}\right) + \begin{bmatrix} X_1^{\gamma'} \\ X_2^{\gamma'} \\ \vdots \\ X_n^{\gamma'} \end{bmatrix} f^{\gamma'} \tag{10.4}$$

式中，$\left[X_i^\gamma\right]$ 和 $\left[X_i^{\gamma'}\right]$ 分别为γ和γ′相中各组元的成分。各组元在两相中的分配比 $[r_i]$ 为

$$[r_i] = \frac{[X_i^{\gamma'}]}{[X_i^\gamma]} \tag{10.5}$$

将式（10.5）代入式（10.4），并代入各组元的成分，可以求出γ和γ′相的成分和γ′相的体积分数 $\left(\text{vol.}\%\right)^{\gamma'}$。

$$\left(\text{vol.}\%\right)^{\gamma'} = \frac{\sum_{i=1}^n X_i^{\gamma'}}{\sum_{i=1}^n X_i^0} \tag{10.6}$$

表 10.3 各元素在γ相和γ′相中的分配比

相	Cr	Co	Mo	W	Al	Ti	Nb	Ta	Zr	Fe
γ	1	1	1	1	0.246	0.097	0	0	1	1
γ′	0.133	0.345	0.314	0.833	1	1	1	1	1	0.24

（5）筛除产生拓扑密排相的成分　确定γ和γ′相的临界电子空位浓度为

$$\left(\bar{N}_{\mathrm{V}}^{\mathrm{C}}\right)^{\gamma} = 2.25$$

$$\left(\bar{N}_{\mathrm{V}}^{\mathrm{C}}\right)^{\gamma'} = 2.31$$

根据由上述第（4）项计算得到的γ相和γ′相的成分，按式（10.2）计算两相的平均电子空位浓度 $\bar{N}_{\mathrm{V}}^{\gamma}$ 和 $\bar{N}_{\mathrm{V}}^{\gamma'}$，利用这两个临界值对设计的各合金成分组进行筛选，筛掉两个平均电子空位浓度 $\bar{N}_{\mathrm{V}}^{\gamma}$ 和 $\bar{N}_{\mathrm{V}}^{\gamma'}$ 中的任何一个超过上述临界值的成分组。

除此之外，他们利用两相的成分计算两相的晶格常数，计算错配度进而计算强化效果，并对成分组进行了筛选。通过这一系列筛选之后，5×10^{8} 组成分剩下了 4336 组，筛选率达到了 10^{-5}，即万分之一。再通过性能有利的筛选，选出来 59 个成分组。再通过γ′相体积分数、晶格常数的筛选优选出 22 个成分组。最后，在 22 个成分组中选出了从来没有人研究过的 3 个成分组 4123、4129、4286 进行了实验。结果 4123 和 4129 比实用合金 Udimet 710 的蠕变强度高，而其他性能相同；4286 比实用的 Udimet 500 蠕变强度高，而抗腐蚀性能相同。合金设计取得了令人鼓舞的成功，其中相平衡计算起了重要作用[10]。

10.1.2 相边界成分的确定与电子能级

尽管前述 PHACOMP 相平衡成分计算对镍基高温合金的设计发挥了重要的作用，但仍在实际应用中发现尚存在如下问题：①除了对镍基高温合金适用之外，对钴基、铁基合金的适用性不佳；②难于应用于铸造合金；③拓扑密排相中σ相以外的相（如μ相和 Laves 相）的预测准确性差；④临界电子空位浓度 $\bar{N}_{\mathrm{V}}^{\mathrm{C}}$ 的确定难于准确，常常因合金而异。

为探索相区边界的形成规律，N.Yugawa 等针对电子空位浓度 PHACOMP 方法所存在的问题，研究出了一种利用γ相的平均电子能级（Electron levels）作为 TCP 析出判据的"过渡金属 d 电子能级法"，简称为 Md 法[11~15]。

可以用图 10.3 所示的原子团来分析过渡金属 M 的 d 电子能级。图 10.3(a)为有序化合物 Ni_3Al 的晶胞。图 10.3(b)中，在 Ni_3Al 的晶体结构中的 Al 原子的位置用一 3d、4d 或 5d 的过渡族元素的 M 原子来代替，从而构成一个以 M 为中心的由 19 个原子组成的原子集团——$MNi_{12}Al_6$，[见图 10.3（b）的右图]。对于此原子团用分子轨道法计算了各种过渡族元素 M 的 d 电子能级（Md）和键级（Bond order）等。所得到的各元素 d 电子能级和键级的计算结果列入表 10.4。

上述计算模型是由一种有序相导出的，但实践证明，也能很好地适用于无序的γ相。由合金成分 $[X_i^0]$ 求 γ 和 γ′ 相成分 $[X_i^{\gamma}]$ 和 $[X_i^{\gamma'}]$ 的方法，与前节是完全一样的。合金

成分 $[X_i^0]$ 也是扣除碳化物和硼化物之后的成分。由 γ 相成分 $[X_i^\gamma]$ 可以求出该相的平均 d 电子能级（Average d electron level）$\overline{Md}$：

表 10.4　各元素的 d 电子能级和键级

元素	3d							
	Ti	V	Cr	Mn	Fe	Co	Ni	Cu
Md/eV	2.271	1.543	1.142	0.957	0.858	0.777	0.717	0.615
键级	1.098	1.141	1.278	1.001	0.857	0.697	0.514	0.222

元素	3d		4d			5d		
	Al	Si	Zr	Nb	Mo	Hf	Ta	W	Re
Md/eV	1.90	1.90	2.944	2.117	1.550	3.020	2.224	1.655	1.264
键级	0.538	0.589	1.479	1.594	1.611	1.518	1.670	1.730	1.692

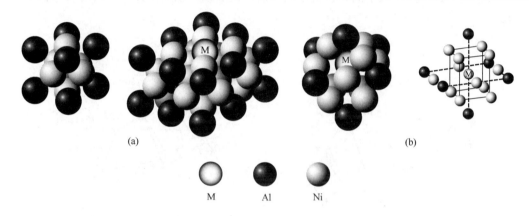

图 10.3　Ni₃Al 的晶体结构（a）与 MNi₁₂Al₆ 原子团模型（b）

$$\overline{Md} = \sum_{i=1}^{n} \left(\overline{Md}\right)_i X_i \tag{10.7}$$

式中，$\left(\overline{Md}\right)_i$ 为元素 i 的 d 电子能级；X_i 为元素 i 的原子分数。再确定一个临界 d 电子能级（Critical d electron level）$\left(\overline{Md}\right)_C$，便可以用来表示 γ 相与拓扑密排相的相边界 γ/γ+TCP，并可以作为合金设计中筛选合金成分组的依据了。通常对于各种高温合金，均可确定为

$$\left(\overline{Md}\right)_C = 0.900 \sim 0.935 \tag{10.8}$$

也可以把临界 d 电子能级确定为温度的一次函数

$$\left(\overline{Md}\right)_C = 6.25 \times 10^{-5} T + 0.834 \tag{10.9}$$

d 电子能级和键级的计算更具有第一原理的特征。因此以 d 电子能级作为 γ 相与拓扑密排相的相边界依据，比电子空位浓度有更好的准确度和更宽的合金适用范围。但由于相平衡成分的计算是经验性质的，所以，仍把 Md 法列入经验合金设计的范围里。

图 10.4 中的几个三元系中的 γ 相与拓扑密排相的相边界表明，Md 法不仅适合于镍基合金，而且对于钴基和铁基合金也有很好的适用性。图 10.4(a) 表明，平均 $\overline{Md}$ 比平均电

子空位浓度更能准确地反映γ/γ + σ 相边界的成分范围；而图 10.4（b）中这一对比体现得更加明显。图 10.4（c）的临界电子空位浓度线虽然符合γ/γ +α 相边界，但平均 d 电子能级 $\overline{Md}$ 则更好地体现了γ/γ + σ 相边界。图 10.4（d）则表明，平均 d 电子能级 $\overline{Md}$ 不但能很好地反映了镍基合金的γ/γ + σ 相边界，而且对γ/γ +μ 相边界也有很好的体现。图 10.5（a）则表明，Md 法不仅适合于镍基合金，而且对于钴基合金也有很好的适用性。当平均 d 电子能级在 0.900~0.925 时，能同时符合钴基合金的γ/γ + σ 相边界和γ/γ +μ 相边界。图 10.5（b）对平均 d 电子能级在预测γ/γ +γ′相边界的可能性做了分析。如果这种预测成为可能，便可以摆脱经验性的平衡相成分的计算，意义十分重大。

另外，由于 Md 法不仅能够计算过渡族元素 d 电子能级，而且能够计算键级，而键级是过渡元素 M 与 Ni 原子的共价键参数，所以键级还可以用来评价材料的力学和化学性能。

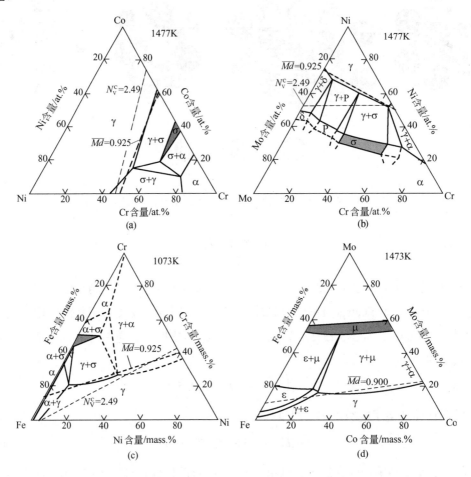

图 10.4　各种合金系中等 Md 线与各类相边界的关系

Md 法合金设计的启示不完全在于新的合金成分的设计，如果 Md 法不仅能确定拓扑密排相的临界值，而且能准确预测两个主要合金相成分，则可以看到走出经验设计，走向第一原理合金设计的前景。

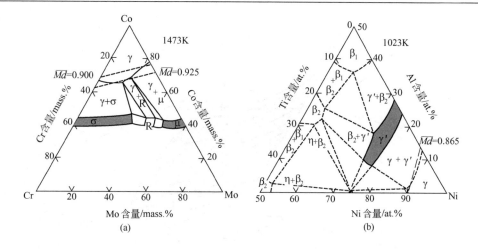

图 10.5　钴基合金和镍基合金的相区边界与平均 d 电子能级

【例题 10.2】　由于 Ti 合金的特殊的弹性行为，塑性成型的困难较大。为此对于超塑性成型寄予了较大希望。而为了获得超塑性，需要合金既要具有（α+β）两相等轴细晶组织，又要保证足够的力学性能。因此必须对合金成分进行严格设计。试考虑一个 Ti-Al-V-Sn-Zr-Mo-Cr-Fe 八元合金的可行合金设计方案。

解：有人通过下面的设计获得了良好的合金成分方案。该方案包括如下步骤[16,17]。

①　通过 Ti-X 二元合金相图，得到 β/(β+α) 相边界成分 X_i^β 与温度 T 的关系，将 β/(β+α) 相边界数值化；

②　建立多元系 Ti-Al-ΣX_i 的 β/(β+α) 相边界成分与温度 T^β 的关系式

$$T^\beta = 882 + a_{Al}X_{Al}^\beta + b_{Al}\left(X_{Al}^\beta\right)^2 + \sum_{i \neq Al}\left[a_i X_i^\beta + b_i \left(X_i^\beta\right)^2\right]\tag{10.10}$$

式中的 X_{Al}^β 和 X_i^β 为 β/(β+α) 相边界成分中除 Ti 之外的各元素的含量，a_{Al}、b_{Al}、a_i、b_i 分别为 Al 和其他元素的成分系数。该式将各元素对 T^β 的影响看成是可以叠加的，因此除 Al 外其他元素的含量不能太高。在平衡处理温度 T^β 已设定，各 X_i^β 已知时，可以用式（10.10）求出 X_{Al}^β，参见图 10.6 所示的三元系的情况。

③　由 X_i^β 和 T^β 通过式（10.10）计算 X_{Al}^β，再利用各合金元素 i 在 β 与 α 两相中的分配比 $r_i^{\alpha/\beta}$，计算出 α/(β+α) 相边界成分 X_{Al}^α。

$$r_i^{\alpha/\beta} = \frac{X_i^\alpha}{X_i^\beta}\tag{10.11}$$

$r_i^{\alpha/\beta}$ 的数值要依赖于经验（实验测定）。

④　根据铝当量 $\langle X_{Al}\rangle$ 判断有无 α_2 相的析出。铝当量 $\langle X_{Al}\rangle$ 按下式计算

$$\langle X_{Al}\rangle = X_{Al}^\alpha + X_{Sn}^\alpha/3 + X_{Zn}^\alpha + X_O^\alpha\tag{10.12}$$

可将 $\langle X_{Al}\rangle \geqslant 9\text{mass.}\%$ 作为有 α_2 相析出的判据。

⑤　设定 α 相的体积分数 f^α，按下式计算合金成分。

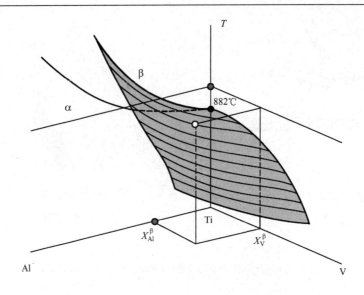

图 10.6　Ti-Al-V 三元系中的β /(β +α)相边界面

$$\left[X_i^0 \right] = f^\alpha \left[X_i^\alpha \right] + \left(1 - f^\alpha \right) \left[X_i^\beta \right]$$ （10.13）

为了设计超塑性合金，通常设定 f^α =0.5。

　　这种双相超塑性合金的设计实际上就是多元系相平衡成分的经验计算，与 PHACOMP 十分相似。利用三元系的实测结果，可以检验这种设计的可行性，图 10.7 是实测相平衡成分与计算结果的比较。

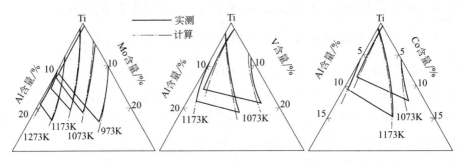

图 10.7　Ti-Al-X 三元系α +β 相区的实测结果与经验计算的比较

10.2　CALPHAD 方法

　　相图与材料设计的关系，特别是相图与合金设计的关系是所有材料研究者都不陌生的。在一种材料的设计之初，总会尽可能找来相关的相图作为参考。如果是简单的二元或三元材料，会感到相图是很有用的。但如果是四、五元或像上文提到的镍基高温合金那样是十元左右的合金时，相图便只能作为参考而已，不可能成为合金定量设计的一部分。但是，应该说现在这个阶段即将过去。

相图按其获得的手段可以分成三类。

① 实验相图（Experimental phase diagrams），是利用各种实验方法（如热分析、热膨胀、金相、X 射线衍射、电子探针微区成分分析等）测定的相图。这类相图以二、三元为主，对于合金而言，二元相图大体完成，三元相图还相差甚远。

② 理论相图(Theoretical phase diagrams)，也称第一原理计算相图。这是一种不需要任何参数，利用电子理论从头算起的理论计算相图，是人类相图研究的最高目标，目前还是在完善理论阶段，只在少量二元和三元相图的计算方面对实际材料的设计有指导作用。这里没有包括只用第一原理求算某些参数的研究工作。

③ 计算相图(Calculated phase diagrams)，也称热力学计算相图。这是在严格的热力学原理的框架下，利用各种渠道获得的相关热力学参数计算的相图。目前这种方法计算的相图不仅能很好地接受实验结果的检验，再现二元相图，而且热力学计算的方法还能够检验那些相差较远、互不一致的实验相图。

10.2.1　CALPHAD 方法及特点

下面所讲的计算相图是指"热力学计算相图"。早在 1908 年 J.J.Van.Laar 就利用后来被称作"正规溶体近似"的溶体模型计算过二元相图的一些基本类型（参见图 10.8）。但这个时期的相图计算是手工进行的，与现代相图计算最大区别也正是因为手段落后而造成计算的单向性。即只能由热力学参数计算相图，而不能从实测相图这个热力学性质资源库中提取热力学数据。

热力学计算相图真正成为材料科学的一个重要研究领域是在高性能计算机和计算技术成熟后的 20 世纪 70 年代。在 L.Kaufman 和 M.Hillert 等的倡导下，1973 年开始了热力学计算相图的研究。1977 年创办了 CALPHAD(Computer Coupling of Phase Diagrams and Thermochemistry）国际性学术杂志。

在 1.2 中我们曾学习过，系统中任意一相，无论是稳态相还是亚稳相，都具有一定的自由能，并且其自由能是温度、压强和成分的函数。对于一个封闭体系，自发的、不可逆的变化过程是系统自由能降低的过程，系统达到平衡时自由能为最低。这意味着如果系统中各相的自由能已知，则通过求自由能最小值可以确定各相的平衡态，包括平衡相的温度、压强和成分。这就是 CALPHAD 最基本的出发点。

计算相图的所谓 CALPHAD 方法如图 10.9 所示[18]。在第 2、4、6 章中，我们介绍了理想溶体模型、规则和亚规则溶体模型、亚点阵模型以及化学计量比化合物模型等。根据所研究体系中各相的特性，包括相的结构特征、原子的占位特点和有序化倾向等，选择合理的自由能模型是 CALPHAD 工作中重要的一部分。对于不同体系、不同结构相，其自由能随温度、压强和成分的变化也不同。通过自由能模型描述相的自由能，关键还在于确定各个相的模型参数。

从理论上讲，凡是与自由能相关的性质都可以用来确定模型参数，例如通过实验方法测定的相的混合焓、活度、热容，以及相平衡实验数据、相转变温度和相变焓等等。

通过对众多可靠的实验数据进行计算机优化，确定各个相的自由能模型参数，是CALPHAD 实现对二元和三元系材料热力学描述的最重要手段。

当所依赖的实验数据足够丰富、准确和可靠，那么可建立起对体系各相自由能函数的合理描述，通常把这样热力学合理的自由能描述叫做自洽的热力学参数。其意义为根据这样的热力学参数，可以再现已有的实测热力学数据和相平衡实验数据，还可以预测体系其他的热力学性质和相平衡、相变信息，甚至亚稳态的信息。这正是 CALPHAD 方法的最主要特点。在理想的情况下，热力学参数应该在温度、压强和成分的变化空间中能够描述或趋于真实的自由能变化，而由此导出的热力学性质和相图当然也是科学和合理的。

CALPHAD 方法是建立在实验数据的基础上的，所以它不是理论相图计算，而是一种建立在实验数据基础上、合乎热力学原理的相图再现过程。

以金属系统为例，目前已建立了近 3000 个二元合金的实测相图，重要的系统近乎完备，加上其他的实测数据来源，已经基本具备了实施 CALPHAD 的基础。

热力学模型的准备从 20 世纪初就已经开始了。进入 20 年代之后，正式形成了溶体的唯象的正规溶体模型和 Bragg-Williams-Gorsky 统计模型，加上后来出现的准化学模型、双亚点阵模型以及以混合熵描述见长的集团变分统计理论模型（CVM）等，使得各种类型相的热力学描述有了较充分的理论基础。

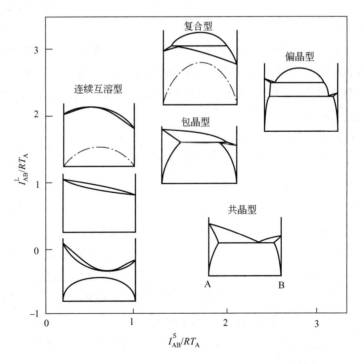

图 10.8　J. J. Van.Laar 利用正规溶体近似计算的二元相图类型

I_{AB}^{L} 和 I_{AB}^{S} 为液体和固体中的相互作用能，T_A 为元素 A 的熔点，

元素 A 和 B 的熔化熵均按 Richard 定律取值气体常数 R

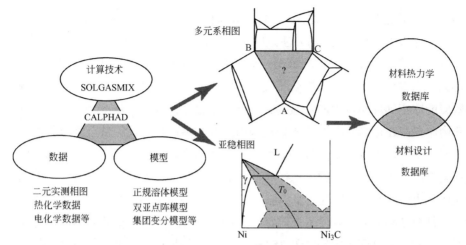

图 10.9　CALPHAD 的三个要素和在材料设计中的作用

计算工具和计算技术的进步是显而易见的。1975 年 G.Erikson 等开发的计算程序 SOLGASMIX 的出现，大大地方便了相平衡的计算与分析。由于三方面基础的形成，在 20 世纪 70 年代出现相图热力学计算的 CALPHAD 方法是具有必然性的[18]。

总括起来 CALPHAD 方法的主要特点如下。

（1）热力学参数与相图之间的双向转换　在由实测相图提取热力学参数和评估存在分歧的实测相图时，都需要进行由相图到热力学参数的转换，即由温度、平衡相成分向晶格稳定性参数、相互作用能等的转化。在热力学参数优化之后计算稳态或亚稳态平衡相图时，进行的是相图方向的转化。有人将这一方向的转化用示意图表示，见图 10.10[19]。

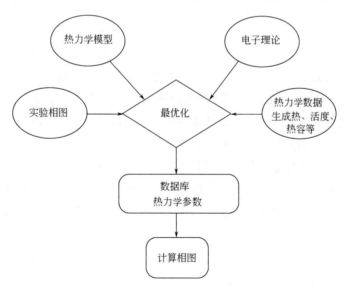

图 10.10　CALPHAD 方法的计算相图功能

（2）热力学性质和相图计算向多元系的延伸　对于溶体相的正规溶体近似来说，从二元系到三元系的延伸只需要对二元系相互作用参数的准确的、对称性良好的描述。如

图 10.9 所示，通过对 A-B、A-C、B-C 各二元系的优化，综合起来延伸至 A-B-C 三元系，可以预测三元系中的相平衡。需要注意的是，真实溶体往往与正规溶体存在很大的差别，因此以 A-B-C 三元系本身的实验数据，对预测结果进行验证和修正是十分必要的。

（3）热力学性质和相图向极低和极高温区域的外插和对亚稳相的预测　合理的热力学参数应能够正确反映自由能对温度和成分的依存性，因此将基于特定实验数据优化获得的热力学参数在适当的温度和成分范围内进行扩展，是有益的甚至是必须的。例如，若一个系统的平均熔点用 T_m 表示的话，在 $T_m/2$ 温度以下扩散很难发生，用实验方式测定这些温度的相平衡是困难的。把在容易测定的温度（高于 $T_m/2$）下所取得的相平衡结果转化成热力学参数，再将这些参数应用于 $T_m/2$ 以下的温度，求得相平衡结果是一种好的选择，甚至是必须的。温度极高时，实验的困难虽然不在于扩散方面，但当温度超过了测温元件的耐受温度（例如大于 2573K）时，实验数据也很难积累。这时的相平衡也只能依靠在低温得到的热力学参数来计算了。通过外插来预测亚稳区域的相平衡，如第 9 章例题 9.1 所述，与此道理相同。

（4）形成材料热力学数据库(Thermodynamic data base)的连续积累　通过对某一相关多元系的各种类型的实测热力学数据的收集、比较、评估和优化，经过较长时间工作积累，终会构筑起为解决某一方面问题的材料热力学数据库。其中包括计算某一多元系合金在某一特定温度下的平衡相成分和相体积分数。这是经验材料设计中的最重要的经验计算，在这里变成了在实验数据支撑下的热力学计算。这正是 CALPHAD 与经验材料设计最根本的区别。

（5）CALPHAD 方法热力学参数评估过程　CALPHAD 方法计算相图的重要基础是要有可靠的热力学参数。这些参数的评估过程如图 10.11 所示。由②到③的阶段是对收集到的基于实验的数据进行取舍。这时，究竟应当采用哪些，舍弃哪些，研究者个人的经验非常重要。进入到第④阶段时，要把选定的数据通过适当的数学模型进行数字化。由④到⑤的阶段，是检查到此为止所确定的数值之间是否存在矛盾，然后进入下一阶段。在第⑥阶段，对研究对象体系的评估基本完成，Gibbs 自由能或 Helmholtz 自由能被表示成温度、压力、成分和体积等的函数式。在下面的⑦中，把这些热力学参数与其他相和其他体系中得到的相应参数进行自洽性检查，制成一个大的热力学数据网络。

由此可知，热力学参数的最优化过程是一个需要大量时间、精力的十分质朴的工作，往往要多次重复和反复，对科学工作者的耐力有时是一种考验。即使实验相图已经完成，相应的热力学参数评估也并非可一蹴而就。不过，一旦系统的热力学参数优化完成，不但可方便地再现二元、三元相图，而且可以顺利地向更多元系统扩展。

10.2.2　CALPHAD 数据库和计算程序

（1）CALPHAD 的主要功能　M.Hillert 对 CALPHAD 的主要功能作了如图 10.12 的概括。他认为对于冶金和材料学家来说，一个相图不仅能够直接给出在一个特定温度和某一成分时的相平衡状态，更应该注意到一个相图可以被认为是该系统热力学性质的表征。知道了相平衡信息的这种属性，CALPHAD 不但有可能计算温度-成分相图，而且还可计算其他有用的物理量，例如：

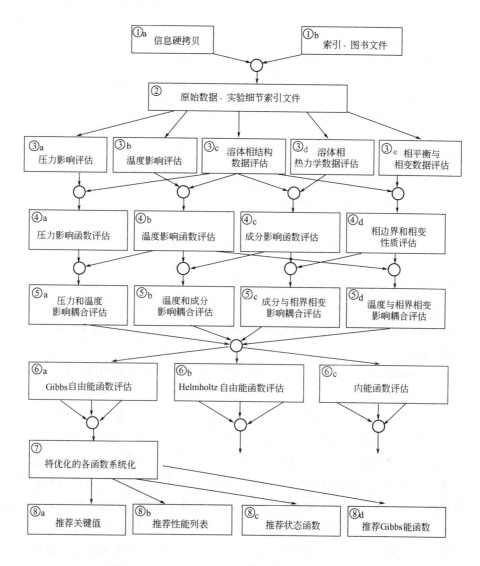

图 10.11　CALPHAD 方法的热力学参数评估过程

一个相图中的相界可以进行亚稳性延伸，这经常是非常有用的。有时这种延伸可以在合理准确的条件下徒手绘出来，但是在更多的情况下，如前所述必须应用热力学原理和热力学参数进行相平衡计算。

两相自由能相等的温度和成分的关系曲线经常被称之为 T_0 线，它的计算对于分析无扩散型相变温度、研究液相快淬向玻璃态转化等问题有重要的实际意义。

研究相变驱动力问题。这是一个计算在特定温度下，某一成分材料两种状态的自由能差的问题。为弄清形成一个新的、更稳定相的可能性，知道其形成的驱动力是有用的。例如分析钢铁材料的石墨化问题时，需要知道在这种转变中某些合金元素的加入是如何影响转变驱动力的。

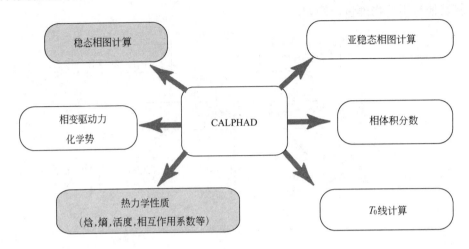

图 10.12　CALPHAD 的主要功能

计算相图是 CALPHAD 的基本功能，除了温度-成分相图，在实际应用中经常还需要有以其他热力学函数为坐标轴的"相图"，例如化学势、活度或焓作为纵坐标的相图。对于高压下相平衡的研究工作，需要 P-T 坐标相图，或温度-成分的等压截面及压力-成分的等温截面。

对于实际应用的二元或三元合金来说，成分设计参照现有的相图还比较方便。但真正完善的三元相图已经不是很多，四元或更多元系统的相图、相平衡信息就更少。如果能够对三元和更多元系统通过热力学方法计算出平衡相成分、相体积分数，那将是非常有意义的，这正是材料设计热力学的核心内容。

（2）合金集团方式的相图计算研究　这里提出的"合金集团(Alloy group)"的概念是一种由几个或十几个元素所组成的一个有限系统。这个系统的大小对应于某类材料的设计和生产的实际需要。由于多元合金相图是一个极其庞大的集合，由 50 个元素构成的二元相图为 4400 个。如前所述，现已实测 3000 个左右，应该说主要任务已基本完成。而这些元素构成的三元相图达 84800 之多，每个相图又有若干个温度的等温截面，这个数字将大得难以在几十年内用任何方法（包括实验和计算）完成这个研究任务。如果再考虑到四元、五元合金，对于实验和计算来说都将是无法接受的数字。因此，尽管完善多元相图是人类的终极目标，但是在一个阶段内人们只能追求有限目标，针对实际的材料研究、设计、开发的需要选出符合这一目标的"合金集团"，在一个时期内完善一个特定合金集团的相图和数据库。合金集团的相图数如表 10.5。

表 10.5　合金集团组元数与相图数目的关系

合金集团组元数	二元相图	三元相图	四元相图	五元相图	更多元相图	合　计
6	15	20	15	6	1	57
8	28	56	70	56	37	247
10	45	120	210	252	386	1013

例如由 6 个元素组成的合金集团相图总数为 57，对于实验研究虽然工作量很庞大，但对于热力学计算还是可以承受的。钢铁材料中的不锈钢、高速钢、耐热钢，镍基高温合金，高强高韧铝合金，钛合金等都是由特定的 6~12 个元素所组成的合金集团，其中的各种合金相图经过多年来的研究，多数已被实验测定或计算过了，可以为合金设计提供有力的支撑。另外，集团内的相图总数是最大数值，必要数值有时要比这个数值要小得多[20]。

相图实验研究的重点是二、三元相图，这不仅因为这类相图的实验工作量相对较小，实验难度小，实际用途大；更重要的是二、三元相图研究完成后，相关的热力学参数就会得到补充、评估和优化，积累起为计算更高元相图所必需的热力学数据。通过 CALPHAD 方法已经建立起来材料设计热力学数据库的合金集团，如表 10.6 所示。

表 10.6　具有计算相图数据库的实际合金集团

合金集团	元素	相
低合金钢	Fe-C-N-Si-Mn-Ni-Cr-Mo-Co-Al-Nb-V-Ti-W	L, α, γ, 碳化物，氮化物
微合金钢	Fe-C-N-S-Mn-Si-Al-Cr-Ti-Ni-V	L, α, γ, 碳化物，氮化物，硫化物
工具钢	Fe-C-Cr-V-W-Mo-Co	L, α, γ, 碳化物，氮化物
不锈钢（铁基合金）	Fe-C-N-Si-Cr-Ni-Mn-Mo-Al	L, α, γ, 碳化物，氮化物
镍基高温合金	Ni-Al-Ti-Cr-Mo-Co-Ta-Nb-Zr-W-Hf-B-C	L, α, γ, γ′, β, 碳化物，硼化物 TCP(σ, μ, Laves)
钛基合金	Ti-Al-V-Mo-Cr-Si-Fe-Nb-Sn-Ta-Zr-B-C-O	α, β, 化合物，硼化物，碳化物
铝合金	Al-Cr-Cu-Fe-Mg-Mn-Ni-Si-Ti-V-Zn-Zr	L, α, 化合物
半导体	Al-Ga-In-P-As-Sb	L, 化合物
微焊合金(Microsoldering)	Pb-Bi-Sn-Sb-Ag-Zn-Cu	L, α, β, γ, δ

（3）主要的材料热力学数据库与计算软件

① NBS/ASM 数据库（美国）　1977 年始建，主要内容有二元、三元合金相图集及其公报、手册；也开发在线合金相图数据库等。

② ManLabs 数据库（美国）　由 CALPHAD 创始者之一的 L.Kaufman 主建，内容以陶瓷材料等无机物为主，形式为典型的 CALPHAD 模式。

③ Pandat 合金相图与热力学计算软件　Pandat 是由美国威斯康星大学 Y.A.Chang 研究组开发的计算多元合金相图和热力学性能的软件包。其主要特点是在相平衡计算的初始值设定上更为简单，因此不具备相图计算专业知识和计算技巧的使用者也能够掌握相图计算。

④ FactSage 化学热力学计算软件及数据库　FactSage 是由加拿大 Thermfact/CRCT

（加拿大，蒙特利尔）和 GTT-Technologies（德国，阿亨）合作开发的，可用于计算化学热力学领域中的各种反应、热力学性能、相平衡等。其数据库包括氧化物、熔盐、水溶液、炉渣、金属体系等，尤其适合于氧化物、溶液、无机物等体系的化学反应计算和热力学计算。

⑤ SGTE 数据库及 THERMO-CALC 热力学计算软件　目前在 CALPHAD 领域影响最大的材料热力学数据库和应用软件系统，是 20 多年前，在欧洲的七个实验室以 SGTE (Scientific Group Thermo-data Europe) 为名称建立的热力学数据库，和由他们建议以瑞典皇家工学院为主开发的热力学计算软件。THERMO-CALC 软件功能广泛，可以进行多元相图计算和相关热力学数据评估及优化。图 10.13 给出了利用 THERMO-CALC 软件对一个多元铁基合金——实用不锈钢的不同温度相分数的计算结果。对 Fe-Cr-C 三元相图纵截面的计算结果与实测结果的对比如图 10.14 所示。

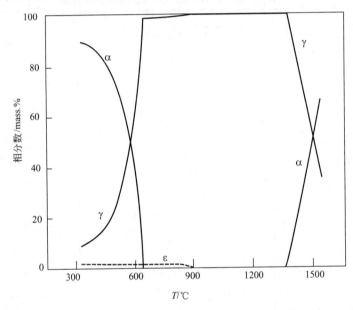

图 10.13　THERMO-CALC 对商品不锈钢 SIS2371 各温度相分数的计算结果

10.2.3　CALPHAD 与第一性原理计算

第一性原理（First principle, or, *ab initial* method）建立在密度泛函理论和局域密度近似或广义梯度近似基础上，通过自洽求解薛定谔方程，获得能量最小时的本征态，描述材料的电子状态、微观结构以及结构演变的机制。近年来随着计算材料学的发展，第一性原理计算以材料的原子序数以及原子在晶格中的占位为输入参数，已能够预测晶体相的热力学性质。将第一性原理计算与统计热力学相结合，例如 CVM 方法，将能够预测二元固态相图甚至某些三元相图。多数情况下如此计算的相图与实验相图只能达到定性意义上的符合，更准确的第一性原理相图计算还依赖于第一性原理计算方法的进步以及在计算中选取更多的原子，此外液相的第一性原理计算还不能令人满意。这些都限制了第一性原理相图计算在工业材料中的应用[21]。

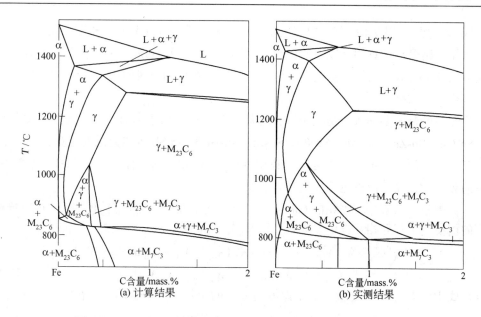

图 10.14　Fe-Cr-C 三元相图 13mass.%Cr 纵截面的 THERMO-CALC
计算结果与实测结果

另一方面，CALPHAD 方法通过对实验相图和热化学数据的热力学评估，优化获得经验的自由能代数表达式，实现对相图和热力学性质的精确计算。需要指出的是，合理的 CALPHAD 热力学计算依赖于足够的、可靠的实验相图和热化学性质，如果没有热化学性质参与评估，仅凭实验相图是很难得到合理的热力学描述的。

不难想象，将第一性原理计算与 CALPHAD 方法相结合，是提高相图计算准确性和可靠性的一种有效途径。近年来许多研究工作已证明，这种方法可以很好地描述材料在宏观尺度下的热力学和动力学行为。尤其是当系统中只有少量的热化学信息，或者很难找到相关的热化学信息的情况下，由第一性原理计算化合物在 0K 下的形成焓对规范热力学参数提供支持数据。另一种情况是描述亚稳态化合物的热力学稳定性，因为很难通过常规的实验方法测定亚稳态化合物的热力学性质，因此第一性原理计算的化合物在 0K 下的形成焓成为评价亚稳化合物稳定性的重要依据。

10.3　CALPHAD 相图计算数据库实例

10.3.1　无铅微焊材料

电子制品上使用的焊接材料一直主要是 Pb-Sn 合金。作为电子产业废弃物，印刷线路中的 Pb 污染是一个很突出的问题。从 20 世纪 80 年代起美、日、欧等先进国家和地区在大力开发无铅焊料。Pb-Sn 合金是一种公元前就已使用的材料，性能、价格方面有很大优势。有人称无铅焊料的开发是"老领域的新材料"。

如表 10.6 所示，微焊材料的 CALPHAD 方法相图计算所涉及的元素为 Pb、Bi、Sn、

Sb、Ag、Zn 和 Cu 等 7 种。首先要完成包括这 7 种元素的二元和三元相图的实验和计算，其后才能高精度地计算四元以上的多元系相图。日本的 K.Ishida（石田清仁）等对上述 7 种元素以及 In 和 Al 的多元系进行了包括实验研究在内的系统的研究，已开发出实用微焊合金热力学数据库[22]。

二元系的最重要的系统是无铅焊料的替代合金——Sn 基合金，计算工作首先是 Sn-Al、Sn-Cu、Sn-Zn、Sn-Ag、Sn-Pb、Sn-In、Sn-Bi 和 Sn-Sb 各二元系的计算。其次是各相关三元系的研究，主要工作是在 THERMO-CALC 相平衡计算软件和 SGTE 数据库支持下的热力学计算，但也包括少量必要的实验研究。

计算中三元系液相和固相的 Gibbs 自由能均使用 6.1 节正规溶体模型（式 6.3）描述，但有的相使用了三元相互作用参数 L_{ABC}，如式（10.14）

$$G_m = X_A\,{}^0G_A + X_B\,{}^0G_B + X_C\,{}^0G_C + RT(X_A \ln X_A + X_B \ln X_B + X_C \ln X_C)$$
$$+ X_A X_B I_{AB} + X_A X_C I_{AC} + X_B X_C I_{BC} + X_A X_B X_C L_{ABC} \tag{10.14}$$

而且，式中的 I_{ij} 不再是常数，而是温度与成分的函数。某些金属间化合物如 Ag_5Zn_8、SnSb 等使用双亚点阵模型描述，参见本书 6.3 节。例如β (SnSb)相用$(Sb,Sn)_p(Sn,Sb)_q$两个亚点阵描述

$$G_m = y_{Sb}^p y_{Sb}^q\,{}^0G_{SbSb} + y_{Sn}^p y_{Sn}^q\,{}^0G_{SnSn} + y_{Sb}^p y_{Sn}^q\,{}^0G_{SbSn} + y_{Sn}^p y_{Sb}^q\,{}^0G_{SnSb}$$
$$+ RT\left(y_{Sb}^p \ln y_{Sb}^p + y_{Sn}^p \ln y_{Sn}^p\right) + RT\left(y_{Sb}^q \ln y_{Sb}^q + y_{Sn}^q \ln y_{Sn}^q\right) + G_m^E \tag{10.15}$$

少数相有压力影响部分，如式（10.16）元素 i 的晶格稳定性参数的压力项为

$$\Delta G_i^{\phi_1 \to \phi_2}(T,P) = \Delta G_i^{\phi_1 \to \phi_2}(T) + (P - P_0)\,\Delta V_i^{\phi_1 \to \phi_2} \tag{10.16}$$

式中，$\Delta G_i^{\phi_1 \to \phi_2}(T)$ 为元素 i 的晶格稳定性参数；$\Delta V_i^{\phi_1 \to \phi_2}$ 为 ϕ_1 和 ϕ_2 相之间的摩尔体积差；P_0 为大气压。微焊合金热力学数据库所评估、计算的三元系相图如表 10.7 所示。

表 10.7 微焊合金集团已评估的三元系相图

合 金 系	实验信息	合 金 系	实验信息
Ag–Bi–Cu	无	Bi–Pb–Sb	多
Ag–Bi–Pb	少	Bi–Pb–Sn	多
Ag–Bi–Sb	无	Bi–Pb–Zn	多
Ag–Bi–Sn	多	Bi–Sb–Sn	多
Ag–Bi–Zn	少	Bi–Sb–Zn	少
Ag–Cu–Pb	多	Bi–Sn–Zn	多
Ag–Cu–Sb	少	Cu–Pb–Sb	少
Ag–Cu–Sn	多	Cu–Pb–Sn	无
Ag–Cu–Zn	多	Cu–Pb–Zn	多
Ag–Pb–Sb	多	Cu–Sb–Sn	多
Ag–Pb–Sn	多	Cu–Sb–Zn	少
Ag–Sb–Sn	少	Cu–Sn–Zn	多
Ag–Sb–Zn	无	Pb–Sb–Sn	多
Ag–Sn–Zn	多	Pb–Sn–Zn	少
Bi–Cu–Pb	少	Sb–Sn–Zn	少
Bi–Cu–Sb	少	Bi–In–Sn	多
Bi–Cu–Sn	无	In–Sb–Sn	多
Bi–Cu–Zn	多		

在无铅焊料的开发方面，除了需要合适的熔点之外，还要考虑机械性能、物理性能、价格、工艺性能等诸方面因素。三元系统中最有希望的是下列系统中的合金：Sn-Bi-X、Sn-Ag-X、Sn-Zn-X、Sn-Sb-X 和 Sn-In-X。其中的基本系统之一的 Sn-Bi-Sb 系相图的计算结果如图 10.15 所示。该图（b）的 80at.%Sn 纵截面表明，当 Sb 含量小于 5at.%时，合金的熔点与 Pb-Sn 合金的共晶温度相近。

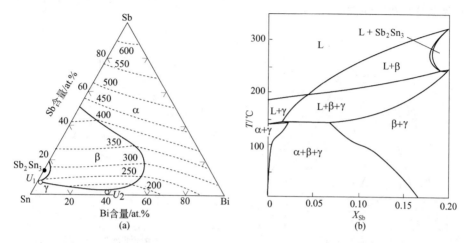

图 10.15　Sn-Bi-Sb 系相图的液相面相图(a)和 80at.%Sn 纵截面相图(b)

图 10.16 是计算得到的 Sn-Bi-In 三元系的液相面。该系统中存在两个三元共晶点。共晶点温度很低，分别为 58℃和 81℃。在这两个成分点附近有可能开发出适当的焊接材料。

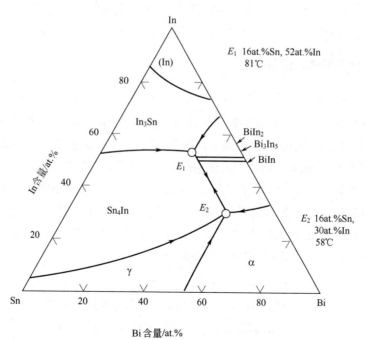

图 10.16　Sn-Bi-In 三元系的液相面

计算相图不但能给出合金的液相面温度，而且可以由液相成分和相应的热力学参数计算出该成分的黏度和表面张力系数，这对于焊接材料设计来说都是很重要的基础数据（参见图 10.17）。计算相图在焊接材料设计中的作用，不完全是液相面的计算，对于脆性相的预测也是一个重要内容。例如 Pb-Sn-Bi-Sb 合金系中的 Sb 对于克服 Sn 的低温相变脆性是有效的，但只要 1%的 Sb 就可以造成初晶β相（SnSb）的析出，这也将给一些成分的合金带来新的脆性。

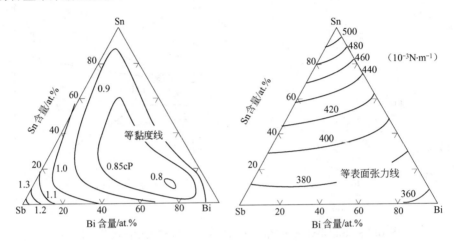

图 10.17　Sn-Bi-Sb 系在 900K 下的液相等黏度线和等表面张力系数线

1cP=10^{-3}Pa·s

该项微焊材料的数据库研究成果是用 THERMO-CALC 完成的，在日本，已经有 26 所大学，10 所国立或地方研究所、研究机关，43 家企业使用了这个数据库。该数据库目前以 Sn 和 Zn 基合金为主，以后将进一步向 Cu 基和 Ag 基合金发展。

10.3.2　Ⅲ-Ⅴ族半导体相图数据库

Ⅲ-Ⅴ族半导体是ⅢA 族的 Al、Ga、In 与ⅤA 族的 P、As、Sb 按 1∶1 的比例构成的 Zincblende 型化合物。例如其中的四元化合物(Ga,In)(Sb,As)晶体结构如图 10.18 所示。黑色球代表ⅢA 族的 Ga(A)、In(B)原子，灰色球代表ⅤA 族的 Sb(X)、As(Y)原子。ⅢA 族(A、B)原子和ⅤA 族(X、Y)原子都分别构成 fcc 晶格。在所构成的 fcc 晶格内，A、B 原子间可以相互置换，X、Y 原子间可以相互置换；但是，(A、B)原子与(X、Y)原子之间却不能相互置换。对于具有这样结构的相，适合用 Hillert-Staffansson 所提出的双亚点阵模型（Two-sublattice model）来描述其自由能（参见本书 6.3 节），如式（10.17）所示。而这个系统的固溶体是用正规溶体近似描述的[23]。

$$
\begin{aligned}
G_{\mathrm{m}} =\ & y_{\mathrm{A}}y_{\mathrm{X}}{}^{0}G_{\mathrm{AX}} + y_{\mathrm{B}}y_{\mathrm{X}}{}^{0}G_{\mathrm{BX}} + y_{\mathrm{A}}y_{\mathrm{Y}}{}^{0}G_{\mathrm{AY}} + y_{\mathrm{B}}y_{\mathrm{Y}}{}^{0}G_{\mathrm{BY}} \\
& + RT\left(y_{\mathrm{A}}\ln y_{\mathrm{A}} + y_{\mathrm{B}}\ln y_{\mathrm{B}}\right) + RT\left(y_{\mathrm{X}}\ln y_{\mathrm{X}} + y_{\mathrm{Y}}\ln y_{\mathrm{Y}}\right) \\
& + y_{\mathrm{A}}y_{\mathrm{B}}y_{\mathrm{X}}L_{\mathrm{AB}}^{\mathrm{X}} + y_{\mathrm{A}}y_{\mathrm{B}}y_{\mathrm{Y}}L_{\mathrm{AB}}^{\mathrm{Y}} + y_{\mathrm{X}}y_{\mathrm{Y}}y_{\mathrm{A}}L_{\mathrm{XY}}^{\mathrm{A}} + y_{\mathrm{X}}y_{\mathrm{Y}}y_{\mathrm{B}}L_{\mathrm{XY}}^{\mathrm{B}}
\end{aligned}
\tag{10.17}
$$

式中 $L_{\mathrm{AB}}^{\mathrm{X}}$、$L_{\mathrm{AB}}^{\mathrm{Y}}$、$L_{\mathrm{XY}}^{\mathrm{A}}$、$L_{\mathrm{XY}}^{\mathrm{B}}$ 为互易系相互作用能，参见 6.2 节。

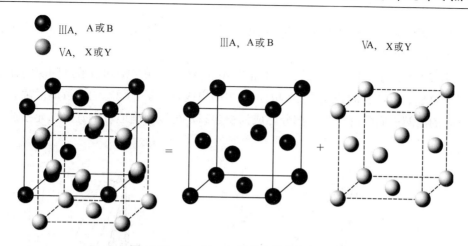

IIIA，A 或 B

VA，X 或 Y

IIIA，A 或 B

VA，X 或 Y

图 10.18　Zincblende 型化合物的晶体结构

由于III-V族化合物均为 ZnS 型 B3 结构，所以由III-V族化合物构成的互易系统的固态相平衡问题便是溶解度间隙问题。如图 10.19 所示，在 GaAs-GaSb 二元系中存在溶

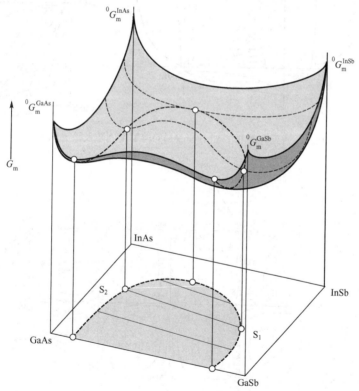

图 10.19　四元互易相(Ga,In)(Sb,As)的自由能曲面

可以看出由 GaAs-GaSb 二元系带进的溶解度间隙有扩大的趋势

解度间隙，这个溶解度间隙将要带进四元化合物(Ga,In)(Sb,As)互易系中。互易系中由一个二元系带进溶解度间隙时与三元系的情况不同。在三元系中由某一二元系带进的溶解度间隙随着第三元素的增加明显变小，而四元互易相中由某一二元系带进的溶解度间隙虽然最终将要封闭在此四元系内，但溶解度间隙在低温时比二元系还要大。这是由于

三元系时，第三元素可以进入 S_1、S_2 相中的任何一相。而四元互易相中另两个组元的进入是受亚点阵约束的。

图 10.20 给出了对四元互易相(Ga,In)(Sb,As)的液固两相平衡和溶解度间隙的计算结果。其中的 S_1、S_2 两种固相是同结构的，图中用虚线画出了亚稳态的溶解度间隙。温度为 853K 的溶解度间隙有较大的部分已成为稳定态，可以明确地看出有比二元系扩大的趋势。

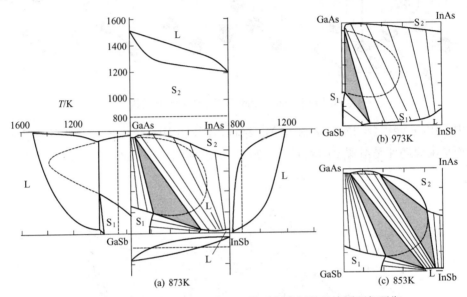

图 10.20　四元互易相(Ga,In)(Sb,As)的溶解度间隙及液固两相平衡

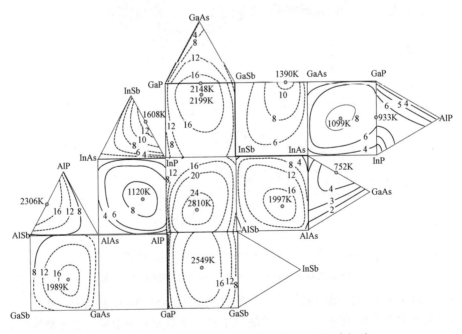

图 10.21　Ⅲ-Ⅴ族半导体化合物互易系统的溶解度间隙

虚线为亚稳态

四元互易系统的四个二元系均为连续固溶体，而无溶解度间隙时，四元系内仍可能有溶解度间隙岛，参见本书第 6 章 6.2.2。文献[23]报道了对Ⅲ-Ⅴ族半导体化合物所构成的二元到六元系统的溶解度间隙和液固两相平衡。图 10.21 给出了其中四元互易系统的溶解度间隙的计算结果。

10.4 材料基因组工程简介

10.4.1 材料发明与设计简史

人类从新石器时代开始，就发明创造了陶器等新材料，由矿石制取铜等金属，利用各类植物制取天然高分子纤维。材料的发明方式是以尝试法（Trial and error）进行的，也被称作"试错法"，就是通过不断排除错误方案，最终选定正确的结果。这虽然是最古老的智能模式，却是非常有效的。从一万二千年前的新石器初期开始，到 1964 年 PHACOMP 相计算模式出现之前的一万多年间，人类所创造的全部材料，包括 19 世纪晚期发明的绝大部分钢铁、水泥、玻璃，20 世纪早期发明的铝合金、酚醛树脂、聚合物以及绝大部分陶瓷，都是"尝试法"的作品。应该说，在材料发明史上，"尝试法"居功至伟。但也必须承认，"尝试法"是智能的初级模式。

1964 年，美国材料学家波施（M. J. Boesch）提出通过计算平均电子空位浓度，筛除镍基高温合金中所有可能析出拓扑密排相成分的 PHACOMP 相计算方法。作为一种半经验的合金设计，首次向"尝试法"发起了挑战。所谓半经验模式，是指在确定合金成分之后，多元镍基高温合金的主体相——γ和γ'相的成分要靠经验才能确定。所谓挑战，是指无需试错，可直接根据需求设计材料了。

1975 年，日本《铁と钢》杂志发表了日立金属的渡辺力藏（R.Watanabe）等对 12 种组元的镍基高温合金，一共设计了 5×10^8 个合金成分，通过大量计算，不断筛除有可能导致拓扑密排相析出的合金成分，最后，筛选出 22 种既无拓扑密排相析出，又具有最佳性能的合金成分。再通过实验验证，最终确认了当时尚且未知的 3 种性能优异的镍基高温合金成分。这是 PHACOMP 合金设计最有代表性的研究成就。

20 世纪 70 年代，还出现了以考夫曼（L.Kaufman）等为代表的 CALPHAD 模式的相图计算，并于后来演变成一种"合金成分的热力学设计"模式。因为除相图计算外，CALPHAD 模式中还包含计算某一温度下合金的平衡相成分和平衡相体积分数等内容，而无需借助合金实验。获取平衡相成分等，正是合金设计的一部分。不过，合金成分、组织与合金性能之间的关系，却需要另外的数据库来支撑。事实上，CALPHAD 模式现在还可以进一步连接动力学软件，以及相场等组织模拟软件，以求达成向合金组织设计的延伸。就是说，到了 70 年代，已经出现了 PHACOMP 模式的升级版——CALPHAD 材料设计热力学模式。

20 世纪后期，一种全新的材料设计模式出现了，这就是"第一性原理模式"的材料设计。一般把柯恩（W. Korn）和泡普尔（J. A. Pople）共同获得 1998 年度诺贝尔化学奖当作第一性原理材料设计出现的标志性事件。他们两位都是化学家。第一性原理材料设计与科学概念明确的密度泛函理论联系起来是理所当然的。

早在 20 世纪 60 年代中期，密度泛函理论就已出现。该理论能够用比求解薛定谔方程式简便得多的方式，求出一个微观体系的电子密度，在解决量子化学"结合能"问题上，获得了极大成功，被称作化学史的革命。密度泛函理论与方法的应用十分广泛，其中包括材料设计中经常要用到的"不同原子间结合力"的计算，在解决热力学参数方面获得了空前的成功。

CALPHAD 材料设计模式的常见问题之一就是要经常面对热力学参数的缺失，特别是最基础的数据，如形成焓等；亚稳态热力学参数，近乎完全没有实测的可能。没有必需的参数，相图计算、材料设计等就只能"望机兴叹"。

"第一性原理模式"在按照需求设计材料方面也取得了令人瞩目的成果。特别是在针对全新材料的设计与预测，而不是传统材料的提高或改进上。如对磁性材料、半导体材料等新型功能材料的性能预报上，已形成特长。已经能成功预报人类尚不知晓的新材料的物理和力学性质。一个突出的实例，就是对高压下的"金属硅"状态及其超导性质的预报。

10.4.2　材料发明的现实状态

虽然从 20 世纪 60 年代中期起，就有了材料设计的萌芽。但是半个世纪后，直到 2019 年为止，三大类材料的发明，仍然处于"尝试法"居统治地位的状态。材料科学诞生的时间顺序是金属材料、陶瓷材料、聚合物材料；但遗憾的是，"尝试法"统治的由强到弱的顺序也是金属材料、陶瓷材料、聚合物材料；多尺度结构因素分析的介入顺序，以及密度泛函等化学理论的干预顺序，几种材料则呈现近乎相反的态势。以至于材料的可设计期望值由小到大的顺序，仍然是金属材料、陶瓷材料、聚合物材料。

"尝试法"统治的最大问题是从研发到应用的时间周期过长。如果做一个定量估算，三大类材料虽然有所差别，但一般需要 10～20 年的时间。很多人以锂（Li）电池为例来说明这一问题：目前用作移动电子设备电源的 Li 电池，从 20 世纪 70 年代中期的实验室原型到 90 年代晚期的应用，花了近 20 年时间，至今尚没能用到电动汽车上，可知所言不虚。新材料以这样的开发速度来应对 21 世纪的科技进步，无疑将成为总体的短板。很明显，新材料的开发速度严重落后于需求、期望的应有速度。

这个问题的症结正是出在新材料发明的智能模式上，是"尝试法"或称"试错法"仍然在材料发明上占据主流的结果。要对此进行变革，仅靠材料科学家、材料企业家的个体觉悟与努力，是远远不够的。必须有更高的组织形式；更多学科的共同参与；必须有更大的力度，才能改变这个现状。其实这也正是材料科学发展的终极性目标。

10.4.3　美国的率先举措

2011 年 6 月 24 日，美国总统奥巴马在卡耐基·梅隆大学宣布启动一项投资超过 5 亿美元的"先进制造业伙伴关系"（Advanced Manufacturing Partnership，AMP）的计划，其中的重要组成部分材料基因组计划（Materials Genome Initiative，MGI）的投资将超过

1 亿美元。奥巴马总统呼吁美国政府、各相关大学，以及各相关企业之间应加强合作，以此来强化美国制造业在全球的领先地位。最直接的目的是希望将新材料的开发速度大幅度提高到原来的 10 倍左右，研发周期从 20～30 年，缩短到 2～3 年。有人称，这是美国政府继曼哈顿计划、阿波罗计划、人类基因组计划之后提出的第四个重大科研计划。随后，材料基因组的概念受到了全球材料科学家的关注。最初，这一概念是由美国宾夕法尼亚州立大学的一位华裔材料科学家刘梓葵于 2002 年提出的，并注册了商业网站。中国也很快于 2016 年提出了同名的国家研究计划。欧洲、日本和印度也相继开始了各自的材料基因组计划。

材料基因组字样出现在研究计划的名称中，表达了这一计划不是对某种特定材料的期望，而是对新材料开发速度的注目，是对材料发明智能模式的关心。自从材料科学 19 世纪 60 年代形成以来，直到 1965 年前后成熟，已经过去了 100 年。从材料设计出现萌芽的 1964 年以来，也过去了半个多世纪。定量材料学规律的大量形成，材料学相关数据的大量获得，以及与材料有关的计算能力的不断提高等三方面的进步，已经有可能把新材料设计的研究水平推进到一个全新阶段。虽然，靠有限的研究计划，通过短时间的努力，想全面结束"尝试法"材料发明智能模式是不可能的。但是，在若干个新材料的发明上，率先创造出方法论性质的，包括第一性原理材料设计内容的成功经验则是可能的。在这一点上，三大材料成功率由小到大的顺序仍被判断为金属材料、陶瓷材料、高分子材料，理由前面已经说过。这正是材料基因组研究计划的核心目的，也是对人类基因组计划所产生的最有价值的联想。

10.4.4 高通量材料计算的价值

对计算机系统设计的三个共同性要求：高利用率、高吞吐量和低延迟性，被称作"高通量计算"。还可以用一种新的指标来描述，即称为："系统熵"的显著降低。

随着 2011 年美国材料基因组计划的提出，第一性原理材料设计的应用已成为其核心内容和重要特征，进而构成材料发明模式的智能性质的改变，计算与集成将成为最关键的部分。因此，这也正是一种典型的"e-Science"（科研信息化）的应用与实践。如何通过高通量材料集成计算，整合新材料设计过程中的数据、代码、计算工具等，以期实现更大程度的成果共享，从而加快新材料的研发速度，便成了最实际的技术问题。这里特别强调计算与数据的集成：包括计算数据与实验数据；高通量材料计算与多尺度模拟的集成等。因此，出现了"高通量材料集成计算"（Integrated high-through computational material）的概念，以此来体现高通量材料集成计算对于第一性原理材料设计和材料发明智能模式的改造。

上述高通量计算，为产生大量材料数据构成了强大的技术支撑，为后续的人工智能学习提供了数据保障。但也须看到，目前某些基于材料大数据的人工智能学习，如神经网络法、随机森林法等，还只涉及材料参数与宏观性质的相关性的建立，或有可能加快由相关性到因果关系的探索；而回归物理或化学模型构建，通过计算或实验来确认科学的因果关系，仍是十分必要的。最近几年材料基因组的研发范式在快速找到材料性质的

"构-效关系"方面有所进步。

10.4.5 中国的研究现状

中国于 2016 年提出了有自己特色的材料基因组研究计划。由国家级领导人担任顾问，有多位两院院士与相关专家参与，形成了强大的阵容，在上海、北京、沈阳、深圳、宁波、郑州等各地都形成了强有力的研究队伍。特别是在上海，成立了由 7 个大学和研究部门相互合作的"材料基因组工程研究院"。这是国内首家以"材料基因组"为理念标志的学科交叉型材料研究机构，下设计算材料科学中心、材料科学数据库中心、材料表征科学与技术研究所、智能材料及应用技术研究所、先进能源材料研究开发中心等单位。

中国把材料基因组的研究计划与国家急需的关键材料技术研究结合在一起进行，是一个明智决策。材料发明智能模式的创新，一定会在最急需的材料研究方向上首先实现突破。图 10.22 为材料基因组研究计划的意义与内容。

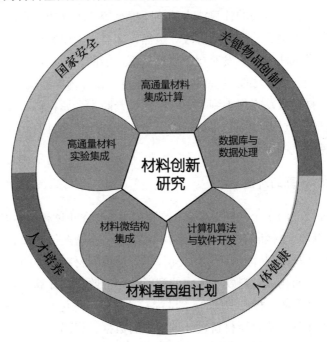

图 10.22 材料基因组研究计划的意义与内容

第 10 章参考文献

[1] Boesh W J, Slaney J S. Metals Progress, 1964, 86(1)：109.

[2] Woodyatt L R, Sims C T, Beattie Jr H J. Trans AIME, 1966,236：519.

[3] Kaufman L, Bernstein H. Computer Calculation of Phase Diagrams. New York：Academic Press, 1970.

[4] 长谷部光弘，西泽泰二. 日本金属学会会报，1972，11（12）：879.

[5] 三岛良绩，岩田修一. 新材料开发と材料设计学. Soft Science 社，1985.

[6] Tarr C, Marshall J. Phase Relationship in High Temperature Alloys. Fall Meeting, AIME, Chicago, Ⅲ,Oct. 30,1966.

[7] 渡边力藏，千叶芳孝，九重常男. 铁と钢，1975，61：2405.

[8] 渡边力藏，千叶芳孝. 铁と钢，1977，63：118.

[9] 渡边力藏. 铁と钢，1977，63：126.

[10] 原田广史，山崎道夫. 铁と钢，1979，65：1059.

[11] Morinaga M, Yukawa N. J Less-Common Metals, 1985，108：53.

[12] Morinaga M, Yukawa N, Adachi H. J Physical Society Japan , 1984, 53(2)：653.

[13] Morinaga M, Yukawa N, Ezaki H. Philosophical Magazine A, 1985, 51：247.

[14] Morinaga M, Yukawa N, Ezaki H. Philosophical Magazine A, 1985, 51：223.

[15] Ezaki H, Morinaga M, Yukawa N. Philosophical Magazine A, 1986, 53：709.

[16] 森永正彦，汤川夏夫，足立裕彦. 铁と钢，1986，72：555.

[17] Onodera H, et al. Proc 5th Inter Conf on Titanium, Deutsche Gesellschaft fur Metallkunde, Munich E V, 1984：1883.

[18] Nishizawa T. Progress of CALPHAD. Trans Japan Inst Met, 1992, 33：713.

[19] Ishida K, Tokunaga H, Ohtani H, Nishizawa T. J. Crystal Growth, 1989, 98：140.

[20] 西泽泰二，长谷部光弘. 铁合金状态图のコンピュータ解析. 铁と钢，1981，67（11，14）：1887，2086.

[21] Arroyave R, Shin D and Liu Z K. Ab initio thermodynamic properties of stoichiometric phases in the Ni-Al system. Acta Materialia, 2005, 53：1809.

[22] Ohnuma I, Liu X J, Ohtani H, Ishida K, Thermodynamic Database for Phase Diagrams in Micro-Soldering Alloys, J. Electronic Materials,1999,28(11)：1163.

[23] Ohtani H, Kojima K, Ishida K, Nishizawa T, J Alloys and Compounds, 1992, 182：103.

第 10 章推荐读物

[1] 乔芝郁，许志洪，刘洪霖. 冶金和材料计算物理化学. 北京：冶金工业出版社，1999.

[2] 吴兴惠，项金钟. 现代材料计算与设计教程. 北京：电子工业出版社，2002.

[3] 佩蒂福 D G，柯垂尔 A H. 合金设计的电子理论. 陈魁英，胡壮麒，译. 沈阳：辽宁科技出版社，1997.

[4] 熊家炯. 材料设计. 天津：天津大学出版社，2000.

[5] 马鸿文. 结晶岩热力学软件. 北京：地质出版社，1999.

[6] 梁英教，车荫昌. 无机物热力学数据手册. 沈阳：东北大学出版社，1993.

[7] 林传仙，白正华，张哲儒. 矿物及有关化合物热力学数据手册. 北京：科学出版社，1985.

[8] 山口明良. 实用热力学及其在高温陶瓷中的应用. 武汉：武汉工业大学出版社，1993.

[9] Okamoto H, Massalski T B. Thermodynamically Improbable Phase Diagrams. J Phase Equilibria, 1991,12(2)：27-47.

[10] Pickering F B. Physical Metallurgy and the Design of Steels. Applied Science Publishers Ltd, 1978.

[11] Hillert M. The CALPHAD Approach to Assessing Phase Diagrams and Thermochemical Information. Proc. of Symposium Japanese Alloy Phase Diagrams Society, 1991.

[12] Ohtani H, Ishida K. Application of the CALPHAD Method to Materials Design. Thermochimica Acta, 1998, 314：69.

[13] Ohtani H. CALPHAD Approach to Materials Design. in Computational Materials Design, Springer-Verlag,1999.

英 文 索 引

说明：本索引中有些标目在正文中以中文形式出现，如 Activity 在正文第 56 页为"活度"。

Activation energy	9
Activity	52, 56, 106, 154
Activity coefficient	57, 154
Activity interaction parameter	155
Additional pressure	123
Alloy group	282
Amorphous alloy	251
Amorphous formation ability	251
Amorphous state	245
Anti-ferromagnetic	131
Average d electron level	273
Average electron-vacancy concentration	268
Avogadro constant	10, 40, 92, 96, 105
Berthollide	149
Bethe approximation	203
Boltzmann constant	10
Boltzmann equation	8
Bond	96
Bond energy	105
Bond order	272
Bragg-Williams statistical theory	43
Bragg-Williams approximation	91
Bragg-Williams-Gorsky approximation	91
CALPHAD	267
Carbon activity	57, 165, 188
Carbon activity factor	165
Chemical potential	52
Clapeyron equation	23
Clausius-Clapeyron equation	23
Close structure	3
Cluster variation method	203
Coherent stress	229
Common tangent face	153
Common tangent law	68

Compound	62
Concentration triangle	149
Concentration undulate	118
Configurational entropy	203
Convergence lemma	225
Cooperation phenomenon	99
Coordination number	96
Critical average electron-vacancy concentration	270
Crystal nucleus	121
Curie temperature	32, 117, 133, 134
Daltonide	149
Debye heat capacity theory	11
Debye temperature	16
Decomposition of solution	118
Deep eutectic	251
Deep metastable eutectic	251
Degree of freedom	158
Departure degree	93
Diffusion couple method	254
Diffusionless transformation	112
Dilute solution	58, 80
Distribution ratio	71, 82, 83, 191, 270
Driving force for phase transformation	28, 112, 120
Egg type powder	249
Einstein heat capacity	11, 14
Einstein temperature	14
Electron levels	272
End-on solution	76
Ensemble	211
Enthalpy of formation	62
Entity sublattice	102
Entropy	4
Entropy factor	78
Equilibrium state	5
Equilibrium state criterion	67

Excess chemical potential	77
Excess free energy	42, 105
Expand coefficient	131
Experimental phase diagrams	277
Extensive properties	11
Extrapolate rule	242
Extremum of liquidus and solidus	72
Ferromagnetic-disorder state	143
Ferromagnetic-order state	143
Ferromagnetic-paramagnetic transition	131
First law of thermodynamics	5
First principle	203
Free energy hierarchy	240
Free energy of formation	62
Geometrically close pecked phase	268
Gibbs free energy	3
Gibbs phase rule	174
Gibbs-Duhem equation	165, 192
Gibbs-Helmholtz equation	28, 63
Gibbs-Thomson formula	127
Grain boundary phase	145
Grain boundary segregation	145
Grain inner phase	145
Grand potential	216
Grand potential-opposite chemical potential curve	219
Graphitization	195
Glass transition temperature	251
Ground state	57
G-X diagram	43, 56
Heat capacity	5, 11
Heat effect	62
Heat entropy	97
Helmholtz free energy	6, 210
Henry' law	58, 182
Hess' law	63
High pressure phase diagram	243
Ideal solution approximation	39
Intensive properties	11
Interaction energy	43
Interaction parameter	43
Internal energy	5, 96

Interstitial solid solution	101
Ising model	17
Isolated system	4
Kirchhoff law	63
Linear compound	101, 175
Local phase equilibrium state	254
Long-range ordering	93
Lower order phase equilibrium	237
Magnetic order parameter	32
Magnetic transition	34, 132
Magnetization coefficient	31
Master alloy	258
Material design	267
Maxwell equation	7
Melting enthalpy	242
Metastable compound	122
Metastable phase	237
Metastable phase diagram	238
Metastable phase equilibrium	237
Metastable range	119
Metastable solid solution	119
Middle compound	76
Middle phase	76
Miscibility gap	45, 48, 49
Miscibility gap island	152
Mixing entropy	40, 215
Mixture	46
Mixture law	47
Molar fraction	53
Molar grand potential	217
Molar volume	124
M_S Temperature	115
Multicomponent compound	149
Multicomponent phase	149
Multicomponent solution	149
Natural iteration method	224
Nearest-neighbouring	204
Neel temperature	21, 242
Newton-Raphson iteration	191
Nishizawa horn	141
Normalization	205

Nucleation driving force   120
Number of microcosmic state   8

Open structure   3
Opposite chemical potential   216
Order-disorder transition   97
Ordering   45
Ordering degree   92, 207
Orthoequilibrium   262

Pair approximation   204
Paraequlibrium   262
Paramagnetic-order state   143
Paramagnetic-disorder state   143
Partial molar quantity   52
Particle mixing system   39
Pb-free microsolders   285
PHACOMP   267
Phase disappear   258
Phase equilibrium   67
Phase stabilization parameter   82, 83, 113
Phase transformation free energy   82
Planck's constant   14
Precipitation of second phase   121
Probability variable   204
Pure component   76

Quasi-chemical method   204
Quasistatic process   12

Random mixing   41
Raoult' law   58, 183
Reciprocal compound   158
Reciprocal solid solution   158
Reciprocal system interaction energy   159
Regular dilute solution   189
Regular solution approximation   42
Replace-interstitial solid solution   163
Reversible process   6
Richard law   9, 73, 129

Second law of thermodynamics   4
Second order transition   131
Segregation coefficient   147

Semiconductor   161
Shot-range ordering   93
Simple substance   62
Single component   3
Site lattice   102
Solid solution   39
Solidification enthalpy   241
Solidification entropy   241
Solubility   76
Solubility product   183
Solution   39
Spinodal decomposition   45, 118
Spontaneous magnetization   32
Stable equilibrium   238
Standard molar enthalpy of formation   62
Standard state   63
State function   4
Step rule   240
Stirling formula   8
Stoichiometric compound   149, 180, 220, 221
Sublattice   92
Sub-regular solution model   52
Superconduct-generally conduct transition   131
Supercooling effect   258
Supercooling liquid   251
Surface tension   123
Surrounding   5
System   5

T_0 Line   114, 115
Topologically close packed phase   80, 268
Tempering   122
Theoretical phase diagrams   277
Thermodynamic data base   280, 283
Third law of thermodynamics   12
Tie line   262
Titanium treated steel   187
Trial and error   267
Trouton law   130
Two phase separate   142
Two sublattice model   101

Up-hill diffusion   56

Vacancy	7	Zener-Hillert-Nishizawa method	169
Vacancy concentration	9	Zincblende compound	288
Variation	223	Zone melting	71
Void lattice	102		
Void sublattice	102	α former	84, 112
		γ former	84, 112
Work	5		
		III-V compound semiconductor	288

中 文 索 引

说明：本索引中有些标目在正文中以英文形式出现，如阿伏加德罗常数在正文第10页中为"Avogadro常数"。

A

阿伏加德罗常数	10，40，92，96，105
爱因斯特征温度	14
奥氏体形成元素	84

B

半导体	161
变分	223
标准摩尔生成焓	62
标准状态	63
表面张力	123
玻尔兹曼常数	8，10
玻尔兹曼方程	8
玻璃化温度	251
布拉格-威廉近似	91
布拉格-威廉统计理论	43
步进规则	240

C

材料基因组计划	292
材料设计	267
长程有序	93
尝试法	267
超导-常导转变	131
纯组元	76
磁化率	31
磁性转变	34，132
磁有序度	32

次级相平衡	237

D

代位-间隙式固溶体	163
单质	62
单组元	3
第二相析出	121
第一性原理	203
电子能级	272
端际固溶体	76
短程有序	93，207
对近似	204
多组元化合物	149
多组元溶体	149
多组元相	149

E

二级相变	131

F

反铁磁	131
非晶态	245
非晶态合金	251
非晶态形成能力	251
分配比	71，82，83，191，270
附加压力	123

G

概率变量	204
高通量材料集成计算	293

高通量计算	293
高压相图	243
公切面	153
公切线法则	68
功	5
共轭线	262
共格应力	229
孤立系统	4
固溶体	39
固溶体的分解	118
归一化	205
过冷度	240，247
过冷效应	258
过冷液体	251
过剩自由能	42，105

H

合金集团	282
合作现象	99
赫斯定律	63
亨利定律	58，182
互易固溶体	158
互易化合物	158
互易系相互作用能	159
化合物	62
化学计量比化合物	149，180，220，221
化学势	52
化学势过剩项	77
环境	5
回火	122
混合律	47
混合熵	40，215
混合物	46
活度	52，56，106，154
活度系数	57，154
活度相互作用系数	155

J

基尔霍夫定律	63
基准合金	258
基准态	57
激活能	9，10

吉布斯-杜亥姆方程	165，192
吉布斯-亥母霍兹方程	28，63
吉布斯-汤姆逊公式	127
吉布斯相律	174
集团变分法	203
几何密排相	268
计算相图	267，288
间隙式固溶体	101
键	96
键级	272
键能	105
结点点阵	102
晶核	121
晶间偏析	145
晶界相	145
晶内相	145
居里温度	32，117，133，134
局部平衡	254
巨势	216
巨势-相对化学势曲线	219

K

可逆过程	6
克拉佩龙方程	23
克劳休斯-克拉佩龙方程	23
空位	7
空位浓度	9
空隙点阵	102
空隙亚点阵	102
扩散偶法	254

L

拉乌尔定律	58，183
理查德经验定律	9，73，129
理论相图	277
理想溶体近似	39
粒子混合系统	39
两相分离	142
临界平均电子空位浓度	270
卵状粉末	249

M

马氏体点	115

麦克斯韦方程	7
密排结构	3
摩尔分数	53
摩尔巨势	217
摩尔体积	11，123

N

内能	5，96
尼尔温度	21，242
凝固潜热	241
凝固熵	241
牛顿-拉普松迭代法	191
浓度起伏	118
浓度三角形	149

P

配位数	96
配置熵	203
膨胀系数	131
偏离度	93
偏摩尔量	52
偏析系数	147
平衡态判据	67
平衡状态	5
平均 d 电子能级	273
平均电子空位浓度	268
普朗克常数	14

Q

强度性质	11
区域熔炼	71

R

热力学第二定律	4
热力学第三定律	12
热力学第一定律	5
热力学数据库	280，283
热容	11
热容量	5

热熵	97
热效应	62
容量性质	11
溶解度	76
溶解度积	183
溶解度间隙	45，48，49
溶解度间隙岛	152
溶体	39
熔化焓	242

S

熵	4
熵因子	78
上坡扩散	56
深共晶	251
深亚稳共晶	251
生成焓	62
生成自由能	62
失稳分解	45，118
石墨化	195
实体亚点阵	102
实验相图	277
收敛引理	225
疏排结构	3
双亚点阵模型	101
顺磁-无序态	143
顺磁-有序态	143
斯特林公式	8
随机混合	41

T

钛处理钢	187
碳活度	57，106，165，188
碳活度影响因子	165
特鲁顿定律	130
体系	5
铁磁-顺磁转变	131
铁磁-无序态	143
铁磁-有序态	143

铁素体形成元素	84
拓扑密排相	80，268

W

外插规律	242
微观组态数	8
稳态平衡	238
无扩散相变	112
无铅微焊材料	285

X

西泽角	141
稀溶体	58，80
系综	211
线性化合物	101，175
相对化学势	216
相互作用参数	43
相互作用能	43
相变驱动力	28，112，120
相变自由能	82
相计算	267
相平衡	67
相稳定化参数	82，83，113
相消失	258
形核驱动力	120

Y

亚点阵	92

亚稳固溶体	119
亚稳化合物	122
亚稳区	119
亚稳态相平衡	237
亚稳相	237
亚稳相图	238
亚正规溶体模型	52
液固相线极值	72
依辛模型	17
有序度	92，207
有序化	45
有序-无序转变	45，97

Z

正规溶体近似	42
正规稀溶体	189
正平衡	262
中间化合物	76
中间相	76
仲平衡	262
状态函数	4
准化学方法	204
准静态过程	12
自发磁化	32
自然迭代法	224
自由度	158
自由能	3
自由能-成分图	47，54
自由能序列	240
Ⅲ-Ⅴ族半导体	288
最近邻	204